21世纪高等院校实用规划教材

高 等 数 学

(建筑与经济类)

主　编　朱宝彦　戚　中

副主编　刘玉柱　李海燕　靖　新

参　编　缪淑贤　李汉龙　徐厚生

北京大学出版社
PEKING UNIVERSITY PRESS

内 容 简 介

本书从高等数学最基本内容、概念与方法入手，注重基本技能的培养；注重微积分在建筑、经济管理等专业中的应用；注重利用数学方法解决相关专业问题的能力及创新能力的培养。本书可供高等院校中建筑类、经济管理类、文科类等少学时各专业的学生使用。

本书内容包括：函数与极限、导数及其应用、不定积分、定积分及其应用、向量代数与空间解析几何、多元函数微分法及其应用、二重积分、无穷级数、微分方程与差分方程、数学在建筑及经济管理中的应用。书末还附有积分表、极坐标与直角坐标之间的关系以及几种常见的曲线。

根据建筑类、经济管理类及人文类学生对高等数学课程的基本要求，我们汲取了其他教材优点，对经典内容进行了精简合并。我们为建筑、规划类学生增加了一些图形题，使学生能利用数学思维审美画图；对于经济管理类学生增加了经济学中常用函数及数学方法。最后还增加了数学在建筑工程及管理工程中的应用案例，从专业角度激发学生学习高等数学的兴趣。

图书在版编目(CIP)数据

高等数学(建筑与经济类)/朱宝彦，戚中主编. —北京：北京大学出版社，2007.9
(21世纪高等院校实用规划教材)
ISBN 978-7-301-12352-2

Ⅰ.高…　Ⅱ.①朱…②戚…　Ⅲ.高等数学—高等学校—教材　Ⅳ.O13

中国版本图书馆 CIP 数据核字(2007)第 083163 号

书　　　　名：	高等数学(建筑与经济类)
著作责任者：	朱宝彦　戚　中　主编
责任编辑：	房兴华　李　虎
标准书号：	ISBN 978-7-301-12352-2/O·0722
出　版　者：	北京大学出版社
地　　　址：	北京市海淀区成府路 205 号　100871
网　　　址：	http://www.pup.cn　http://www.pup6.com
电　　　话：	邮购部 010-62752015　发行部 010-62750672　编辑部 010-62750667
电子邮箱：	pup_6@163.com
印　刷　者：	北京虎彩文化传播有限公司
发　行　者：	北京大学出版社
经　销　者：	新华书店

787 毫米×1092 毫米　16 开本　23.75 印张　550 千字
2007 年 9 月第 1 版　2022 年 8 月第 8 次印刷

定　　价：45.00 元

前　言

本书是为高等院校中建筑类、经济管理类、文科类等少学时各专业编写的高等数学教材。

随着科学技术的迅速发展，高等学校各个专业对高等数学的要求不断提高，数学正在不断地日益渗透到各个专业领域，成为人们学习和研究的重要工具。为了适应这种需要，我们针对目前国内有关建筑、规划类尚无高等数学方面的专用教材这一情况，根据我们多年的教学经验，按照当今教材改革的要求编写了这本教材。

根据建筑类、经济管理类及人文类学生对高等数学课程的基本要求，我们汲取了其他优秀教材的优点，对经典内容进行了精简与合并。从高等数学最基本的内容、概念与方法入手，注重基本技能的培养；注重微积分在建筑、经济管理等专业的应用；注重对学生利用数学方法解决相关专业问题的能力及创新能力的培养。我们为建筑、规划类学生增加了一些图形题，使学生能利用数学思维审美画图；另外，对于经济管理类学生增加了经济学中常用的函数及数学方法。最后还增加了数学在建筑工程及管理工程中的应用案例，从专业角度激发学生学习高等数学的兴趣。

本教材内容包括：第 0 章常用集合及运算符号，第 1 章函数与极限、第 2 章导数及其应用、第 3 章不定积分、第 4 章定积分及其应用、第 5 章向量代数与空间解析几何、第 6 章多元函数微分法及其应用、第 7 章二重积分、第 8 章无穷级数、第 9 章微分方程与差分方程、第 10 章数学在建筑及经济管理中的应用。其中，第 0 章、第 1 章由朱宝彦编写，第 2 章由刘玉柱编写，第 3 章由李海燕编写，第 4 章由缪淑贤编写，第 5 章由李汉龙编写，第 6 章、第 8 章由戚中编写，第 9 章由徐厚生编写，第 7 章、第 10 章由靖新编写。

全书由朱宝彦统稿，刘玉柱、戚中审稿；另外韩孺眉参与了经济学部分的审稿，在此表示衷心的感谢！本书的编写工作得到了沈阳建筑大学教务处领导和北京大学出版社的大力支持，在此表示衷心的感谢！

由于水平所限，书中如有不妥之处，敬请专家、同行和读者批评指正，以便不断完善。

编　者

2007 年 8 月

目　　录

第0章　常用集合及运算符号

0.1　集　　合

$M = \{x \mid x$所具有的特征$\}$ 表示 M 是具有某种特征的元素 x 所组成的集合.

符号"$\in$"表示属于，符号"$\notin$"表示不属于.

设 A 是集合，x 是元素，$x \in A$ 表示 x 属于 A，$x \notin A$ 表示 x 不属于 A.

符号"$\subset$"表示包含于，符号"$\varnothing$"表示空集，符号"$\bigcup$"表示并集，符号"$\bigcap$"表示交集，符号"$\backslash$"表示差集.

设 A，B 是两个集合，如果集合 A 的元素都是集合 B 的元素，即若 $x \in A$，必推出 $x \in B$，称 A 是 B 的子集合，记作 $A \subset B$；如果 $A \subset B$，且 $B \subset A$，就称集合 A 与 B 相等，记作 $A=B$.

由所有属于 A 或者属于 B 的元素组成的集合，称为 A 与 B 的并集合，记作 $A \bigcup B$，即
$$A \bigcup B = \{x \mid x \in A \text{或} x \in B\}.$$

由所有既属于 A 又属于 B 的元素组成的集合，称为 A 与 B 的交集合，记作 $A \bigcap B$，即
$$A \bigcap B = \{x \mid x \in A \text{且} x \in B\}.$$

由所有属于 A 而不属于 B 的元素组成的集合，称为 A 与 B 的差集合，记作 $A \backslash B$，即
$$A \backslash B = \{x \mid x \in A \text{且} x \notin B\}.$$

0.2　数　　集

本书所说的数都是实数. 全体实数集合记作 **R**，全体正实数集合记作 $\mathbf{R}^+$，全体非负整数即全体自然数集合记作 **N**，全体正整数集合记作 $\mathbf{N}^+$，全体整数集合记作 **Z**，全体有理数集合记作 **Q**.

0.2.1　区间

区间是用的较多的一类数集. 为书写方便，将各种区间的符号和名称定义列表如下.

符　　号	名　　称		定　　义
(a, b)	有限区间	开区间	$\{x \mid a < x < b\}$
$[a, b]$		闭区间	$\{x \mid a \leqslant x \leqslant b\}$
$(a, b]$		半开半闭区间	$\{x \mid a < x \leqslant b\}$
$[a, b)$		半开半闭区间	$\{x \mid a \leqslant x < b\}$
$(a, +\infty)$	无限区间		$\{x \mid a < x\}$
$[a, +\infty)$			$\{x \mid a \leqslant x\}$
$(-\infty, a)$			$\{x \mid x < a\}$
$(-\infty, a]$			$\{x \mid x \leqslant a\}$

表中 a，b 是实数，且 $a < b$.

全体实数的集合 **R** 也记作 $(-\infty, +\infty)$，它也是无限的开区间.

0.2.2 邻域

设 a 是实数，δ 是正数，数集 $\left\{x \mid |x-a| < \delta\right\}$ 称为点 a 的一个 δ 邻域，记作 $U(a, \delta)$. 点 a 称为这个邻域的中心，δ 称为这个邻域的半径.

因为不等式

$$|x-a| < \delta$$

相当于

$$a - \delta < x < a + \delta,$$

即

$$-\delta < x - a < \delta.$$

所以，点 a 的 δ 邻域 $U(a, \delta)$ 是一个长度为 2δ 的开区间 $(a-\delta, a+\delta)$.

有时用到的邻域需要把中心去掉. 点 a 的 δ 邻域去掉中心后，称为点 a 的一个去心 δ 邻域，记作 $\mathring{U}(a, \delta)$，即

$$\mathring{U}(a, \delta) = \left\{x \mid 0 < |x-a| < \delta\right\}$$

这里 $0 < |x-a|$ 表示 $x \neq a$.

数集 $\left\{x \mid a - \delta < x < a\right\}$ 称为点 a 的左 δ 邻域，数集 $\left\{x \mid a < x < a + \delta\right\}$ 称为点 a 的右 δ 邻域.

第1章 函数与极限

1.1 函 数

1.1.1 函数的概念

在日常生活中，有两种常见的量：一种量的值是固定的，称为常量；一种量可以取不同的值，称为变量. 函数研究的就是变量之间的对应关系. 例如，圆的面积 $A = \pi r^2$ 就给出了面积 A 与半径 r 之间的关系. 变量之间的这种对应关系，正是引入函数概念的实际背景.

注意： 在以下讨论中，如无特殊声明，变量都取值于实数集.

定义 1.1.1 设 D 是一个非空实数集，f 是定义在 D 上的一个对应关系，若对于任意的实数 $x \in D$，都有唯一确定的实数 y 通过 f 与之对应，那么称 f 是定义在 D 上的一个**函数**，记作

$$y = f(x) \, , \quad x \in D$$

其中 x 称为**自变量**，y 称为**因变量**. 自变量的取值范围 D 称为函数的**定义域**，所有函数值构成的集合

$$W = \left\{ y \middle| y = f(x), \ x \in D \right\}$$

称为函数的**值域**.

注意： 记号 f 和 $f(x)$ 的含义是有区别的，前者表示自变量 x 和因变量 y 之间的对应关系，而后者表示与自变量 x 对应的函数值，但是研究函数总是通过函数值而进行的，因此习惯上也常用记号 "$f(x)$，$x \in D$" 或 "$y = f(x)$，$x \in D$" 来表示定义在 D 上的函数，这时应理解为由它所确定的函数 f.

函数的记号 f 也可以改用其他字母，如 g，φ，F 等，相应地，函数可记为 $y = g(x)$；$y = \varphi(x)$；$y = F(x)$ 等. 有时还直接利用因变量的记号来表示函数，即把函数记为 $y = y(x)$. 这时，因变量 y 既表示因变量，又表示函数关系.

从函数的定义可以看出，构成函数的要素是定义域和对应关系. 如果两个函数的定义域相同，对应关系也相同，那么这两个函数就是相同的，否则就是不同的.

例如，$f(x) = 1$，$x \in \mathbf{R}$ 与 $g(x) = \sin^2 x + \cos^2 x$，$x \in \mathbf{R}$ 是两个相同的函数. 而 $f(x) = 1$ 与 $g(x) = \dfrac{x}{x}$ 则是不相同的函数，因为 $f(x)$ 的定义域 $D = \mathbf{R}$，而 $g(x)$ 的定义域 $D = \mathbf{R} \setminus \{0\}$.

通常，表示函数的主要方法有解析法(公式法)、列表法和图形法.

设函数 $y = f(x)$ 的定义域为 D，值域为 W. 对于任意取定的 $x \in D$，对应的函数值为 $y = f(x)$. 这样，在 xOy 平面上以 x 为横坐标、y 为纵坐标就确定一点 (x, y). 当 x 遍取 D 上的每一个数值时，就得到点 (x, y) 的集合 C：

$$C = \left\{ (x, y) \middle| y = f(x), \ x \in D \right\}$$

称点集 C 为函数 $y = f(x)$ 的**图形**(图 1.1).

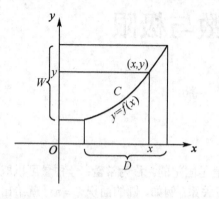

图 1.1　　　　　　　　　　　　　图 1.2

例 1.1.1　函数 $y = 2$ 的定义域为 $D = (-\infty, +\infty)$，值域为 $W = \{2\}$，其图形如图 1.2 所示，称此函数为**常函数**.

　例 1.1.2　函数

$$y = |x| = \begin{cases} x, & x \geqslant 0 \\ -x, & x < 0 \end{cases}$$

的定义域为 $D = (-\infty, +\infty)$，值域为 $W = [0, +\infty)$，其图形如图 1.3 所示，称此函数为**绝对值函数**.

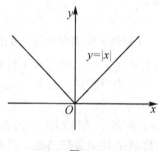
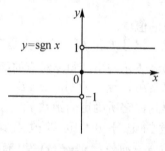

图 1.3　　　　　　　　　　　　　图 1.4

　例 1.1.3　函数

$$y = \operatorname{sgn} x = \begin{cases} 1, & x > 0 \\ 0, & x = 0 \\ -1, & x < 0 \end{cases}$$

的定义域为 $D = (-\infty, +\infty)$，值域为 $W = \{-1, 0, 1\}$，其图形如图 1.4 所示. 由于对于任何实数 x，下列关系成立

$$x = \operatorname{sgn} x \cdot |x|$$

所以，称此函数为**符号函数**.

例 1.1.4　设 x 为任一实数. 不超过 x 的最大整数称为 x 的整数部分, 记作 $[x]$. 例如, $\left[\dfrac{5}{7}\right]=0$, $[\sqrt{2}]=1$, $[\pi]=3$, $[-1]=-1$, $[-3.5]=-4$. 把 x 看作变量, 则函数 $y=[x]$ 的定义域为 $D=(-\infty,+\infty)$, 值域为 $W=\mathbf{Z}$, 其图形如图 1.5 所示, 这个图形称为**阶梯曲线**. 在 x 为整数值处, 图形发生跳跃, 跃度为 1, 称此函数为**取整函数**.

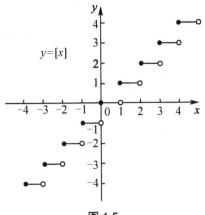

图 1.5

有时, 一个函数在其定义域的不同部分, 对应关系由不同的式子表达, 通常称这种函数为**分段函数**. 如例 1.1.2、例 1.1.3 中的函数都是分段函数.

1.1.2　函数的几种特性

1. 函数的有界性

设函数 $f(x)$ 的定义域为 D, 数集 $I\subset D$, 如果存在一个正数 M, 使得对任一 $x\in I$, 都有
$$|f(x)|\leqslant M$$
成立, 那么称 $f(x)$ 在 I 上**有界**(图 1.6); 如果这样的正数 M 不存在, 那么称 $f(x)$ 在 I 上**无界**.

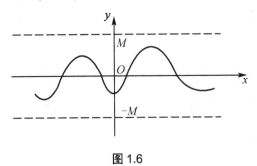

图 1.6

从图 1.6 可以看出, 函数的有界性是指该函数在所给数集上的图形介于两条水平直线 $y=M$ 和 $y=-M$ 之间.

如果存在一个数 M, 使得对任一 $x\in I$, 都有
$$f(x)\leqslant M$$
成立, 那么称 $f(x)$ 在 I 上**有上界**, M 是 $f(x)$ 在 I 上的一个上界.

如果存在一个数 m，使得对任一 $x \in I$，都有
$$f(x) \geq m$$
成立，那么称 $f(x)$ 在 I 上有**下界**，m 是 $f(x)$ 在 I 上的一个下界.

显然，$f(x)$ 在 I 上有界的充要条件是它在 I 上既有上界又有下界.

例如，函数 $f(x) = \sin x$ 在 $(-\infty, +\infty)$ 内是有界的，因为对任何实数 x，$|\sin x| \leq 1$ 都成立；

而 $f(x) = \dfrac{1}{x}$ 在开区间 $(0, 1)$ 内是无界的，因为不存在这样的正数 M，使 $\left|\dfrac{1}{x}\right| \leq M$ 对于 $(0, 1)$ 内的一切 x 都成立；但是，$f(x) = \dfrac{1}{x}$ 在闭区间 $[1, 2]$ 上是有界的. 因此，说一个函数是有界的或是无界的，应同时指出其自变量相应的变化范围.

2. 函数的单调性

设函数 $f(x)$ 的定义域为 D，区间 $I \subset D$，如果对于区间 I 上的任意两点 x_1 及 x_2，当 $x_1 < x_2$ 时，恒有
$$f(x_1) < f(x_2)$$
那么称函数 $f(x)$ 在区间 I 上是**单调增加**的；如果对于区间 I 上的任意两点 x_1 及 x_2，当 $x_1 < x_2$ 时，恒有
$$f(x_1) > f(x_2)$$
那么称函数 $f(x)$ 在区间 I 上是**单调减少**的. 单调增加和单调减少的函数统称为**单调函数**，使函数保持单调性的自变量区间叫做**单调区间**.

从几何直观来看，函数的单调增加就是当 x 从左到右变化时，函数的图形上升(图 1.7(a))；函数的单调减少就是当 x 从左到右变化时，函数的图形下降(图 1.7(b)).

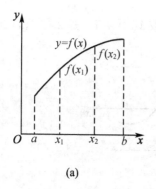 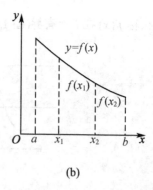

图 1.7

例如，函数 $f(x) = x^2$ 在区间 $[0, +\infty)$ 上是单调增加的；在区间 $(-\infty, 0]$ 上是单调减少的；在 $(-\infty, +\infty)$ 内函数 $f(x) = x^2$ 不是单调的. 又如，函数 $f(x) = x^3$ 在 $(-\infty, +\infty)$ 内是单调增加的.

3. 函数的奇偶性

设函数 $f(x)$ 的定义域 D 关于原点对称(即若 $x \in D$ ，则必有 $-x \in D$)．如果对于任一 $x \in D$ ，等式

$$f(-x) = f(x)$$

恒成立，那么称 $f(x)$ 为**偶函数**. 如果对于任一 $x \in D$ ，等式

$$f(-x) = -f(x)$$

恒成立，那么称 $f(x)$ 为**奇函数**. 不是偶函数也不是奇函数的函数，称为**非奇非偶函数**.

偶函数的图形关于 y 轴对称(图 1.8(a))，奇函数的图形关于原点对称(图 1.8(b)).

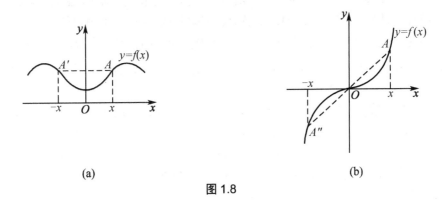

(a)　　　　　　　　　　　　　　　　(b)

图 1.8

例如，函数 $f(x) = x^2$ 是偶函数；函数 $f(x) = x^3$ 是奇函数； $f(x) = \sin x + \cos x$ 是非奇非偶函数.

研究函数的奇偶性的好处在于，如果知道一个函数是偶函数或奇函数，则知其一半即可知其全貌.

4. 函数的周期性

设函数 $f(x)$ 的定义域为 D ．如果存在一个正数 l ，使得对于任一 $x \in D$ ，有 $(x \pm l) \in D$ ，且

$$f(x + l) = f(x)$$

恒成立，那么称 $f(x)$ 为**周期函数**， l 称为 $f(x)$ 的周期，通常说的周期函数的周期是指最小正周期.

图 1.9 表示周期为 l 的一个周期函数，在每个长度为 l 的区间上，函数图形有相同的形状.

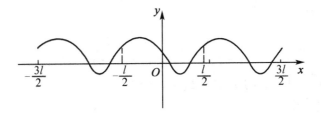

图 1.9

例如，函数 $y = \sin x$ 和 $y = \cos x$ 都是以 2π 为周期的周期函数；函数 $y = \tan x$ 和 $y = \cot x$ 都是以 π 为周期的周期函数.

根据周期函数图形的特点，只要作出函数在长度为周期 l 的一个区间上的图形，就可以通过图形的平移画出整个函数的图形. 因此，研究函数的周期性的好处在于，如果知道一个函数以 l 为周期，则由其在 $[0, l]$ 上的性质可推知其在整个定义域内的性质.

1.1.3 复合函数与反函数

1. 复合函数

在讨论函数问题时，经常会遇到多个函数相互作用的情况. 例如，函数 $y = \sqrt{1 - x^2}$ 表示 y 是 x 的函数，它的定义域为 $[-1, 1]$. 如果引进辅助变量 u，把这个函数的对应关系看作是：首先，对于任一 $x \in [-1, 1]$，通过函数 $u = 1 - x^2$ 得到对应的 u 值；然后，对于这个 u 值，通过函数 $y = \sqrt{u}$ 得到对应的 y 的值. 这时，就说函数 $y = \sqrt{1 - x^2}$ 是由函数 $y = \sqrt{u}$ 和 $u = 1 - x^2$ 复合而成的复合函数，辅助变量 u 则称为中间变量.

一般地，若函数 $y = f(u)$ 的定义域为 D_1，函数 $u = g(x)$ 的定义域为 D_2，值域为 W_2，并且 $W_2 \subset D_1$，那么对于任一数值 $x \in D_2$，通过 $u = g(x)$ 有唯一确定的数值 $u \in W_2$ 与之对应. 由于 $W_2 \subset D_1$，因此对于这个 u 值，通过 $y = f(u)$ 有唯一确定的数值 y 与之对应，从而得到一个以 x 为自变量、y 为因变量的函数，这个函数称为由函数 $u = g(x)$ 和函数 $y = f(u)$ 复合而成的**复合函数**，记作

$$y = f[g(x)]$$

变量 u 称为**中间变量**.

注意：由函数 $u = g(x)$ 和函数 $y = f(u)$ 构成复合函数的条件是函数 g 在 D_2 上的值域 W_2 必须包含在 f 的定义域 D_1 内，即 $W_2 \subset D_1$. 否则不能构成复合函数. 例如，函数 $y = \arcsin u$ 和函数 $u = 2 + x^2$ 不能构成复合函数，这是因为对于任一 $x \in \mathbf{R}$，$u = 2 + x^2$ 均不在 $y = \arcsin u$ 的定义域 $[-1, 1]$ 内.

复合函数是说明函数对应关系的某种表达方式的一个概念. 利用这个概念，一方面可以产生新的函数；另一方面也可以把函数分解成几个函数，这种分解在学微积分学时是很有用的.

例 1.1.5 设函数
$$y = \sin u, \quad u \in (-\infty, +\infty),$$
$$u = x^2, \quad x \in (-\infty, +\infty),$$
于是复合函数 $y = \sin x^2$，它的定义域是 $\mathbf{R}$.

例 1.1.6 设函数
$$y = \sqrt{u}, \quad u \in [0, +\infty),$$
$$u = x + 4, \quad x \in (-\infty, +\infty),$$
于是复合函数 $y = \sqrt{x + 4}$，它的定义域是 $[-4, +\infty)$.

例 1.1.7 试把函数
$$F(x) = 3^{\arcsin\sqrt{1 - x^2}}$$
分解成几个简单函数的复合.

取 $f(u) = 3^u$，$u = g(v) = \arcsin v$，$v = h(w) = \sqrt{w}$，$w = \varphi(x) = 1 - x^2$，则显然有

$$F(x) = f\big(g\big(h\big(\varphi(x)\big)\big)\big),$$

其中，u，v 和 w 都是中间变量.

2. 反函数

研究任何事物，往往要从正反面两个方面来研究. 例如，研究物体的运动规律，有时把路程看作时间的函数，有时又需要反过来把时间看作路程的函数. 这类事例反映到数学上来，就产生了反函数的概念.

设函数 $y = f(x)$ 的定义域为 D，值域为 W. 如果对于任一 $y \in W$，都有唯一确定的 $x \in D$ 满足关系 $f(x) = y$，那么就把 x 值作为取定的 y 值的对应值，从而得到了一个定义在 W 上的新的函数. 这个新的函数称为 $y = f(x)$ 的**反函数**，记作

$$x = f^{-1}(y).$$

这个函数的定义域为 W，值域为 D，相对于反函数 $x = f^{-1}(y)$ 来说，原来的函数 $y = f(x)$ 称为**直接函数**.

习惯上，自变量用 x 表示，因变量用 y 表示. 如果把 $x = f^{-1}(y)$ 中的 y 改成 x，x 改成 y，则得 $y = f^{-1}(x)$. 这是因为函数的实质是对应关系，只要对应关系不变，自变量和因变量用什么字母表示是无关紧要的，$x = f^{-1}(y)$ 与 $y = f^{-1}(x)$ 中表示的对应关系符号 f^{-1} 没有变化，这就表示它们是同一函数. 因此如果 $y = f(x)$ 的反函数是 $x = f^{-1}(y)$，则 $y = f^{-1}(x)$ 也是 $y = f(x)$ 的反函数. 例如，函数 $y = x^3$ 的反函数可以写成 $y = x^{\frac{1}{3}}$.

把直接函数 $y = f(x)$ 和它的反函数 $y = f^{-1}(x)$ 的图形画在同一坐标平面上，这两个图形关于直线 $y = x$ 是对称的. 事实上，如果 $A(x, f(x))$ 是函数 $f(x)$ 的图形上的点，则 $B(f(x), x)$ 是反函数 $f^{-1}(x)$ 的图形上的点；反之也一样(图 1.10).

那么，什么样的函数存在反函数? 一般，有如下的关于反函数存在性的充分条件.

定理 1.1.1(反函数存在定理)　如果函数 $y = f(x)$ 定义在某个区间 I 上并在该区间上单调增加(或减少)，那么它的反函数必存在，并且与直接函数具有相同的单调性.

例如，$y = x^2$ 在区间 $[0, +\infty)$ 上是单调增加的，其反函数为 $y = \sqrt{x}$；函数 $y = x^2$ 在区间 $(-\infty, 0]$ 上是单调减少的，其反函数为 $y = -\sqrt{x}$ (图 1.11).

例 1.1.8　求函数 $y = \dfrac{2^x}{1 + 2^x}$ 的反函数.

解　由 $y = \dfrac{2^x}{1 + 2^x}$ 可解得 $x = \log_2 \dfrac{y}{1 - y}$，对换 x，y 的位置，即得所求的反函数

$$y = \log_2 \frac{x}{1 - x},$$

其定义域为 $(0，1)$.

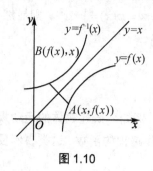

图 1.10

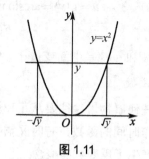

图 1.11

1.1.4　初等函数

1. 基本初等函数

在初等数学中已经介绍过：幂函数、指数函数、对数函数、三角函数和反三角函数，这五类函数被称为**基本初等函数**. 它们是用解析式表示函数的基础，下面介绍其主要性态和图形.

1) 幂函数

$y = x^\alpha (x \in \mathbf{R}, \ \alpha \neq 0)$，它的定义域要视 α 是什么数而定. 例如，$\alpha = \dfrac{1}{2}$ 时，$y = x^{\frac{1}{2}} = \sqrt{x}$

的定义域是 $[0, +\infty)$；$\alpha = 3$ 时，函数 $y = x^3$ 的定义域是 $(-\infty, +\infty)$；$\alpha = -\dfrac{1}{2}$ 时，

$y = x^{-\frac{1}{2}} = \dfrac{1}{\sqrt{x}}$ 的定义域是 $(0, +\infty)$，但是不论 α 是什么值，幂函数在 $(0, +\infty)$ 内总有定义.

幂函数 $y = x^\alpha$ 中，$\alpha = 1, \ 2, \ 3, \ \dfrac{1}{2}, \ -1$ 时是最常用的.

图　形	主要性质
   （图）	① 当 $\alpha > 0$ 时，图形过 $(0, 0)$ 及 $(1, 1)$ 两点，在 $[0, +\infty)$ 内是单调增加函数； ② 当 $\alpha < 0$ 时，图形过 $(1, 1)$ 点，在 $(0, +\infty)$ 内是单调减少函数

2) 指数函数

$y = a^x (a > 0, \ a \neq 0)$，它的定义域是 $(-\infty, +\infty)$，值域是 $(0, +\infty)$.

图　形	主要性质
   （图）	① 图形过 $(0, 1)$； ② $a^x > 0$； ③ 当 $a > 1$ 时，是单调增加函数； ④ 当 $0 < a < 1$ 时，是单调减少函数； ⑤ 直线 $y = 0$ 是函数图形的水平渐近线

3) 对数函数

$y = \log_a x (a > 0，a \neq 1)$，它的定义域是$(0，+\infty)$，值域是$(-\infty，+\infty)$.

图　　形	主要性质
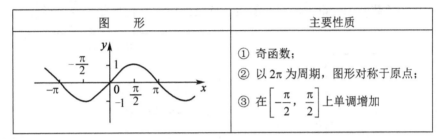	① 图形过$(1，0)$点； ② $y = \log_a x$ 的图形总在 y 轴右方； ③ 当 $a > 1$ 时，是单调增加函数； ④ 当 $0 < a < 1$，是单调减少函数； ⑤ 直线 $x = 0$ 是函数图形的铅直渐近线

4) 三角函数

(1) 正弦函数 $y = \sin x$，它的定义域是$(-\infty，+\infty)$，值域是$[-1，1]$.

图　　形	主要性质
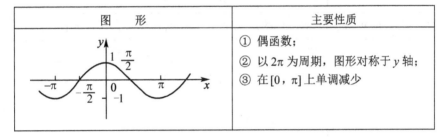	① 奇函数； ② 以 2π 为周期，图形对称于原点； ③ 在 $\left[-\dfrac{\pi}{2}，\dfrac{\pi}{2}\right]$ 上单调增加

(2) 余弦函数 $y = \cos x$，它的定义域是$(-\infty，+\infty)$，值域是$[-1，1]$.

图　　形	主要性质
	① 偶函数； ② 以 2π 为周期，图形对称于 y 轴； ③ 在 $[0，\pi]$ 上单调减少

(3) 正切函数 $y = \tan x$，它的定义域是$(2k-1)\dfrac{\pi}{2} < x < (2k+1)\dfrac{\pi}{2}$，$k = 0，\pm 1，\pm 2，\cdots$，值域是$(-\infty，+\infty)$.

图　　形	主要性质
	① 奇函数； ② 以 π 为周期的周期函数，图形对称于原点； ③ 在区间 $\left(-\dfrac{\pi}{2}，\dfrac{\pi}{2}\right)$，内单调增加； ④ 直线 $x = k\pi + \dfrac{\pi}{2}$ 是函数图形的铅直渐近线 $(k = 0，\pm 1，\pm 2，\cdots)$

(4) 余切函数 $y = \cot x$，它的定义域是 $k\pi < x < (k+1)\pi$，$k = 0$，± 1，± 2，$\cdots$，值域是 $(-\infty，+\infty)$．

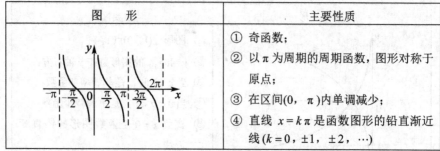

图　形	主要性质
	① 奇函数；
	② 以 π 为周期的周期函数，图形对称于原点；
	③ 在区间 $(0，\pi)$ 内单调减少；
	④ 直线 $x = k\pi$ 是函数图形的铅直渐近线 $(k = 0，\pm 1，\pm 2，\cdots)$

此外，还有两个三角函数：正割函数 $\sec x = \dfrac{1}{\cos x}$；余割函数 $\csc x = \dfrac{1}{\sin x}$．

5）反三角函数

(1) 反正弦函数 $y = \arcsin x$，它们的定义域是 $[-1，1]$，值域是 $\left[-\dfrac{\pi}{2}，\dfrac{\pi}{2} \right]$．

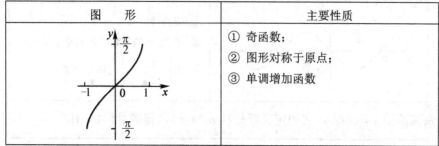

图　形	主要性质
	① 奇函数；
	② 图形对称于原点；
	③ 单调增加函数

(2) 反余弦函数 $y = \arccos x$，它的定义域是 $[-1，1]$，值域是 $[0，\pi]$．

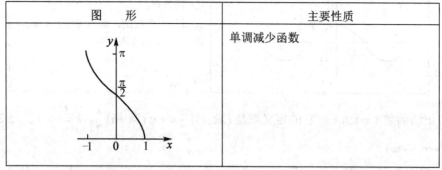

图　形	主要性质
	单调减少函数

(3) 反正切函数 $y = \arctan x$，它的定义域是 $(-\infty，+\infty)$，值域是 $\left(-\dfrac{\pi}{2}，\dfrac{\pi}{2} \right)$．

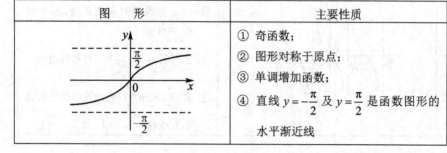

图　形	主要性质
	① 奇函数；
	② 图形对称于原点；
	③ 单调增加函数；
	④ 直线 $y = -\dfrac{\pi}{2}$ 及 $y = \dfrac{\pi}{2}$ 是函数图形的水平渐近线

(4) 反余切函数 $y = \mathrm{arc\,cot}\,x$，它的定义域是 $(-\infty，+\infty)$，值域是 $(0，\pi)$.

图　形	主要性质
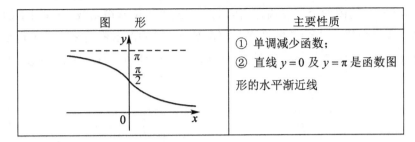	① 单调减少函数； ② 直线 $y = 0$ 及 $y = \pi$ 是函数图形的水平渐近线

2. 初等函数

在自然科学及工程技术中经常遇到的函数大多是由基本初等函数构成的函数.

由常数和基本初等函数经过有限次四则运算和有限次的函数复合步骤所构成并可用一个式子表示的函数，称为**初等函数**. 例如

$$\ln \sin^2 x，\quad \sqrt[3]{\tan x}，\quad \frac{2x-1}{x^2+1}，\quad \mathrm{e}^{2x}\sin(3x+1)$$

等都是初等函数. 本课程所讨论的函数绝大多数都是初等函数.

最常用的表示函数的方法是数学表达式，除此之外，利用函数图形表示函数也是一种常用的方法. 下面介绍两种作函数图形的方法.

1) 叠加法

已知函数 $y = f(x)$ 和 $y = g(x)$ 的图形，作出函数 $y = f(x) + g(x)$ 图形的方法，称做**叠加法**. 用叠加法画图时，只要将 $y = f(x)$ 和 $y = g(x)$ 的图形中相应的纵坐标作出代数和，就得到 $y = f(x) + g(x)$ 的图形中的相应点的纵坐标.

例 1.1.9　作 $y = x + \sin x$ 的图形.

解　把直线 $y = x$ 上的纵坐标加 $y = \sin x$ 图形中相应点上的纵坐标，即得 $y = x + \sin x$ 图形中相应点上的纵坐标. 图 1.12 是当 $0 \leqslant x \leqslant 2\pi$ 时，函数 $y = x$、$y = \sin x$ 和 $y = x + \sin x$ 的图形.

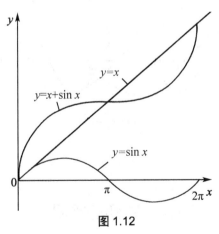

图 1.12

2) 平移法

已知函数 $y = f(x)$ 的图形，画出函数 $y = f(x) + a$ 和 $y = f(x + b)$ 的方法，称为平移法.

例 1.1.10　作函数 $y = x^2 + 2$、$y = x^2 - 1$、$y = (x+2)^2$ 和 $y = (x-1)^2$ 的图形.

解　将函数 $y = x^2$ 的图形沿着 y 轴方向向上平移两个单位即得函数 $y = x^2 + 2$ 的图形，向下移一个单位即得函数 $y = x^2 - 1$ 的图形；将函数 $y = x^2$ 的图形沿着 x 轴方向向左平移两个单位即得函数 $y = (x+2)^2$ 的图形，向右移一个单位即得函数 $y = (x-1)^2$ 的图形，如图 1.13 所示.

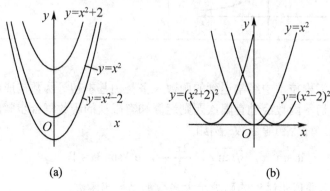

(a)　　　　　　　　　　　(b)

图 1.13

例 1.1.11　作 $y = \sin\left(2x + \dfrac{2}{3}\pi\right)$ 的图形.

解　将 $y = \sin x$ 的图形沿着 x 轴方向向左平移 $\dfrac{2\pi}{3}$ 单位，再将周期"压缩"为 π，即得 $y = \sin\left(2x + \dfrac{2}{3}\pi\right)$ 图形. 图 1.14 是当 $x \in [0,\ 2\pi]$ 时函数 $y = \sin x$、$y = \sin\left(x + \dfrac{2}{3}\pi\right)$ 和 $y = \sin\left(2x + \dfrac{2}{3}\pi\right)$ 的图形.

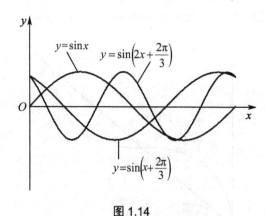

图 1.14

1.2　数列的极限

极限的概念是微积分的理论基础. 微积分的一些重要概念都建立在极限概念的基础上，所以有必要对它作比较详细的研究.

1.2.1　数列极限的概念

极限的概念是由于求某些实际问题的精确解而产生的，平面上曲边形面积的计算，就是极限概念的起源之一. 例如，我国古代数学家刘徽在公元 3 世纪就曾提出利用圆内接多边形来推算圆的面积的方法——割圆术. 这就是极限的思想在几何上的应用.

设有一圆，首先作其内接正六边形，把它的面积记为 A_1；再作内接正十二边形，其面积记为 A_2；再作内接正二十四边形，其面积记为 A_3……循环下去，每次边数增加一倍，一般地，把内接正 $6 \times 2^{n-1}$ 边形的面积记为 $A_n(n \in N)$. 这样，就得到一系列内接正多边形的面积

$$A_1, \quad A_2, \quad A_3, \quad \cdots, \quad A_n \cdots$$

它们构成一列有次序的数. 当 n 越大，内接多边形的面积与圆的面积差别就越小，从而以 A_n 作为圆面积的近似值也越精确. 但无论 n 取得如何大，只要 n 取定了，A_n 终究只是多边形的面积，而不是圆的面积. 因此，设想 n 无限增大(记为 $n \to \infty$，读作 n 趋于无穷大)，即内接正多边形的边数无限增加，在这个过程中，内接正多边形无限接近于圆，同时 A_n 也无限接近于某一确定的数值，这个确定的数值就理解为圆的面积. 这个确定的数值在数学上称为上面这列有次序的数(所谓数列) $A_1, A_2, A_3, \cdots, A_n \cdots$ 当 $n \to \infty$ 时的极限. 正是这个数列的极限才精确地表达了圆的面积.

在解决实际问题中逐渐形成的这种极限的方法，已成为微积分中的一种基本方法.

如果按照某一法则，有第一个实数 x_1，第二个实数 x_2，……，这样依次排列，使得对应着任何一个正整数 n 有一个确定的实数 x_n，那么，这列有次序的数

$$x_1, \quad x_2, \quad \cdots, \quad x_n, \quad \cdots$$

就称为**数列**，简记为数列 $\{x_n\}$. 数列中的每一个数称数列的**项**，第 n 项 x_n 称为数列的**一般项**. 例如

$$\frac{1}{2}, \frac{2}{3}, \frac{3}{4}, \cdots, \frac{n}{n+1}, \cdots$$
$$2, 4, 8, \cdots, 2^n, \cdots$$
$$\frac{1}{2}, \frac{1}{4}, \frac{1}{8}, \cdots, \frac{1}{2^n}, \cdots$$
$$1, -1, 1, -1, \cdots, (-1)^{n+1} \cdots$$

都是数列的例子，它们的一般项依次为

$$\frac{n}{n+1}, \quad 2^n, \quad \frac{1}{2^n}, \quad (-1)^{n+1}.$$

定义 1.2.1　设 $\{x_n\}$ 为一数列，如果存在常数 a，使得对于任意给定的正数 ε(无论它多么小)，总存在正整数 N，使得当 $n > N$ 时，不等式 $|x_n - a| < \varepsilon$ 都成立，那么称常数 a **是数列** $\{x_n\}$ **的极限**，或者称数列 $\{x_n\}$ **收敛于** a，记为

$$\lim_{n \to \infty} x_n = a \quad \text{或} \quad x_n \to a\,(n \to \infty).$$

如果这样的常数 a 不存在，就说数列 $\{x_n\}$ **没有极限**，或者称数列 $\{x_n\}$ 是**发散的**，习惯

上也说 $\lim\limits_{n\to\infty} x_n$ 不存在.

注意：上面定义中正数 ε 是"任意给定的"这点很重要. 由于 ε 的任意性, 不等式 $|x_n - a| < \varepsilon$ 才能表达出 x_n 与 a 无限接近的含义, 但它一旦给定, 就应该看作是不变的, 以便根据它来确定正整数 N. 另外, 定义中的正整数 N 与任意给定的正数 ε 有关, 它随 ε 的给定而选定; 对应于一个给定的 $\varepsilon > 0$, N 不是唯一的, 假定对某个 ε, N_1 满足要求, 那么大于 N_1 的任何自然数都满足要求.

数列极限 $\lim\limits_{n\to\infty} x_n = a$ 的几何解释：将常数 a 及数列 $\{x_n\}$ 在数轴上用它们的对应点表示出来, 再在数轴上作点 a 的 ε 邻域即开区间 $(a-\varepsilon, a+\varepsilon)$ (图 1.15).

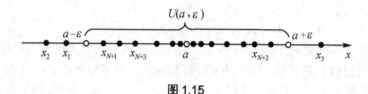

图 1.15

因不等式

$$|x_n - a| < \varepsilon$$

等价于不等式

$$a - \varepsilon < x_n < a + \varepsilon,$$

所以, 当 $n > N$ 时, 所有的点

$$x_{N+1}, \quad x_{N+2}, \quad \cdots$$

都将落入开区间 $(a-\varepsilon, a+\varepsilon)$ 内, 而只有有限个点(至多只有 N 个)在这区间以外. 即, 无论 ε 如何小, 除去有限项所对应的点以外, 其余无穷项所对应的点全部落入点 a 的 ε 邻域内.

为了表达方便, 引入记号 "$\forall$" 表示 "对于任意给定的" 或 "对于每一个", 记号 "$\exists$" 表示 "存在". 于是数列极限 $\lim\limits_{n\to\infty} x_n = a$ 定义可简单地表达为：

$$\lim\limits_{n\to\infty} x_n = a \Leftrightarrow \forall \varepsilon > 0, \ \exists 正整数 N, \ 当 n > N 时, \ 有 |x_n - a| < \varepsilon.$$

用定义去验证数列 $\{x_n\}$ 的极限是 a, 关键是设法由任意给定的 $\varepsilon > 0$, 找出一个相应的正整数 N, 使得当 $n > N$ 时, 不等式 $|x_n - a| < \varepsilon$ 成立. 现在举几个例子来加深理解极限的概念.

例 1.2.1 证明数列

$$1, \ \frac{1}{2}, \ \frac{1}{3}, \ \cdots, \ \frac{1}{n}, \ \cdots$$

的极限是 0.

证明 对任意给定的 $\varepsilon > 0$, 因为 $|x_n - 0| = \dfrac{1}{n}$, 于是, 要使 $|x_n - 0| < \varepsilon$, 只要

$$\frac{1}{n} < \varepsilon, \quad 即 \quad n > \frac{1}{\varepsilon}.$$

因此，可取 $N = \left[\dfrac{1}{\varepsilon}\right]$，则当 $n > N$ 时就有

$$\left|\frac{1}{n} - 0\right| < \varepsilon.$$

由定义 1.2.1 知，$\lim\limits_{n\to\infty}\dfrac{1}{n} = 0$.

例 1.2.2　证明　$\lim\limits_{n\to\infty} q^{n-1} = 0 \quad (0 \neq |q| < 1)$.

证明　任意给定 $\varepsilon > 0$（设 $0 < \varepsilon < 1$），因为，$|x_n - 0| = |q^{n-1} - 0| = |q|^{n-1}$，于是，要使 $|x_n - 0| < \varepsilon$，只要 $|q|^{n-1} < \varepsilon$，取自然对数，得 $(n-1)\ln|q| < \ln\varepsilon$. 因为 $|q| < 1$，所以 $\ln|q| < 0$，故 $n > 1 + \dfrac{\ln\varepsilon}{\ln|q|}$，取 $N = \left[1 + \dfrac{\ln\varepsilon}{\ln|q|}\right]$，则当 $n > N$ 时，就有 $|q|^{n-1} < \varepsilon$. 由定义 1.2.1 知 $\lim\limits_{n\to\infty} q^{n-1} = 0$.

1.2.2　收敛数列的性质

定理 1.2.1(数列极限的唯一性)　收敛数列的极限必唯一.

证明　用反证法. 设数列 $\{x_n\}$ 有两个极限 a, b，且 $a \neq b$. 由数列极限的定义，对于任意给定的 $\varepsilon > 0$，存在正整数 N_1，使得当 $n > N_1$ 时，有 $|x_n - a| < \dfrac{\varepsilon}{2}$；又存在着正整数 N_2，使得当 $n > N_2$ 时，有 $|x_n - b| < \dfrac{\varepsilon}{2}$. 取 $N = \max\{N_1, \ N_2\}$（这个式子表示 N 是 N_1 和 N_2 这两个数中最大的数），于是，当 $n > N$ 时，

$$|a - b| = |a - x_n + x_n - b| \leqslant |x_n - a| + |x_n - b| < \frac{\varepsilon}{2} + \frac{\varepsilon}{2} < \varepsilon.$$

如果取 $\varepsilon = \dfrac{1}{2}|a - b|$ 代入上面不等式得 $|a - b| < \dfrac{1}{2}|a - b|$，这是不可能的，这说明数列 $\{x_n\}$ 不可能有两个不同的极限.

下面先介绍数列有界性的概念，然后证明收敛数列的有界性.

对于数列 $\{x_n\}$，如果存在着正数 M，使得对一切 x_n 都满足不等式 $|x_n| \leqslant M$，则称数列 $\{x_n\}$ 是**有界的**；如果这样的正数 M 不存在，就说数列 $\{x_n\}$ 是**无界的**.

定理 1.2.2(收敛数列的有界性)　收敛数列必为有界数列.

证明　设数列 $\{x_n\}$ 收敛于 a，由数列极限的定义，对于 $\varepsilon = 1$，存在正整数 N，当 $n > N$ 时，有 $|x_n - a| < 1$ 成立. 于是，当 $n > N$ 时，

$$|x_n| = |(x_n - a) + a| \leqslant |x_n - a| + |a| < 1 + |a|.$$

取 $M = \max\{|x_1|, \ |x_2|, \ \cdots, \ |x_N|, \ 1 + |a|\}$，那么数列 $\{x_n\}$ 中的一切 x_n 都满足不等式 $|x_n| \leqslant M$. 这就证明了数列 $\{x_n\}$ 是有界的.

定理 1.2.3(收敛数列的保号性)　如果 $\lim\limits_{n\to\infty} x_n = a$，且 $a > 0$ (或 $a < 0$)，那么存在正整数 N，当 $n > N$ 时，恒有 $x_n > 0$ (或 $x_n < 0$).

证明　不妨设 $a > 0$，取 $\varepsilon = \dfrac{a}{2}$，由 $\lim\limits_{n\to\infty} x_n = a$ 知存在着正整数 N，当 $n > N$ 时，有

$$|x_n - a| < \frac{a}{2},$$

从而

$$x_n > a - \frac{a}{2} = \frac{a}{2} > 0.$$

推论 1.2.1　如果数列 $\{x_n\}$ 从某一项起有 $x_n \geqslant 0$ (或 $x_n \leqslant 0$) 且 $\lim\limits_{n\to\infty} x_n = a$，那么 $a \geqslant 0$ (或 $a \leqslant 0$).

最后，介绍子数列的概念以及关于收敛数列与其子数列间关系的一个定理.

数列 $\{x_n\}$ 在保持原有顺序的情况下，任取其中无穷项所构成的新数列称为数列 $\{x_n\}$ 的**子数列**，简称**子列**. 子数列一般记为 $\{x_{n_k}\}$：

$$x_{n_1}, \ x_{n_2}, \ \cdots, \ x_{n_k}, \ \cdots$$

其中 $n_1 < n_2 < \cdots < n_k < n_{k+1} < \cdots$，而 n_k 的下标 k 是子数列的项的序号(即子数列的第 k 项的序号). 例如

$$x_1, \ x_3, \ x_5, \ x_7, \ \cdots, \ x_{2n-1}, \ \cdots$$
$$x_2, \ x_4, \ x_6, \ x_8, \ \cdots, \ x_{2n}, \ \cdots$$

均为数列 $\{x_n\}$ 的子数列.

定理 1.2.4(收敛数列与其子数列间的关系)　如果数列 $\{x_n\}$ 收敛于 a，那么它的任一子数列也收敛，且极限也是 a.

由定理 1.2.4 可知，如果数列 $\{x_n\}$ 有一个子数列不收敛或两个子数列收敛于不同的极限，那么数列 $\{x_n\}$ 是发散的.

例 1.2.3　证明数列 $\{x_n\} = \left\{(-1)^{n+1}\right\}$ 是发散的.

证明　因为数列

$$1, \ -1, \ 1, \ -1, \ \cdots, \ (-1)^{n+1}, \ \cdots$$

的子数列 $\{x_{2k-1}\}$ 收敛于 1，而子数列 $\{x_{2k}\}$ 收敛于 -1，因此数列 $\{x_n\} = \left\{(-1)^{n+1}\right\}$ 是发散的.

例 1.2.3 同时说明了有界数列不一定收敛，即数列有界是数列收敛的必要条件，但不是充分条件.

1.3　函数的极限

1.2 节讲了数列的极限. 因为数列 $\{x_n\}$ 可以看作是自变量为正整数 n 的函数：$x_n = f(n)$，$n \in \mathbf{N}^+$，所以，数列的极限也是函数极限的一种类型，即自变量 n 趋于无穷大时函数 $x_n = f(n)$ 的极限. 下面介绍一般情形函数的极限.

1.3.1　函数极限的概念

1. 自变量趋于有限值时函数的极限

现在考虑自变量 x 的变化过程为 $x \to x_0$. 如果在 $x \to x_0$ 的过程中，对应的函数值 $f(x)$ 无限接近于确定的数值 A，那么就说 A 是函数 $f(x)$ 当 $x \to x_0$ 时的极限. 这里，假定函数 $f(x)$ 在点 x_0 的某个去心邻域内有定义.

在 $x \to x_0$ 的过程中，对应的函数值 $f(x)$ 无限接近于 A，就是 $|f(x)-A|$ 能任意小. 如同数列极限的概念一样，$|f(x)-A|$ 能任意小可以用 $|f(x)-A|<\varepsilon$ 来表达，其中 ε 是任意给定的正数. 因为函数值 $f(x)$ 无限接近于 A 是在 $x \to x_0$ 的过程中实现的，所以对于任意给定的正数 ε，只要求充分接近于 x_0 的 x 所对应的函数值 $f(x)$ 满足不等式 $|f(x)-A|<\varepsilon$；而充分接近于 x_0 的 x 可表达为 $0<|x-x_0|<\delta$，其中 δ 是某个正数. 从几何上看，适合不等式 $0<|x-x_0|<\delta$ 的 x 的全体，就是点 x_0 的去心 δ 邻域，而邻域的半径 δ 则体现了 x 接近 x_0 的程度.

由以上分析可以给出 $x \to x_0$ 时函数的极限的定义.

定义 1.3.1　设函数 $f(x)$ 在 x_0 点的某个去心邻域内有定义，如果存在常数 A，使得对于任意给定的正数 ε(无论它多么小)，总存在正数 δ，使得当 $0<|x-x_0|<\delta$ 时，有

$$|f(x)-A|<\varepsilon,$$

那么称常数 A 为函数 $f(x)$ 当 $x \to x_0$ 时的极限，记作

$$\lim_{x \to x_0} f(x) = A \quad \text{或} \quad f(x) \to A \quad (\text{当} x \to x_0 \text{时}).$$

如果这样的常数 A 不存在，那么称当 $x \to x_0$ 时 $f(x)$ 没有极限，习惯上表达成 $\lim\limits_{x \to x_0} f(x)$ 不存在.

定义 1.3.1 可简单地表达为

$$\lim_{x \to x_0} f(x) = A \Leftrightarrow \forall \varepsilon > 0, \exists \delta > 0，\text{当} 0<|x-x_0|<\delta \text{时，有} |f(x)-A|<\varepsilon.$$

注意：由于定义中的正数 ε 是一个任意给定的正数，因此不等式 $|f(x)-A|<\varepsilon$ 刻画了 $f(x)$ 与 A 无限接近的含义；定义中的正数 δ 表示了 x 与 x_0 的接近程度，它与任意给定的正数 ε 有关，随着 ε 的给定而选定；定义中 $0<|x-x_0|$ 表示 $x \neq x_0$，所以 $x \to x_0$ 时 $f(x)$ 有没有极限，与 $f(x)$ 在点 x_0 是否有定义无关.

函数 $f(x)$ 当 $x \to x_0$ 时以 A 为极限的几何解释如下.

任意给定一个正数 ε，作平行于 x 轴的两条直线 $y = A+\varepsilon$ 及 $y = A-\varepsilon$，介于这两条直线之间是一带形区域. 根据定义，对于给定的正数 ε，存在着点 x_0 的一个去心 δ 邻域 $\mathring{U}(x_0, \delta)$，当 $x \in \mathring{U}(x_0, \delta)$ 时，即当 $x \in (x_0-\delta, x_0+\delta)$ 时，但 $x \neq x_0$ 时，有不等式

$$|f(x)-A|<\varepsilon$$

成立，即

$$A-\varepsilon < f(x) < A+\varepsilon$$

成立，也就是这些点落在这个带形区域内(图 1.16).

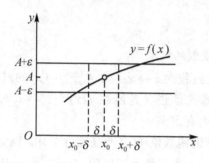

图 1.16

例 1.3.1　证明 $\lim\limits_{x \to x_0} C = C$，此处 C 为一常数.

证明　对 $\forall \varepsilon > 0$，由于 $|f(x) - A| = |C - C| = 0$，所以，可任取 $\delta > 0$，当 $0 < |x - x_0| < \delta$ 时，总有不等式

$$|f(x) - A| = |C - C| = 0 < \varepsilon$$

成立. 从而 $\lim\limits_{x \to x_0} C = C$.

例 1.3.2　证明 $\lim\limits_{x \to x_0} x = x_0$.

证明　对 $\forall \varepsilon > 0$，由于 $|f(x) - A| = |x - x_0|$，所以，取 $\delta = \varepsilon$，当 $0 < |x - x_0| < \delta$ 时，有不等式

$$|f(x) - A| = |x - x_0| < \varepsilon$$

成立. 从而 $\lim\limits_{x \to x_0} x = x_0$.

例 1.3.3　证明 $\lim\limits_{x \to 2}(2x - 1) = 3$.

证明　对 $\forall \varepsilon > 0$，由于

$$|f(x) - A| = |2x - 1 - 3| = |2x - 4| = 2|x - 2|,$$

要使 $|f(x) - 3| = |2x - 1 - 3| < \varepsilon$，只要 $|x - 2| < \dfrac{\varepsilon}{2}$，取 $\delta = \dfrac{\varepsilon}{2}$，则当 x 满足 $0 < |x - 2| < \delta$ 时，有

$$|f(x) - 3| = |2x - 1 - 3| < \varepsilon$$

成立. 从而 $\lim\limits_{x \to 2}(2x - 1) = 3$.

上面所考虑的极限 $\lim\limits_{x \to x_0} f(x) = A$ 中 x 趋于 x_0 的方式是任意的，它可以从 x 的左边 $(x < x_0)$ 趋于 x_0，也可以从 x 的右边 $(x > x_0)$ 趋于 x_0，但有些函数有时只能或只需考虑单侧极限. 函数 $f(x)$ 当 x 仅从 x_0 点的左边趋于 x_0（记作 $x \to x_0 - 0$，或 $x \to x_0^-$）时的极限，只需把定义 1.3.1 中的 $0 < |x - x_0| < \delta$ 改为 $x_0 - \delta < x < x_0$，其他不变，此时，称数 A 为函数 $f(x)$ 当 x 趋于 x_0 时的**左极限**，记作

$$\lim\limits_{x \to x_0 - 0} f(x) = A \quad \text{或} \quad \lim\limits_{x \to x_0^-} f(x) = A \quad \text{或} \quad f(x_0 - 0) = A.$$

类似地，把定义 1.3.1 中的 $0 < |x - x_0| < \delta$ 改为 $x_0 < x < x_0 + \delta$，其他不变，此时，称数 A 为函数 $f(x)$ 当 x 趋于 x_0 时的**右极限**，记作

$$\lim\limits_{x \to x_0 + 0} f(x) = A \quad \text{或} \quad \lim\limits_{x \to x_0^+} f(x) = A \quad \text{或} \quad f(x_0 + 0) = A.$$

左极限和右极限统称为**单侧极限**.

定理 1.3.1　函数 $f(x)$ 当 x 趋于 x_0 时极限存在的充要条件是函数在该点的左极限和右极限都存在且相等，即

$$f(x_0 - 0) = f(x_0 + 0),$$

如果一个单侧极限不存在，或左、右极限都存在但不相等，则可断言该点处极限不存在.

例 1.3.4　证明函数

$$f(x) = \begin{cases} x-1, & x < 0 \\ 0, & x = 0 \\ x+1, & x > 0 \end{cases}$$

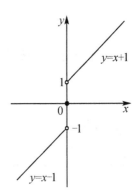

图 1.17

当 $x \to 0$ 时，$f(x)$ 的极限不存在.

证明　因为

$$\lim_{x \to 0^-} f(x) = \lim_{x \to 0^-} (x-1) = -1,$$

$$\lim_{x \to 0^+} f(x) = \lim_{x \to 0^+} (x+1) = 1,$$

所以 $\lim_{x \to 0} f(x)$ 不存在(图 1.17).

2. 自变量趋于无穷大时函数的极限

x 的绝对值无限增大称做 x 趋于无穷大，记作 $x \to \infty$.

定义 1.3.2　设函数 $f(x)$ 当 $|x| > M$ (M 是某一正数)时有定义，如果存在常数 A，对于任意给定的正数 ε(无论它多么小)，总存在正数 X，使得当 $|x| > X$ 时，有

$$|f(x) - A| < \varepsilon,$$

那么称常数 A 为函数 $f(x)$ 当 $x \to \infty$ 时的极限，记作

$$\lim_{x \to \infty} f(x) = A \quad \text{或} \quad f(x) \to A \quad (\text{当 } x \to \infty \text{ 时}).$$

定义 1.3.2 可简单地表达为

$$\lim_{x \to \infty} f(x) = A \Leftrightarrow \forall \varepsilon > 0, \ \exists X > 0, \ \text{当 } |x| > X \text{ 时, 有 } |f(x) - A| < \varepsilon.$$

如果 $x > 0$ 且无限增大(记作 $x \to +\infty$，那么只要把上面的定义中的 $|x| > X$ 改为 $x > X$，就可得 $\lim_{x \to +\infty} f(x) = A$ 的定义. 同样，$x < 0$ 而 $|x|$ 无限增大(记作 $x \to -\infty$)，那么只要把 $|x| > X$ 改为 $x < -X$，便得 $\lim_{x \to -\infty} f(x) = A$ 的定义.

函数 $f(x)$ 当 $x \to \infty$ 以 A 为极限的几何解释如下.

作直线 $y = A + \varepsilon$ 及 $y = A - \varepsilon$，则总存在着一个正数 X，使得当 $x < -X$ 或 $x > X$ 时，函数 $y = f(x)$ 的图形位于这两条直线之间(图 1.18).

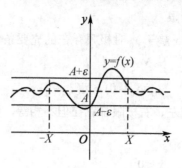

图 1.18

由上面分析不难得到

$$\lim_{x\to\infty} f(x) = A \Leftrightarrow \lim_{x\to+\infty} f(x) = \lim_{x\to-\infty} f(x) = A.$$

例 1.3.5　证明 $\lim\limits_{x\to\infty}\dfrac{1}{x}=0$.

证明　$\forall \varepsilon > 0$，　由于 $\left|\dfrac{1}{x}-0\right| = \dfrac{1}{|x|}$，要使 $\left|\dfrac{1}{x}-0\right| < \varepsilon$ 即可，只要 $|x| > \dfrac{1}{\varepsilon}$. 所以，可取 $X = \dfrac{1}{\varepsilon}$. 则当 $|x| > X$ 时，有不等式

$$\left|\frac{1}{x}-0\right| < \varepsilon$$

成立，因此 $\lim\limits_{x\to\infty}\dfrac{1}{x}=0$.

直线 $y = 0$ 是函数 $y = \dfrac{1}{x}$ 图形的水平渐近线.

一般地，如果 $\lim\limits_{x\to\infty} f(x) = C$，那么称直线 $y = C$ 为函数 $y = f(x)$ 的图形的**水平渐近线**.

由上面定义可以看出，数列的极限可以看作是 $x\to+\infty$ 时函数极限的特殊情况.

1.3.2　函数极限的性质

类似于数列极限性质的证明方法，利用函数极限的定义，可以证明下列定理.

定理 1.3.2（函数极限的唯一性）　如果 $\lim\limits_{x\to x_0} f(x)$ 存在，那么这个极限唯一.

当 $x\to\infty$ 时，此定理仍然成立.

定理 1.3.3（函数极限的局部有界性）　如果 $\lim\limits_{x\to x_0} f(x) = A$，那么存在常数 $M > 0$ 和 $\delta > 0$，使得当 $0 < |x - x_0| < \delta$ 时，有 $|f(x)| \leq M$.

证明　取正数 $\varepsilon = 1$. 根据 $\lim\limits_{x\to x_0} f(x) = A$ 的定义，对于 $\varepsilon = 1$，存在 $\delta > 0$，当 $0 < |x - x_0| < \delta$ 时，有不等式

$$|f(x) - A| < 1,$$

从而

$$\left|f(x)\right| \leqslant \left|f(x)-A\right| + \left|A\right| < \left|A\right| + 1,$$

记 $M = \left|A\right| + 1$，于是有 $\left|f(x)\right| \leqslant M$．

定理 1.3.3′(函数极限的局部有界性)　如果 $\lim\limits_{x \to \infty} f(x) = A$，那么存在常数 $M > 0$ 和 $X > 0$，使得当 $\left|x\right| > X$ 时，有 $\left|f(x)\right| \leqslant M$．

定理 1.3.4(函数极限的局部保号性)　如果 $\lim\limits_{x \to x_0} f(x) = A$，而且 $A > 0$(或 $A < 0$)，那么存在点 x_0 的某一去心 δ $(\delta > 0)$ 邻域 $\mathring{U}(x_0, \delta)$，当 $x \in \mathring{U}(x_0, \delta)$ 时，有 $f(x) > 0$(或 $f(x) < 0$)．

证明　仅就 $A > 0$ 的情形证明．取正数 $\varepsilon \leqslant A$．根据 $\lim\limits_{x \to x_0} f(x) = A$ 的定义，存在 $\delta > 0$，当 $0 < \left|x - x_0\right| < \delta$ 时，有不等式

$$\left|f(x) - A\right| < \varepsilon,$$

即

$$A - \varepsilon < f(x) < A + \varepsilon$$

成立，因为 $A - \varepsilon \geqslant 0$，故 $f(x) > 0$．

类似可证 $A < 0$ 的情形．

定理 1.3.4′(函数极限的局部保号性)　如果 $\lim\limits_{x \to \infty} f(x) = A$，而且 $A > 0$(或 $A < 0$)，那么存在 $X > 0$，当 $\left|x\right| > X$ 时，有 $f(x) > 0$(或 $f(x) < 0$)．

推论 1.3.1　如果在 x_0 的某去心邻域内 $f(x) \geqslant 0$(或 $f(x) \leqslant 0$)，而且 $\lim\limits_{x \to x_0} f(x) = A$，那么 $A \geqslant 0$(或 $A \leqslant 0$)．

推论 1.3.1′　如果当 $\left|x\right| > X$ 时，$f(x) \geqslant 0$(或 $f(x) \leqslant 0$)，而且 $\lim\limits_{x \to \infty} f(x) = A$，那么 $A \geqslant 0$(或 $A \leqslant 0$)．

1.4　无穷小与无穷大

无穷小与无穷大是函数的两种特殊的变化趋势，理解它们的本质及其相互关系对今后的学习有重要的作用．

1.4.1　无穷小

如果函数 $f(x)$ 当 $x \to x_0$(或 $x \to \infty$)时的极限为零，那么称函数 $f(x)$ 为当 $x \to x_0$(或 $x \to \infty$)时的无穷小，因此，只要在上一节函数极限定义 1.3.1(或 1.3.2)中令 $A = 0$ 就可以得到无穷小的定义．

定义 1.4.1　设函数 $f(x)$ 在 x_0 的某一去心邻域内有定义(或当 $\left|x\right|$ 大于某一正数时有定义)．如果对于任意给定的正数 ε(不论它多么小)，总存在正数 δ (或正数 X)，使得当 $0 < \left|x - x_0\right| < \delta$(或 $\left|x\right| > X$)时，有

$$\left|f(x)\right| < \varepsilon,$$

那么称函数 $f(x)$ 为当 $x \to x_0$(或 $x \to \infty$)时的无穷小或称无穷小量，记作

$$\lim_{x \to x_0} f(x) = 0 \text{ 或 } \lim_{x \to \infty} f(x) = 0.$$

注意：不要把无穷小与很小的数混为一谈，因为无穷小是这样的函数，在 $x \to x_0$ (或 $x \to \infty$)的过程中，这个函数的绝对值能小于任意给定的正数 ε. 而很小的数(如百万分之一)就不能小于任意给定的正数 ε. 但是零可以作为无穷小量的唯一常数，因为如果 $f(x) = 0$，那么对于任意给定的正数 ε，总有 $|f(x)| < \varepsilon$.

例 1.4.1　因为 $\lim_{x \to 1}(x-1) = 0$，所以函数 $(x-1)$ 为当 $x \to 1$ 时的无穷小；因为 $\lim_{x \to \infty} \dfrac{1}{x} = 0$，所以函数 $\dfrac{1}{x}$ 为当 $x \to \infty$ 时的无穷小.

有极限的函数和无穷小之间有着密切的关系.

定理 1.4.1　在自变量的某个变化过程中，函数 $f(x)$ 有极限 A 的充分必要条件是 $f(x) = A + \alpha$，其中 α 是同一变化过程中的无穷小，即 $\lim\limits_{\substack{x \to x_0 \\ (x \to \infty)}} f(x) = A \Leftrightarrow f(x) = A + \alpha$ $(\alpha \to 0, x \to x_0$ (或 $x \to \infty$)).

证明　仅就 $x \to x_0$ 的情形证明. 设 $\lim\limits_{x \to x_0} f(x) = A$，则 $\forall \varepsilon > 0$，$\exists \delta > 0$，当 $0 < |x - x_0| < \delta$ 时，有

$$|f(x) - A| < \varepsilon,$$

由极限定义得 $\lim\limits_{x \to x_0}(f(x) - A) = 0$. 令 $\alpha = f(x) - A$，则有 $\lim\limits_{x \to x_0} \alpha = 0$，即 α 是当 $x \to x_0$ 时的无穷小，且 $f(x) = A + \alpha$.

再证明充分性. 设 $f(x) = A + \alpha$，α 是当 $x \to x_0$ 时的无穷小，于是，由于 $|f(x) - A| = |\alpha|$，$\lim\limits_{x \to x_0} \alpha = 0$，所以，$\forall \varepsilon > 0$，$\exists \delta > 0$，当 $0 < |x - x_0| < \delta$ 时，有 $|\alpha| < \varepsilon$，即 $|f(x) - A| < \varepsilon$，这就证明了

$$\lim_{x \to x_0} f(x) = A.$$

类似可证 $x \to \infty$ 时的情形.

定理 1.4.2　有限个无穷小的和还是无穷小.

证明　只需证明两个无穷小的和的情形即可. 设 α，β 是 $x \to x_0$ 时的两个无穷小，令

$$\gamma = \alpha + \beta.$$

$\forall \varepsilon > 0$，因为 $\lim\limits_{x \to x_0} \alpha = 0$，所以对 $\dfrac{\varepsilon}{2} > 0$，存在 $\delta_1 > 0$，当 $0 < |x - x_0| < \delta_1$ 时，有

$$|\alpha| < \frac{\varepsilon}{2},$$

又因 $\lim\limits_{x \to x_0} \beta = 0$，所以对 $\dfrac{\varepsilon}{2} > 0$，存在 $\delta_2 > 0$，当 $0 < |x - x_0| < \delta_2$ 时，有

$$|\beta| < \frac{\varepsilon}{2},$$

取 $\delta = \min\{\delta_1, \delta_2\}$ (这个式子表示 δ 是 δ_1 和 δ_2 中较小的数)，则当 $0 < |x - x_0| < \delta$ 时，$|\alpha| < \dfrac{\varepsilon}{2}$ 和

$\left|\beta\right| < \dfrac{\varepsilon}{2}$ 同时成立，从而有

$$\left|\gamma\right| = \left|\alpha + \beta\right| \leqslant \left|\alpha\right| + \left|\beta\right| < \frac{\varepsilon}{2} + \frac{\varepsilon}{2} = \varepsilon,$$

这说明 $\lim\limits_{x \to x_0} \gamma = 0$，即 $\gamma = \alpha + \beta$ 还是 $x \to x_0$ 时的无穷小.

类似可证 $x \to \infty$ 时的情形.

定理 1.4.3 有界函数与无穷小的乘积是无穷小.

证明 设函数 u 在 x_0 的某去心邻域 $\overset{\circ}{U}(x_0, \delta_1)$ 内有界，则 $\exists M > 0$，使 $\left|u\right| \leqslant M$ 对一切 $x \in \overset{\circ}{U}(x_0, \delta_1)$ 成立. 又设 α 是 $x \to x_0$ 时的无穷小，即 $\forall \varepsilon > 0$，$\exists \delta_2 > 0$，当 $x \in \overset{\circ}{U}(x_0, \delta_2)$ 时，有

$$\left|\alpha\right| < \frac{\varepsilon}{M},$$

取 $\delta = \min\left\{\delta_1, \delta_2\right\}$，则当 $x \in \overset{\circ}{U}(x_0, \delta)$ 时，$\left|u\right| \leqslant M$ 和 $\left|\alpha\right| < \dfrac{\varepsilon}{M}$，同时成立，从而有

$$\left|u\alpha\right| = \left|u\right| \cdot \left|\alpha\right| < M \cdot \frac{\varepsilon}{M} = \varepsilon,$$

这说明 $u\alpha$ 是 $x \to x_0$ 时的无穷小.

类似可证 $x \to \infty$ 时的情形.

推论 1.4.1 常数与无穷小的乘积是无穷小.

推论 1.4.2 有限个无穷小的乘积也是无穷小.

注意： 两个无穷小的商未必是无穷小.

例 1.4.2 求极限 $\lim\limits_{x \to 0}\left(x \sin \dfrac{1}{x}\right)$.

解 由于 $\left|\sin \dfrac{1}{x}\right| \leqslant 1 \ (x \neq 0)$，故 $\sin \dfrac{1}{x}$ 在 $x = 0$ 的任一去心邻域内是有界的. 而函数 x 是 $x \to 0$ 时的无穷小，由定理 1.4.3 可知 $x \sin \dfrac{1}{x}$ 是 $x \to 0$ 时的无穷小，即 $\lim\limits_{x \to 0}\left(x \sin \dfrac{1}{x}\right) = 0$ (图 1.19).

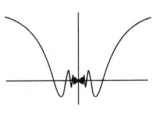

图 1.19

1.4.2 无穷大

如果函数 $f(x)$ 当 $x \to x_0$ (或 $x \to \infty$)时绝对值 $\left|f(x)\right|$ 无限增大，那么称函数 $f(x)$ 为当 $x \to x_0$ (或 $x \to \infty$)时的无穷大. 无穷大的精确定义如下.

定义 1.4.2 设函数 $f(x)$ 在 x_0 的某一去心邻域内有定义(或当$\left|x\right|$ 大于某一正数时有定义). 如果对于任意给定的正数 M (不论它多么大)，总存在正数 δ (或正数 X)，当 $0 < \left|x - x_0\right| < \delta$ (或$\left|x\right| > X$)时，有

$$\left|f(x)\right| > M,$$

那么称函数 $f(x)$ 为当 $x \to x_0$ (或$(x \to \infty$)时的无穷大(或无穷大量).

函数 $f(x)$ 当 $x \to x_0$ (或 $(x \to \infty)$ 时为无穷大,按函数的定义来说,极限是不存在的,但是为了便于叙述函数的这一性态,也说"函数的极限是无穷大",记作

$$\lim_{x \to x_0} f(x) = \infty \quad 或 \quad \lim_{x \to \infty} f(x) = \infty.$$

如果在无穷大定义中,把 $|f(x)| > M$ 改成 $f(x) > M$ (或 $f(x) < -M$),就记作

$$\lim_{\substack{x \to x_0 \\ (x \to \infty)}} f(x) = +\infty \quad 或 \quad \lim_{\substack{x \to x_0 \\ (x \to \infty)}} f(x) = -\infty.$$

注意:无穷大不是数,不可与很大的数(如百万、亿万等)混为一谈. 另外,无穷大和无界量也是不同的,如数列 1, 0, 2, 0, $\cdots$, n, $\cdots$ 是无界的,但它不是当 $n \to \infty$ 时的无穷大.

数列为无穷大是函数为无穷大的特殊情况.

例 1.4.3　证明 $\lim\limits_{x \to 1} \dfrac{1}{x-1} = \infty$ (图 1.20).

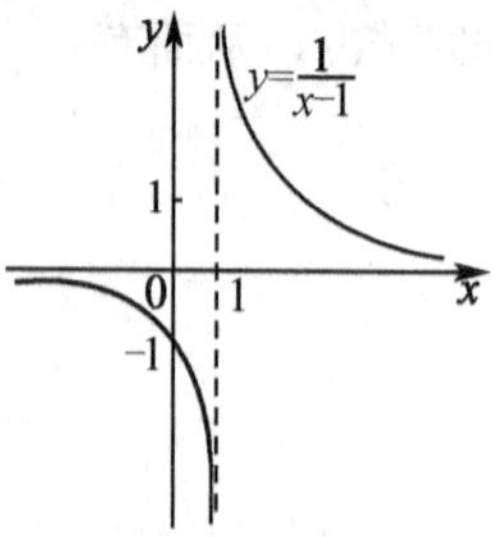

证明　对于任意给定的正数 M,要使

$$\left| \frac{1}{x-1} \right| = \frac{1}{|x-1|} > M,$$

只要 $|x-1| < \dfrac{1}{M}$,所以取 $\delta = \dfrac{1}{M}$,则当 $0 < |x-1| < \delta = \dfrac{1}{M}$ 时,有

$$\left| \frac{1}{x-1} \right| > M$$

图 1.20

成立,从而 $\lim\limits_{x \to 1} \dfrac{1}{x-1} = \infty$.

直线 $x = 1$ 是函数 $y = \dfrac{1}{x-1}$ 的图形的铅直渐近线.

一般地,如果 $\lim\limits_{x \to x_0} f(x) = \infty$,则称直线 $x = x_0$ 为函数 $y = f(x)$ 的图形的**铅直渐近线**.

无穷大与无穷小之间有一种简单的关系如下.

定理 1.4.4　在自变量的同一变化过程中,如果 $f(x)$ 为无穷大,则 $\dfrac{1}{f(x)}$ 为无穷小;反之,如果 $f(x)$ 为无穷小,且 $f(x) \neq 0$,则 $\dfrac{1}{f(x)}$ 为无穷大.

证明　设 $\lim\limits_{x \to x_0} f(x) = \infty$,要证 $\dfrac{1}{f(x)}$ 为当 $x \to x_0$ 时的无穷小.

任意给定正数 ε,根据无穷大的定义,对于 $M = \dfrac{1}{\varepsilon}$,存在 $\delta > 0$,当 $0 < |x - x_0| < \delta$ 时,有

$$|f(x)| > M = \frac{1}{\varepsilon},$$

从而 $\left| \dfrac{1}{f(x)} \right| < \varepsilon$,所以 $\dfrac{1}{f(x)}$ 为当 $x \to x_0$ 时的无穷小.

反之，设 $\lim\limits_{x \to x_0} f(x) = 0$，且 $f(x) \neq 0$ ，要证 $\dfrac{1}{f(x)}$ 当 $x \to x_0$ 时为无穷大.

任意给定正数 M，根据无穷小量的定义，对于 $\varepsilon = \dfrac{1}{M}$，存在 $\delta > 0$，当 $0 < |x - x_0| < \delta$ 时，有

$$|f(x)| < \varepsilon = \frac{1}{M},$$

由于 $f(x) \neq 0$，从而 $\dfrac{1}{|f(x)|} > M$，所以 $\dfrac{1}{f(x)}$ 当 $x \to x_0$ 时为无穷大量.

类似可证 $x \to \infty$ 时的情形.

注意：与无穷小不同的是，在自变量的同一变化过程中，两个无穷大相加或相减的结果是不确定的. 因此，无穷大没有和无穷小那样类似的性质，须具体问题具体分析.

1.5 极限运算法则

本节主要介绍极限的运算法则. 利用这些法则，可以求出某些函数的极限.

在下面的讨论中，记号 $\lim$ 下面没有标明自变量的变化过程，实际上，下面的定理对 $x \to x_0$ 及 $x \to \infty$ 都是成立的，而且对数列极限也是成立的. 本节只证明 $x \to x_0$ 的情形，类似可证 $x \to \infty$ 的情形.

定理 1.5.1 如果 $\lim f(x) = A$，$\lim g(x) = B$，则 $\lim[f(x) + g(x)]$ 存在，且

$$\lim[f(x) \pm g(x)] = A \pm B.$$

证明 因为 $\lim f(x) = A$，$\lim g(x) = B$，由定理 1.4.1 得

$$f(x) = A + \alpha, \quad g(x) = B + \beta,$$

其中 α，β 都是无穷小量，于是

$$f(x) \pm g(x) = (A + \alpha) \pm (B + \beta) = (A \pm B) + (\alpha \pm \beta),$$

由定理 1.4.2，$\alpha \pm \beta$ 是无穷小量，再由定理 1.4.1 有

$$\lim[f(x) \pm g(x)] = A \pm B = \lim f(x) \pm \lim g(x).$$

定理 1.5.1 可推广到有限个函数的情形.

定理 1.5.2 如果 $\lim f(x) = A$，$\lim g(x) = B$，则 $\lim f(x) \cdot g(x)$ 存在，且

$$\lim f(x) \cdot g(x) = A \cdot B = \lim f(x) \cdot \lim g(x).$$

这个定理的证明留给读者作为练习题.

定理 1.5.2 可推广到有限个函数的情形.

推论 1.5.1 如果 $\lim f(x)$ 存在，而 n 为正整数，则

$$\lim[f(x)]^n = [\lim f(x)]^n.$$

推论 1.5.2　如果 $\lim f(x)$ 存在，而 C 为常数，则

$$\lim[Cf(x)] = C\lim f(x).$$

定理 1.5.3　$\lim f(x) = A$，$\lim g(x) = B$，且 $B \neq 0$，则 $\lim \dfrac{f(x)}{g(x)}$ 存在，且

$$\lim \frac{f(x)}{g(x)} = \frac{A}{B} = \frac{\lim f(x)}{\lim g(x)}.$$

证明从略.

定理 1.5.4　如果 $\varphi(x) \geqslant \psi(x)$，而 $\lim \varphi(x) = a$，$\lim \psi(x) = b$，那么 $a \geqslant b$.

证明　令 $f(x) = \varphi(x) - \psi(x)$，则 $f(x) \geqslant 0$. 由定理 1.5.1 有

$$\lim f(x) = \lim[\varphi(x) - \psi(x)] = \lim \varphi(x) - \lim \psi(x) = a - b.$$

由推论 1.3.1(或推论 1.3.1′)，有 $a - b \geqslant 0$，故 $a \geqslant b$.

下面介绍几种求极限的方法.

例 1.5.1　设 $P_n(x) = a_n x^n + a_{n-1} x^{n-1} + \cdots + a_1 x + a_0$，对于任意的 $x_0 \in \mathbf{R}$，证明

$$\lim_{x \to x_0} P_n(x) = P_n(x_0).$$

证明

$$\begin{aligned}
\lim_{x \to x_0} P_n(x) &= \lim_{x \to x_0}(a_n x^n + a_{n-1} x^{n-1} + \cdots + a_1 x + a_0) \\
&= a_n \lim_{x \to x_0} x^n + a_{n-1} \lim_{x \to x_0} x^{n-1} + \cdots + a_1 \lim_{x \to x_0} x + \lim_{x \to x_0} a_0 \\
&= a_n x_0^n + a_{n-1} x_0^{n-1} + \cdots + a_1 x_0 + a_0 = P_n(x_0).
\end{aligned}$$

例 1.5.2　求 $\lim\limits_{x \to 1}(2x - 1)$.

解　$\lim\limits_{x \to 1}(2x - 1) = 2 \cdot 1 - 1 = 1$.

例 1.5.3　设 $Q(x) = \dfrac{P_n(x)}{P_m(x)}$，其中，$P_n(x)$，$P_m(x)$ 分别表示 x 的 n 次、m 次多项式，$P_m(x_0) \neq 0$，证明 $\lim\limits_{x \to x_0} Q(x) = Q(x_0)$.

证明　由定理 1.5.3 和例 1.5.1 有

$$\lim_{x \to x_0} Q(x) = \frac{\lim\limits_{x \to x_0} P_n(x)}{\lim\limits_{x \to x_0} P_m(x)} = \frac{P_n(x_0)}{P_m(x_0)} = Q(x_0).$$

例 1.5.4　求 $\lim\limits_{x \to 2} \dfrac{x^3 - 1}{x^2 - 5x + 3}$.

解　$\lim\limits_{x \to 2} \dfrac{x^3 - 1}{x^2 - 5x + 3} = \dfrac{2^3 - 1}{2^2 - 10 + 3} = -\dfrac{7}{3}$.

从上面两个例子可以看出，求有理函数(多项式)或有理分式函数当 $x \to x_0$ 时的极限，只要用 x_0 代替函数中的 x 就行了，但是对于有理分式函数，要求这样代入后分母不为零，如果分母等于零，则没有意义.

例 1.5.5 求 $\lim\limits_{x\to 3}\dfrac{x-3}{x^2-9}$.

解 当 $x\to 3$ 时, 分子、分母的极限都是零, 于是分子、分母不能分别取极限. 但是由于分子分母有公因子 $x-3$, 而当 $x\to 3$ 时, $x\neq 3$, $x-3\neq 0$, 可以约去不为零的公因子 $x-3$.

$$\lim_{x\to 3}\frac{x-3}{x^2-9}=\lim_{x\to 3}\frac{1}{x+3}=\frac{\lim\limits_{x\to 3}1}{\lim\limits_{x\to 3}(x+3)}=\frac{1}{6}.$$

前边已经看到, 对于有理函数(有理整函数或有理分式函数) $f(x)$, 只要 $f(x)$ 在点 x_0 处有定义, 那么当 $x\to x_0$ 时 $f(x)$ 的极限存在且等于 $f(x)$ 在点 x_0 处的函数值. 一切基本初等函数在其定义域内的每点处都具有这样的性质.

例 1.5.6 求 $\lim\limits_{x\to\infty}\dfrac{3x^3+4x^2+2}{7x^3+5x^2+4}$.

解 $\lim\limits_{x\to\infty}\dfrac{3x^3+4x^2+2}{7x^3+5x^2+4}=\lim\limits_{x\to\infty}\dfrac{3+\dfrac{4}{x}+\dfrac{2}{x^3}}{7+\dfrac{5}{x}+\dfrac{4}{x^3}}=\dfrac{3}{7}.$

例 1.5.7 求 $\lim\limits_{x\to\infty}\dfrac{3x^2-2x-1}{2x^3-x^2+5}$.

解 $\lim\limits_{x\to\infty}\dfrac{3x^2-2x-1}{2x^3-x^2+5}=\lim\limits_{x\to\infty}\dfrac{\dfrac{3}{x}-\dfrac{2}{x^2}-\dfrac{1}{x^3}}{2-\dfrac{1}{x}+\dfrac{5}{x^3}}=0.$

例 1.5.8 求 $\lim\limits_{x\to\infty}\dfrac{2x^3-x^2+5}{3x^2-2x-1}$.

解 $\lim\limits_{x\to\infty}\dfrac{2x^3-x^2+5}{3x^2-2x-1}=\lim\limits_{x\to\infty}\dfrac{2-\dfrac{1}{x}+\dfrac{5}{x^3}}{\dfrac{3}{x}-\dfrac{2}{x^2}-\dfrac{1}{x^3}}=\infty.$

例 1.5.6、例 1.5.7、例 1.5.8 是下面情形的特例, 即当 $a_0\neq 0$, $b_0\neq 0$, m 和 n 为非负整数时, 有

$$\lim_{x\to\infty}\frac{a_0x^m+a_1x^{m-1}+\cdots+a_m}{b_0x^n+b_1x^{n-1}+\cdots+b_n}=\begin{cases}\dfrac{a_0}{b_0}, & \text{当 } n=m \\[2mm] 0, & \text{当 } n>m \\[2mm] \infty, & \text{当 } n<m\end{cases}.$$

下面介绍一个关于复合函数求极限的运算法则.

定理 1.5.5 设函数 $u=\varphi(x)$ 且 $\lim\limits_{x\to x_0}\varphi(x)=a$, 但在点 x_0 的某一邻域内 $\varphi(x)\neq a$, 又 $\lim\limits_{u\to a}f(u)=A$, 则复合函数 $f(\varphi(x))$ 当 $x\to x_0$ 时的极限存在, 且

$$\lim_{x\to x_0}f(\varphi(x))=\lim_{u\to a}f(u)=A.$$

证明从略.

由定理 1.5.5 可得下面定理成立.

定理 1.5.6　设函数 $u = \varphi(x)$ 且 $\lim\limits_{x \to x_0} \varphi(x) = a$，但在点 x_0 的某一邻域内 $\varphi(x) \neq a$，又 $\lim\limits_{u \to a} f(u) = f(a)$，则复合函数 $f(\varphi(x))$ 当 $x \to x_0$ 时的极限存在，且

$$\lim_{x \to x_0} f(\varphi(x)) = f(\lim_{x \to x_0} \varphi(x)) = \lim_{u \to a} f(u) = f(a).$$

在定理 1.5.6 的条件下，求复合函数 $f(\varphi(x))$ 的极限时，函数符号与极限符号可以交换次序.

例 1.5.9　求 $\lim\limits_{x \to 3} \sqrt{\dfrac{x-3}{x^2-9}}$.

解　由定理 1.5.5 有

$$\lim_{x \to 3} \sqrt{\frac{x-3}{x^2-9}} = \sqrt{\lim_{x \to 3} \frac{x-3}{x^2-9}} = \sqrt{\lim_{x \to 3} \frac{1}{x+3}} = \sqrt{\frac{1}{6}} = \frac{\sqrt{6}}{6}.$$

例 1.5.10　求 $\lim\limits_{x \to 0} \dfrac{\sqrt{1+x^2}-1}{x}$.

解　$\lim\limits_{x \to 0} \dfrac{\sqrt{1+x^2}-1}{x} = \lim\limits_{x \to 0} \dfrac{(\sqrt{1+x^2}-1)(\sqrt{1+x^2}+1)}{x(\sqrt{1+x^2}+1)} = \lim\limits_{x \to 0} \dfrac{x}{\sqrt{1+x^2}+1} = 0.$

数列极限作为函数极限的特殊情况，有下面定理成立：

定理 1.5.7　设有数列 $\{x_n\}$ 和 $\{y_n\}$. 如果 $\lim\limits_{n \to \infty} x_n = A$，$\lim\limits_{n \to \infty} y_n = B$，则

$$\lim_{n \to \infty}(x_n + y_n) = A + B$$

$$\lim_{n \to \infty} x_n \cdot y_n = A \cdot B$$

$$\lim_{n \to \infty} \frac{x_n}{y_n} = \frac{A}{B} \ (\text{当} y_n \neq 0, B \neq 0 \text{时}).$$

1.6　极限存在准则

下面给出判定极限存在的两个准则，作为这两个准则应用的例子，讨论两个重要的极限 $\lim\limits_{x \to 0} \dfrac{\sin x}{x} = 1$ 和 $\lim\limits_{x \to \infty}(1 + \dfrac{1}{x})^x = \mathrm{e}$.

1.6.1　夹逼准则

准则 I　如果数列 $\{x_n\}$、$\{y_n\}$ 及 $\{z_n\}$ 满足如下条件：

(1)　$y_n \leqslant x_n \leqslant z_n$　$(n = 1, 2, \cdots)$；

(2) $\lim_{n\to\infty} y_n = a$，$\lim_{n\to\infty} z_n = a$．

那么数列 $\{x_n\}$ 的极限存在，且 $\lim_{n\to\infty} x_n = a$．

证明 因为 $\lim_{n\to\infty} y_n = a$，$\lim_{n\to\infty} z_n = a$，所以根据数列极限定义，对于任意给定的正数 ε，总存在正整数 N_1，当 $n > N_1$ 时，有 $|y_n - a| < \varepsilon$；又存在正整数 N_2，当 $n > N_2$ 时，有 $|z_n - a| < \varepsilon$．取 $N = \max\{N_1, N_2\}$，则当 $n > N$ 时，$|y_n - a| < \varepsilon$ 和 $|z_n - a| < \varepsilon$ 同时成立，即

$$a - \varepsilon < y_n < a + \varepsilon, \quad a - \varepsilon < z_n < a + \varepsilon,$$

同时成立. 又因为 $y_n \leqslant x_n \leqslant z_n$，所以当 $n > N$ 时，有

$$a - \varepsilon < y_n \leqslant x_n \leqslant z_n < a + \varepsilon,$$

即 $|x_n - a| < \varepsilon$ 成立. 因此 $\lim_{n\to\infty} x_n = a$．

上述数列极限的夹逼准则 I 可以推广到函数极限的情形.

准则 I′ 如果:

(1) 当 $x \in \overset{\circ}{U}(x_0, r)$（或 $|x| > M$）时，有 $g(x) < f(x) < h(x)$ 成立；

(2) $\lim\limits_{\substack{x \to x_0 \\ (x \to \infty)}} g(x) = a$，$\lim\limits_{\substack{x \to x_0 \\ (x \to \infty)}} z(x) = a$．

那么 $\lim\limits_{\substack{x \to x_0 \\ (x \to \infty)}} f(x)$ 存在，且 $\lim\limits_{\substack{x \to x_0 \\ (x \to \infty)}} f(x) = a$．

上述准则 I 及准则 I′ 称为**夹逼准则**.

作为夹逼准则 I 的应用有如下一个重要极限成立:

$$\lim_{x\to 0} \frac{\sin x}{x} = 1.$$

事实上，函数 $\dfrac{\sin x}{x}$ 对于一切 $x \neq 0$ 都有定义.

在图 1.21 所示的单位圆中，设圆心角 $\angle AOB = x \left(0 < x < \dfrac{\pi}{2}\right)$，点 A 处的切线与 OB 的延长线相交于 D，又 $BC \perp OA$，则

$$\sin x = CB, \quad x = \overset{\frown}{AB}, \quad \tan x = AD.$$

因为 $\triangle AOB$ 的面积 $<$ 圆扇形 AOB 的面积 $< \triangle AOD$ 的面积，所以

$$\frac{1}{2}\sin x < \frac{1}{2}x < \frac{1}{2}\tan x,$$

所以 $\sin x < x < \tan x$．于是就有 $1 < \dfrac{x}{\sin x} < \dfrac{1}{\cos x}$，从而

$$\cos x < \frac{\sin x}{x} < 1. \tag{1.6.1}$$

因为当 x 用 $-x$ 代替时，$\cos x$ 与 $\dfrac{\sin x}{x}$ 都不变号，所以上面不等式对于开区间 $\left(-\dfrac{\pi}{2}, 0\right)$ 内的一切 x 也是成立的.

下面证明 $\lim\limits_{x \to 0} \cos x = 1$. 事实上，当 $0 < |x| < \dfrac{\pi}{2}$ 时，

$$0 < |\cos x - 1| = 1 - \cos x = 2\sin^2 \frac{x}{2} < 2 \cdot \left(\frac{x}{2}\right)^2 = \frac{x^2}{2},$$

即 $0 < 1 - \cos x < \dfrac{x^2}{2}$. 由准则 I′ 有 $\lim\limits_{x \to 0}(1 - \cos x) = 1$，所以 $\lim\limits_{x \to 0}\cos x = 1$.

由于 $\lim\limits_{x \to 0}\cos x = 1$，又，$\lim\limits_{x \to 0} 1 = 1$，所以由不等式(1.6.1)及准则 I′ 即得 $\lim\limits_{x \to 0}\dfrac{\sin x}{x} = 1$. 函数

$y = \dfrac{\sin x}{x}$ 的图形如图 1.22 所示.

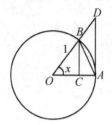

图 1.21

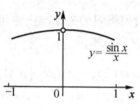

图 1.22

例 1.6.1 求 $\lim\limits_{x \to 0}\dfrac{\tan 2x}{x}$.

解 $\lim\limits_{x \to 0}\dfrac{\tan 2x}{x} = \lim\limits_{x \to 0}\dfrac{\sin 2x}{2x} \cdot \dfrac{2}{\cos 2x} = 2 \cdot \lim\limits_{x \to 0}\dfrac{\sin 2x}{2x} = 2$.

例 1.6.2 求 $\lim\limits_{x \to 0}\dfrac{1 - \cos x}{x^2}$.

解 $\lim\limits_{x \to 0}\dfrac{1 - \cos x}{x^2} = \lim\limits_{x \to 0}\dfrac{2\sin^2 \dfrac{x}{2}}{x^2} = \dfrac{1}{2}\lim\limits_{x \to 0}\dfrac{\sin^2 \dfrac{x}{2}}{\left(\dfrac{x}{2}\right)^2} = \dfrac{1}{2} \cdot 1^2 = \dfrac{1}{2}$.

例 1.6.3 证明 $\lim\limits_{n \to \infty}\left(\dfrac{1}{\sqrt{n^2+1}} + \dfrac{1}{\sqrt{n^2+2}} + \cdots + \dfrac{1}{\sqrt{n^2+n}}\right) = 1$.

证明 记 $x_n = \dfrac{1}{\sqrt{n^2+1}} + \dfrac{1}{\sqrt{n^2+2}} + \cdots + \dfrac{1}{\sqrt{n^2+n}}$，有

$$\frac{n}{\sqrt{n^2+n}} < x_n = \frac{1}{\sqrt{n^2+1}} + \frac{1}{\sqrt{n^2+2}} + \cdots + \frac{1}{\sqrt{n^2+n}} < \frac{n}{\sqrt{n^2+1}},$$

由于

$$\lim_{n \to \infty}\frac{n}{\sqrt{n^2+n}} = \lim_{n \to \infty}\frac{n}{\sqrt{n^2+1}} = 1,$$

由夹逼准则 I 可知

$$\lim_{n \to \infty} x_n = \lim_{n \to \infty}\left(\frac{1}{\sqrt{n^2+1}} + \frac{1}{\sqrt{n^2+2}} + \cdots + \frac{1}{\sqrt{n^2+n}}\right) = 1.$$

1.6.2 单调有界收敛准则

如果数列 $\{x_n\}$ 满足条件

$$x_1 \leqslant x_2 \leqslant \cdots \leqslant x_n \leqslant x_{n+1} \leqslant \cdots,$$

那么称数列 $\{x_n\}$ 是**单调增加的**；如果数列 $\{x_n\}$ 满足条件

$$x_1 \geqslant x_2 \geqslant \cdots \geqslant x_n \geqslant x_{n+1} \geqslant \cdots,$$

那么称数列 $\{x_n\}$ 是**单调减少的**. 单调增加和单调减少的数列统称为**单调数列**.

以下的准则 II 称为单调有界收敛准则.

准则 II 单调有界数列必有极限.

作为准则 II 的应用讨论另一重要极限:

$$\lim_{x \to \infty} \left(1 + \frac{1}{x}\right)^x = \mathrm{e}.$$

考虑 x 取正整数 n 趋于 $+\infty$ 的情形, 设 $x_n = \left(1 + \dfrac{1}{n}\right)^n$, 下面证明数列 $\{x_n\}$ 单调增加并且有界. 按牛顿二项式公式, 有

$$
\begin{aligned}
x_n = \left(1 + \frac{1}{n}\right)^n &= 1 + \frac{n}{1!} \cdot \frac{1}{n} + \frac{n(n-1)}{2!} \cdot \frac{1}{n^2} + \frac{n(n-1)(n-2)}{3!} \cdot \frac{1}{n^3} + \cdots \\
&\quad + \frac{n(n-1)(n-2)\cdots(n-n+1)}{n!} \cdot \frac{1}{n^n} \\
&= 1 + 1 + \frac{1}{2!} \cdot \left(1 - \frac{1}{n}\right) + \frac{1}{3!} \cdot \left(1 - \frac{1}{n}\right)\left(1 - \frac{2}{n}\right) + \cdots \\
&\quad + \frac{1}{n!} \cdot \left(1 - \frac{1}{n}\right)\left(1 - \frac{2}{n}\right)\cdots\left(1 - \frac{n-1}{n}\right)
\end{aligned}
$$

类似地,

$$
\begin{aligned}
x_{n+1} = \left(1 + \frac{1}{n+1}\right)^{n+1} &= 1 + 1 + \frac{1}{2!} \cdot \left(1 - \frac{1}{n+1}\right) + \frac{1}{3!} \cdot \left(1 - \frac{1}{n+1}\right)\left(1 - \frac{2}{n+1}\right) + \cdots \\
&\quad + \frac{1}{n!} \cdot \left(1 - \frac{1}{n+1}\right)\left(1 - \frac{2}{n+1}\right)\cdots\left(1 - \frac{n-1}{n+1}\right) + \frac{1}{(n+1)!} \cdot \left(1 - \frac{1}{n+1}\right)\left(1 - \frac{2}{n+1}\right)\cdots\left(1 - \frac{n}{n+1}\right).
\end{aligned}
$$

比较 x_n 和 x_{n+1} 的展开式, 可以看到除前两项外, x_n 得每一项都小于 x_{n+1} 的对应项, 并且 x_{n+1} 还多了最后一项, 其值大于 0, 因此 $x_n < x_{n+1}$, 这说明数列 $\{x_n\}$ 是单调增加的.

因为

$$
\begin{aligned}
x_n &< 1 + 1 + \frac{1}{2!} + \frac{1}{3!} + \cdots + \frac{1}{n!} < 1 + 1 + \frac{1}{2} + \frac{1}{2^2} + \cdots + \frac{1}{2^{n-1}} \\
&= 1 + \frac{1 - \dfrac{1}{2^n}}{1 - \dfrac{1}{2}} = 3 - \frac{1}{2^{n-1}} < 3,
\end{aligned}
$$

这说明数列 $\{x_n\}$ 是有界的. 根据极限存在准则 II, 这个数列 $\{x_n\}$ 的极限存在, 通常用字母 e 来表示它, 即

$$\lim_{n \to \infty} \left(1 + \frac{1}{n}\right)^n = \mathrm{e} .$$

可以证明，当 x 取实数趋于 $+\infty$ 或 $-\infty$ 时，函数 $\left(1 + \dfrac{1}{x}\right)^x$ 的极限存在且都等于 e. 因此

$$\lim_{x \to \infty} \left(1 + \frac{1}{x}\right)^x = \mathrm{e} . \tag{1.6.2}$$

这个数 e 是无理数，它的值是 $2.718281828459045\cdots$.

利用代换 $z = \dfrac{1}{x}$，则当 $x \to \infty$ 时，$z \to 0$，于是式(1.6.2)又可以写成

$$\lim_{z \to 0} (1 + z)^{\frac{1}{z}} = \mathrm{e} .$$

例 1.6.4　求 $\lim\limits_{x \to \infty} \left(1 + \dfrac{2}{x}\right)^x$.

解　$\lim\limits_{x \to \infty} \left(1 + \dfrac{2}{x}\right)^x = \lim\limits_{x \to \infty} \left[\left(1 + \dfrac{2}{x}\right)^{\frac{x}{2}}\right]^2 = \mathrm{e}^2$.

例 1.6.5　求 $\lim\limits_{x \to 0} (1 - x)^{\frac{1}{x}}$.

解　$\lim\limits_{x \to 0} (1 - x)^{\frac{1}{x}} = \lim\limits_{x \to 0} \left\{ \left[1 + (-x)\right]^{\frac{1}{-x}} \right\}^{-1} = \mathrm{e}^{-1}$.

例 1.6.6　求 $\lim\limits_{x \to 0} \dfrac{\ln(1 + x)}{x}$.

解　由于 $\dfrac{\ln(1 + x)}{x} = \ln(1 + x)^{\frac{1}{x}}$，故

$$\lim_{x \to 0} \frac{\ln(1 + x)}{x} = \lim_{x \to 0} \ln(1 + x)^{\frac{1}{x}} = \ln\left[\lim_{x \to 0} (1 + x)^{\frac{1}{x}}\right] = \ln \mathrm{e} = 1 .$$

例 1.6.7　求 $\lim\limits_{x \to 0} \dfrac{\mathrm{e}^x - 1}{x}$.

解　令 $u = \mathrm{e}^x - 1$，即 $x = \ln(1 + u)$，则当 $x \to 0$ 时，$u \to 0$，于是

$$\lim_{x \to 0} \frac{\mathrm{e}^x - 1}{x} = \lim_{u \to 0} \frac{u}{\ln(1 + u)} ,$$

利用例 1.6.6 的结果，可知上述极限为 1，即

$$\lim_{x \to 0} \frac{\mathrm{e}^x - 1}{x} = 1 .$$

例 1.6.8　设 $x_0 = 1$，$x_1 = 1 + \dfrac{x_0}{1 + x_0}$，$\cdots$，$x_{n+1} = 1 + \dfrac{x_n}{1 + x_n}$，证明 $\lim\limits_{n \to \infty} x_n$ 存在，并求此极限值.

解　首先 $x_n > 0 \, (n = 0, 1, 2, \cdots)$，$x_1 - x_0 > 0$，所以 $x_1 > x_0$，设 $x_k > x_{k-1}$，则

$$x_{k+1} - x_k = \left(1 + \frac{x_k}{1+x_k}\right) - \left(1 + \frac{x_{k-1}}{1+x_{k-1}}\right)$$

$$= \frac{x_k - x_{k-1}}{(1+x_k)(1+x_{k-1})} > 0,$$

因此数列 $\{x_n\}$ 是单调增加的，再由

$$x_n = 1 + \frac{x_{n-1}}{1+x_{n-1}} = 2 - \frac{1}{1+x_{n-1}} < 2,$$

所以 $\{x_n\}$ 有界. 因此，由准则 II，$\lim\limits_{n\to\infty} x_n$ 存在. 令 $\lim\limits_{n\to\infty} x_n = l$，则由

$$\lim_{n\to\infty} x_n = \lim_{n\to\infty}\left(1 + \frac{x_{n-1}}{1+x_{n-1}}\right),$$

有 $l = 1 + \dfrac{l}{1+l}$，所以，$l = \dfrac{1\pm\sqrt5}{2}$，由极限的保号性，负值 $l = \dfrac{1-\sqrt5}{2}$ 舍去，所以 $\lim\limits_{n\to\infty} x_n = \dfrac{1+\sqrt5}{2}$.

1.7　无穷小的比较

已知，两个无穷小的和、差及乘积都是无穷小. 但是两个无穷小的商却会出现不同的情况. 下面，就无穷小之比的极限存在或为无穷大的情况，来说明两个无穷小之间的比较.

应当注意，下面的 α 与 β 都是在自变量的同一变化过程中的无穷小，$\lim\dfrac{\beta}{\alpha}$ 也是在这个变化过程中的极限.

定义 1.7.1　设 α 与 β 是两个无穷小.

如果 $\lim\dfrac{\beta}{\alpha} = 0$，那么称 β 是比 α **高阶的无穷小**，记作 $\beta = o(\alpha)$；

如果 $\lim\dfrac{\beta}{\alpha} = \infty$，那么称 β 是比 α **低阶的无穷小**；

如果 $\lim\dfrac{\beta}{\alpha} = C \neq 0(C$ 为常数$)$，那么称 β 与 α 是**同阶的无穷小**；

如果 $\lim\dfrac{\beta}{\alpha^k} = C \neq 0(k > 0$，$C$ 为常数$)$，那么称 β 是 α 的 k **阶的无穷小**；

如果 $\lim\dfrac{\beta}{\alpha} = 1$，那么称 β 与 α 是**等价的无穷小**，记作 $\alpha \sim \beta$.

例如，因为 $\lim\limits_{x\to0}\dfrac{3x^2}{x} = 0$，所以当 $x \to 0$ 时，$3x^2$ 是比 x 高阶的无穷小，即

$$3x^2 = o(x)\,(x \to 0).$$

因为 $\lim\limits_{n\to\infty}\dfrac{\frac{1}{n}}{\frac{1}{n^2}} = \infty$，所以当 $n \to \infty$ 时，$\dfrac{1}{n}$ 是比 $\dfrac{1}{n^2}$ 低阶的无穷小.

因为 $\lim\limits_{x\to3}\dfrac{x^2-9}{x-3} = 6$，所以当 $x \to 3$ 时，x^2-9 和 $x-3$ 是同阶的无穷小.

因为 $\lim\limits_{x \to 0} \dfrac{1-\cos x}{x^2} = \dfrac{1}{2}$，所以当 $x \to 0$ 时，$1-\cos x$ 是 x 的 2 阶的无穷小.

因为 $\lim\limits_{x \to 0} \dfrac{\sin x}{x} = 1$，所以当 $x \to 0$ 时，$\sin x$ 与 x 是等价的无穷小，即 $\sin x \sim x \, (x \to 0)$.

关于等价无穷小，有下面定理成立.

定理 1.7.1　设 $\alpha \sim \alpha'$，$\beta \sim \beta'$，且 $\lim \dfrac{\beta'}{\alpha'}$ 存在，则 $\lim \dfrac{\beta}{\alpha} = \lim \dfrac{\beta'}{\alpha'}$.

证明　$\lim \dfrac{\beta}{\alpha} = \lim (\dfrac{\beta}{\beta'} \cdot \dfrac{\beta'}{\alpha'} \cdot \dfrac{\alpha'}{\alpha}) = \lim \dfrac{\beta}{\beta'} \lim \dfrac{\beta'}{\alpha'} \lim \dfrac{\alpha'}{\alpha} = \lim \dfrac{\beta'}{\alpha'}$.

推论 1.7.1　(1) 设 $\alpha \sim \alpha'$，且 $\lim \dfrac{\beta}{\alpha'}$ 存在，则 $\lim \dfrac{\beta}{\alpha} = \lim \dfrac{\beta}{\alpha'}$.

　　　　　　　(2) 设 $\beta \sim \beta'$，且 $\lim \dfrac{\beta'}{\alpha}$ 存在，则 $\lim \dfrac{\beta}{\alpha} = \lim \dfrac{\beta'}{\alpha}$.

定理 1.7.1 及推论 1.7.1 表明，求两个无穷小之比的极限时，分子及分母或分子或分母都可以用等价无穷小代换，这样可以使得计算简化.

当 $x \to 0$ 时，下面各对无穷小是等价的：
$$\sin x \sim x, \quad \tan x \sim x, \quad \arcsin x \sim x, \quad \arctan x \sim x,$$
$$\ln(1+x) \sim x, \quad e^x - 1 \sim x, \quad 1-\cos x \sim \dfrac{1}{2}x^2, \quad \sqrt[n]{1+x} - 1 \sim \dfrac{1}{n}x.$$

例 1.7.1　求 $\lim\limits_{x \to 0} \dfrac{\tan x}{\sin x}$.

解　因为当 $x \to 0$ 时，$\sin x \sim x$，$\tan x \sim x$，所以
$$\lim\limits_{x \to 0} \dfrac{\tan x}{\sin x} = \lim\limits_{x \to 0} \dfrac{x}{x} = 1.$$

例 1.7.2　求 $\lim\limits_{x \to 0} \dfrac{\sin x}{x^3 + 3x}$.

解　因为当 $x \to 0$ 时，$\sin x \sim x$，$x^3 + 3x \sim x^3 + 3x$，所以
$$\lim\limits_{x \to 0} \dfrac{\sin x}{x^3 + 3x} = \lim\limits_{x \to 0} \dfrac{x}{x(x^2 + 3)} = \dfrac{1}{3}.$$

定理 1.7.2　$\alpha \sim \beta$ 的充分必要条件是 $\beta = \alpha + o(\alpha)$.

证明　必要性：设 $\alpha \sim \beta$，则
$$\lim \dfrac{\beta - \alpha}{\alpha} = \lim \dfrac{\beta}{\alpha} - 1 = 0,$$
因此 $\beta - \alpha = o(\alpha)$，即 $\beta = \alpha + o(\alpha)$.

充分性：设 $\beta = \alpha + o(\alpha)$，则
$$\lim \dfrac{\beta}{\alpha} = \lim \dfrac{\alpha + o(\alpha)}{\alpha} = \lim \left(1 + \dfrac{o(\alpha)}{\alpha}\right) = 1,$$
因此 $\alpha \sim \beta$.

例 1.7.3　因为当 $x \to 0$ 时，$\sin x \sim x$，$\tan x \sim x$，所以当 $x \to 0$ 时，有
$$\sin x = x + o(x), \quad \tan x = x + o(x).$$

1.8　函数的连续性

1.8.1　函数连续性的概念

下面先引进增量的概念，然后给出函数的连续性的概念.

设变量 u 从它的一个初值 u_1 变到终值 u_2，终值与初值的差 $u_2 - u_1$ 就称做变量 u 的**增量**，记作 Δu，即 $\Delta u = u_2 - u_1$. 增量 Δu 可以是正的，也可以是负的.

现在假设函数 $y = f(x)$ 在点 x_0 的某一邻域内是有定义的. 当自变量 x 在这个邻域内从 x_0 变到 $x_0 + \Delta x$ 时，函数 y 相应地从 $f(x_0)$ 变到 $f(x_0 + \Delta x)$，因此函数 y 的对应增量为

$$\Delta y = f(x_0 + \Delta x) - f(x_0).$$

定义 1.8.1　设函数 $y = f(x)$ 在点 x_0 的某一邻域内有定义，如果当自变量的增量 $\Delta x = x - x_0$ 趋于零时，对应的函数的增量 $\Delta y = f(x_0 + \Delta x) - f(x_0)$ 也趋于零，即

$$\lim_{\Delta x \to 0} \Delta y = 0, \tag{1.8.1}$$

或

$$\lim_{\Delta x \to 0}[f(x_0 + \Delta x) - f(x_0)] = 0,$$

那么，称**函数 $y = f(x)$ 在点 x_0 处是连续的**.

由于 $x = x_0 + \Delta x$，$\Delta x \to 0$ 就是 $x \to x_0$，又由于

$$\Delta y = f(x_0 + \Delta x) - f(x_0) = f(x) - f(x_0),$$

可见，$\Delta y \to 0$ 就是 $f(x) \to f(x_0)$，因此式(1.8.1)与 $\lim\limits_{x \to x_0} f(x) = f(x_0)$ 相当. 由此，函数 $y = f(x)$ 在点 x_0 处连续的定义还可以叙述为：设函数 $y = f(x)$ 在点 x_0 的某一邻域内有定义，如果函数 $f(x)$ 当 $x \to x_0$ 时的极限存在，且等于它在点 x_0 处的函数值 $f(x_0)$，即

$$\lim_{x \to x_0} f(x) = f(x_0),$$

那么就称函数 $y = f(x)$ 在点 x_0 处连续.

可以由函数连续的定义证明函数 $y = \sin x$，$y = \cos x$ 在区间 $(-\infty, +\infty)$ 内连续.

如果 $\lim\limits_{x \to x_0^-} f(x) = f(x_0)$，那么就称**函数 $y = f(x)$ 在点 x_0 处左连续**；

如果 $\lim\limits_{x \to x_0^+} f(x) = f(x_0)$，那么就称**函数 $y = f(x)$ 在点 x_0 处右连续**.

显然，函数 $y = f(x)$ 在点 x_0 处连续的充分必要条件是 $f(x)$ 在点 x_0 处既左连续又右连续.

如果函数 $f(x)$ 在区间上每一点都连续，称 $f(x)$ 在该**区间上连续**；函数 $f(x)$ 在闭区间 $[a, b]$ 上连续是指在开区间 (a, b) 内连续，并且在左端点 a 右连续，在右端点 b 左连续.

连续函数的图形是一条连续而不间断的曲线.

1.8.2　函数的间断点

设函数 $y = f(x)$ 在点 x_0 的某一邻域内(至多除了 x_0 点)是有定义的，如果有下列情形之一：

(1) 在 $x = x_0$ 没有定义；

(2) 虽然在 $x = x_0$ 有定义，但是 $\lim\limits_{x \to x_0} f(x)$ 不存在；

(3) 虽然在 $x = x_0$ 有定义，且 $\lim\limits_{x \to x_0} f(x)$ 存在，但 $\lim\limits_{x \to x_0} f(x) \neq f(x_0)$.

那么称 x_0 是函数 $f(x)$ 的**不连续点**或**间断点**.

间断点有以下几种常见类型：设 x_0 是函数 $f(x)$ 的间断点，但左极限 $f(x_0 - 0)$ 和右极限 $f(x_0 + 0)$ 都存在，那么称 x_0 为函数 $f(x)$ 的**第一类间断点**，其中左极限 $f(x_0 - 0)$、右极限 $f(x_0 + 0)$ 存在并相等时，称 x_0 为**可去间断点**；左、右极限存在但不相等时，称 x_0 为**跳跃间断点**. 不是第一类间断点的任何间断点都是**第二类的间断点**，其中当左极限 $f(x_0 - 0)$ 和右极限 $f(x_0 + 0)$ 至少有一个为无穷时，称 x_0 为**无穷型间断点**；当 $x \to x_0$ 时，函数值 $f(x)$ 无限地在两个不同数之间变动，称 x_0 为**振荡型间断点**.

例 1.8.1 函数 $y = \dfrac{x^2 - 1}{x - 1}$ 在 $x = 1$ 点没有定义，所以函数在点 $x = 1$ 不连续，且

$$\lim_{x \to 1} \frac{x^2 - 1}{x - 1} = \lim_{x \to 1}(x + 1) = 2 ,$$

所以 $x = 1$ 是函数的第一类间断点. 如果补充定义：$x = 1$，$y = 2$，则此函数成为连续函数，所以 $x = 1$ 是可去间断点.

例 1.8.2 函数

$$f(x) = \begin{cases} x - 1, & x < 0 \\ 0, & x = 0 \\ x + 1, & x > 0 \end{cases} ,$$

当 $x \to 0$ 时，极限不存在. 因为

$$\lim_{x \to 0^-} f(x) = \lim_{x \to 0^-}(x - 1) = -1 ,$$

$$\lim_{x \to 0^+} f(x) = \lim_{x \to 0^+}(x + 1) = 1 ,$$

左极限 $f(x_0 - 0)$ 和右极限 $f(x_0 + 0)$ 都存在，但是不相等，所以 $x = 0$ 是函数的**跳跃间断点**.

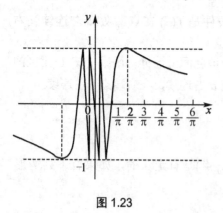

图 1.23

例 1.8.3 正切函数 $y = \tan x$ 在 $x = \dfrac{\pi}{2}$ 处没有定义，所以 $x = \dfrac{\pi}{2}$ 是函数的间断点. 因为 $\lim\limits_{x \to \frac{\pi}{2}} \tan x = \infty$，所以 $x = \dfrac{\pi}{2}$ 为函数 $\tan x$ 的无穷型的间断点.

例 1.8.4 函数 $y = \sin\dfrac{1}{x}$ 在点 $x = 0$ 没有定义；当 $x \to 0$ 时，函数值在 -1 与 1 之间无限次地变动，所以点 $x = 0$ 为函数 $y = \sin\dfrac{1}{x}$ 的振荡型的间断点(图 1.23).

1.8.3　初等函数的连续性

1. 连续函数的和、差、积及商的连续性

由函数在一点连续的定义和极限四则运算法则，可得如下几个定理.

定理 1.8.1　有限个在某点连续的函数的和(差)在该点连续.

证明　只需考虑两个函数的情形. 设 $f(x)$, $g(x)$ 都在点 x_0 点处连续，则有

$$\lim_{x \to x_0} f(x) = f(x_0), \quad \lim_{x \to x_0} g(x) = g(x_0).$$

由极限的运算法则有

$$\lim_{x \to x_0}[f(x) \pm g(x)] = \lim_{x \to x_0} f(x) \pm \lim_{x \to x_0} g(x) = f(x_0) \pm g(x_0),$$

即 $f(x) \pm g(x)$ 在点 x_0 处连续.

类似地可以得到如下两个定理.

定理 1.8.2　有限个在某点连续的函数的乘积在该点连续.

定理 1.8.3　两个在某点连续的函数的商，当分母在该点不为零时，在该点连续.

例 1.8.5　因为函数 $\sin x$ 和 $\cos x$ 都在区间 $(-\infty, +\infty)$ 内连续，所以函数 $\tan x = \dfrac{\sin x}{\cos x}$ 和

$\cot x = \dfrac{\cos x}{\sin x}$ 在它们的定义域内是连续的.

2. 反函数与复合函数的连续性

定理 1.8.4　如果函数 $y = f(x)$ 在某个区间 I_x 上单调增加(或单调减少)且连续，那么它的反函数 $x = f^{-1}(y)$ 也在对应的区间 $I_y = \left\{ y \mid y = f(x), x \in I_x \right\}$ 上单调增加(或单调减少)且连续.

证明从略.

例如，由于 $y = \sin x$ 在闭区间 $\left[-\dfrac{\pi}{2}, \dfrac{\pi}{2} \right]$ 上单调增加且连续，所以它的反函数 $y = \arcsin x$ 在闭区间 $[-1, 1]$ 上也单调增加且连续.

定理 1.8.5　设函数 $u = \varphi(x)$ 当 $x = x_0$ 时连续，且 $\varphi(x_0) = u_0$，而函数 $y = f(u)$ 在点 $u = u_0$ 连续，那么复合函数 $y = f(\varphi(x))$ 在点 $x = x_0$ 处也连续.

例 1.8.6　讨论函数 $y = \sin \dfrac{1}{x}$ 的连续性.

解　函数 $y = \sin \dfrac{1}{x}$ 可以看作 $y = \sin u$ 和 $u = \dfrac{1}{x}$ 复合而成. 因为 $\sin u$ 在区间 $(-\infty, +\infty)$ 内连续，函数 $u = \dfrac{1}{x}$ 在无限区间 $(-\infty, 0)$ 和 $(0, +\infty)$ 内连续，由定理 1.8.5 可知，函数 $y = \sin \dfrac{1}{x}$ 在 $(-\infty, 0)$ 和 $(0, +\infty)$ 内连续.

3. 初等函数的连续性

根据 $y = \sin x$，$y = \cos x$ 的连续性及本节的定理可知，所有的三角函数及反三角函数在它们的定义域内都是连续的.

指数函数 $y = a^x (a > 0，a \neq 1)$　对一切实数 x 都有定义，在区间 $(-\infty，+\infty)$ 内它是单调的，其值域为 $(0，+\infty)$，可以证明它在 $(-\infty，+\infty)$ 内是连续的.

由指数函数的单调性和连续性，由定理 1.8.4 可得对数函数 $y = \log_a x (a > 0，a \neq 1)$ 在区间 $(0，+\infty)$ 内单调且连续.

幂函数 $y = x^{\alpha}$ 的定义域与 α 的具体数值有关. 但无论 α 为何值，在区间 $(0，+\infty)$ 内幂函数总是有定义的. 当 $x > 0$ 时

$$y = x^{\alpha} = a^{\alpha \log_a x} \quad (a > 0，a \neq 1).$$

因此，幂函数 $y = x^{\alpha}$ 可看作是由 $y = a^u，u = \alpha \log_a x$ 复合而成，根据定理 1.8.5 知它在 $(0，+\infty)$ 内连续. 若对 α 取各种值分别加以讨论，可以证明幂函数在其定义域内总是连续的.

根据初等函数的定义、基本初等函数的连续性及本节的定理可得重要结论：**一切初等函数在其定义区间内都是连续的.**

所谓定义区间，就是包含在定义域内的区间.

初等函数连续性的结论提供了求极限的一个方法，即如果 $f(x)$ 是初等函数，而 x_0 是其定义区间内的一点，那么求 $x \to x_0$ 时函数 $f(x)$ 的极限，就只需求函数值 $f(x_0)$，也即

$$\lim_{x \to x_0} f(x) = f(x_0).$$

例 1.8.7　求 $\lim\limits_{x \to 4} \sqrt{3 - \sqrt{x}}$.

解　$\lim\limits_{x \to 4} \sqrt{3 - \sqrt{x}} = \sqrt{3 - \sqrt{4}} = 1$.

例 1.8.8　求 $\lim\limits_{x \to 0} \dfrac{\log_a(1 + x)}{x}$.

解　$\lim\limits_{x \to 0} \dfrac{\log_a(1 + x)}{x} = \lim\limits_{x \to 0} \log_a(1 + x)^{\frac{1}{x}} = \log_a \mathrm{e} = \dfrac{1}{\ln a}$.

例 1.8.9　求 $\lim\limits_{x \to 0} \dfrac{a^x - 1}{x}$.

解　令 $a^x - 1 = t$，则 $x = \log_a(1 + t)$，当 $x \to 0$ 时，$t \to 0$，于是

$$\lim_{x \to 0} \frac{a^x - 1}{x} = \lim_{t \to 0} \frac{t}{\log_a(1 + t)} = \ln a.$$

1.9　闭区间上连续函数的性质

闭区间上的连续函数有许多重要的性质，它们是研究一些问题的基础，现在介绍其中几个，有些不作证明.

1.9.1　最大、最小值定理与有界性

设函数 $f(x)$ 在区间 I 上有定义，如果有 $x_0 \in I$，使得对于任一 $x \in I$ 都有

$$f(x) \leqslant f(x_0) \quad [f(x) \geqslant f(x_0)],$$

则称 $f(x_0)$ 是函数 $f(x)$ 在区间 I 上的最大值(最小值).

定理 1.9.1(最大和最小值定理)　闭区间上连续的函数,在该区间上必有最大值和最小值.

定理 1.9.2(有界性定理)　闭区间上的连续函数一定在该区间上有界.

证明　设函数 $f(x)$ 在闭区间 $[a, b]$ 上连续. 由定理 1.9.1,存在 $f(x)$ 在闭区间 $[a, b]$ 上的最大值 M 和最小值 m,即对 $[a, b]$ 上的任一 x 都有

$$m \leqslant f(x) \leqslant M,$$

因此,函数 $f(x)$ 在闭区间 $[a, b]$ 上有界.

1.9.2　介值定理

如果 x_0 使 $f(x_0) = 0$,则 x_0 称为函数 $f(x)$ 的**零点**.

定理 1.9.3(零点定理)　设 $f(x)$ 在闭区间 $[a, b]$ 上连续,且 $f(a)$ 与 $f(b)$ 异号,那么在开区间 (a, b) 内至少存在一点 ξ,使 $f(\xi) = 0$(图 1.24).

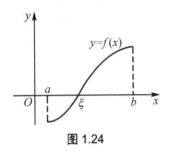
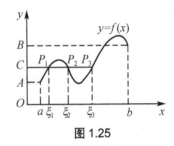

图 1.24　　　　　　　图 1.25

由定理 1.9.3 可以推得一个更一般的定理.

定理 1.9.4(介值定理)　设 $f(x)$ 在 $[a, b]$ 上连续,且在此区间端点处函数值不同,即

$$f(a) = A, f(b) = B, \text{ 且 } A \neq B,$$

那么,对介于 A, B 之间的任意一个数 C,在开区间 (a, b) 内至少存在一点 ξ,使 $f(\xi) = C(a < \xi < b)$(图 1.25).

证明　设 $F(x) = f(x) - C$,则 $F(x)$ 在闭区间 $[a, b]$ 上连续,且 $F(a) = A - C$ 与 $F(b) = B - C$ 异号. 根据零点定理,在 (a, b) 内至少存在一点 ξ 使 $F(\xi) = 0$,即至少存在一点 $\xi \in (a, b)$ 使 $f(\xi) = C$.

这个定理的几何意义是:在闭区间 $[a, b]$ 上连续的函数 $y = f(x)$ 所对应的曲线与水平直线 $y = C$(C 介于 $f(a)$ 与 $f(b)$ 之间)至少相交于一点.

推论 1.9.1　在闭区间上连续的函数必取得介于最大值 M 和最小值 m 之间的任何值.

例 1.9.1　证明方程 $x^3 - 4x^2 + 1 = 0$ 在区间 $(0, 1)$ 内至少有一个根.

证明　设函数 $f(x) = x^3 - 4x^2 + 1$,显然函数 $f(x)$ 在闭区间 $[0, 1]$ 上连续,又

$$f(0) = 1 > 0, f(1) = -2 < 0.$$

根据零点定理, 在(0, 1)内至少有一点 ξ, 使得 $f(\xi) = 0$, 即

$$\xi^3 - 4\xi^2 + 1 = 0 \quad (0 < \xi < 1).$$

这说明方程 $x^3 - 4x^2 + 1 = 0$ 在区间(0, 1)内至少有一个根 ξ.

1.10 经济学中的常用函数

在经济分析中常对成本、价格、收益等经济量的关系进行研究. 下面介绍经济分析中常用的函数.

1.10.1 需求函数与供给函数

一种商品的市场需求量和市场供给量与商品的价格有密切的关系. 一般价格下跌会使需求量增加, 供给量减少; 反之, 价格上涨会使需求量减少, 供给量增加.

消费者对某种商品的需求量 Q 与多种因素有关, 例如人口、收入、季节、该商品的价格、有关商品的价格等. 如果除价格外, 其他因素在一定时期内变化很小, 即可认为其他因素对需求暂无影响, 则需求量 Q 便是价格 P 的函数, 记 $Q = f(P)$, 称 f 为**需求函数**. 一般来讲, 需求函数是价格的减函数. 需求函数 $f(P)$ 的反函数 $P = f^{-1}(Q)$ 是**价格函数**, 一般来讲, 价格函数是需求量的增函数.

在企业管理和经济学中常用的需求函数如下.

(1) $Q = -aP + b$, 其中 $a, b > 0$.

(2) $Q = kP^{-a}$, 其中 $k > 0$, $a > 0$.

(3) $Q = \dfrac{a - P^2}{b}$, 其中 $a, b > 0$.

(4) $Q = \dfrac{a - \sqrt{P}}{b}$, 其中 $a, b > 0$.

(5) $Q = ae^{-bP}$, 其中 $a, b > 0$.

例 1.10.1 设某商品的需求函数为 $Q = -aP + b$, 其中 $a, b > 0$, 讨论 $P = 0$ 时的需求量和 $Q = 0$ 时的价格.

解 当 $P = 0$ 时, $Q = b$, 它表示当价格为零时, 消费者对商品的需求量为 b, b 也就是市场对该商品的饱和需求量. 当 $Q = 0$ 时, $P = \dfrac{b}{a}$, 它表示价格上涨到 $\dfrac{b}{a}$ 时, 没有人愿意购买该商品.

商品的供给量 S 也由该商品的价格、生产成本、自然条件等多个因素决定, 如果认为在一定时期内除价格以外的其他因素变化得很小, 则供给量 S 便是价格 P 的函数, 记 $S = \psi(P)$, 称 ψ 为**供给函数**. 一般来讲, 供给函数是价格的增函数.

常用的供给函数如下.

(1) $S = aP - b$, 其中 $a, b > 0$.

(2) $S = kP^a$，其中 $k > 0$，$a > 0$.

(3) $S = ae^{bP}$，其中 a，$b > 0$.

(4) $S = \dfrac{aP - b}{cP + d}$，其中 a，b，c，$d > 0$.

供给函数 $S = \dfrac{aP - b}{cP + d}$ 表示，当 $S = 0$ 时，$P = \dfrac{b}{a}$，即该商品的最低价格为 $\dfrac{b}{a}$，只有当 $P > \dfrac{b}{a}$

时，厂家才会生产，当 P 无限上升时，S 接近于 $\dfrac{a}{c}$，即该商品的饱和供给量为 $\dfrac{a}{c}$.

需求和供给是相对概念，需求是对购买者而言，供给是对生产者而言，两者密切相关. 把需求函数曲线 Q 和供给函数曲线 S 画在同一坐标系中(图 1.26)，它们相交于点 $(\bar{P}, \bar{Q})$，在该点处供需达到平衡，此时称 $\bar{P}$ 为均衡价格，称 $\bar{Q}$ 为均衡数量.

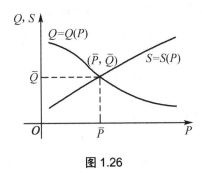

图 1.26

例 1.10.2 设某商品的需求量、供给量与其价格 P 的函数关系式分别为 $Q^2 - 20Q - P = -99$，$3S^2 + P = 123$，供需平衡，即 $Q = S$，求均衡价格和均衡数量.

解 求均衡价格和均衡数量，即解方程组

$$\begin{cases} Q^2 - 20Q - P = -99, \\ 3Q^2 + P = 123 \end{cases}$$

得到 $\bar{Q} = 6$，$\bar{P} = 15$，故所求均衡价格为 15 个单位，均衡数量为 6 个单位.

1.10.2 成本函数、收益函数与利润函数

在生产和经营活动中经营者最关心的是产品的成本、收益(销售收入)和利润.

成本是生产一定数量产品所需的各种生产要素投入的价格或费用总额，通常用 C 表示. 它由固定成本和可变成本组成. 固定成本是指支付固定生产要素的费用，包括厂房、设备等，常用 C_1 表示；可变成本是指支付可变生产要素的费用，包括原材料、能源等，它随着产品数量 Q 的变动而变动，常用 $C_2(Q)$ 表示，则产品的总成本=固定成本+可变成本，即

$$C = C(Q) = C_1 + C_2(Q).$$

有时还需要考虑平均成本，记作 $\overline{C(Q)}$，且有 $\overline{C(Q)} = \dfrac{C(Q)}{Q}$.

例 1.10.3　已知某种产品的总成本函数为

$$C(Q) = 100 + 2Q + \frac{Q^2}{4},$$

求当生产 10 个该产品时的总成本和平均成本.

解　当 $Q = 10$ 时，总成本为

$$C(10) = \left(100 + 2Q + \frac{Q^2}{4} \right) \bigg|_{Q=10} = 145.$$

平均成本为

$$\overline{C(10)} = \frac{C(Q)}{Q} \bigg|_{Q=10} = \frac{145}{10} = 14.5.$$

总收益是生产者出售一定数量产品所得到的全部收入，用 Q 表示出售的产品数量，R 表示总收益，$\overline{R}$ 表示平均收益，则总收益和平均收益都是 Q 的函数. 设 P 为价格函数，则

$$R = R(Q) = QP(Q),$$

$$\overline{R} = \frac{R(Q)}{Q} = P(Q).$$

例 1.10.4　已知某种产品的需求函数为

$$3Q + 4P = 100,$$

其中 Q 是产品数量，P 是该产品的价格. 求销售 5 件产品时的总收益和平均收益.

解　由已知条件知产品的价格函数为 $P = \dfrac{100 - 3Q}{4}$，所以总收益函数为

$$R(Q) = PQ = \frac{100Q - 3Q^2}{4},$$

因此销售 5 件产品时的总收益和平均收益分别为

$$R(5) = \frac{100Q - 3Q^2}{4} \bigg|_{Q=5} = 106.25,$$

$$\overline{R(5)} = \frac{R(5)}{5} = 21.25.$$

利润是生产中获得的总收益与投入的总成本之差，通常用 L 表示，即

$$L = L(Q) = R(Q) - C(Q).$$

其中 Q 是产品数量. 它的平均利润通常用 $\overline{L}$ 表示，并且有

$$\overline{L(Q)} = \frac{L(Q)}{Q}.$$

对于利润函数有下列三种情形.

(1)　$L(Q) > 0$，即 $R(Q) > C(Q)$，这时是盈余生产，即生产处于获利状态.

(2)　$L(Q) < 0$，即 $R(Q) < C(Q)$，这时是亏损生产，即生产处于亏损状态.

(3)　$L(Q) = 0$，即 $R(Q) = C(Q)$，这时是无盈亏生产，此时产量 Q_0 为无盈亏点，又称保本点.

例 1.10.5　已知某产品的价格为 P，需求函数为 $Q=50-5P$，成本函数为 $C=50+2Q$，求产量 Q 为多少时，利润 L 最大？最大利润是多少？

解　由已知需求函数 $Q=50-5P$，可得价格函数 $P=10-\dfrac{Q}{5}$，于是收益函数为

$$R(Q)=PQ=10Q-\frac{Q^2}{5},$$

这样，利润函数

$$L(Q)=R(Q)-C(Q)=8Q-\frac{Q^2}{5}-50=-\frac{1}{5}(Q-20)^2+30.$$

因此，$Q=20$ 取得最大利润，最大利润为 30.

例 1.10.6　设在某工厂产品的总成本中，固定成本为 20000 元，每台产品变动费用为 3000 元，该产品的需求函数为 $Q=30+P$，其中 Q 为需求量，单位是台，P 为产品价格，单位是元.

(1) 求总成本函数 $C(P)$，平均成本 $\overline{C(P)}$.

(2) 求总收益函数 $R(P)$，总利润函数 $L(P)$.

(3) 价格如果定为 200 元，能否亏损？

解　(1) 总成本函数

$$\begin{aligned}
C(P)&=20000+3000Q\\
&=20000+3000(30+P)\\
&=110000+3000P,
\end{aligned}$$

平均成本

$$\overline{C(P)}=\frac{C(P)}{Q}=\frac{110000+3000P}{30+P}.$$

(2) 总收益函数

$$R(P)=QP=(30+P)P=30P+P^2.$$

总利润函数

$$\begin{aligned}
L(P)&=R(P)-C(P)\\
&=30P+P^2-(110000+3000P)\\
&=P^2-2970P-110000.
\end{aligned}$$

(3) 因为 $L(200)=(P^2-2970P-110000)\big|_{P=200}=-664000$ 元 <0，所以亏损.

1.10.3　库存函数

设企业在计划期 T(通常以一年为一个计划期)内，对某种物品总需求量为 Q，由于库存费用及资金占用等因素. 显然一次进货是不合算的，考虑均匀地分 n 次进货，每次进货批量为 $q=\dfrac{Q}{n}$，进货周期(两次进货期间的时间间隔)为 $t=\dfrac{T}{n}$. 假定每件物品储存单位时间的费用为 C_1，每次进货费用为 C_2，其中，C_1 和 C_2 是常数. 每次进货量相同，进货相隔时间不变，以匀速消耗储存物品，则平均库存为 $\dfrac{q}{2}$，在时间 T 内的总费用 E 为

$$E = E_1 + E_2 = \frac{1}{2}C_1Tq + C_2\frac{Q}{q},$$

其中 $E_1 = \frac{1}{2}C_1Tq$ 是库存费，$E_2 = C_2\frac{Q}{q}$ 是进货费用.

例 1.10.7 某商店半年销售 400 件小器皿，均匀销售，为节省库存费，分批进货. 每次订货费用为 60 元，每件器皿的库存费为每月 0.2 元. 试列出：

(1) 库存费和订货费之和与批量之间的函数关系；

(2) 库存费和订货费之和与批数之间的函数关系.

解 (1) 设批量为 x 件，由于均匀销售，则平均库存量为 $\frac{x}{2}$ 件，半年需进货次数为 $\frac{400}{x}$ 次.

订货费用

$$E_1 = 60 \times \frac{400}{x} = \frac{24000}{x}(\text{元}).$$

半年库存费用

$$E_2 = 0.2 \times \frac{x}{2} \times 6 = 0.6x(\text{元}).$$

于是总费用

$$E = E_1 + E_2 = \frac{24000}{x} + 0.6x(\text{元}).$$

(2) 设批数为 y，则批量为 $\frac{400}{y}$，由于销售均匀，则平均库存量为 $\frac{1}{2} \cdot \frac{400}{y} = \frac{200}{y}$ 件，则订货费用

$$E_1 = 60y(\text{元}),$$

半年库存费用

$$E_2 = 0.2 \times \frac{200}{y} \times 6 = \frac{240}{y}(\text{元}),$$

于是，总费用

$$E = E_1 + E_2 = 60y + \frac{240}{y}(\text{元}).$$

习　题　1

1. 试求下列函数的定义域：

(1) $y = \frac{1}{x} - \sqrt{1-x^2}$；

(2) $y = e^{\frac{1}{x}}$；

(3) $y = \arcsin(x-3)$；

(4) $y = \frac{1}{\sqrt{4-x^2}}$；

(5) $y = \sin\sqrt{x}$;   (6) $y = \ln(x+1)$.

2. 设 $f(x)$ 的定义域是 $[0,1]$，试求 $f(x+a) + f(x-a)$ 的定义域 $(a > 0)$.

3. 确定函数 $f(x) = \begin{cases} \sqrt{1-x^2}, & |x| \le 1 \\ x^2 - 1, & 1 < |x| < 2 \end{cases}$ 的定义域并作出函数的图形.

4. 在下列各题中，求由所给函数构成的复合函数：

(1) $y = u^2$，$u = \sin x$;   (2) $y = \sqrt{u}$，$u = 1 + x^2$;

(3) $y = e^u$，$u = x^2$;   (4) $y = u^2$，$u = e^x$.

5. 指出下列函数的复合过程：

(1) $y = \cos 2x$;   (2) $y = e^{\frac{1}{x}}$;

(3) $y = e^{\sin^3 x}$;   (4) $y = \arcsin[\lg(2x+1)]$.

6. 设 $f(x) = \begin{cases} x^2 - x - 1, & x \le 1 \\ 2x - x^2, & x > 1 \end{cases}$. 求 $f(1+a) - f(1-a)$，其中 $a > 0$.

7. 设 $f(x+2) = 2^{x^2+4x} - x$，求 $f(x-2)$.

8. 设
$$\varphi(x) = \begin{cases} 1, & |x| \le 1 \\ 0, & |x| > 1 \end{cases}, \quad \psi(x) = \begin{cases} 2-x^2, & |x| \le 1 \\ 2, & |x| > 1 \end{cases}.$$

求(1) $\varphi(\varphi(x))$;   (2) $\varphi(\psi(x))$.

9. 求下列函数的反函数：

(1) $y = 2x + 1$;   (2) $y = \dfrac{x+2}{x-2}$;

(3) $y = 1 + \lg(x+2)$;   (4) $f(x) = \begin{cases} x, & x < 1 \\ x^3, & 1 \le x \le 2 \\ 3^x, & x > 2 \end{cases}$.

10. 用叠加法作出函数 $y = x + \dfrac{1}{x}$ 的图形.

11. 由 $y = 2^x$ 的图形作出下列函数的图形：

(1) $y = 3 \cdot 2^x$;   (2) $y = 2^x + 4$;

(3) $y = -2^x$;   (4) $y = 2^{-x}$.

12. 由 $y = \sin x$ 的图形作出下列函数的图形：

(1) $y = \sin 2x$;   (2) $y = 2\sin 2x$;

(3) $y = 1 - 2\sin 2x$.

13. 若 $f(x)$ 是以 2 为周期的周期函数，且
$$f(x) = \begin{cases} x+1, & -1 \le x < 0 \\ 0, & 0 \le x < 1 \end{cases}.$$

作出函数 $f(x)$ 在 $(-\infty, +\infty)$ 内的图形.

14. 用极限性质判别下列结论是否正确，为什么？

(1) 若 $\{x_n\}$ 收敛，则 $\lim\limits_{n\to\infty} x_n = \lim\limits_{n\to\infty} x_{n+k}$（$k$ 为正整数）;

(2) 有界数列 $\{x_n\}$ 必收敛;

(3) 无界数列 $\{x_n\}$ 必发散;

(4) 发散数列 $\{x_n\}$ 必无界.

15. 根据数列极限定义证明：

(1) $\lim\limits_{n\to\infty} \dfrac{1}{n^2} = 0$;　　　　　　(2) $\lim\limits_{n\to\infty} \dfrac{3n+1}{2n+1} = \dfrac{3}{2}$.

16. 如果 $\lim\limits_{n\to\infty} x_n = 0$，证明 $\lim\limits_{n\to\infty} |x_n| = 0$，并举例说明数列 $\{|x_n|\}$ 有极限，但数列 $\{x_n\}$ 未必有极限.

17. 设数列 $\{x_n\}$ 有界，又 $\lim\limits_{n\to\infty} y_n = 0$，证明 $\lim\limits_{n\to\infty} x_n y_n = 0$.

18. 对于数列 $\{x_n\}$，若 $x_{2k-1} \to a\,(k\to\infty)$，$x_{2k} \to a\,(k\to\infty)$，证明 $x_n \to a\,(n\to\infty)$.

19. 根据函数极限定义证明：

(1) $\lim\limits_{x\to 3}(3x-1) = 8$;　　　　　　(2) $\lim\limits_{x\to -2} \dfrac{x^2-4}{x+2} = -4$.

20. 根据函数极限定义证明：

(1) $\lim\limits_{x\to\infty} \dfrac{1+x^3}{2x^3} = \dfrac{1}{2}$;　　　　　　(2) $\lim\limits_{x\to +\infty} \dfrac{\sin x}{\sqrt{x}} = 0$.

21. 设 $f(x) = \begin{cases} x, & x < 3 \\ 3x-1, & x \geqslant 3 \end{cases}$，作函数 $f(x)$ 的图形，并讨论当 $x\to 3$ 时，$f(x)$ 的左、右极限.

22. 证明：函数 $f(x) = |x|$ 当 $x\to 0$ 时极限为零.

23. 求 $f(x) = \dfrac{x}{x}$，$\varphi(x) = \dfrac{|x|}{x}$ 当 $x\to 0$ 时的左、右极限，并说明它们当 $x\to 0$ 时的极限是否存在.

24. 证明函数 $f(x)$ 当 x 趋于 x_0 时的极限存在的充要条件是函数在该点的左、右极限都存在且相等，即 $f(x_0 - 0) = f(x_0 + 0)$.

25. 根据定义证明：

(1) $y = x-1$ 是当 $x\to 1$ 时的无穷小量;

(2) $y = x\cos\dfrac{1}{x}$ 是当 $x\to 0$ 时的无穷小量.

26. 根据定义证明函数 $y = \dfrac{1+2x}{x}$ 是当 $x\to 0$ 时的无穷大量.

27. 求下列极限：

(1) $\lim\limits_{x\to 0} x^2 \sin\dfrac{1}{x}$ ；

(2) $\lim\limits_{x\to\infty}\dfrac{\arctan x}{x}$.

28. 求下列极限：

(1) $\lim\limits_{n\to\infty} n(\sqrt{n^2+1}-n)$ ；

(2) $\lim\limits_{n\to\infty}\dfrac{2\cdot 3^n + 3\cdot(-2)^n}{3^n}$ ；

(3) $\lim\limits_{n\to\infty}\left[\dfrac{1}{1\cdot 2}+\dfrac{1}{2\cdot 3}+\cdots+\dfrac{1}{n(n+1)}\right]$ ；

(4) $\lim\limits_{n\to\infty}\dfrac{3n^2+n}{4n^2+1}$.

29. 求下列极限：

(1) $\lim\limits_{x\to 1}\dfrac{x^2-4x+3}{x^4-4x^2+3}$ ；

(2) $\lim\limits_{x\to 2}\dfrac{x^2-x-2}{\sqrt{4x+1}-3}$ ；

(3) $\lim\limits_{x\to 4}\dfrac{\sqrt{2x+1}-3}{\sqrt{x-2}-\sqrt{2}}$ ；

(4) $\lim\limits_{x\to\infty}(1+\dfrac{1}{x})(2-\dfrac{1}{x^2})$ ；

(5) $\lim\limits_{x\to\infty}\dfrac{x^2-x+6}{x^3-x-1}$ ；

(6) $\lim\limits_{x\to\infty}\dfrac{(4x^2-3)^3(3x-2)^4}{(6x^2+7)^5}$ ；

(7) $\lim\limits_{x\to 3}\dfrac{x^2+3x}{(x-3)^2}$ ；

(8) $\lim\limits_{x\to\infty}\dfrac{x^3+2}{3x+4}$.

30. 求下列极限：

(1) $\lim\limits_{x\to 0}\dfrac{\sin 2x}{\sin 5x}$ ；

(2) $\lim\limits_{x\to 0} x\cot 2x$ ；

(3) $\lim\limits_{x\to 0}\dfrac{1-\cos 2x}{x\sin x}$ ；

(4) $\lim\limits_{n\to\infty} 2^n \sin\dfrac{x}{2^n}$ ；

(5) $\lim\limits_{x\to\infty}\left(\dfrac{2x+3}{2x+1}\right)^{x+1}$ ；

(6) $\lim\limits_{x\to\infty}\left(1-\dfrac{2}{x}\right)^{\frac{x}{2}-1}$ ；

(7) $\lim\limits_{x\to 0}(1+3\tan^2 x)^{\cot^2 x}$ ；

(8) $\lim\limits_{n\to\infty} n\big[\ln(n-1)-\ln n\big]$.

31. 利用极限存在准则证明：

(1) $\lim\limits_{n\to\infty} n\left(\dfrac{1}{n^2+\pi}+\dfrac{1}{n^2+2\pi}+\cdots+\dfrac{1}{n^2+n\pi}\right)=1$ ；

(2) 数列 $x_1=2$ ，$x_{n+1}=\dfrac{1}{2}\left(x_n+\dfrac{1}{x_n}\right)$ 的极限存在并求其极限.

32. 证明当 $x\to 0$ 时，有

(1) $\arctan x\sim x$ ；

(2) $\sqrt{1+x\sin x}\sim 1+\dfrac{1}{2}x^2$.

33. 利用等价无穷小的性质求下列极限：

(1) $\lim\limits_{x\to 0}\dfrac{\sqrt{1+x\sin x}-1}{\mathrm{e}^{x^2}-1}$ ；

(2) $\lim\limits_{x\to 0}\dfrac{1-\cos x^2}{x^2\sin x^2}$.

34. 当 $x\to 0$ 时，下列 4 个无穷小量中，哪个是比其他 3 个更高阶的无穷小量？

$$x^2;\ 1-\cos x;\ \sqrt{1-x^2}-1;\ \tan x-\sin x .$$

35. 研究下列函数的连续性，并画出函数的图形：

(1) $f(x) = \begin{cases} -1, & x < -1 \\ x^2, & -1 \leqslant x \leqslant 1 \\ 1, & x > 1 \end{cases}$;   (2) $f(x) = \begin{cases} x^2, & 0 \leqslant x \leqslant 1 \\ 2-x, & 1 < x \leqslant 2 \end{cases}$.

36. 确定常数 a, b 使下列函数连续：

(1) $f(x) = \begin{cases} e^x, & x \leqslant 0 \\ x+a, & x > 0 \end{cases}$;   (2) $f(x) = \begin{cases} \dfrac{\ln(1-3x)}{bx}, & x < 0 \\ 2, & x = 0 \\ \dfrac{\sin ax}{x}, & x > 0 \end{cases}$.

37. 下列函数在指定点处间断，说明这些间断点属于哪一类型.

(1) $y = \dfrac{x^2-4}{x^2-5x+6}$, $x=2$, $x=3$;

(2) $y = \cos^3 \dfrac{5}{x}$, $x=0$;

(3) $f(x) = \begin{cases} 2x-1, & x \leqslant 1 \\ 4-5x, & x > 1 \end{cases}$, $x=1$.

38. 求下列极限：

(1) $\lim\limits_{x \to \frac{\pi}{2}} \dfrac{\sin x}{x}$;   (2) $\lim\limits_{x \to 0} \sqrt{x^2-2x+3}$;

(3) $\lim\limits_{x \to \infty} \cos\left[\ln\left(1+\dfrac{2x-1}{x^2}\right)\right]$;   (4) $\lim\limits_{x \to \infty} e^{\frac{1}{x}}$.

39. 证明方程 $x^5 - 3x = 1$ 至少有一个根介于 1 和 2 之间.

40. 某商品的需求函数与供给函数分别为 $Q(P) = \dfrac{5600}{P}$ 和 $S(P) = P-10$.

(1) 找出均衡价格，并求此时的供给量与需求量；

(2) 在同一坐标中画出供给与需求曲线；

(3) 何时供给曲线过 P 轴，这一点的经济意义是什么？

41. 当某商品的价格为 P 时，消费者对该商品的月需求量为 $Q(P) = 12000 - 200P$.

(1) 画出需求函数的图形；

(2) 将月销售额(即消费者购买此商品的支出)表达为价格 P 的函数；

(3) 画出月销售额的图形，并解释其经济意义.

42. 一种机器出厂价为 45000 元，使用后它的价值按年降价 $\dfrac{1}{3}$ 的标准贬值，求此机器的价值 y(元)和使用时间 t(年)的函数关系.

43. 某厂生产的手掌游戏机每台可卖 110 元，固定成本为 7500 元，可变成本为每台 60 元，请回答：

(1) 要卖多少台手掌机，厂家才可保本(收回投资)；

(2) 卖掉 100 台的话，厂家盈利或亏损了多少；

(3) 要获得 1250 元的利润，需要卖出多少台.

44. 某厂生产录音机的成本为每台 50 元，预计当以每台 x 元的价格卖出时，消费者每月购买 $200-x$ 台，请将该厂的月利润表达为价格 x 的函数.

45. 某厂生产某产品 2000 吨，销售量在 800 吨以内时，每吨定价为 130 元，超过 800 吨时，超过部分打 9 折出售，用数学表达式表示销售总收益与总销售量的函数关系.

46. 有两家健身俱乐部，第一家每年会费 300 元，每次健身收费 5 元，第二家每年会费 200 元，每次健身收费 6 元，若只考虑经济因素，你会选择哪一家俱乐部(根据你每年健身次数决定)？

47. 某宾馆现有客房 50 套，若每间每天租金定为 120 元，则可全部租出，租出的每间客房每天需交税金 10 元；若每天每间租金提高 5 元，将空出一间客房. 试求宾馆所获利润与闲置客房间数的函数关系，并确定每间租金如何定价，才能获得最大利润？最大利润是多少？

48. 某厂按年度计划消耗某种零件 48000 件，已知每个零件每月库存费 0.02 元，每次订购费 160 元，为节省库存费，分批进货，假如每批购进零件 x 件，试把全年的库存费和订购费之和表示为 x 的函数.

49. 某商场一年需购进电冰箱 1000 台，分期分批进货，均匀投放市场，若每台电冰箱的年库存费为 50 元，每批进货手续费为 260 元，试列出全年的库存费和进货手续费之和与批数之间的函数关系.

第2章　导数及其应用

这一章主要讨论导数与微分的概念，以及它们的计算方法和导数的应用.

2.1　导数概念

导数的概念是从实际问题中总结归纳出来的，请看下面的例子.

2.1.1　引例

1. 切线问题

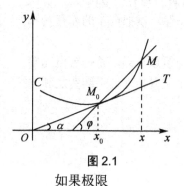

图 2.1

如果极限

设曲线 C 是函数 $y = f(x)$ 的图形，设 $M_0(x_0，y_0)$ 是曲线 C 上的一个点(图 2.1)，则 $y_0 = f(x_0)$. 在曲线 C 上任取一点 $M(x, y)$，$M \neq M_0$. 过点 M_0 与 M 的直线称为曲线 C 的割线. 于是割线 M_0M 的斜率为

$$\tan \varphi = \frac{y - y_0}{x - x_0} = \frac{f(x) - f(x_0)}{x - x_0}，$$

其中 φ 为割线 M_0M 的倾角. 令点 M 沿曲线 C 趋向于点 M_0，这时 $x \to x_0$.

$$\lim_{x \to x_0} \frac{f(x) - f(x_0)}{x - x_0}$$

存在，设为 k，即

$$k = \lim_{x \to x_0} \frac{f(x) - f(x_0)}{x - x_0}，$$

那么，就把过点 M_0 而以 k 为斜率的直线 M_0T 称为曲线 C 在点 M_0 处的**切线**. 因此，切线的斜率 k 是割线斜率的极限，这里 $k = \tan \alpha$，其中 α 是切线 M_0T 的**倾角**.

2. 直线运动的速度

设物体在 $[0，t]$ 这段时间内所经过的路程为 s，则 s 是时刻 t 的函数 $s = s(t)$，下面讨论物体在时刻 $t_0 \in [0，t]$ 的瞬时速度 $v(t_0)$.

设物体从 t_0 到 $t_0 + \Delta t$ 这段时间间隔内从 $s(t_0)$ 变到 $s(t_0 + \Delta t)$，其改变量为

$$\Delta s = s(t_0 + \Delta t) - s(t_0)，$$

在这段时间内的平均速度是

$$\bar{v} = \frac{\Delta s}{\Delta t} = \frac{s(t_0 + \Delta t) - s(t_0)}{\Delta t}.$$

一般地，当时间间隔很小时，可以用这段时间内的平均速度 $\bar{v}$ 去近似代替 t_0 时刻的瞬

时速度. 显然时间间隔越小，这种近似代替的精确度就越高.当时间间隔 $\Delta t \to 0$ 时，如果极限存在，则可把该极限称为动点在 t_0 时刻的瞬时速度，即

$$v(t_0) = \lim_{\Delta t \to 0} \frac{\Delta s}{\Delta t} = \lim_{\Delta t \to 0} \frac{s(t_0 + \Delta t) - s(t_0)}{\Delta t}.$$

还可以举出许多例子，撇开这些量的具体意义，从抽象的数量关系来看，它们实质上都可归结为当自变量的改变量趋于 0 时，函数的改变量与自变量的改变量之比的极限，这种特殊的极限称为**函数的导数**.

2.1.2 导数的定义

定义 2.1.1 设函数 $y = f(x)$ 在点 x_0 的某个邻域内有定义，当自变量 x 在 x_0 处获得增量 Δx (点 $x_0 + \Delta x$ 仍在该邻域内)时，相应地函数取得增量 $\Delta y = f(x_0 + \Delta x) - f(x_0)$，如果 Δy 与 Δx 之比当 $\Delta x \to 0$ 时的极限存在，那么称函数 $y = f(x)$ 在点 x_0 处可导，并称这个极限为函数 $y = f(x)$ 在点 x_0 处的**导数**，记为 $f'(x_0)$，即

$$f'(x_0) = \lim_{\Delta x \to 0} \frac{\Delta y}{\Delta x} = \lim_{\Delta x \to 0} \frac{f(x_0 + \Delta x) - f(x_0)}{\Delta x}, \tag{2.1.1}$$

也可记作 $y'\big|_{x=x_0}$，$\dfrac{\mathrm{d}y}{\mathrm{d}x}\Big|_{x=x_0}$ 或 $\dfrac{\mathrm{d}f(x)}{\mathrm{d}x}\Big|_{x=x_0}$.

若式(2.1.1)的极限不存在，那么称函数 $y = f(x)$ 在点 x_0 处不可导.

导数的定义式(2.1.1)也可取不同的形式，常见的有

$$f'(x_0) = \lim_{h \to 0} \frac{f(x_0 + h) - f(x_0)}{h}, \tag{2.1.2}$$

$$f'(x_0) = \lim_{x \to x_0} \frac{f(x) - f(x_0)}{x - x_0}. \tag{2.1.3}$$

式(2.1.2)中的 h 即自变量的增量 Δx .

类似左、右极限的定义，在这里定义

$$\lim_{\Delta x \to 0^-} \frac{\Delta y}{\Delta x} = \lim_{\Delta x \to 0^-} \frac{f(x_0 + \Delta x) - f(x_0)}{\Delta x} = f'_-(x_0),$$

$$\lim_{\Delta x \to 0^+} \frac{\Delta y}{\Delta x} = \lim_{\Delta x \to 0^+} \frac{f(x_0 + \Delta x) - f(x_0)}{\Delta x} = f'_+(x_0),$$

分别称为函数 $y = f(x)$ 在点 x_0 处的左导数和右导数. 显然，函数 $y = f(x)$ 在点 x_0 处可导的充分必要条件是在点 x_0 处左导数和右导数都存在且相等.

如果函数 $y = f(x)$ 在区间 (a, b) 内每一点都可导，那么称函数 $y = f(x)$ 在区间 (a, b) 内可导. 这时，对于区间 (a, b) 内每一个 x 都有一个导数值 $f'(x)$ 与之对应，那么 $f'(x)$ 也是 x 的一个函数，称其为函数 $y = f(x)$ 的**导函数**，简称为**导数**，记为

$$f'(x), \quad y', \quad \frac{\mathrm{d}y}{\mathrm{d}x}.$$

在式(2.1.1)或式(2.1.2)中把 x_0 换成 x，即得导函数的定义式：

$$y' = \lim_{\Delta x \to 0} \frac{f(x + \Delta x) - f(x)}{\Delta x}.$$

注意：在上式中，虽然 x 可以取区间 $(a，b)$ 内的任何值，但在取极限过程中，x 看作是常量，Δx 是变量.

显然，函数 $f(x)$ 在点 x_0 处的导数 $f'(x_0)$ 就是导函数 $f'(x)$ 在点 $x = x_0$ 处的函数值，即

$$f'(x_0) = f'(x)\Big|_{x = x_0}.$$

下面根据定义求一些简单函数的导数.

例 2.1.1　求函数 $f(x) = C$ (C 为常数)的导数.

解
$$f'(x) = \lim_{\Delta x \to 0} \frac{f(x + \Delta x) - f(x)}{\Delta x} = \lim_{\Delta x \to 0} \frac{C - C}{\Delta x} = 0,$$

即 $(C)' = 0$.

例 2.1.2　求函数 $f(x) = \sin x$ 的导数.

解
$$f'(x) = \lim_{\Delta x \to 0} \frac{f(x + \Delta x) - f(x)}{\Delta x} = \lim_{\Delta x \to 0} \frac{\sin(x + \Delta x) - \sin x}{\Delta x}$$

$$= \lim_{\Delta x \to 0} \frac{1}{\Delta x} \cdot 2 \cos\left(x + \frac{\Delta x}{2}\right) \sin \frac{\Delta x}{2}$$

$$= \lim_{\Delta x \to 0} \cos\left(x + \frac{\Delta x}{2}\right) \cdot \frac{\sin \dfrac{\Delta x}{2}}{\dfrac{\Delta x}{2}} = \cos x,$$

即 $(\sin x)' = \cos x$.

用同样方法，可以求出 $(\cos x)' = -\sin x$.

例 2.1.3　求指数函数 $f(x) = a^x (a > 0，a \neq 1)$ 的导数.

解
$$f'(x) = \lim_{\Delta x \to 0} \frac{f(x + \Delta x) - f(x)}{\Delta x} = \lim_{\Delta x \to 0} \frac{a^{x + \Delta x} - a^x}{\Delta x}$$

$$= a^x \lim_{\Delta x \to 0} \frac{a^{\Delta x} - 1}{\Delta x} = a^x \lim_{\Delta x \to 0} \frac{e^{\Delta x \ln a} - 1}{\Delta x}$$

$$= a^x \lim_{\Delta x \to 0} \frac{\Delta x \ln a}{\Delta x} = a^x \ln a,$$

即 $(a^x)' = a^x \ln a$.

特别是，当 $a = e$ 时，有 $(e^x)' = e^x$.

用同样的方法，可以求出幂函数的导数

$$(x^a)' = a x^{a-1}.$$

其中 a 为任意给定的实数. 例如，

$$(x^3)' = 3x^{3-1} = 3x^2,$$

$$\left(\sqrt{x}\right)' = \left(x^{\frac{1}{2}}\right)' = \frac{1}{2}x^{\frac{1}{2}-1} = \frac{1}{2}x^{-\frac{1}{2}} = \frac{1}{2\sqrt{x}}.$$

2.1.3 导数的几何意义

由引例中切线问题的讨论以及导数的定义可知：函数 $y = f(x)$ 在点 x_0 处的导数 $f'(x_0)$，在几何上表示曲线 $y = f(x)$ 在点 $M_0(x_0, f(x_0))$ 处的切线的斜率，即

$$f'(x_0) = \tan \alpha.$$

其中 α 是切线的倾角(图 2.2).

根据导数的几何意义并应用直线的点斜式方程，可知曲线 $y = f(x)$ 在点 $M_0(x_0, y_0)$ 处的切线方程为

$$y - y_0 = f'(x_0)(x - x_0),$$

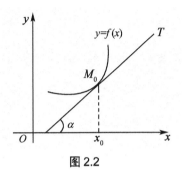

图 2.2

法线方程为

$$y - y_0 = -\frac{1}{f'(x_0)}(x - x_0), \quad (f'(x_0) \neq 0).$$

例 2.1.4 求等边双曲线 $y = \dfrac{1}{x}$ 在点 $\left(\dfrac{1}{2}, 2\right)$ 处的切线斜率，并写出在该点处的切线方程和法线方程.

解 根据导数的几何意义知道，所求切线的斜率为

$$k_1 = y'\Big|_{x=\frac{1}{2}} = -\frac{1}{x^2}\Big|_{x=\frac{1}{2}} = -4,$$

从而所求切线方程为

$$y - 2 = -4\left(x - \frac{1}{2}\right),$$

即 $4x + y = 4$.

所求法线的斜率为 $k_2 = -\dfrac{1}{k_1} = \dfrac{1}{4}$，于是所求法线方程为

$$y - 2 = \frac{1}{4}\left(x - \frac{1}{2}\right),$$

即 $2x - 8y + 15 = 0$.

2.1.4 函数可导性与连续性的关系

下面根据导数的定义来讨论函数在一点处可导与在该点连续之间的关系.

定理 2.1.1 如果函数 $y = f(x)$ 在点 x_0 处可导，那么函数 $y = f(x)$ 在点 x_0 处是连续的.

证明 因为函数 $f(x)$ 在点 x_0 处可导，所以由导数定义，有

$$\lim_{\Delta x \to 0} \Delta y = \lim_{\Delta x \to 0} \frac{\Delta y}{\Delta x} \cdot \Delta x = \lim_{\Delta x \to 0} \frac{\Delta y}{\Delta x} \cdot \lim_{\Delta x \to 0} \Delta x = f'(x_0) \cdot 0 = 0.$$

由连续定义可知，$y = f(x)$ 在点 x_0 处是连续的. 所以，如果函数 $y = f(x)$ 在点 x_0 处可导，则函数在该点必连续，即函数连续是可导的必要条件. 但需要指出的是函数在某点连续却不一定在该点可导，即连续不是可导的充分条件. 举例说明如下.

函数 $y = |x|$ 在区间$(-\infty，+\infty)$内连续，但在点 $x = 0$ 处不可导.
这是因为

$$y = |x| = \begin{cases} x, & x \geqslant 0 \\ -x, & x < 0 \end{cases}，$$

而函数 y 的左右导数分别为

$$f'_-(0) = \lim_{x \to 0^-} \frac{f(x) - f(0)}{x - 0} = \lim_{x \to 0^-} \frac{-x}{x} = -1，$$

$$f'_+(0) = \lim_{x \to 0^+} \frac{f(x) - f(0)}{x - 0} = \lim_{x \to 0^+} \frac{x}{x} = 1.$$

由此可见 $f'_-(0) \neq f'_+(0)$，所以 $y = |x|$ 在点 $x = 0$ 处不可导.

2.2　函数的求导法则

在本节中，将介绍求导数四则运算法则及几个基本初等函数的导数公式，借助于这些法则和基本初等函数的导数公式，就能比较方便地求出常见的初等函数的导数.

2.2.1　函数的和、差、积、商的求导法则

定理 2.2.1　如果函数 $u(x)$，$v(x)$在点 x 处可导，那么它们的和、差、积、商(除分母为零的点外)都在点 x 处可导，且：

(1) $[u(x) \pm v(x)]' = u'(x) \pm v'(x)$；

(2) $[u(x) \cdot v(x)]' = u'(x) \cdot v(x) + u(x) \cdot v'(x)$；

(3) $[Cu(x)]' = Cu'(x)$；（C 为常数）；

(4) $\left[\dfrac{u(x)}{v(x)}\right]' = \dfrac{u'(x)v(x) - u(x)v'(x)}{[v(x)]^2}$.

证明　在这里仅证明(1)，其他的运算法则可同样证明.

$$[u(x) \pm v(x)]' = \lim_{\Delta x \to 0} \frac{[u(x + \Delta x) \pm v(x + \Delta x)] - [u(x) \pm v(x)]}{\Delta x}$$

$$= \lim_{\Delta x \to 0} \frac{u(x + \Delta x) - u(x)}{\Delta x} \pm \lim_{\Delta x \to 0} \frac{v(x + \Delta x) - v(x)}{\Delta x}$$

$$= u'(x) \pm v'(x).$$

定理中的法则(1)可推广到 n 个可导函数的情形.

例 2.2.1　$y = 2x^3 - \sqrt{x} + 2$，求 y'.

解
$$y' = (2x^3 - \sqrt{x} + 2)' = (2x^3)' - (\sqrt{x})' + (2)'$$
$$= 2(x^3)' - (x^{\frac{1}{2}})' = 2 \cdot 3x^2 - \frac{1}{2\sqrt{x}}$$
$$= 6x^2 - \frac{1}{2\sqrt{x}}.$$

例 2.2.2　$y = e^x(\sin x + \cos x)$，求 y' 及 $y'(0)$.

解
$$y' = (e^x)'(\sin x + \cos x) + e^x(\sin x + \cos x)'$$
$$= e^x(\sin x + \cos x) + e^x(\cos x - \sin x)$$
$$= 2e^x \cos x.$$

所以，$y'(0) = 2$.

例 2.2.3　$y = \tan x$，求 y'.

解　$y' = (\tan x)' = \left(\dfrac{\sin x}{\cos x}\right)' = \dfrac{(\sin x)' \cos x - \sin x(\cos x)'}{\cos^2 x}$
$$= \frac{\cos^2 x + \sin^2 x}{\cos^2 x} = \frac{1}{\cos^2 x} = \sec^2 x.$$

即
$$(\tan x)' = \sec^2 x.$$

同样可求出
$$(\cot x)' = -\csc^2 x.$$

例 2.2.4　$y = \sec x$，求 y'.

解　$y' = (\sec x)' = \left(\dfrac{1}{\cos x}\right)' = \dfrac{(1)' \cos x - 1 \cdot (\cos x)'}{\cos^2 x} = \dfrac{\sin x}{\cos^2 x} = \sec x \tan x.$

即
$$(\sec x)' = \sec x \tan x.$$

同样可求出
$$(\csc x)' = -\csc x \cot x.$$

2.2.2　反函数的求导法则

定理 2.2.2　如果函数 $x = \varphi(y)$ 在区间 I_y 内单调、可导且 $\varphi'(y) \neq 0$，那么它的反函数 $y = f(x)$ 在区间 $I_x = \left\{x \mid x = \varphi(y), \ y \in I_y\right\}$ 内也可导，且

$$f'(x) = \frac{1}{\varphi'(y)}.$$

定理证明从略.

定理的结论可简单地说成：反函数的导数等于直接函数导数的倒数.

例 2.2.5　$y = \arcsin x$，求 y'.

解　由于 $y = \arcsin x$ 的直接函数为 $x = \sin y$，而 $\sin y$ 在 $\left(-\dfrac{\pi}{2}, \dfrac{\pi}{2}\right)$ 内满足反函数的求导法则的条件，故有

$$(\arcsin x)' = \frac{1}{(\sin y)'} = \frac{1}{\cos y} = \frac{1}{\sqrt{1-x^2}}.$$

同样可求出

$$(\arccos x)' = -\frac{1}{\sqrt{1-x^2}}.$$

例 2.2.6　$y = \arctan x$，求 y'.

解　由于 $x = \tan y$ 为直接函数，从而有

$$(\arctan x)' = \frac{1}{(\tan y)'} = \frac{1}{\sec^2 y} = \frac{1}{1+x^2}.$$

用类似的方法，可得反余切函数的导数公式

$$(\operatorname{arccot} x)' = -\frac{1}{1+x^2}.$$

例 2.2.7　$y = \log_a x$，求 y'.

解　由于 $y = \log_a x$ 为 $x = a^y$ 的反函数，故有

$$\left(\log_a x\right)' = \frac{1}{(a^y)'} = \frac{1}{a^y \ln a} = \frac{1}{x \ln a}.$$

特别是当 $a = e$ 时，可得自然对数的导数公式

$$(\ln x)' = \frac{1}{x}.$$

2.2.3　复合函数的求导法则

到现在为止，已经讨论了基本初等函数的导数和导数的四则运算法则，为了进一步讨论初等函数的求导问题，下面给出复合函数的求导法则.

定理 2.2.3　如果 $u = \varphi(x)$ 在点 x 可导，而 $y = f(u)$ 在对应点 u 可导，那么复合函数 $y = f[\varphi(x)]$ 在点 x 可导，并且

$$\frac{\mathrm{d}y}{\mathrm{d}x} = f'(u) \cdot \varphi'(x) \quad \text{或} \quad \frac{\mathrm{d}y}{\mathrm{d}x} = \frac{\mathrm{d}y}{\mathrm{d}u} \cdot \frac{\mathrm{d}u}{\mathrm{d}x}.$$

这就是说，函数 y 对自变量 x 的导数，等于 y 对中间变量 u 的导数乘以中间变量 u 对自变量 x 的导数.

定理证明略.

例 2.2.8　$y = e^{x^2}$，求 $\dfrac{\mathrm{d}y}{\mathrm{d}x}$.

解　$y = e^{x^2}$ 可看作由 $y = e^u$，$u = x^2$ 复合而成的，因此

$$\frac{\mathrm{d}y}{\mathrm{d}x} = \frac{\mathrm{d}y}{\mathrm{d}u} \cdot \frac{\mathrm{d}u}{\mathrm{d}x} = e^u \cdot 2x = 2x e^{x^2}.$$

例 2.2.9　$y = \ln \sin x$，求 $\dfrac{\mathrm{d}y}{\mathrm{d}x}$.

解　$y = \ln \sin x$ 可看作由 $y = \ln u$，$u = \sin x$ 复合而成的，因此

$$\frac{\mathrm{d}y}{\mathrm{d}x} = \frac{\mathrm{d}y}{\mathrm{d}u} \cdot \frac{\mathrm{d}u}{\mathrm{d}x} = \frac{1}{u} \cdot \cos x = \frac{\cos x}{\sin x} = \cot x.$$

利用复合函数的求导公式计算导数的关键是，适当地选取中间变量，将所给函数拆成两个基本初等函数的复合，然后利用复合函数的求导法则. 求出所给函数的导数.

复合函数的求导法则可以推广到多个中间变量的情形，如：设 $y = f(u)$、$u = \psi(v)$、$v = \varphi(x)$，那么复合函数 $y = f\{\varphi[\psi(x)]\}$ 的导数为

$$\frac{\mathrm{d}y}{\mathrm{d}x} = \frac{\mathrm{d}y}{\mathrm{d}u} \cdot \frac{\mathrm{d}u}{\mathrm{d}v} \cdot \frac{\mathrm{d}v}{\mathrm{d}x} = f'(u) \cdot \varphi'(v) \cdot \psi'(x)$$

例 2.2.10　$y = \ln \cos(\mathrm{e}^x)$，求 $\dfrac{\mathrm{d}y}{\mathrm{d}x}$.

解　由于 $y = \ln \cos(\mathrm{e}^x)$ 可看作是由 $y = \ln u$，$u = \cos v$，$v = \mathrm{e}^x$ 复合而成的，因此

$$\frac{\mathrm{d}y}{\mathrm{d}x} = \frac{\mathrm{d}y}{\mathrm{d}u} \cdot \frac{\mathrm{d}u}{\mathrm{d}v} \cdot \frac{\mathrm{d}v}{\mathrm{d}x} = \frac{1}{u} \cdot (-\sin v) \cdot \mathrm{e}^x$$

$$= -\frac{\sin \mathrm{e}^x}{\cos \mathrm{e}^x} \cdot \mathrm{e}^x = -\mathrm{e}^x \tan(\mathrm{e}^x).$$

需要指出的是，对复合函数的分解比较熟练后，利用复合函数的求导法则求导时，可以不必写出中间变量，只要在心中默记就可以了.

例 2.2.11　$y = \sin \dfrac{2x}{1 + x^2}$，求 $\dfrac{\mathrm{d}y}{\mathrm{d}x}$.

解　$\dfrac{\mathrm{d}y}{\mathrm{d}x} = \left(\sin \dfrac{2x}{1 + x^2}\right)' = \cos \dfrac{2x}{1 + x^2} \cdot \left(\dfrac{2x}{1 + x^2}\right)' = \dfrac{2(1 - x^2)}{(1 + x^2)^2} \cdot \cos \dfrac{2x}{1 + x^2}$.

例 2.2.12　$y = \sqrt[3]{1 - 2x^2}$，求 $\dfrac{\mathrm{d}y}{\mathrm{d}x}$.

解　$\dfrac{\mathrm{d}y}{\mathrm{d}x} = \left[(1 - 2x^2)^{\frac{1}{3}}\right]' = \dfrac{1}{3}(1 - 2x^2)^{-\frac{2}{3}} \cdot (1 - 2x^2)' = \dfrac{-4x}{3\sqrt[3]{(1 - 2x^2)^2}}$.

例 2.2.13　$y = \sin(\cos x^3)$，求 $\dfrac{\mathrm{d}y}{\mathrm{d}x}$.

解　$\dfrac{\mathrm{d}y}{\mathrm{d}x} = \cos(\cos x^3) \cdot (\cos x^3)'$

$= \cos(\cos x^3) \cdot (-\sin x^3) \cdot (x^3)'$

$= -3x^2 \sin x^3 \cdot \cos(\cos x^3)$

例 2.2.14　$y = \ln |x|$，求 $\dfrac{\mathrm{d}y}{\mathrm{d}x}$.

解　由于 $y = \begin{cases} \ln x, & x > 0 \\ \ln(-x), & x < 0 \end{cases}$，

当 $x > 0$ 时，$\dfrac{\mathrm{d}y}{\mathrm{d}x} = (\ln x)' = \dfrac{1}{x}$；

当 $x < 0$ 时，$\dfrac{\mathrm{d}y}{\mathrm{d}x} = \left[\ln(-x)\right]' = \dfrac{1}{-x}(-x)' = \dfrac{1}{-x} \cdot (-1) = \dfrac{1}{x}$.

从而只要 $x \neq 0$，总有

$$(\ln|x|)' = \dfrac{1}{x}.$$

例 2.2.15　$y = \arctan\dfrac{1+x}{1-x}$，求 $\dfrac{\mathrm{d}y}{\mathrm{d}x}$.

解　$y' = \dfrac{1}{1 + \left(\dfrac{1+x}{1-x}\right)^2} \cdot \left(\dfrac{1+x}{1-x}\right)'$

$= \dfrac{(1-x)^2}{(1-x)^2 + (1+x)^2} \cdot \dfrac{2}{(1-x)^2}$

$= \dfrac{1}{1+x^2}$.

基本初等函数的导数公式在初等函数的求导运算中起着重要的作用，学习者必须熟练地掌握它们. 为了便于查阅，现在把这些导数公式归纳如下.

(1) $(C)' = 0$；

(2) $(x^\mu)' = ux^{\mu-1}$；

(3) $(\sin x)' = \cos x$；

(4) $(\cos x)' = -\sin x$；

(5) $(\tan x)' = \sec^2 x$；

(6) $(\cot x)' = -\csc^2 x$；

(7) $(\sec x)' = \sec x \tan x$；

(8) $(\csc x)' = -\csc x \cot x$；

(9) $(a^x)' = a^x \ln a$；

(10) $(\mathrm{e}^x)' = \mathrm{e}^x$；

(11) $(\log_a x)' = \dfrac{1}{x \ln a}$；

(12) $(\ln x)' = \dfrac{1}{x}$；

(13) $(\arcsin x)' = \dfrac{1}{\sqrt{1-x^2}}$；

(14) $(\arccos x)' = -\dfrac{1}{\sqrt{1-x^2}}$；

(15) $(\arctan x)' = \dfrac{1}{1+x^2}$；

(16) $(\operatorname{arccot} x)' = -\dfrac{1}{1+x^2}$.

2.3　高 阶 导 数

一般来说，函数 $y = f(x)$ 的导数 $y' = f'(x)$ 仍是 x 的函数. 我们把 $y' = f'(x)$ 的导数称为函数 $y = f(x)$ 的二阶导数，记作 y'' 或 $\dfrac{\mathrm{d}^2 y}{\mathrm{d}x^2}$，即

$$y'' = (y')' \text{ 或 } \dfrac{\mathrm{d}^2 y}{\mathrm{d}x^2} = \dfrac{\mathrm{d}}{\mathrm{d}x}\left(\dfrac{\mathrm{d}y}{\mathrm{d}x}\right),$$

相应地，把 $y = f(x)$ 的导数称为函数 $y = f(x)$ 的一阶导数.

类似地，二阶导数的导数称为三阶导数，三阶导数的导数称为四阶导数，……，$(n-1)$

阶导数的导数称为 n 阶导数，分别记作

$$y^{(3)}, y^{(4)}, \cdots, y^{(n)},$$

或

$$\frac{\mathrm{d}^3 y}{\mathrm{d}x^3}, \frac{\mathrm{d}^4 y}{\mathrm{d}x^4}, \cdots, \frac{\mathrm{d}^n y}{\mathrm{d}x^n}.$$

函数 $y = f(x)$ 具有 n 阶导数，也常说成函数 $y = f(x)$ 为 n 阶可导，二阶及二阶以上的导数统称**高阶导数**.

由此可见，求高阶导数就是多次接连地对函数进行求导.所以，仍可应用前面学过的求导方法来计算高阶导数.

例 2.3.1 $y = ax + b$，求 y''.

解 $y' = a$，$y'' = 0$. 因此，设 $P_m(x)$ 为 m 次多项式，则当 $n > m$ 时，有

$$P_m^{(n)}(x) = 0.$$

例 2.3.2 求指数函数 $y = \mathrm{e}^{ax}$ 的 n 阶导数.

解
$$y' = a\mathrm{e}^{ax};$$
$$y'' = a^2\mathrm{e}^{ax};$$
$$\cdots$$
$$y^{(n)} = a^n\mathrm{e}^{ax}.$$

例 2.3.3 求对数函数 $y = \ln x$ 的几阶导数.

解
$$y' = \frac{1}{x};$$
$$y'' = -\frac{1}{x^2} = (-1)^1 \cdot \frac{1}{x^2};$$
$$y''' = (-1)^2 \frac{1 \cdot 2}{x^3};$$
$$\cdots$$
$$y^{(n)} = (-1)^{n-1} \frac{(n-1)!}{x^n} \quad (n \geqslant 1).$$

例 2.3.4 求正弦函数 $y = \sin x$ 的 n 阶导数.

解
$$y' = \cos x = \sin\left(x + \frac{\pi}{2}\right);$$
$$y'' = \cos\left(x + \frac{\pi}{2}\right) = \sin\left(x + \frac{\pi}{2} + \frac{\pi}{2}\right) = \sin\left(x + 2 \cdot \frac{\pi}{2}\right);$$
$$y''' = \cos\left(x + 2 \cdot \frac{\pi}{2}\right) = \sin\left(x + 3 \cdot \frac{\pi}{2}\right);$$
$$\cdots$$

一般地，可得

$$y^{(n)} = \sin\left(x + n \cdot \frac{\pi}{2}\right).$$

用同样的方法，可以求出

$$(\cos x)^{(n)} = \cos\left(x + n \cdot \frac{\pi}{2}\right) \quad (n = 1,\ 2,\ \cdots)$$

2.4 隐函数及由参数方程所确定的函数的导数

2.4.1 隐函数的导数

前面讨论了函数的求导问题，只不过这种函数中因变量已明显表示成自变量表达式的那种函数，称为显函数. 例如 $y = \cos x$，$y = \ln x + \sqrt{1 - x^2}$ 等. 其特点是：因变量在等号一边，而另一边是含有自变量的式子，而在实际问题中也常常会遇到这样的函数，两个变量间的关系是由一个方程给定的，函数关系隐含在方程中，例如，方程

$$x + y^3 - 1 = 0$$

表示一个函数，因为当变量 x 在 $(-\infty,\ +\infty)$ 内取值时，变量 y 有确定的值与之对应，例如，当 $x = 0$ 时，$y = 1$；又当 $x = -1$ 时，$y = \sqrt[3]{2}$，等等，这样的函数称为**隐函数**.

一般地，由方程 $F(x,\ y) = 0$，在一定条件下所确定的 y 是 x 的函数，则称为隐函数.

有时隐函数可以化成显函数，叫做隐函数的**显化**. 但有时隐函数的显化是比较困难的，甚至是不可能的，下面讨论隐函数的求导问题.

设 $y = y(x)$ 是由方程 $F(x,\ y) = 0$ 确定的隐函数，将 $y = y(x)$ 代入方程中，得到恒等式

$$F[x,\ y(x)] \equiv 0$$

利用复合函数的求导法则，对等式两边对自变量 x 求导，视 y 为中间变量，就可以求得 y 对 x 的导数 $\dfrac{\mathrm{d}y}{\mathrm{d}x}$.

求隐函数的导数实质上是复合函数求导法则的应用，下面举例说明.

例 2.4.1 求由方程 $y^5 + 2y - x - 3x^7 = 0$ 所确定的隐函数的导数 $\dfrac{\mathrm{d}y}{\mathrm{d}x}$.

解 因方程中 y 是 x 的函数，方程两边对 x 求导，由导数的四则运算法则和复合函数求导法则有

$$(y^5)'_x + (2y)'_x - (x)' - (3x^7)' = 0 ;$$

$$5y^4 y' + 2y' - 1 - 21x^6 = 0 .$$

解出 y'，得

$$\frac{\mathrm{d}y}{\mathrm{d}x} = \frac{1 + 21x^6}{5y^4 + 2} .$$

例 2.4.2 求由方程 $y\mathrm{e}^x + \ln y = 1$ 所确定的隐函数的导数 $\dfrac{\mathrm{d}y}{\mathrm{d}x}$.

解 方程两边对 x 求导数，有

$$y'\mathrm{e}^x + y\mathrm{e}^x + \frac{1}{y}y' = 0,$$

从而

$$\frac{\mathrm{d}y}{\mathrm{d}x} = -\frac{y^2\mathrm{e}^x}{1 + y\mathrm{e}^x} = \frac{y^2\mathrm{e}^x}{\ln y - 2}.$$

例 2.4.3　求由方程 $x^2 + xy + y^2 = 4$ 确定的曲线 $y = y(x)$ 在点 $(2, -2)$ 处的切线方程.

解　先求切线的斜率, 即 $y'(2)$. 为此, 在方程两边对 x 求导数, 得

$$2x + y + xy' + 2yy' = 0,$$

从而　$\dfrac{\mathrm{d}y}{\mathrm{d}x} = \dfrac{-(2x + y)}{x + 2y}$, $y'(2) = 1$. 于是, 曲线在点 $(2, -2)$ 处的切线方程为

$$y - (-2) = 1 \times (x - 2),$$

即

$$y - x + 4 = 0.$$

下面介绍一种求导数的方法——对数求导法. 这种方法是先在 $y = f(x)$ 的两边取对数, 然后再求出 y 的导数. 在某些场合, 利用这种方法求导数比通常的方法简便些. 下面通过例子来说明这种方法.

例 2.4.4　求 $y = x^{\sin x}(x > 0)$ 的导数.

解　这个函数是幂指函数, 为了求这函数的导数, 可以先在等式两边取对数, 得

$$\ln y = \sin x \cdot \ln x.$$

上式两边对 x 求导, 注意到 $y = y(x)$, 得

$$\frac{1}{y}y' = \cos x \cdot \ln x + \sin x \cdot \frac{1}{x},$$

于是

$$y' = y\left(\cos x \cdot \ln x + \frac{\sin x}{x}\right) = x^{\sin x}\left(\cos x \cdot \ln x + \frac{\sin x}{x}\right).$$

例 2.4.5　求 $y = \sqrt{\dfrac{(x-1)(x-2)}{(x-3)(x-4)}}$ 的导数.

解　先取对数(假定 $x > 4$), 得

$$\ln y = \frac{1}{2}\big[\ln(x-1) + \ln(x-2) - \ln(x-3) - \ln(x-4)\big].$$

上式两边对 x 求导, 得

$$\frac{1}{y}y' = \frac{1}{2}\left[\frac{1}{x-1} + \frac{1}{x-2} - \frac{1}{x-3} - \frac{1}{x-4}\right],$$

于是

$$y' = \frac{1}{2}\sqrt{\frac{(x-1)(x-2)}{(x-3)(x-4)}}\left(\frac{1}{x-1} + \frac{1}{x-2} - \frac{1}{x-3} - \frac{1}{x-4}\right).$$

2.4.2　由参数方程所确定的函数的导数

若参数方程

$$\begin{cases} x = \varphi(t) \\ y = \psi(t) \end{cases} \qquad\qquad (2.4.1)$$

确定了 x 与 y 间的函数关系,则称此函数为由参数方程式(2.4.1)所确定的函数.

在式(2.4.1)中,设函数 $x = \varphi(t)$ 存在反函数 $t = \varphi^{-1}(x)$,那么由参数方程式(2.4.1)所确定的函数 $y = y(x)$ 可以看成是由函数 $y = \psi(t)$,$t = \varphi^{-1}(x)$ 复合而成的函数 $y = \psi\left[\varphi^{-1}(x)\right]$. 设 $y = \psi(t)$,$x = \varphi(t)$ 都可导,且 $\varphi'(t) \neq 0$,那么根据复合函数的求导法则和反函数的导数公式,就可得到

$$\frac{\mathrm{d}y}{\mathrm{d}x} = \frac{\mathrm{d}y}{\mathrm{d}t} \cdot \frac{\mathrm{d}t}{\mathrm{d}x} = \frac{\mathrm{d}y}{\mathrm{d}t} \cdot \frac{1}{\dfrac{\mathrm{d}x}{\mathrm{d}t}} = \frac{\psi'(t)}{\varphi'(t)},$$

即

$$\frac{\mathrm{d}y}{\mathrm{d}x} = \frac{\psi'(t)}{\varphi'(t)}.$$

这就是参数方程(2.4.1)所确定的函数 $y = y(x)$ 的导数公式.

如果 $x = \varphi(t)$,$y = \psi(t)$ 还具有二阶导数,那么从上式又可求得函数的二阶导数公式:

$$\begin{aligned}
\frac{\mathrm{d}^2 y}{\mathrm{d}x^2} &= \frac{\mathrm{d}}{\mathrm{d}x}\left(\frac{\mathrm{d}y}{\mathrm{d}x}\right) = \frac{\mathrm{d}}{\mathrm{d}t}\left[\frac{\psi'(t)}{\varphi'(t)}\right] \cdot \frac{\mathrm{d}t}{\mathrm{d}x} \\
&= \frac{\psi''(t)\varphi'(t) - \psi'(t)\varphi''(t)}{\left[\varphi'(t)\right]^2} \cdot \frac{1}{\varphi'(t)} \\
&= \frac{\psi''(t)\varphi'(t) - \psi'(t)\varphi''(t)}{\left[\varphi'(t)\right]^3}.
\end{aligned}$$

例 2.4.6　已知椭圆的参数方程为

$$\begin{cases} x = a\cos t \\ y = b\sin t \end{cases},$$

求椭圆在 $t = \dfrac{\pi}{4}$ 相应的点处的切线方程.

解　当 $t = \dfrac{\pi}{4}$ 时,$x = a\cos\dfrac{\pi}{4} = \dfrac{a\sqrt{2}}{2}$,$y = \dfrac{b\sqrt{2}}{2}$,曲线在相应点处的切线斜率为

$$\left.\frac{\mathrm{d}y}{\mathrm{d}x}\right|_{t=\frac{\pi}{4}} = \left.\frac{(b\sin t)'}{(a\cos t)'}\right|_{t=\frac{\pi}{4}} = \left.-\frac{b\cos t}{a\sin t}\right|_{t=\frac{\pi}{4}} = -\frac{b}{a}.$$

于是切线方程为

$$y - \frac{b\sqrt{2}}{2} = -\frac{b}{a}\left(x - \frac{a\sqrt{2}}{2}\right),$$

即

$$bx + ay - \sqrt{2}ab = 0.$$

例 2.4.7　计算由参数方程

$$\begin{cases} x = a(t - \sin t), \\ y = a(1 - \cos t), \end{cases}$$

所确定的函数 $y = y(x)$ 的二阶导数.

解

$$\frac{\mathrm{d}y}{\mathrm{d}x} = \frac{\dfrac{\mathrm{d}y}{\mathrm{d}t}}{\dfrac{\mathrm{d}x}{\mathrm{d}t}} = \frac{a\sin t}{a(1-\cos t)} = \frac{\sin t}{1-\cos t}$$

$$= \cot\frac{t}{2} \ (t \neq 2n\pi, \ n \text{ 为整数}),$$

$$\frac{\mathrm{d}^2 y}{\mathrm{d}x^2} = \frac{\mathrm{d}}{\mathrm{d}t}\left(\cot\frac{t}{2}\right) \cdot \frac{\mathrm{d}t}{\mathrm{d}x} = -\frac{1}{2\sin^2\dfrac{t}{2}} \cdot \frac{1}{a(1-\cos t)}$$

$$= -\frac{1}{a(1-\cos t)^2} \ (t \neq 2n\pi, \ n \in \mathbb{Z}).$$

2.5　函数的微分

2.5.1　微分的定义

前面几节研究了导数，所谓函数 $y = f(x)$ 的导数 $f'(x)$，就是函数的改变量 $\Delta y = f(x + \Delta x) - f(x)$ 与自变量的改变量 Δx 之比 $\dfrac{\Delta y}{\Delta x}$ 当 $\Delta x \to 0$ 时的极限，

$$f'(x) = \lim_{\Delta x \to 0} \frac{\Delta y}{\Delta x} = \lim_{\Delta x \to 0} \frac{f(x + \Delta x) - f(x)}{\Delta x}.$$

这里所关心的只是改变量之比 $\dfrac{\Delta y}{\Delta x}$ 的极限，而不是改变量本身. 然而在许多情形下，需要考察和估算函数的改变量 Δy，特别是当自变量的改变量 Δx 很小时.

先看下面的例子. 一块正方形金属薄片加热后，其边长由 x_0 变到 $x_0 + \Delta x$ (图 2.3)，问此薄片的面积 A 改变了多少？

$$\Delta A = (x_0 + \Delta x)^2 - x_0^2$$
$$= 2x_0\Delta x + (\Delta x)^2.$$

它包含两部分：第一部分 $2x_0\Delta x$ 是 Δx 的线性函数(其中 $2x_0$ 是与 Δx 无关的常数)，而第二部分 $(\Delta x)^2$，当 $|\Delta x|$ 很小时，可以略去不计.

注意到上述问题中与 Δx 无关的常数 $2x_0$ 恰好是函数 $A(x) = x^2$ 在 x_0 点的导数，于是给出下述定义.

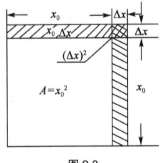

图 2.3

定义 2.5.1　设函数 $y = f(x)$ 在 x_0 点可导，Δx 为自变量 x 的改变量，那么称

$$f'(x_0)\Delta x$$

为函数 $y = f(x)$ 在 x_0 点的微分，记作

$$\mathrm{d}f(x_0) \text{ 或者 } \mathrm{d}y\big|_{x=x_0}.$$

并称 $f(x)$ 在 x_0 点可微. 因此，当 $|\Delta x|$ 很小时，$\Delta y \approx \mathrm{d}y$，或者：

$$f(x_0 + \Delta x) = f(x_0) + \Delta y \approx f(x_0) + \mathrm{d}f(x_0).$$

函数 $y = f(x)$ 在任意点 x 的微分称为函数的微分，记作 $\mathrm{d}y$ 或 $\mathrm{d}f(x)$，即

$$\mathrm{d}y = f'(x)\Delta x.$$

虽然函数 $y = f(x)$ 在一点的微分仅是函数 $f(x)$ 的微分的特殊情形，把 x 换成 x_0 即为函数在 x_0 点的微分.

例 2.5.1　求函数 $y = x^3$ 当 $x = 2$，$\Delta x = 0.02$ 时的微分.

解　由于 $y' = 3x^2$，于是有 $\mathrm{d}y = 3x^2\Delta x$，当 $x = 2$、$\Delta x = 0.02$ 时，

$$\mathrm{d}y = 3x^2\big|_{x=2}\Delta x\big|_{\Delta x=0.02} = 12 \times 0.02 = 0.24.$$

例 2.5.2　求函数 $y = \mathrm{e}^{3x}$ 的微分 $\mathrm{d}y$.

解　由于 $y' = 3\mathrm{e}^{3x}$，故有 $\mathrm{d}y = 3\mathrm{e}^{3x}\Delta x$.

通常把自变量 x 的增量 Δx 称为**自变量的微分**，记作 $\mathrm{d}x$，即 $\mathrm{d}x = \Delta x$. 于是函数 $y = f(x)$ 的微分又可记作

$$\mathrm{d}y = f'(x)\mathrm{d}x,$$

从而有

$$\frac{\mathrm{d}y}{\mathrm{d}x} = f'(x).$$

这就是说，函数的微分 $\mathrm{d}y$ 与自变量的微分 $\mathrm{d}x$ 之商等于该函数的导数. 因此，导数也称为"微商".

2.5.2　微分的几何意义

在直角坐标系中，函数 $y = f(x)$ 的图形是一条曲线. 对于某一固定的 x_0 值，曲线上有一个确定点 $M(x_0, y_0)$，当自变量 x 有微小增量 Δx 时，就得到曲线上另一点 $N(x_0 + \Delta x, y_0 + \Delta y)$.

从图 2.4 可知，过点 M 作曲线的切线 MT，它的倾角为 α. 则，

$$PQ = MQ\tan\alpha = \Delta x \cdot f'(x_0),$$

即

$$\mathrm{d}y = QP.$$

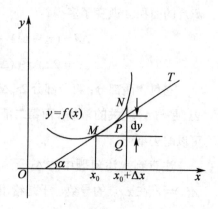

图2.4

由此可见，当 Δy 是曲线 $y = f(x)$ 上点的纵坐标的增量时，$\mathrm{d}y$ 就是曲线上相应点的切线纵坐标的增量.

2.5.3 基本初等函数的微分公式与微分运算法则

由微分与导数的关系式 $dy = f'(x)dx$ 可知，计算函数 $f(x)$ 的微分实际上可以归结为计算导数 $f'(x)$，所以与导数的基本公式和运算法则相对应，可以建立微分的基本公式和运算法则. 通常把计算导数与计算微分的方法都称做微分法.

1. 基本初等函数的微分公式

由基本初等函数的导数公式，可以直接写出基本初等函数的微分公式. 为了便于对照，列表如下.

导数公式	微分公式
$(x^\mu)' = \mu x^{\mu-1}$	$d(x^\mu) = \mu x^{\mu-1}dx$
$(\sin x)' = \cos x$	$d(\sin x) = \cos x dx$
$(\cos x)' = -\sin x$	$d(\cos x) = -\sin x dx$
$(\tan x)' = \sec^2 x$	$d(\tan x) = \sec^2 x dx$
$(\cot x)' = -\csc^2 x$	$d(\cot x) = -\csc^2 x dx$
$(\sec x)' = \sec x \tan x$	$d(\sec x) = \sec x \tan x dx$
$(\csc x)' = -\csc x \cot x$	$d(\csc x) = -\csc x \cot x \, dx$
$(a^x)' = a^x \ln a$	$d(a^x) = a^x \ln a dx$
$(e^x)' = e^x$	$d(e^x) = e^x dx$
$(\log_a x)' = \dfrac{1}{x\ln a}$	$d(\log_a x) = \dfrac{l}{x\ln a}dx$
$(\ln x)' = \dfrac{1}{x}$	$d(\ln x) = \dfrac{1}{x}dx$
$(\arcsin x)' = \dfrac{1}{\sqrt{1-x^2}}$	$d(\arcsin x) = \dfrac{1}{\sqrt{1-x^2}}dx$
$(\arccos x)' = -\dfrac{1}{\sqrt{1-x^2}}$	$d(\arccos x) = -\dfrac{1}{\sqrt{1-x^2}}dx$
$(\arctan x)' = \dfrac{1}{1+x^2}$	$d(\arctan x) = \dfrac{1}{1+x^2}dx$
$(\text{arccot} x)' = -\dfrac{1}{1+x^2}$	$d(\text{arccot} x) = -\dfrac{1}{1+x^2}dx$

2. 微分四则运算法则

由函数和、差、积、商的求导法则，可推得相应的微分法则，为了便于对照，列成下表(表中 $u = u(x)$，$v = v(x)$ 都可导).

函数和、差、积、商的求导法则	函数和、差、积、商的微分法则
$(u \pm v)' = u' \pm v'$	$d(u \pm v) = du \pm dv$
$(Cu)' = Cu'$	$d(Cu) = Cdu$
$(uv)' = u'v + uv'$	$d(uv) = vdu + udv$
$\left(\dfrac{u}{v}\right)' = \dfrac{u'v - uv'}{v^2} \ (v \neq 0)$	$d\left(\dfrac{u}{v}\right) = \dfrac{vdu - udv}{v^2} \ (v \neq 0)$

例 2.5.3 $y = x^2 + \ln x + 3^x$，求 dy.

解
$$dy = d(x^2 + \ln x + 3^x) = 2x dx + \frac{1}{x} dx + 3^x \ln 3 dx$$
$$= \left(2x + \frac{1}{x} + 3^x \ln 3\right) dx.$$

例 2.5.4 $y = e^{1-3x} \cos x$，求 dy.

解
$$dy = d(e^{1-3x} \cos x) = \cos x de^{1-3x} + e^{1-3x} d \cos x$$
$$= \cos x \cdot e^{1-3x} (-3) dx + e^{1-3x} (-\sin x) dx$$
$$= -e^{1-3x} (3 \cos x + \sin x) dx.$$

3. 复合函数的微分法则

设 $y = f(u)$，$u = \varphi(x)$，则复合函数 $y = f[\varphi(x)]$ 的微分为

$$dy = \frac{dy}{dx} \cdot dx = \frac{dy}{du} \cdot \frac{du}{dx} \cdot dx$$

即 $dy = f'[\varphi(x)] \varphi'(x) dx$.

由于 $u = \varphi(x)$、$du = \varphi'(x) dx$，所以，复合函数 $y = f[\varphi(x)]$ 的微分公式也可以写成

$$dy = f'(u) du.$$

由此可见，无论 u 是自变量还是中间变量，$y = f(u)$ 的微分 dy 总可以用 $f'(u)$ 与 du 的乘积来表示，这一性质称为**微分形式不变性**.

例 2.5.5 $y = \dfrac{x^2 + 1}{x + 1}$，求 dy.

解
$$dy = d\left(\frac{x^2 + 1}{x + 1}\right) = d\left(x - 1 + \frac{2}{x + 1}\right)$$
$$= dx + 2d\left(\frac{1}{x + 1}\right) = dx + \frac{-2}{(x + 1)^2} dx$$
$$= \frac{x^2 + 2x - 1}{(x + 1)^2} dx.$$

例 2.5.6 $y = e^{\sin^2 x}$，求 dy.

解
$$dy = de^{\sin^2 x} = e^{\sin^2 x} d \sin^2 x = e^{\sin^2 x} 2 \sin x d \sin x$$
$$= e^{\sin^2 x} 2 \sin x \cos x dx = e^{\sin^2 x} \sin 2x dx.$$

2.5.4 微分在近似计算中的应用

在实际问题中，经常会遇到一些复杂的计算公式，如果直接用这些公式进行计算，那是很费力的，利用微分有时可以把一些复杂的计算公式用简单的近似公式来代替.

在前面的讨论中已经知道：如果 $y = f(x)$ 在点 x_0 处的导数 $f'(x_0) \neq 0$，且 $|\Delta x|$ 很小时，则有

$$\Delta y \approx dy = f'(x_0) \Delta x,$$

即

$$\Delta y = f(x_0 + \Delta x) - f(x_0) \approx f'(x_0)\Delta x$$

或

$$f(x_0 + \Delta x) \approx f(x_0) + f'(x_0)\Delta x.$$

在上式中令 $x = x_0 + \Delta x$，即 $\Delta x = x - x_0$，那么上式可改写为

$$f(x) \approx f(x_0) + f'(x_0)(x - x_0). \tag{2.5.1}$$

如果 $f(x_0)$ 及 $f'(x_0)$ 都容易计算，那么就可利用式(2.5.1)作近似计算.

例 2.5.7 半径为 8cm 的金属球加热以后，其半径伸长了 0.04cm，问它的体积增大了多少？

解 设球的半径与体积分别为 r、v，则 $v = \dfrac{4}{3}\pi r^3$. 其中 $r_0 = 8\text{cm}$，$\Delta r = 0.04\text{cm}$，由于 $|\Delta x|$ 是很小的，于是有

$$\Delta v \approx 4\pi r_0{}^2 \cdot \Delta r = 10.24\pi \ \text{cm}^3.$$

例 2.5.8 计算 $\sqrt[3]{1.03}$ 的近似值.

解 取函数 $f(x) = \sqrt[3]{x}$. 取 $x = 1.03$，$x_0 = 1$，$\Delta x = 0.03$，由于

$$f(x_0) = 1，\quad f'(x_0) = \frac{1}{3}x_0^{-\frac{2}{3}} = \frac{1}{3},$$

从而根据式(2.5.1)有

$$\sqrt[3]{1.03} \approx 1 + \frac{1}{3} \times 0.03 = 1.01.$$

2.6 中 值 定 理

前面学习了导数的概念及求导法则，为了能够进一步应用导数来研究函数及其曲线的一些性质，并利用这些知识解决一些实际问题，为此，首先介绍微分学的几个中值定理，它们是一元微分学的理论基础.

2.6.1 罗尔定理

首先，观察图 2.5，其中连续曲线弧 $\overset{\frown}{AB}$ 是函数 $y = f(x)(x \in [a，b])$ 的图形，此图形的两个端点的纵坐标相等，即 $f(a) = f(b)$，且除了端点外处处有不垂直于 x 轴的切线. 可以发现在曲线弧的最高点或最低点 C 处，曲线有水平的切线. 如果记 C 点的横坐标为 ξ，那么就有 $f'(\xi) = 0$. 这就是下面要讨论的第一个定理.

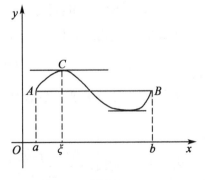

图 2.5

定理 2.6.1(罗尔定理)　如果函数 $f(x)$ 满足

(1) 在闭区间$[a，b]$上连续；

(2) 在开区间$(a，b)$内可导；

(3) $f(a) = f(b)$.

那么在$(a，b)$内至少存在一点 ξ，使得 $f'(\xi) = 0$.

证明　由于 $f(x)$ 在闭区间$[a，b]$上连续，从而 $f(x)$ 在$[a，b]$上必能取得最大值 M 与最小值 m. 这只有以下两种情形.

(1) $M = m$，这时 $f(x)$ 在$[a，b]$上必为常数 $f(x) = M$，因此，有 $f'(x) = 0$. 故可任取一点 $\xi \in (a，b)$，有 $f'(\xi) = 0$.

(2) $M > m$. $f(x)$ 在$[a，b]$上不恒为常数，由于 $f(a) = f(b)$，故 M 与 m 中至少有一个不等于 $f(a)$，无妨假定 $M \neq f(a)$(若 $m \neq f(a)$，证明完全类似).

那么必定在$(a，b)$内至少有一点 ξ，使得 $f(\xi) = M$. 下面证明 $f'(\xi) = 0$.

因为 $f'(\xi)$ 存在，从而在该点的左右导数都存在且相等，即 $f'_+(\xi) = f'_-(\xi) = f'(\xi)$.
由于 $f(\xi) \geqslant f(x)$，故有 $f(\xi + \Delta x) - f(\xi) \leqslant 0$.

当 $\Delta x > 0$ 时，$\dfrac{f(\xi + \Delta x) - f(\xi)}{\Delta x} \leqslant 0$，于是有

$$f'_+(\xi) = \lim_{\Delta x \to 0^+} \frac{f(\xi + \Delta x) - f(\xi)}{\Delta x} \leqslant 0，$$

当 $\Delta x < 0$ 时，$\dfrac{f(\xi + \Delta x) - f(\xi)}{\Delta x} \geqslant 0$，于是有

$$f'_-(\xi) = \lim_{\Delta x \to 0^-} \frac{f(\xi + \Delta x) - f(\xi)}{\Delta x} \geqslant 0，$$

所以 $f'_+(\xi) = f'_-(\xi) = f'(\xi) = 0$.

因为导数表示切线的斜率，故切线为水平直线.

2.6.2　拉格朗日中值定理

定理 2.6.2(拉格朗日中值定理)　如果函数 $f(x)$ 满足

(1) 在闭区间$[a，b]$上连续；

(2) 在开区间$(a，b)$内可导.

那么在$(a，b)$内至少有一点 ξ $(a < \xi < b)$，使等式

$$f(b) - f(a) = f'(\xi)(b - a) \tag{2.6.1}$$

成立.

这个定理从几何图形上看显然是正确的. 式(2.6.1)可改写为

$$\frac{f(b) - f(a)}{b - a} = f'(\xi). \tag{2.6.2}$$

由图 2.6 可看出，$\dfrac{f(b) - f(a)}{b - a}$ 为弦 AB 的斜率，而 $f'(\xi)$ 为曲线在点 C 处的切线斜率. 显然如果连续曲线 $y = f(x)$ 的弧 $\overset{\frown}{AB}$ 上除端点外处处有不垂直于 x 轴的切线，那么这弧上至少

有一点 C, 使曲线在 C 点处的切线平行于弦 AB.

　　证 作函数

$$\varphi(x) = \frac{f(b)-f(a)}{b-a}x - f(x),$$

显然 $\varphi(x)$ 满足罗尔定理中条件(1)与(2)，且

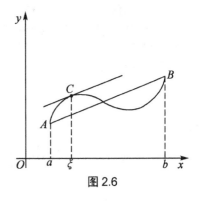

图 2.6

$$\varphi(a) = \frac{af(b)-af(a)-bf(a)+af(a)}{b-a} = \frac{af(b)-bf(a)}{b-a},$$

$$\varphi(b) = \frac{bf(b)-bf(a)-bf(b)+af(b)}{b-a} = \frac{af(b)-bf(a)}{b-a}.$$

　　于是在 $[a, b]$ 上 $\varphi(x)$ 满足罗尔定理条件，故在 (a, b) 内至少存在一点 ξ，使得 $\varphi'(\xi) = 0$，即

$$\frac{f(b)-f(a)}{b-a} - f'(\xi) = 0.$$

由此得

$$f(b)-f(a) = f'(\xi)(b-a).$$

显然，式(2.6.1)对于 $b < a$ 也成立. 式(2.6.1)称为**拉格朗日中值公式**. 拉格朗日定理在微分学中占有重要地位，有时也把这个定理称为**微分中值定理**.

　　由拉格朗日定理，可得下面的推论.

　　推论 2.6.1 如果 $f(x)$ 在 (a, b) 内 $f'(x) \equiv 0$，那么 $f(x)$ 在 $[a, b]$ 上是一个常数.

　　证 在 $[a, b]$ 上任取两点 x_1 及 x_2，且 $x_1 < x_2$，则 $f(x)$ 在闭区间 $[x_1, x_2]$ 上连续，在开区间 (x_1, x_2) 内可导，应用式(2.6.1)得

$$f(x_2)-f(x_1) = f'(\xi)(x_2-x_1) \qquad (x_1 < \xi < x_2)$$

注意到：$f'(x) \equiv 0$，$x \in (a, b)$，从而 $f'(\xi) = 0$，因此，$f(x_2)-f(x_1) = 0$，即

$$f(x_2) = f(x_1).$$

　　由于 x_1 及 x_2 选取的任意性，知 $f(x)$ 在 $[a, b]$ 上为常数.

　　注：把上述定理中的闭区间 $[a, b]$ 换成其他区间，结论仍然成立.

　　例 2.6.1 证明：当 $x > 1$ 时，$e^x > e \cdot x$.

　　证 设 $f(x) = e^x$，则对于任意的 $x > 1$，$f(x)$ 在闭区间 $[1, x]$ 上满足拉朗日定理的条件，且 $f'(x) = e^x$. 因此，$e^x - e^1 = e^\xi(x-1)$，其中 $1 < \xi < x$. 由于 $e^\xi > e^1$，于是有

$$e^x - e > e(x-1) = ex - e,$$

即

$$e^x > ex.$$

2.6.3 柯西中值定理

　　前面讲了拉格朗日中值定理，把拉格朗日定理给予推广，这就是下面要介绍的定理.

　　定理 2.6.3(柯西中值定理) 如果函数 $f(x)$ 和 $F(x)$ 满足：

(1) 在闭区间[a, b]上连续；

(2) 在开区间(a, b)内可导；

(3) 对任一 $x \in (a, b)$， $F'(x) \neq 0$.

那么在(a, b)内至少有一点 ξ，使等式

$$\frac{f(b) - f(a)}{F(b) - F(a)} = \frac{f'(\xi)}{F'(\xi)} \tag{2.6.3}$$

成立.

证　作函数 $\varphi(x) = \dfrac{f(b) - f(a)}{F(b) - F(a)} F(x) - f(x)$，显然 $\varphi(x)$ 满足罗尔定理中条件(1)与(2)，

且

$$\varphi(a) = \frac{f(b) - f(a)}{F(b) - F(a)} F(a) - f(a) = \frac{f(b)F(a) - f(a)F(b)}{F(b) - F(a)},$$

$$\varphi(b) = \frac{f(b) - f(a)}{F(b) - F(a)} F(b) - f(b) = \frac{f(b)F(a) - f(a)F(b)}{F(b) - F(a)}.$$

于是，在[a, b]上 $\varphi(x)$ 满足罗尔定理条件，故在(a, b)内至少存在一点 ξ，使得 $\varphi'(\xi) = 0$，

即

$$\frac{f(b) - f(a)}{F(b) - F(a)} F'(\xi) - f'(\xi) = 0,$$

也就是

$$\frac{f(b) - f(a)}{F(b) - F(a)} = \frac{f'(\xi)}{F'(\xi)}.$$

显然，当 $F(x) = x$ 时，这个定理就变成了拉格朗日定理. 因此拉格朗日定理是柯西定理的一种特殊情形.

2.7　洛必达法则

如果当 $x \to a$ (或 $x \to \infty$)时，两个函数 $f(x)$ 和 $F(x)$ 都趋于零或都趋于无穷大，那么极限 $\lim\limits_{\substack{x \to a \\ (x \to \infty)}} \dfrac{f(x)}{F(x)}$ 可能存在，也可能不存在. 经常把这种极限称做未定式，并分别简记为 $\dfrac{0}{0}$ 或 $\dfrac{\infty}{\infty}$.

对于这类极限，即使它存在也不能用 "商的极限运算法则" 计算. 下面将根据柯西中值定理来推出求这类极限的一种简便且重要的方法.

定理 2.7.1　如果：

(1) $\lim\limits_{x \to a} f(x) = 0$， $\lim\limits_{x \to a} F(x) = 0$；

(2) 在点 a 的某去心邻域内， $f'(x)$ 和 $F'(x)$ 都存在且 $F'(x) \neq 0$；

(3) $\lim\limits_{x \to a} \dfrac{f'(x)}{F'(x)}$ 存在(或为无穷大)，

那么

$$\lim_{x \to a} \frac{f(x)}{F(x)} = \lim_{x \to a} \frac{f'(x)}{F'(x)}.$$

证　因为求 $\dfrac{f(x)}{F(x)}$ 当 $x \to a$ 时的极限与 $f(a)$ 及 $F(a)$ 无关,所以可以假定 $f(a) = F(a) = 0$,

那么在以 x 及 a 为端点的区间上应用柯西中值定理,有

$$\frac{f(x)}{F(x)} = \frac{f(x) - f(a)}{F(x) - F(a)} = \frac{f'(\xi)}{F'(\xi)} \ (\xi \text{ 在 } x \text{ 与 } a \text{ 之间}).$$

令 $x \to a$,对上式两端取极限. 注意到 $x \to a$ 时 $\xi \to a$,因此有

$$\lim_{x \to a} \frac{f(x)}{F(x)} = \lim_{\xi \to a} \frac{f'(\xi)}{F'(\xi)},$$

再由条件(3)可知,

$$\lim_{\xi \to a} \frac{f'(\xi)}{F'(\xi)} = \lim_{x \to a} \frac{f'(x)}{F'(x)}.$$

如果 $\dfrac{f'(x)}{F'(x)}$ 当 $x \to a$ 时仍为 $\dfrac{0}{0}$ 型未定式,且这时 $f'(x)$、$F'(x)$ 还能满足定理中 $f(x)$、

$F(x)$ 所要满足的条件,则可继续再用洛必达法则,即

$$\lim_{x \to a} \frac{f(x)}{F(x)} = \lim_{x \to a} \frac{f'(x)}{F'(x)} = \lim_{x \to a} \frac{f''(x)}{F''(x)},$$

且可依次继续下去.

例 2.7.1　求 $\lim\limits_{x \to 0} \dfrac{\sin ax}{\sin bx} (b \neq 0)$.

解　$\lim\limits_{x \to 0} \dfrac{\sin ax}{\sin bx} = \dfrac{a}{b} \lim\limits_{x \to 0} \dfrac{\cos ax}{\cos bx} = \dfrac{a}{b}$.

例 2.7.2　求 $\lim\limits_{x \to 1} \dfrac{x^3 - 3x + 2}{x^3 - x^2 - x + 1}$.

解　$\lim\limits_{x \to 1} \dfrac{x^3 - 3x + 2}{x^3 - x^2 - x + 1} = \lim\limits_{x \to 1} \dfrac{3x^2 - 3}{3x^2 - 2x - 1} = \lim\limits_{x \to 1} \dfrac{6x}{6x - 2} = \dfrac{3}{2}$.

注意: 上式中的 $\lim\limits_{x \to 1} \dfrac{6x}{6x - 2}$ 已不是未定式,不能对它应用洛必达法则,否则要导致错误

结果. 在应用洛必达法则的过程中,要特别注意检查所求的极限是否是未定式,如果不是

未定式,就不能应用洛必达法则.

例 2.7.3　求 $\lim\limits_{x \to 0} \dfrac{1 - \dfrac{\sin x}{x}}{1 - \cos x}$.

解　$\lim\limits_{x \to 0} \dfrac{1 - \dfrac{\sin x}{x}}{1 - \cos x} = \lim\limits_{x \to 0} \dfrac{x - \sin x}{(1 - \cos x)x}$,

由于当 $x \to 0$ 时, $1 - \cos x \sim \dfrac{x^2}{2}$, 因此,有

$$\text{原式} = \lim_{x \to 0} \frac{x - \sin x}{\dfrac{x^3}{2}} = 2 \lim_{x \to 0} \frac{1 - \cos x}{3x^2} = \frac{2}{3} \lim_{x \to 0} \frac{\dfrac{x^2}{2}}{x^2} = \frac{1}{3}.$$

从本例可以看到,在计算极限的过程中,有时无穷小用其等价无穷小替代,可以简化

计算，在求极限时要注意掌握和使用这种方法.

对于洛必达法则的应用范围，下面不加证明地指出两点.

(1) 在定理中将 $x \to a$ 改为 $x \to \pm\infty$，洛必达法则仍然成立.

(2) 将定理中条件(1)改为 $\lim\limits_{\substack{x \to a \\ (x \to \infty)}} f(x) = \lim\limits_{\substack{x \to a \\ (x \to \infty)}} F(x) = \infty$ 结论仍然成立，因此洛必达法则既

适用于 $\dfrac{0}{0}$ 型未定式又适用于 $\dfrac{\infty}{\infty}$ 型的未定式.

例 2.7.4　求 $\lim\limits_{x \to +\infty} \dfrac{\dfrac{\pi}{2} - \arctan x}{\dfrac{1}{x}}$.

解　$\lim\limits_{x \to +\infty} \dfrac{\dfrac{\pi}{2} - \arctan x}{\dfrac{1}{x}} = \lim\limits_{x \to +\infty} \dfrac{-\dfrac{1}{1+x^2}}{-\dfrac{1}{x^2}} = \lim\limits_{x \to +\infty} \dfrac{x^2}{1+x^2} = 1.$

例 2.7.5　求 $\lim\limits_{x \to +\infty} \dfrac{\ln x}{x^n} \ (n > 0)$.

解　$\lim\limits_{x \to +\infty} \dfrac{\ln x}{x^n} = \lim\limits_{x \to +\infty} \dfrac{\dfrac{1}{x}}{nx^{n-1}} = \lim\limits_{x \to +\infty} \dfrac{1}{nx^n} = 0.$

例 2.7.6　求 $\lim\limits_{x \to +\infty} \dfrac{x^n}{e^{\lambda x}}$（$n$ 为正整数，$\lambda > 0$）.

解　相继应用洛必达法则 n 次，得

$$\lim\limits_{x \to +\infty} \dfrac{x^n}{e^{\lambda x}} = \lim\limits_{x \to +\infty} \dfrac{nx^{n-1}}{\lambda e^{\lambda x}} = \lim\limits_{x \to +\infty} \dfrac{n(n-1)x^{n-2}}{\lambda^2 e^{\lambda x}} = \cdots = \lim\limits_{x \to +\infty} \dfrac{n!}{\lambda^n e^{\lambda x}} = 0$$

除了 $\dfrac{0}{0}$ 和 $\dfrac{\infty}{\infty}$ 型未定式外，还有另外多种未定式：$\infty - \infty$，$0 \cdot \infty$，∞^0，0^0，1^∞. 它们往

往都可以化成 $\dfrac{0}{0}$ 或 $\dfrac{\infty}{\infty}$ 型未定式，然后用洛必达法则来求.

例 2.7.7　求 $\lim\limits_{x \to 0}\left(\dfrac{1}{\sin x} - \dfrac{1}{x} \right)$.

解　这是未定式 $\infty - \infty$.

$$\lim\limits_{x \to 0}\left(\dfrac{1}{\sin x} - \dfrac{1}{x} \right) = \lim\limits_{x \to 0} \dfrac{x - \sin x}{x \sin x} = \lim\limits_{x \to 0} \dfrac{x - \sin x}{x^2}$$

$$= \lim\limits_{x \to 0} \dfrac{1 - \cos x}{2x} = \dfrac{1}{2} \lim\limits_{x \to 0} \dfrac{\dfrac{1}{2} x^2}{x}$$

$$= \dfrac{1}{4} \lim\limits_{x \to 0} x = 0 .$$

例 2.7.8　求极限 $\lim\limits_{x \to 0^+} x^2 \ln x$.

解 这是未定式 $0 \cdot \infty$. 因为

$$x^2 \ln x = \frac{\ln x}{\dfrac{1}{x^2}},$$

当 $x \to 0^+$ 时，上式右端是未定式 $\dfrac{\infty}{\infty}$，应用洛必达法则，得

$$\lim_{x \to 0^+} x^2 \ln x = \lim_{x \to 0^+} \frac{\ln x}{\dfrac{1}{x^2}} = \lim_{x \to 0^+} \frac{\dfrac{1}{x}}{-2 \cdot x^{-3}}$$

$$= -\frac{1}{2} \lim_{x \to 0^+} x^2 = 0.$$

例 2.7.9 求 $\lim\limits_{x \to 0^+} (\sin x)^{2x}$.

解 这是 0^0 型的未定式，设 $y = (\sin x)^{2x}$，取对数得 $\ln y = 2x \ln \sin x$，于是有

$$\lim_{x \to 0^+} \ln y = \lim_{x \to 0^+} 2x \ln \sin x = 2 \lim_{x \to 0^+} \frac{\ln \sin x}{\dfrac{1}{x}}$$

$$= 2 \lim_{x \to 0^+} \frac{\dfrac{\cos x}{\sin x}}{-\dfrac{1}{x^2}} = -2 \lim_{x \to 0^+} \left(x \cos x \cdot \frac{x}{\sin x} \right)$$

$$= 0,$$

因此 $\lim\limits_{x \to 0^+} (\sin x)^{2x} = 1$.

例 2.7.10 求极限 $\lim\limits_{x \to 0^+} (\cot x)^{\frac{1}{\ln x}}$.

解 这是 ∞^0 型. 设 $y = (\cot x)^{\frac{1}{\ln x}}$，取对数得 $\ln y = \dfrac{\ln(\cot x)}{\ln x}$，于是有

$$\lim_{x \to 0^+} \ln y = \lim_{x \to 0^+} \frac{\ln(\cot x)}{\ln x} = \lim_{x \to 0^+} \frac{\dfrac{1}{\cot x}(-\csc^2 x)}{\dfrac{1}{x}}$$

$$= -\lim_{x \to 0^+} \frac{x \tan x}{\sin^2 x} = -\lim_{x \to 0^+} \frac{x \cdot x}{x^2} = -1,$$

因此 $\lim\limits_{x \to 0^+} (\cot x)^{\frac{1}{\ln x}} = \dfrac{1}{e}$.

最后需要特别指出的是：如果 $\lim \dfrac{f'(x)}{F'(x)}$ 不存在且不是 ∞，并不表明 $\lim \dfrac{f(x)}{F(x)}$ 不存在，只表明洛必达法则失效，这时应该用别的办法来求极限.

例 2.7.11 求 $\lim\limits_{x \to +\infty} \dfrac{x + \sin x}{x}$.

解 若使用洛必达法则，得

$$\lim_{x \to +\infty} \frac{x + \sin x}{x} = \lim_{x \to +\infty} \frac{1 + \cos x}{1} = \lim_{x \to +\infty} (1 + \cos x),$$

极限不存在，但

$$\lim_{x \to +\infty} \frac{x + \sin x}{x} = \lim_{x \to +\infty} \left(1 + \frac{\sin x}{x}\right) = 1.$$

2.8　函数的单调性与曲线的凹凸性

2.8.1　函数的单调性

前面我们讲过函数的单调性，但没有说明判别方法．下面我们利用导数来对的函数单调性进行研究．下面的定理指明了导数的符号与函数增减性之间的关系．

定理 2.8.1　设函数 $y = f(x)$ 在 $[a, b]$ 上连续，在 (a, b) 内可导．

(1) 如果在 (a, b) 内 $f'(x) > 0$，那么 $y = f(x)$ 在 $[a, b]$ 上是单调增加的．

(2) 如果在 (a, b) 内 $f'(x) < 0$，那么 $y = f(x)$ 在 $[a, b]$ 上是单调减少的．

证　仅证 (1)，可同样证明 (2)．

在 $[a, b]$ 上任取两点 x_1、x_2，且 $x_1 < x_2$，由拉格朗日定理得

$$f(x_2) - f(x_1) = f'(\xi)(x_2 - x_1) \qquad (x_1 < \xi < x_2),$$

由 $f'(x) > 0$，得 $f'(\xi) > 0$，$x_2 - x_1 > 0$，故有

$$f(x_2) - f(x_1) > 0,$$

即 $f(x_2) > f(x_1)$．

由 x_1、x_2 选取的任意性知 $f(x)$ 在 $[a, b]$ 上是单调增加的．

注意：如果把上述定理中的闭区间换成其他各种区间 (包括无穷区间)，那么结论也成立．

例 2.8.1　研究函数 $y = 3x - x^3$ 的单调性．

解　$y' = 3 - 3x^2 = 3(1 - x^2) = 3(1 + x)(1 - x)$．

虽然，函数 $y = 3x - x^3$ 的定义域为 $(-\infty, +\infty)$，且不是单调的．但可以利用导数为零的点划分函数的定义区间，这样就可以使函数在各个部分区间上单调．

令 $y' = 0$，得 $x_1 = -1$，$x_2 = 1$．

用这两个根把区间 $(-\infty, +\infty)$ 分成三个区间：$(-\infty, -1]$，$[-1, 1]$，$[1, +\infty)$，列表如下．

x	$(-\infty, -1]$	$[-1, 1]$	$[1, +\infty)$
$f'(x)$	$-$	$+$	$-$
$f(x)$	↘	↗	↘

其中符号 ↗ 和 ↘ 分别表示函数 $f(x)$ 在相应区间上是单调增加的和单调减少的．由该表可知，函数 $f(x)$ 在区间 $[-1, 1]$ 上是单调增加的，而在 $(-\infty, -1]$ 与 $[1, +\infty)$ 上为单调减少的．

这里顺便指出：如果函数在定义的区间上还存在不可导的点，则划分函数的定义区间

的分点，还应包括这些导数不存在的点.

利用函数的单调性可以证明一些不等式.

例 2.8.2 证明：当 $x > 0$ 时，$\ln(1+x) < x$.

证明 作函数 $f(x) = x - \ln(1+x)$，则

$$f'(x) = 1 - \frac{1}{1+x} = \frac{x}{1+x} > 0 \quad (x > 0),$$

因此，在 $[0, +\infty)$ 上 $f(x)$ 是单调增加的，而 $f(0) = 0$，故有，当 $x > 0$ 时，$f(x) > f(0) = 0$，即

$$x - \ln(1+x) > 0,$$

也就是

$$\ln(1+x) < x.$$

2.8.2 曲线的凹凸与拐点

首先看下面的例子.

函数 $y = x^2$ 与 $y = x^{\frac{1}{2}}$，它们在区间 $[0, 1]$ 上都是上升的，但它们的图形却有显著的不同.

$y = x^2$ 是(向上)凹的，而 $y = x^{\frac{1}{2}}$ 是(向上)凸的(图 2.7). 因此我们有必要研究曲线的凹凸性，首先给出曲线凹凸的定义.

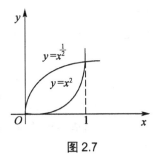

图 2.7

定义 2.8.1 设 $f(x)$ 在闭区间 $[a, b]$ 上连续，若对于 (a, b) 内任意两点 x_1，x_2 恒有

$$f\left(\frac{x_1 + x_2}{2}\right) > \frac{f(x_1) + f(x_2)}{2},$$

那么称 $f(x)$ 在 $[a, b]$ 上的图形是凸的(或凸弧) (图 2.8(a))；如果恒有

$$f\left(\frac{x_1 + x_2}{2}\right) < \frac{f(x_1) + f(x_2)}{2},$$

那么称 $f(x)$ 在 $[a, b]$ 上的图形是凹的(或凹弧)(图 2.8(b)).

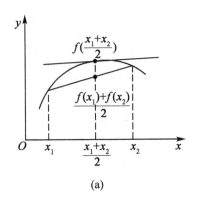

(a)

(b)

图 2.8

从几何上看，若 $f(x)$ 在闭区间 $[a,b]$ 上是凸的，那么连接曲线上的任意两点 $(x_1, f(x_1))$，$(x_2, f(x_2))$ 间的弦之中点位于曲线上相应点(具有相同横坐标的点)的下面，或者曲线在弦

之上，而位于切线之下.

如果函数 $f(x)$ 在 (a, b) 内具有二阶导数，那么可以利用二阶导数的符号来判定曲线的凹凸，这就是下面的曲线凹凸的判定定理.

定理 2.8.2 设 $f(x)$ 在 $[a, b]$ 上连续，在 (a, b) 内具有一阶和二阶导数，则：

(1) 若在 (a, b) 内 $f''(x) < 0$，那么 $f(x)$ 在 $[a, b]$ 上的图形是凸的；

(2) 若在 (a, b) 内 $f''(x) > 0$，那么 $f(x)$ 在 $[a, b]$ 上的图形是凹的.

证明从略.

若在点 x_0 的某一邻域内，曲线在点 x_0 的一侧是凸的，另一侧是凹的，则曲线上的点 $(x_0, f(x_0))$ 称为曲线 $y = f(x)$ 的拐点. 拐点就是曲线上的凹弧与凸弧的分界点.

从拐点的定义和曲线凹凸的判定定理可以推出，若函数 $f(x)$ 具有二阶导数，点 $(x_0, f(x_0))$ 是拐点，其横坐标 x_0 一定满足 $f''(x_0) = 0$；如果 $f''(x_0) = 0$，而 $f''(x)$ 在点 x_0 的两侧异号，则点 $(x_0, f(x_0))$ 是曲线的拐点. 因此求曲线 $f(x)$ 的拐点，只要讨论 $f''(x)$ 的零点. 同时，$f''(x)$ 不存在的点 x_1，点 $(x_1, f(x_1))$ 也可能是曲线的拐点. 这些点是不是拐点，只需看 $f''(x)$ 在这些点的近旁的符号才能判定.

例 2.8.3 求曲线 $y = 3x^4 - 4x^3 + 1$ 的拐点及凹凸区间.

解 函数的定义域为 $(-\infty, +\infty)$，

$$y' = 12x^3 - 12x^2,$$

$$y'' = 36x^2 - 24x = 36x\left(x - \frac{2}{3}\right),$$

令 $y'' = 0$，得 $x_1 = 0$，$x_2 = \frac{2}{3}$.

用 $x_1 = 0$ 及 $x_2 = \frac{2}{3}$ 把函数的定义域 $(-\infty, +\infty)$ 分成三个部分区间：$(-\infty, 0]$，$\left(0, \frac{2}{3}\right)$，$\left[\frac{2}{3}, +\infty\right)$，列表如下.

x	$(-\infty, 0)$	0	$\left(0, \frac{2}{3}\right)$	$\frac{2}{3}$	$\left(\frac{2}{3}, +\infty\right)$
$f''(x)$	+	0	−	0	+
$f(x)$	凹		凸		凹

因此曲线 $y = f(x)$ 在 $(-\infty, 0]$、$\left[\frac{2}{3}, +\infty\right)$ 上是凹的，在 $\left[0, \frac{2}{3}\right]$ 上是凸的，点 $(0, 1)$、$\left(\frac{2}{3}, \frac{11}{27}\right)$ 均为曲线的拐点.

例 2.8.4 求曲线 $y = \sqrt[3]{x}$ 的拐点.

解 函数的定义域为 $(-\infty, +\infty)$，当 $x \neq 0$ 时，$y' = \frac{1}{3\sqrt[3]{x^2}}$，$y'' = \frac{2}{9x\sqrt[3]{x^2}}$. 列表如下.

x	$(-\infty, 0)$	0	$(0, +\infty)$
$f''(x)$	+	不存在	−
$f(x)$	凹		凸

因此点(0，0)是曲线的一个拐点.

2.9　函数的极值与最大值、最小值

2.9.1　函数的极值及其求法

首先给出函数极值的定义.

定义 2.9.1　设函数 $f(x)$ 在点 x_0 的某邻域 $U(x_0)$ 内有定义，如果对于去心邻域 $\overset{\circ}{U}(x_0)$ 内的任一点 x 有

$$f(x) < f(x_0) \quad \text{或} \quad f(x) > f(x_0),$$

那么就称函数在点 x_0 有极大值 $f(x_0)$ (或极小值 $f(x_0)$)，x_0 称为极大值点(或极小值点).

函数的极大值与极小值统称为函数的极值，极大值点、极小值点统称为极值点. 如图 2.9 所示，函数 $f(x)$ 在点 x_1、x_3、x_6 处均取得极大值，而在点 x_2、x_4 处均取得极小值. 从图 2.9 可以看到，极小值 $f(x_4)$ 大于极大值 $f(x_1)$. 这是因为极值是一个局部性概念，是在一个邻域内的最小值或最大值，而不是在整个所考虑的区间内的最小值或最大值.

从图中还可看到，在函数取得极值处，曲线的切线是水平的. 但曲线上有水平切线的地方，函数不一定取得极值. 例如图中 $x = x_5$ 处，曲线上有水平的切线，但 $f(x_5)$ 不是极值.

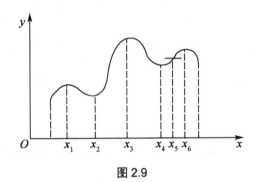

图 2.9

下面讨论函数取得极值的必要条件和充分条件.

定理 2.9.1(必要条件)　设函数 $f(x)$ 在点 x_0 处可导，且在 x_0 处取得极值，那么 $f'(x_0) = 0$.

此定理的证明同罗尔定理中第二种情形证明相同，故此证明从略.

使导数为零的点(即 $f'(x) = 0$)，称为函数 $f(x)$ 的驻点.

因此，定理 2.9.1 说的是：可导函数 $f(x)$ 的极值点必定是它的驻点，但反过来，函数的驻点却不一定是极值点. 例如，$f(x) = x^3$，$f'(x) = 3x^2$，$f'(0) = 0$. 但函数是单调增加的，不可能存在极值. 此外，函数在它的导数不存在的点处也可能取得极值. 例如，函数 $f(x) = |x|$ 在点 $x = 0$ 处不可导，但函数在该点取得极小值.

怎样判定函数在驻点或不可导的点处究竟是否取得极值？下面的定理给出判定极值的

充分条件.

定理 2.9.2(第一充分条件) 设函数 $f(x)$ 在点 x_0 处连续，且在点 x_0 的某去心邻域 $\mathring{U}(x_0, \delta)$ 内可导.

(1) 若 $x \in (x_0 - \delta, x_0)$ 时，$f'(x) > 0$，而 $x \in (x_0, x_0 + \delta)$ 时，$f'(x) < 0$. 那么 $f(x)$ 在点 x_0 处取得极大值；

(2) 若 $x \in (x_0 - \delta, x_0)$ 时，$f'(x) < 0$，而 $x \in (x_0, x_0 + \delta)$ 时，$f'(x) > 0$，那么 $f(x)$ 在点 x_0 处取得极小值.

证 就情形(1)来说，根据函数单调性的判定法，函数 $f(x)$ 在 $(x_0 - \delta, x_0)$ 内单调增加，而在 $(x_0, x_0 + \delta)$ 内单调减小，又由于函数 $f(x)$ 在点 x_0 连续，故当 $x \in \mathring{U}(x_0, \delta)$ 时，总有 $f(x) < f(x_0)$. 所以，$f(x_0)$ 是 $f(x)$ 的一个极大值.

类似地可证明情形(2).

定理 2.9.2 说明，如果函数 $f(x)$ 在 x_0 处有定义且连续，而且 $f'(x)$ 在 x_0 的两侧的符号相反，则 x_0 点一定是极值点，否则就不是极值点.

例 2.9.1 求出函数 $y = (x-1)\sqrt[3]{x^2}$ 的极值.

解
$$y' = \frac{5}{3}x^{\frac{2}{3}} - \frac{2}{3}x^{-\frac{1}{3}} = \frac{5x-2}{3\sqrt[3]{x}},$$

令 $y' = 0$，得驻点 $x = \dfrac{2}{5}$；$x = 0$ 为函数的不可导点，列表如下.

x	$(-\infty, 0)$	0	$\left(0, \dfrac{2}{5}\right)$	$\dfrac{2}{5}$	$\left(\dfrac{2}{5}, +\infty\right)$
y'	+	不存在	−	0	+
y	↗	极大值点	↘	极小值点	↗

因此，$x = 0$ 为极大值点，极大值为 $f(0) = 0$；$x = \dfrac{2}{5}$ 为极小值点，极小值为

$$f\left(\frac{2}{5}\right) = -\frac{3}{5}\sqrt[3]{\frac{4}{25}}.$$

当函数 $f(x)$ 在驻点处的二阶导数存在且不为零时，也可用下面定理来判定 $f(x)$ 在驻点处取得极大值还是极小值.

定理 2.9.3(第二充分条件) 设 $f'(x_0) = 0$，$f''(x_0) \neq 0$，那么：

(1) 当 $f''(x_0) < 0$ 时，函数 $f(x)$ 在 x_0 处取得极大值；

(2) 当 $f''(x_0) > 0$ 时，函数 $f(x)$ 在 x_0 处取得极小值.

证 证情形(1)，由于 $f''(x_0) < 0$，按二阶导数的定义有

$$f''(x_0) = \lim_{x \to x_0} \frac{f'(x) - f'(x_0)}{x - x_0} < 0,$$

由于 $f'(x_0) = 0$，故有

$$f''(x_0) = \lim_{x \to x_0} \frac{f'(x)}{x - x_0} < 0.$$

根据函数极限的性质(保号性定理)，当 x 在 x_0 的足够小的去心邻域内时，有

$$\frac{f'(x)}{x-x_0}<0,$$

从而知道，对于此去心邻域内的 x 来说，$f'(x)$ 与 $x-x_0$ 符号相反. 因此，当 $x-x_0<0$ 时，$f'(x)>0$；当 $x-x_0>0$，即 $x>x_0$ 时，$f'(x)<0$. 于是根据定理 2.9.2 知道，$f(x)$ 在点 x_0 处取得极大值.

类似地可证明情形(2).

定理 2.9.3 提供了利用函数 $f(x)$ 的二阶导数的符号判别驻点是否为极值的方法，从实用上看，定理 2.9.3 较定理 2.9.2 简便. 但此时要求也严格了，它不仅要求 $f'(x)$ 存在，还需要 $f''(x)$ 也存在，对于使 $f''(x)=0$ 的驻点，这种方法失效，这时只能用定理 2.9.2 判断.

例 2.9.2 求函数 $y=(x^2-1)^3+1$ 的极值.

解 $y'=6x(x^2-1)^2$，令 $y'=0$，得驻点：$x_1=0$，$x_2=-1$，$x_3=1$.

$$y''=6(x^2-1)(5x^2-1).$$

当 $x_1=0$ 时，$y''(0)=6>0$，故 y 在点 $x=0$ 处取得极小值 $f(0)=0$；

当 $x_2=-1$ 时，$y''(-1)=0$. 由于在 $x_2=-1$ 的足够小的邻域内都有 $f'(x)<0$，故函数在点 $x_2=-1$ 处取不到极值；

当 $x_3=1$ 时，$y''(1)=0$，同上讨论相同，在 $x_3=1$ 点函数也取不到极值.

2.9.2 最大值最小值问题

在实践中常会遇到在一定条件下怎样使材料最省、效率最高、性能最好、进程最快等问题. 在许多场合，这类问题可归结为求一个函数在给定区间上的最大值或最小值.

如果 $f(x)$ 在 $[a, b]$ 上连续，则它一定有最大值和最小值. 如何求得呢？若 $f(x)$ 在 (a, b) 内某点 x_0 取得最大值(或最小值)，则这个最大值(或最小值)同时也是 x_0 点的极大值(或极小值)，也就是说应在极值点上取得. 但同时最大值(或最小值)也可能在区间 $[a, b]$ 上的端点取得. 因此，可用如下方法求 $f(x)$ 在 $[a, b]$ 上的最大值和最小值.

设 $f(x)$ 在 (a, b) 内所有可能的极值点为 x_1，$\cdots$，x_n，则

$$f(a)，\quad f(x_1)，\quad \cdots，\quad f(x_n)，\quad f(b)$$

中最大的便是 $f(x)$ 在 $[a, b]$ 上的最大值，最小的便是 $f(x)$ 在 $[a, b]$ 上的最小值.

例 2.9.3 求函数 $f(x)=(x-1)\sqrt[3]{x^2}$ 在 $\left[-1,\dfrac{1}{2}\right]$ 上的最大值和最小值.

解 由于 $f'(x)=\dfrac{5x-2}{3\sqrt[3]{x}}$，于是 $x_1=\dfrac{2}{5}$，$x_2=0$ 可能是函数的极值点. 由于 $f(0)=0$，

$f\left(\dfrac{2}{5}\right)=-\dfrac{3}{5}\sqrt[3]{\dfrac{4}{25}}$，$f(-1)=-2$. $f\left(\dfrac{1}{2}\right)=-\dfrac{1}{4}\sqrt[3]{2}$. 因此，在 $\left[-1,\dfrac{1}{2}\right]$ 上 $f(x)$ 的最大值为 $f(0)=0$，最小值为 $f(-1)=-2$.

在实际应用问题中，往往根据问题本身的性质可以断定可导函数 $f(x)$ 确有最大值(或最小值)，而且一定在其定义区间的内部取得. 这时，如果方程 $f'(x)=0$ 在定义的区间内部只有一个根 x_0，那么 $f(x_0)$ 就是所要求的最大值(或最小值).

例 2.9.4 将一块边长为 a 的正方形铁皮，从每个角截去同样的小方块，然后把四边折起来，做成一个无盖的方匣，问截去多少，方能使做成的匣子之容积最大？

解 如图 2.10 所示，设截去的小方块边长为 x，则做成的方匣之容积为

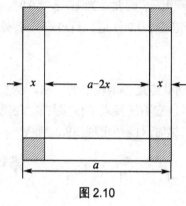

图 2.10

$$V = (a-2x)^2 x，\ 0 < x < \frac{a}{2}$$

$$V' = (a-2x)^2 - 4(a-2x)x = (a-2x)(a-6x)，$$

令 $V' = 0$，得 $x_1 = \frac{a}{6}$，$x_2 = \frac{a}{2}$（舍去）.

由于匣子的最大容积是客观存在的，而且在区间 $\left(0,\ \frac{a}{2}\right)$ 内部只上有一个驻点 $x = \frac{a}{6}$，因此可知，当 $x = \frac{a}{6}$ 时，V 取得最大值，即盒子的容积最大.

2.10　函数图形的描绘

为了了解一个函数 $y = f(x)$ 的性态特征，需要作出其图形，因为根据其图形便可清楚地看出两个变量 x 与 y 之间的变化状况. 逐点描迹是函数作图的基本方法，然而单纯地使用这种方法，就需要对许多 x 值计算相应的函数值，这样做不仅计算量大，而且即使描的点很多，对函数的了解仍然是肤浅和粗糙的. 有了前面几节的知识，现在可以考虑函数的作图问题了. 函数图形的描绘一般步骤如下.

(1) 确定函数 $y = f(x)$ 的定义域及函数所具有的某些特性(如奇偶性、周期性等)，并求出函数的一阶导数 $f'(x)$ 和二阶导数 $f''(x)$.

(2) 求出 $f'(x) = 0$ 和 $f''(x) = 0$ 的全部实根及函数的间断点、y' 和 y'' 不存在的点，以这些点为分点，把函数的定义域分成几个部分区间.

(3) 确定在这些区间中 $f'(x)$ 和 $f''(x)$ 的符号，明确函数图形的升降、凹凸、极值点和拐点.

(4) 确定函数图形的水平、铅直渐近线.

(5) 描点作图，求出一些特殊点处的函数值，例如，与坐标轴的交点、极值点、拐点. 有时为了把图形描绘得准确些，还需要补充一些点，联结这些点便可画出函数 $y = f(x)$ 的图形.

注意：作图要掌握"两点一线"，两点是指极值点与拐点，一线是指曲线的渐近线.

例 2.10.1 描绘函数 $y = \mathrm{e}^{-\frac{1}{x}}$ 的图形.

解 函数的定义域为 $(-\infty,\ 0) \bigcup (0,\ +\infty)$.

$$y' = \frac{1}{x^2}\mathrm{e}^{-\frac{1}{x}}，\ y'' = \frac{1-2x}{x^4}\mathrm{e}^{-\frac{1}{x}}.$$

令 $y'' = 0$，得 $x = \frac{1}{2}$，列表如下.

x	$(-\infty, 0)$	0	$\left(0, \dfrac{1}{2}\right)$	$\dfrac{1}{2}$	$\left(\dfrac{1}{2}, +\infty\right)$
y'	$+$		$+$		$+$
y''	$+$		$+$	0	$-$
y	↗		↗	$\left(\dfrac{1}{2}, f\left(\dfrac{1}{2}\right)\right)$ 为拐点	↗

由于 $\lim\limits_{x\to\infty} y = 1$，故 $y = 1$ 为水平渐近线.

$\lim\limits_{x\to 0^+} y = 0$，$\lim\limits_{x\to 0^-} y = +\infty$，$x = 0$ 为铅直渐近线. $f\left(\dfrac{1}{2}\right) = 0.14$，作出其图形，如图 2.11

所示.

例 2.10.2 作出函数 $y = 1 + \dfrac{36x}{(x+3)^2}$ 的图形.

解 函数的定义域为 $(-\infty, -3) \bigcup (-3, +\infty)$.

$$y' = \frac{36(3-x)}{(x+3)^3}, \quad y'' = \frac{72(x-6)}{(x+3)^4}.$$

令 $y' = 0$，得 $x_1 = 3$；$y'' = 0$，得 $x_2 = 6$，$x = -3$ 为函数的间断点，列表如下.

x	$(-\infty, -3)$	-3	$(-3, 3)$	3	$(3, 6)$	6	$(6, +\infty)$
y'	$-$		$+$	0	$-$		$-$
y''	$-$		$-$		$-$	0	$+$
y	↘		↗		↘		↘

$\lim\limits_{x\to\infty} y = 1$，$y = 1$ 为水平渐近线；$\lim\limits_{x\to -3} y = -\infty$，$x = -3$ 为铅直渐近线.

$f(3) = 4$，$f(6) = \dfrac{11}{3}$，$f(0) = 1$，作出其图形，如图 2.12 所示.

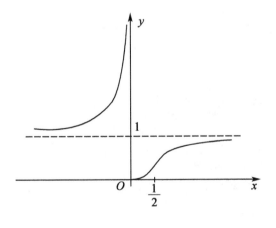

图 2.11

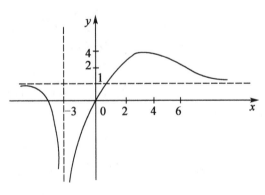

图 2.12

2.11　曲　率

2.11.1　弧微分

设函数 $y = f(x)$ 在区间 $[a, b]$ 有定义，其图形为图 2.13 所示的一条曲线．显然，从曲线 $y = f(x)$ 的左端点 $M_0(a, f(a))$，到曲线上任一点 $M(x, f(x))$ 之间的弧长 S（即 $\overparen{M_0 M}$）是 x 的函数

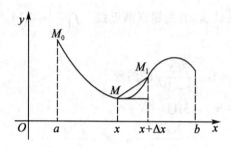

图 2.13

$$S = S(x)，\quad (a \leqslant x \leqslant b).$$

现在来求弧长函数 $S(x)$ 的导数 $S'(x)$ 和微分 $\mathrm{d}s$．为此，设 Δx 为 x 的改变量，记点 $(x + \Delta x, f(x + \Delta x))$，为 M_1．如果 $f'(x)$ 存在且连续，则可以证得（在此从略）：

$$\lim_{M_1 \to M} \frac{\overparen{MM_1}}{\overline{MM_1}} = 1.$$

其中 $\overparen{MM_1}$ 表示函数 $y = f(x)$ 在点 M 和 M_1 之间的曲线弧长，$\overline{MM_1}$ 表示线段的长度．由于

$$\Delta S = \overparen{MM_1} = \overparen{M_0 M_1} - \overparen{M_0 M} = S(x + \Delta x) - S(x)，$$

于是

$$\left(\frac{\Delta S}{\Delta x} \right)^2 = \left(\frac{\overparen{MM_1}}{\Delta x} \right)^2 = \left(\frac{\overparen{MM_1}}{\overline{MM_1}} \right)^2 \left(\frac{\overline{MM_1}}{\Delta x} \right)^2 = \left(\frac{\overparen{MM_1}}{\overline{MM_1}} \right)^2 \cdot \frac{(\Delta x)^2 + (\Delta y)^2}{(\Delta x)^2}.$$

令 $\Delta x \to 0$，则 $M_1 \to M$，从而有

$$\lim_{\Delta x \to 0} \left(\frac{\Delta S}{\Delta x} \right)^2 = \lim_{\Delta x \to 0} \frac{(\Delta x)^2 + (\Delta y)^2}{(\Delta x)^2} = \lim_{\Delta x \to 0} \left[1 + \left(\frac{\Delta y}{\Delta x} \right)^2 \right]，$$

即

$$[S'(x)]^2 = 1 + (y')^2 \ \text{或}\ S'(x) = \pm \sqrt{1 + y'^2}.$$

由于弧长函数 $S(x)$ 是单调增加函数，从而根号前应取正号，于是有

$$\mathrm{d}s = \sqrt{1 + y'^2}\,\mathrm{d}x，$$

或

$$(\mathrm{d}s)^2 = (\mathrm{d}x)^2 + (\mathrm{d}y)^2.$$

这就是**弧微分公式**．

例 2.11.1 设曲线方程为 $y = 2x^2 - x + 1$，求 ds.

解 由于 $y' = 4x - 1$，于是

$$ds = \sqrt{1 + y'^2}\,dx = \sqrt{1 + (4x-1)^2}\,dx$$
$$= \sqrt{16x^2 - 8x + 2}\,dx.$$

2.11.2 曲率及其计算公式

在工程技术中，有时需要研究曲线的弯曲程度，这就是本书要讲的曲率概念，它是用数量来描述曲线的弯曲程度的.

设曲线 $y = f(x)$，且 $f(x)$ 具有二阶导数. 在曲线上点 $P(x，y)$ 处的曲率用 K 表示，并且

$$K = \frac{|y''|}{\left[1 + y'^2\right]^{\frac{3}{2}}},$$

而把曲率的倒数称做**曲率半径**，有

$$\rho = \frac{1}{K} \quad (K \neq 0).$$

例 2.11.2 求曲线 $y = \sqrt{x}$ 在点 $\left(\frac{1}{4}，\frac{1}{2}\right)$ 处的曲率和曲率半径.

解
$$y' = \frac{1}{2}x^{-\frac{1}{2}}，\quad y'\left(\frac{1}{4}\right) = 1,$$
$$y'' = -\frac{1}{4}x^{-\frac{3}{2}}，\quad y''\left(\frac{1}{4}\right) = -2.$$

故所求的曲率和曲率半径为

$$K = \frac{2}{(1+1)^{3/2}} = \frac{\sqrt{2}}{2},$$
$$\rho = \frac{1}{K} = \sqrt{2}.$$

2.12 边际与弹性

2.12.1 边际的概念

在经济问题中，经常使用变化率的概念，而变化率又分为平均变化率和瞬时变化率. 平均变化率是函数增量与自变量增量之比. 如人们常用到年产量的平均变化率、成本的平均变化率、利润的平均变化率等. 瞬时变化率是函数对自变量的导数，即当自变量增量趋于零时平均变化率的极限. 如果函数 $y = f(x)$ 在 x_0 处可导，那么在 $(x_0, x_0 + \Delta x)$ 内的平均变化率为 $\frac{\Delta y}{\Delta x}$；在点 $x = x_0$ 的瞬时变化率为

$$\lim_{\Delta x \to 0} \frac{f(x_0 + \Delta x) - f(x_0)}{\Delta x} = f'(x_0).$$

经济学中称它为 $f(x)$ 在点 $x = x_0$ 处的边际函数值.

设在点 $x = x_0$ 处, x 从 x_0 改变一个单位时, y 的增量 Δy 为 $\Delta y|_{\substack{x=x_0 \\ \Delta x=1}}$, 当 x 的改变量很小时, 则由微分的应用知道 Δy 的近似值为

$$\Delta y\Big|_{\substack{x=x_0 \\ \Delta x=1}} \approx \ \mathrm{d}y\Big|_{\substack{x=x_0 \\ \Delta x=1}} = f'(x)\Delta x\Big|_{\substack{x=x_0 \\ \Delta x=1}} = f'(x_0).$$

这说明 $f(x)$ 在点 $x = x_0$ 处, 当 x 产生一个单位的改变时, y 近似改变 $f'(x_0)$ 个单位. 在应用问题中解释边际函数值的具体意义时略去"近似"二字. 于是有如下定义.

定义 2.12.1　设函数 $y = f(x)$ 可导, 那么称导数 $f'(x)$ 为 $f(x)$ 的边际函数. $f'(x)$ 在 x_0 处的值 $f'(x_0)$ 为 $f(x)$ 在点 x_0 处的边际函数值. 即当 $x = x_0$ 时, x 改变一个单位, y 相应地改变 $f'(x_0)$ 个单位.

例 2.12.1　设函数 $y = 2x^2$, 试求 y 在 $x = 5$ 时的边际函数值.

解　由于 $y' = 4x$, 故有

$$y'\big|_{x=5} = 20.$$

该值表明: 当 $x = 5$ 时, x 改变一个单位(增加或减少一个单位), y 改变 20 个单位(增加或减少 20 个单位).

2.12.2　经济学中常见的边际函数

1. 边际成本

总成本函数 $C(Q)$ 的导数

$$C'(Q) = \lim_{\Delta Q \to 0} \frac{\Delta C}{\Delta Q} = \lim_{\Delta Q \to 0} \frac{C(Q + \Delta Q) - C(Q)}{\Delta Q}$$

称为**边际成本**.

边际成本是总成本函数 $C(Q)$ 关于产量 Q 的导数. 其经济含义是当产量为 Q 个单位时, 再生产一个单位产品(即 $\Delta Q = 1$)所增加的总成本 $\Delta C(Q)$.

平均成本 $\overline{C(Q)}$ 的导数

$$\left[\overline{C(Q)}\right]' = \left[\frac{C(Q)}{Q}\right]' = \frac{QC'(Q) - C(Q)}{Q^2}.$$

称为**边际平均成本**.

一般情况下, 总成本 $C(Q)$ 等于固定成本 C_1 与可变成本 $C_2(Q)$ 之和, 即
$$C(Q) = C_1 + C_2(Q).$$

而边际成本为

$$C'(Q) = C_2'(Q).$$

可见，边际成本与固定成本无关.

例 2.12.2　设某产品生产 Q 单位的总成本为 $C(Q)=1100+\dfrac{Q^2}{1200}$，求

(1) 生产 900 个单位时总成本和平均成本；

(2) 生产 900 个单位到 1000 个单位时的总成本的平均变化率；

(3) 生产 900 个单位的边际成本，并解释其经济意义.

解　(1) 生产 900 个单位时总成本为

$$C(Q)=1100+\frac{900^2}{1200}=1775$$

平均成本为

$$\overline{C(Q)}=\frac{1775}{900}\approx 1.97.$$

(2) 平均变化率为

$$\frac{\Delta C(Q)}{\Delta Q}=\frac{C(1000)-C(900)}{1000-900}=\frac{1933-1775}{100}=1.58$$

(3) 边际成本函数为

$$C'(Q)=\frac{Q}{600},$$

从而有

$$C'(900)=1.5.$$

它表示当产量为 900 个单位时，再增产(或减产)一个单位，需增加(或减少)总成本 1.5 个单位.

2. 边际收益

设销售某种产品 Q 单位时的总收益函数为 $R=R(Q)$，则当销售量 Q 有一个改变量 ΔQ 时，总收益函数 $R(Q)$ 的相应的改变量为

$$\Delta R=R(Q+\Delta Q)-R(Q),$$

那么总收益函数 $R(Q)$ 的平均变化率为

$$\frac{\Delta R}{\Delta Q}=\frac{R(Q+\Delta Q)-R(Q)}{\Delta Q}.$$

当总收益函数 $R(Q)$ 可导时，其**边际收益**定义为

$$R'(Q)=\lim_{\Delta Q\to 0}\frac{\Delta R}{\Delta Q}=\lim_{\Delta Q\to 0}\frac{R(Q+\Delta Q)-R(Q)}{\Delta Q}.$$

即边际收益是总收益函数 $R(Q)$ 关于销售量 Q 的导数. 边际收益也被称为边际收入，其经济含义是：假定已经销售了 Q 单位产品，再销售一个单位产品所增加的总收益.

设 P 为价格，可以表示为销售量 Q 的函数，即 $P=P(Q)$. 因此 $R(Q)=PQ=Q\cdot P(Q)$，故边际收益为 $R'(Q)=P(Q)+QP'(Q)$.

例 2.12.3　设某产品的价格 P 与销售量 Q 的关系是 $P=10-\dfrac{Q}{20}$ (元/件)，求销售量分别为 80 件和 150 件时的边际收益.

解 总收益函数 $R = PQ = Q\left(10 - \dfrac{Q}{20}\right)$,

边际收益函数为

$$R' = 10 - \frac{Q}{10},$$

因此有 $R'\big|_{Q=80} = 2$ (元/件), $R'\big|_{Q=150} = -5$ (元/件).

由边际收益的经济意义可知：当销售量为 80 件时，再多销售一件产品，收入将增加 2 元；而当销售量为 150 件时，再多销售一件产品，收入将减少 5 元.

因此，可以根据边际收益来确定在某个销售水平时，再销售产品是否在经济上合算.

3. 边际利润

设产量(销售量)为 Q 时总成本函数为 $C(Q)$，总收益函数为 $R(Q)$，由总利润函数

$$L(Q) = R(Q) - C(Q),$$

得其导数

$$L'(Q) = \lim_{\Delta Q \to 0} \frac{\Delta L}{\Delta Q} = \lim_{\Delta Q \to 0} \frac{L(Q + \Delta Q) - L(Q)}{\Delta Q}$$

称为边际利润，其经济意义是：当产量为 Q 单位产品时，再生产(或销售)一个单位产品所增加的总利润.

例 2.12.4 某工厂每月生产 Q 吨产品的总成本为

$$C(Q) = 40 + 111Q - 7Q^2 + \frac{1}{3}Q^3 (万元),$$

而相应的销售收益为 $\quad R(Q) = 100Q - Q^2 (万元).$

试求产量为 1000 吨时的边际成本、边际收益和边际利润.

解 边际成本为 $\quad C'(Q) = 111 - 14Q + Q^2$；

边际收益为 $\quad R'(Q) = 100 - 2Q$；

边际利润为 $\quad L'(Q) = R'(Q) - C'(Q)$

$$= 12Q - Q^2 - 11.$$

当 $Q = 1000$ 吨，即 $Q = 10$ (百吨)时，

$$C'(10) = 111 - 14 \times 10 + 10^2 = 71 (万元/百吨);$$

$$R'(10) = 100 - 2 \times 10 = 80 (万元/百吨);$$

$$L'(10) = R'(10) - C'(10) = 9 (万元/百吨).$$

由此例可以看出：产量为 10 百吨时，再增加 1 百吨产量，收入将增加 80 万元，而成本只增加 71 万元，也就是将获利 9 万元. 因此产量为 10 百吨时，再增加产量是合算的.

一般地说，如果边际收益大于边际成本，即 $R'(Q) > C'(Q)$，边际利润

$$L'(Q) = R'(Q) - C'(Q) > 0,$$

那么增加单位产量是获利的；反之，如果边际收益小于边际成本，即 $R'(Q) < C'(Q)$，边际利润 $L'(Q) = R'(Q) - C'(Q) < 0$，那么再增加单位产量就亏本了. 因此可以想到，企业的最优产量(即获得最大利润的产量)应当是边际收益等于边际成本时的产量.

4. 边际需求

设需求函数为 $Q = f(P)$，P 为价格，则需求量 Q 对价格 P 的导数 $\dfrac{dQ}{dP} = f'(P)$ 称为边际需求函数.

其经济意义是：当价格为 P 时，价格再增加一个单位，需求量将增加 $f'(P)$.

例 2.12.5　设需求函数 $Q = 100 - \dfrac{P^2}{8}$，其中 P 为价格，单位：元/件，求价格 $P = 8$ 时的边际需求，并说明其经济意义.

解　$Q' = -\dfrac{P}{4}$，$Q'\big|_{P=8} = -2$.

它的经济意义是价格为 8 元/件时，如果价格再增加 1 元，需求量将减少 2 件.

2.12.3　弹性概念

在经济问题中，不仅需要研究经济指标(变量)的绝对变化(如变化率和改变量)，而且需要研究它们的相对变化.

例如，有甲、乙两种商品，甲商品的价格为 10 元/单位，乙商品的价格为 200 元/单位. 如果这两种商品每单位都上涨了 2 元，那么甲商品的价格相对上涨了 20%，乙商品的价格相对上涨了 1%. 虽然这两个商品价格的绝对改变量相同，但对于消费者而言，容易接受乙商品的涨价，而不容易接受甲商品的价格.

上面涉及的就是函数的相对改变量和函数的相对变化率问题.

设函数 $y = f(x)$，称 $\Delta y = f(x + \Delta x) - f(x)$ 为函数在点 x 处的绝对改变量，Δx 为自变量在点 x 处的绝对改变量. $\dfrac{\Delta y}{y} = \dfrac{f(x + \Delta x) - f(x)}{f(x)}$ 称为函数在点 x 处的相对改变量，$\dfrac{\Delta x}{x}$ 为自变量在点 x 处的相对改变量.

定义 2.12.2　设函数 $y = f(x)$ 在点 x_0 处可导，如果极限

$$\lim_{\Delta x \to 0} \frac{\dfrac{\Delta y}{y_0}}{\dfrac{\Delta x}{x_0}} = \lim_{\Delta x \to 0} \frac{\dfrac{f(x_0 + \Delta x) - f(x_0)}{f(x_0)}}{\dfrac{\Delta x}{x_0}}$$

存在，那么称此极限为函数 $y = f(x)$ 在点 x_0 处的相对变化率，或称弹性. 记作

$$\frac{Ey}{Ex}\bigg|_{x=x_0}, \quad \text{或} \quad \frac{E}{Ex} f(x_0),$$

由于

$$\lim_{\Delta x \to 0} \frac{\dfrac{f(x_0 + \Delta x) - f(x_0)}{f(x_0)}}{\dfrac{\Delta x}{x_0}} = \lim_{\Delta x \to 0} \frac{\Delta y}{\Delta x} \cdot \frac{x_0}{y_0} = f'(x_0)\frac{x_0}{y_0},$$

对一般 x，若 $f(x)$ 可导且 $f(x) \neq 0$，则有

$$\frac{Ey}{Ex} = \lim_{\Delta x \to 0} \frac{\dfrac{\Delta y}{y}}{\dfrac{\Delta x}{x}} = \lim_{\Delta x \to 0} \frac{\Delta y}{\Delta x} \cdot \frac{x}{y} = y' \cdot \frac{x}{y}$$

称为 $f(x)$ 的弹性函数，简称弹性.

虽然 $y = f(x)$ 在点 x_0 处的弹性就是弹性函数在点 $x = x_0$ 处的函数值.

由于 $y' \cdot \dfrac{x}{y} = y' \Big/ \dfrac{y}{x} = \dfrac{\text{边际函数}}{\text{平均函数}}$，因此弹性又可以理解为边际函数与平均函数之比.

函数 $f(x)$ 在点 x 处的弹性 $\dfrac{Ey}{Ex}$ 反映了 x 变化时 $f(x)$ 变化幅度的大小，也就是 $f(x)$ 对 x 变化反应的敏感度. 函数的弹性是一个没有单位的量，它与变量的单位无关，改变变量的单位，函数的弹性不会改变，因而它具有可比性.

下面看一下函数 $y = f(x)$ 在点 x_0 处的弹性 $\dfrac{E}{Ex} f(x_0)$ 的意义.

由弹性定义 $\dfrac{E}{Ex} f(x_0) = \lim_{\Delta x \to 0} \dfrac{\Delta y}{y} \Big/ \dfrac{\Delta x}{x}$，如果自变量的相对改变量 $\dfrac{\Delta x}{x} = 1\%$，则

$$\frac{\Delta y}{y} \approx \frac{E}{Ex} f(x_0)\%,$$

即自变量在点 x_0 处产生 1% 改变时，函数 $y = f(x)$ 近似地改变 $\dfrac{E}{Ex} f(x_0)$，今后在实际问题中，往往略去"近似"二字.

为了学习方便起见，给出下列公式与运算法则，它们均可以由弹性定义证明.

(1) 常见函数的弹性(a，b，c，λ 为常数).

① 常数函数 $f(x) = c$ 的弹性 $\dfrac{Ec}{Ex} = 0$.

② 线性函数 $f(x) = ax + b$ 的弹性 $\dfrac{E(ax + b)}{Ex} = \dfrac{ax}{ax + b}$.

③ 幂函数 $f(x) = ax^\lambda$ 的弹性 $\dfrac{E(ax^\lambda)}{Ex} = \lambda$.

④ 指数函数 $f(x) = ba^{\lambda x}$ 的弹性 $\dfrac{E(ba^{\lambda x})}{Ex} = \lambda x \ln a$.

⑤ 对数函数 $f(x) = b \ln ax$ 的弹性 $\dfrac{E(b \ln ax)}{Ex} = \dfrac{1}{\ln ax}$.

⑥ 三角函数的弹性 $\dfrac{E(\sin x)}{Ex} = x \cot x$，$\dfrac{E(\cos x)}{Ex} = -x \tan x$.

(2) 弹性的四则运算.

① $\dfrac{E[f_1(x) \pm f_2(x)]}{Ex} = \dfrac{f_1(x) \dfrac{Ef_1(x)}{Ex} \pm f_2(x) \dfrac{Ef_2(x)}{Ex}}{f_1(x) \pm f_2(x)}$.

② $\dfrac{E[f_1(x) \cdot f_2(x)]}{Ex} = \dfrac{E[f_1(x)]}{Ex} + \dfrac{E[f_2(x)]}{Ex}$.

③ $\dfrac{E\left[\dfrac{f_1(x)}{f_2(x)}\right]}{Ex} = \dfrac{E[f_1(x)]}{Ex} - \dfrac{E[f_2(x)]}{Ex}$.

2.12.4　经济学中常见的弹性函数

弹性概念在经济学中的应用非常广泛,下面介绍几个常见的弹性函数.

1. 需求价格弹性

定义 2.12.3　设某种商品的市场需求量为 Q,价格为 P,需求函数 $Q = Q(P)$ 可导,那么称

$$E_d = \lim_{\Delta P \to 0} \frac{\Delta Q}{\Delta P} \cdot \frac{P}{Q} = \frac{\mathrm{d}Q}{\mathrm{d}P} \cdot \frac{P}{Q}$$

为该商品的需求价格弹性,简称需求弹性.

由上面公式及导数定义可得

$$E_d = \frac{\mathrm{d}Q}{Q} \bigg/ \frac{\mathrm{d}P}{P} \approx \frac{\Delta Q}{Q} \bigg/ \frac{\Delta P}{P}$$

$$\frac{\Delta Q}{Q} \approx E_d \frac{\Delta P}{P}.$$

由此可知,需求弹性 E_d 表示某种商品的需求量 Q 对价格 P 变化的敏感程度,由此也可以看出,需求函数为价格的递减函数,即需求弹性 E_d 一般为负值,所以其经济含义为:当某种商品的价格下跌(或上涨)1%时,其需求量将增加(或减少)$|E_d|$%.

当比较商品需求弹性的大小时,通常比较其弹性绝对值 $|E_d|$ 的大小. 当说某种商品的需求弹性大时,通常指其绝对值大.

当 $E_d = -1$(即 $|E_d| = 1$)时,称为单位弹性,即商品需求量的相对变化与价格的相对变化基本相等,当 $E_d < -1$(即 $|E_d| > 1$)时,称为富有弹性,即商品需求量的相对变化大于价格的相对变化,此时价格的变化对需求量的影响较大. 换句话说,适当地降价会使需求量较大幅度上升,从而增加收益. 当 $-1 < E_d < 0$(即 $|E_d| < 1$)时,称为缺乏弹性,即商品需求量的相对变化小于价格的相对变化,此时价格的变化对需求量的影响较小,在适当涨价后,不会使需求量有太大的下降,从而可以增加收益.

为了方便起见,在实际应用中也常用如下记号:

$$\eta = -\frac{P}{Q} \frac{\mathrm{d}Q}{\mathrm{d}P}.$$

例 2.12.6　设某种商品的需求函数为

$$Q = 1600 \left(\frac{1}{4}\right)^P.$$

(1) 求需求弹性 E_d.

(2) 求价格为 10 时的需求弹性 E_d,并说明其经济意义.

解 (1) $E_d = \dfrac{dQ}{dP} \cdot \dfrac{P}{Q} = \left[1600 \left(\dfrac{1}{4} \right)^P \right]' \cdot \dfrac{P}{1600 \left(\dfrac{1}{4} \right)^P} = P \ln \dfrac{1}{4} \approx -1.39P$.

(2) 当 $P = 10$ 时, $E_d = -13.9$, 其经济意义是: 当价格为 10 时, 如果价格增加 1%, 商品需求量将减少 13.9%.

2. 供给弹性

供给弹性, 通常指的是供给的价格弹性. 设供给函数 $Q = Q(P)$, 则称

$$E_P = \frac{dQ}{dP} \cdot \frac{P}{Q}$$

为供给价格弹性.

3. 收益弹性

(1) 收益的价格弹性定义为: $\dfrac{ER}{EP} = \dfrac{dR}{dP} \cdot \dfrac{P}{R}$.

(2) 收益的销售弹性定义为: $\dfrac{ER}{EQ} = \dfrac{dR}{dQ} \cdot \dfrac{Q}{R}$.

例 2.12.7 设 R、P、Q 分别为销售总收益、商品价格、销售量.

(1) 试分别求出收益的价格弹性 $\dfrac{ER}{EP}$, 收益的销售弹性 $\dfrac{ER}{EQ}$ 与需求价格弹性 η 的关系.

(2) 试分别求出关于价格 P 的边际收益 $\dfrac{dR}{dP}$, 关于需求量 Q 的边际收益 $\dfrac{dR}{dQ}$ 与需求价格弹性 η 的关系.

解 (1) 设 $Q = Q(P)$, $R = PQ$, 故

$$\frac{ER}{EP} = \frac{E(PQ)}{EP} = \frac{P}{PQ} \cdot \frac{d(PQ)}{dP} = \frac{1}{Q}\left[Q + P \frac{dQ}{dP} \right] = 1 + \frac{P}{Q} \frac{dQ}{dP} = 1 - \eta.$$

$$\frac{ER}{EQ} = \frac{E(PQ)}{EQ} = \frac{Q}{PQ} \cdot \frac{d(PQ)}{dQ} = \frac{1}{P}\left(P + Q \frac{dP}{dQ} \right) = 1 + \frac{Q}{P} \cdot \frac{dP}{dQ} = 1 + \frac{1}{\dfrac{P}{Q} \cdot \dfrac{dQ}{dP}} = 1 - \frac{1}{\eta}.$$

(2) 由于 $\dfrac{ER}{EP} = \dfrac{P}{R} \cdot \dfrac{dR}{dP} = \dfrac{P}{QP} \cdot \dfrac{dR}{dP} = 1 - \eta$,

故有

$$\frac{dR}{dP} = Q(1 - \eta) = Q(P) \cdot (1 - \eta);$$

又因为

$$\frac{ER}{EQ} = \frac{Q}{R} \cdot \frac{dR}{dQ} = \frac{Q}{PQ} \cdot \frac{dR}{dQ} = 1 - \frac{1}{\eta},$$

从而有

$$\frac{\mathrm{d}R}{\mathrm{d}Q} = P\left(1 - \frac{1}{\eta}\right).$$

例 2.12.8　某商品的需求量为 $Q = 75 - P^2$.

(1) 求 $P = 4$ 时需求价格弹性，并注明其经济意义.

(2) $P = 4$ 时，若价格提高 1%，总收益是增加还是减少，变化多少？

解　(1)　$\eta = -\dfrac{\mathrm{d}Q}{\mathrm{d}P} \cdot \dfrac{P}{Q} = 2P \cdot \dfrac{P}{75 - P^2} = \dfrac{2P^2}{75 - P^2}$ ；

当 $P = 4$ 时，$\eta = 0.54$，其经济意义是：当 $P = 4$ 时. 价格上涨(下降)1%时，需求量减少(增加)0.54%.

(2)　$\left.\dfrac{ER}{EP}\right|_{P=4} = 1 - \eta(4) = 0.46$，即当价格上涨 1%时，总收益增加 0.46%.

2.12.5　经济分析中的最大值与最小值问题

在经济问题中，经常要解决在一定条件下，费用最低、收入最高、利润最大等实际问题，这些问题反映在数学上就是求函数的最大值和最小值问题.

下面介绍经济分析中的几种常用函数的最值.

1. 最低平均成本问题

设 $C(Q)$ 为总成本函数，则平均成本函数为

$$\overline{C(Q)} = \frac{C(Q)}{Q}$$

其中 Q 为产量，企业在生产过程中关心平均成本的最小值，即最低平均成本.

$$\text{令}\ \overline{C(Q)}' = \frac{QC'(Q) - C(Q)}{Q^2} = \frac{1}{Q}\left[C'(Q) - \frac{C(Q)}{Q}\right] = \frac{1}{Q}\left[C'(Q) - \overline{C(Q)}\right] = 0,$$

得

$$C'(Q) = \overline{C(Q)}.$$

即

$$\text{边际成本} = \text{平均成本}.$$

这是经济中的一个重要结论：使平均成本为最小的生产水平(生产量)，正是使边际成本等于平均成本的生产水平(生产量).

当平均成本最低时，平均成本函数 $\overline{C(Q)}$ 及总成本函数 $C(Q)$ 对产量 Q 的弹性也满足一定的关系式.

当平均成本取得最小值时，$C'(Q) = \overline{C(Q)}$，即

$$C'(Q) = \frac{C(Q)}{Q},\ \text{从而}\ Q = \frac{C(Q)}{C'(Q)}.$$

若平均成本 $\overline{C(Q)}$ 对产量 Q 的弹性记为 $E_{\bar{c}}$，则

$$E_{\bar{c}} = \overline{C(Q)}' \frac{Q}{\overline{C(Q)}} = \frac{1}{Q}\left[C'(Q) - \overline{C(Q)}\right] \cdot \frac{Q}{\overline{C(Q)}} = 0.$$

即当平均成本取得最小值时，平均成本对产量的弹性等于零.

如果总成本函数 $C(Q)$ 时产量 Q 的弹性记为 E_C，则 $E_C = C'(Q)\dfrac{Q}{C(Q)} = \dfrac{C'(Q)}{C(Q)} \cdot \dfrac{C(Q)}{C'(Q)} = 1$

说明，当平均成本取得最小值时，总成本对产量的弹性等于 1.

例 2.12.9 设生产 Q 件产品的总成本函数为
$$C(Q) = 0.002Q^2 + 40Q + 18000(\text{元})$$
问生产多少件产品时，平均成本最低？并求最低平均成本.

解 平均成本函数为
$$\overline{C(Q)} = \frac{C(Q)}{Q} = 0.002Q + 40 + \frac{18000}{Q},$$
$$\overline{C(Q)}' = 0.002 - \frac{18000}{Q^2}.$$

令 $\overline{C(Q)}' = 0$，得 $Q = 3000(-3000$ 舍去$)$
由于
$$\overline{C(3000)}'' = \frac{36000}{Q^3}\bigg|_{Q=3000} = \frac{4}{3 \times 10^6} > 0,$$
故生产 3000 件产品时，平均成本最低，最低平均成本 $\overline{C(3000)} = 52$ (元/件).

2. 最大收益问题

设 P 为价格，Q 为需求量，则收益函数为 $R = PQ$.

(1) 如何确定商品的价格，使得收益最大.

研究收益问题时，Q 为价格 P 的函数，由于
$$R' = Q + PQ',$$
根据极值存在的必要条件知 $R' = 0$，得
$$P = -\frac{Q}{Q'}.$$

由于驻点唯一，故当价格 $P = -\dfrac{Q}{Q'}$ 时，收益最大.

收入最大时，需求弹性 E_d 也满足一定的关系式：
$$E_d = \frac{\mathrm{d}Q}{\mathrm{d}P} \cdot \frac{P}{Q} = Q' \cdot \frac{-Q}{Q'Q} = -1.$$

说明，当收入最大时，需求弹性等于 -1.

(2) 在讨论销售量与收益的关系时，如何确定商品的销售量，使得收益最大.

P 为销售量 Q 的函数，由于
$$R = P(Q)Q,$$
因此
$$R' = P + QP'.$$

令 $R' = 0$，得
$$Q = -\frac{P}{P'},$$

即，当 $Q = -\dfrac{P}{P'}$ 时，收益最大.

例 2.12.10　设某种商品的销售量 $Q = 50 - 5P$，价格 P 的单位为：万元/吨. 问销售量为多少吨时，收益最大？最大收益是多少？

解　由 $Q = 50 - 5P$，得 $P = 10 - \dfrac{Q}{5}$，则

$$R = P \cdot Q = 10Q - \frac{1}{5}Q^2 .$$

令 $R' = 10 - \dfrac{2}{5}Q = 0$，得 $Q = 25$.

由于 $R''(25) = -\dfrac{2}{5} < 0$，故当销售量为 25 吨时收益最大，最大收益为

$$R(25) = 10 \times 25 - \frac{25^2}{5} = 125(万元).$$

3. 最大利润问题

设产量(销售量)为 Q，收益函数为 $R(Q)$，总成本函数为 $C(Q)$，则由利润函数
$$L(Q) = R(Q) - C(Q),$$
得
$$L' = R'(Q) - C'(Q).$$

令 $L'(Q) = 0$，得 $R'(Q) = C'(Q)$.

也就是说，边际收益等于边际成本是取得最大利润的必要条件，取得最大利润的充分条件如下.

在驻点 Q_0 处，
$$L''(Q_0) = R''(Q_0) - C''(Q_0) < 0 ，\quad 即\ R''(Q_0) < C''(Q_0) ,$$
因此，在驻点处，边际收益的变化率小于边际成本的变化率是取得最大利润的充分条件.

例 2.12.11　某厂每月生产 Q 吨产品的总成本为 $C(Q) = \dfrac{1}{3}Q^3 - 7Q^2 + 111Q + 40$(万元)

每月销售这种产品的价格为 $P = 100 - Q$(万元/吨).

如果要使每月获得的利润最大，问每月的产量是多少？最大利润是多少？并问每月的收益最大时，利润是否最大？

解　由于
$$L = R(Q) - C(Q)$$
$$= Q(100 - Q) - (\frac{1}{3}Q^3 - 7Q^2 + 111Q + 40)$$
$$= -\frac{1}{3}Q^3 + 6Q^2 - 11Q - 40 .$$

令 $L' = -Q^2 - 12Q - 11 = 0$，得 $Q_1 = 1$，$Q_2 = 11$，$L'' = -2Q - 12$.

由于
$$L''(1) = 10 > 0 ，\quad L''(11) = -10 < 0 ,$$
故每月产量为 11 吨时获得的利润最大，最大利润为

$$L(11) = -\frac{1}{3} \times 11^3 + 6 \times 11^2 - 11 \times 11 - 40 = 121\frac{1}{3} (万元).$$

下面求收益最大时的月产量，令

$$R'(Q) = [Q(100 - Q)]' = 100 - 2Q = 0,$$

得

$$Q = 50.$$

由于

$$R''(50) = -2 < 0,$$

所以月产量为 50 吨时收益最大.

当 $Q = 50$ 吨时，利润 $L(50) = -27256\frac{2}{3} (万元).$

由此可知，总收益最大时，利润并不取最大值.

4. 最大税收问题

例 2.12.12　某种产品的平均成本 $\overline{C(Q)} = 2$，价格函数为 $P(Q) = 20 - 40Q$（Q 为商品数量），国家向企业每件商品征税为 t.

(1) 生产产品多少时，利润最大？

(2) 在企业取得最大利润的情况下，t 为何值时才能使总税收最大？

解　(1) 总成本 $C(Q) = \overline{C(Q)} \cdot Q = 2Q$，故有

$$R(Q) = QP = 20Q - 40Q^2,$$

$$T(Q) = tQ,$$

$$L(Q) = R(Q) - C(Q) - T(Q) = (18 - t)Q - 40Q^2.$$

令 $L'(Q) = 18 - t - 80Q = 0$，得 $Q = \dfrac{18 - t}{80}$，且 $L''(Q) = -80 < 0$，所以 $L\left(\dfrac{18 - t}{80}\right) = \dfrac{(18 - t)^2}{160}$

为最大利润.

(2) 取得最大利润时的税收为

$$T = tQ = \frac{18t - t^2}{80},$$

令 $T' = \dfrac{9 - t}{40} = 0$，得 $t = 9$.

又 $T'' = -\dfrac{1}{40} < 0$，故当 $t = 9$ 时，总税收取得最大值

$$T(9) = \frac{9(18 - 9)}{80} = \frac{81}{80}.$$

此时总利润为

$$L = \frac{(18 - 9)^2}{160} = \frac{81}{160}.$$

2.13　泰　勒　公　式

不论在近似计算还是在理论分析中，人们希望能用一个简单的函数来近似地表达一个比较复杂的函数，这样做将带来很大的方便．一般说来，最简单的函数是多项式，但是怎样从一个函数的本身得出我们需要的多项式呢？

设 $f(x)$ 是已给定的函数．人们希望能找到一个在点 x_0 附近与 $f(x)$ 相当接近的 n 次多项式 $P_n(x)$，要怎样才能使这个多项式 $P_n(x)$ 与 $f(x)$ 在点 x_0 很接近呢？显然，这两个函数的图像在点 x_0 应当相切，即 $P_n(x_0) = f(x_0)$，$P_n'(x_0) = f'(x_0)$，再注意到二阶导数是表示一阶导数切线斜率的变化率的，因此除了上述条件外，还应有 $f''(x_0) = P_n''(x_0)$，则 $f(x)$ 和 $P_n(x)$ 的图像的切线在点 x_0 的变化率也是相同的，因而在点 x_0 附近两者的切线也将保持较接近的位置．一般说来，如果 $f(x)$ 和 $P_n(x)$ 在点 x_0 的值以及直到 n 阶导数都相同，则它们在点 x_0 的附近就有很高的接近程度．设

$$P_n(x) = a_0 + a_1(x - x_0) + a_2(x - x_0)^2 + \cdots + a_n(x - x_0)^n, \qquad (2.13.1)$$

近似地表达 $f(x)$，$P_n(x)$ 在点 x_0 的函数值及它的 n 阶导数在点 x_0 的值依次与 $f(x_0)$，$f'(x_0)$，$\cdots$，$f^{(n)}(x_0)$ 相等，即

$$P_n(x_0) = f(x_0), \ P_n'(x_0) = f'(x_0), \ \cdots, \ P_n^{(n)}(x_0) = f^{(n)}(x_0). \qquad (2.13.2)$$

按上述等式确定多项式(2.13.1)中的系数 a_0，a_1，$\cdots$，a_n．为此，对式(2.13.1)求各阶导数，再分别代入以上等式，得

$$a_0 = f(x_0), \quad a_1 = f'(x_0), \quad a_2 = \frac{1}{2!}f''(x_0), \quad \cdots, \quad a_n = \frac{f^{(n)}(x_0)}{n!}.$$

从而

$$P_n(x) = f(x_0) + f'(x_0)(x - x_0) + \frac{f''(x_0)}{2!}(x - x_0)^2 + \cdots + \frac{f^{(n)}(x_0)}{n!}(x - x_0)^n$$

即为所求的 n 次多项式，称为 $f(x)$ 按 $(x - x_0)$ 的幂展开的 n 次近似多项式．

$P_n(x)$ 是 $f(x)$ 的近似多项式，不等于 $f(x)$．它们之差

$$R_n(x) = f(x) - P_n(x)$$

称为**余项**，因此

$$f(x) = P_n(x) + R_n(x).$$

下面的定理从理论上论证了上述结果的正确性．

定理 2.13.1(泰勒中值定理)　如果函数 $f(x)$ 在点 x_0 的某个开区间 (a, b) 内具有直到 $(n+1)$ 阶导数，那么对任意 $x \in (a, b)$ 都有

$$f(x) = f(x_0) + f'(x_0)(x - x_0) + \frac{f''(x_0)}{2!}(x - x_0)^2 + \cdots + \frac{f^{(n)}(x_0)}{n!}(x - x_0)^n + R_n(x), \qquad (2.13.3)$$

其中

$$R_n(x) = \frac{f^{(n+1)}(\xi)}{(n+1)!}(x - x_0)^{n+1} \ (\xi \text{ 是在 } x_0 \text{ 与 } x \text{ 之间}). \qquad (2.13.4)$$

证明　要证明的是式(2.13.4)，由条件知，$R_n(x)$ 在 (a, b) 内具有直到 $(n+1)$ 阶导数，且

$$R_n(x_0) = R_n'(x_0) = \cdots = R_n^{(n)}(x_0) = 0.$$

反复利用柯西中值定理，得

$$\frac{R_n(x)}{(x-x_0)^{n+1}} = \frac{R_n(x) - R_n(x_0)}{(x-x_0)^{n+1} - 0} = \frac{R_n'(\xi_1)}{(n+1)(\xi_1 - x_0)^n} = \frac{R_n'(\xi_1) - R_n'(x_0)}{(n+1)(\xi_1 - x_0)^n - 0} = \cdots = \frac{R_n^{(n+1)}(\xi)}{(n+1)!},$$

其中 ξ 在 x_0 与 ξ_n 之间，因而也在 x_0 与 x 之间.

注意到

$$R_n^{(n+1)}(x) = f^{(n+1)}(x)$$

故有

$$R_n(x) = \frac{f^{(n+1)}(\xi)}{(n+1)!}(x-x_0)^{n+1}　(\xi \text{ 在 } x_0 \text{ 与 } x \text{ 之间}).$$

定理证毕.

式(2.13.3)称为函数 $f(x)$ 按 $(x-x_0)$ 的幂展开到 n 阶的泰勒公式，而 $R_n(x)$ 的表达式 (2.13.4)称为**拉格朗日型余项**.

当 $n = 0$ 时，泰勒公式变成拉格朗日中值公式

$$f(x) = f(x_0) + f'(\xi)(x - x_0)　(\xi \text{ 在 } x_0 \text{ 与 } x \text{ 之间}).$$

因此，泰勒中值定理是拉格朗日中值定理的推广.

由泰勒中值定理可知，以多项式 $P_n(x)$ 近似表达函数 $f(x)$ 时，其误差为 $|R_n(x)|$. 如果对某个固定的 n，当 $x \in (a, b)$ 时，$\left| f^{(n+1)}(x) \right| \leqslant M$，则有估计式如下：

$$|R_n(x)| = \left| \frac{f^{(n+1)}(\xi)(x-x_0)^{n+1}}{(n+1)!} \right| \leqslant \frac{M}{(n+1)!}|x-x_0|^{n+1}.$$

因此

$$\lim_{x \to x_0} \frac{R_n(x)}{(x-x_0)^n} = 0.$$

由此可见，当 $x \to x_0$ 时误差 $|R_n(x)|$ 是比 $(x-x_0)^n$ 高阶无穷小，即

$$R_n(x) = o\left[(x-x_0)^n \right].$$

因此，n 阶泰勒公式也可写成

$$f(x) = f(x_0) + f'(x_0)(x-x_0) + \cdots + \frac{f^{(n)}(x_0)}{n!}(x-x_0)^n + o\left[(x-x_0)^n \right].$$

如果 $x_0 = 0$ 时，则 ξ 在 0 与 x 之间. 令 $\xi = \theta x (0 < \theta < 1)$，即得麦克劳林公式.

$$f(x) = f(0) + f'(0)x + \frac{f''(0)}{2!}x^2 + \cdots + \frac{f^{(n)}(0)}{n!}x^n + \frac{f^{(n+1)}(\theta x)}{(n+1)!}x^{n+1}.$$

由此可得近似公式

$$f(x) \approx f(0) + f'(0)x + \frac{f''(0)}{2!}x^2 + \cdots + \frac{f^{(n)}(0)}{n!}x^n,$$

其误差相应地变成

$$\left|R_n(x)\right| \leqslant \frac{M}{(n+1)!}\left|x\right|^{n+1}.$$

下面求一些初等函数的展开式.

例 2.13.1　求函数 $f(x) = e^x$ 展开到 n 阶的麦克劳林公式.

解　因为

$$f'(x) = f''(x) = \cdots = f^{(n)}(x) = e^x,$$

所以

$$f(0) = f'(0) = \cdots = f^{(n)}(x) = 1,$$

注意到 $f^{(n+1)}(\theta x) = e^{\theta x}$，于是有

$$e^x = 1 + x + \frac{x^2}{2!} + \cdots + \frac{x^n}{n!} + \frac{e^{\theta x}}{(n+1)!}x^{n+1} \quad (0 < \theta < 1).$$

因此

$$e^x \approx 1 + x + \frac{x^2}{2!} + \cdots + \frac{x^n}{n!},$$

这时产生的误差为

$$\left|R_n(x)\right| = \left|\frac{e^{\theta x}}{(n+1)!}x^{n+1}\right| < \frac{e^{|x|}}{(n+1)!}\left|x\right|^{n+1} \quad (0 < \theta < 1).$$

例 2.13.2　求函数 $f(x) = \sin x$ 的 $2n$ 阶麦克劳林公式.

解　因为

$$f'(x) = \cos x = \sin\left(x + 1\cdot\frac{\pi}{2}\right), \ f''(x) = \cos\left(x + \frac{\pi}{2}\right) = \sin\left(x + 2\cdot\frac{\pi}{2}\right), \cdots, f^{(n)}(x) = \sin\left(x + n\cdot\frac{\pi}{2}\right)$$

所以 $f(0) = 0$，$f'(0) = 1$，$f''(0) = 0$，$f'''(0) = -1$，$\cdots$，$f^{(2n-1)}(0) = (-1)^{n-1}$，$f^{(2n)}(0) = 0$.

因此有

$$\sin x = x - \frac{x^3}{3!} + \frac{x^5}{5!} - \cdots + (-1)^{n-1}\frac{x^{2n-1}}{(2n-1)!} + R_{2n}(x),$$

其中，

$$R_{2n}(x) = \frac{\sin\left[\theta x + (2n+1)\cdot\frac{\pi}{2}\right]}{(2n+1)!}x^{2n+1} \quad (0 < \theta < 1).$$

如果 $n = 1$，则得近似公式

$$\sin x \approx x,$$

这时误差为

$$\left|R_2\right| = \left|\frac{\sin\left(\theta x + \frac{3}{2}\pi\right)\cdot x^3}{3!}\right| \leqslant \frac{|x|^3}{6} \quad (0 < \theta < 1).$$

类似地，还可以得到

$$\cos x = 1 - \frac{x^2}{2!} + \frac{x^4}{4!} + \cdots + (-1)^n \frac{x^{2n}}{(2n)!} + R_{2n+1}(x) ,$$

其中，

$$R_{2n+1}(x) = \frac{\cos\left[\theta x + 2(n+1)\pi\right]}{(2n+2)!} x^{2n+2} \quad (0 < \theta < 1) ,$$

$$(1+x)^\alpha = 1 + \alpha x + \frac{\alpha(\alpha-1)}{2!} x^2 + \cdots + \frac{\alpha(\alpha-1)\cdots(\alpha-n+1)}{n!} x^n + R_n(x) ,$$

其中，

$$R_n(x) = \frac{\alpha(\alpha-1)\cdots(\alpha-n+1)(\alpha-n)}{(n+1)!} (1+\theta x)^{\alpha-n-1} x^{n+1} \quad (0 < \theta < 1).$$

习　题　2

1．根据导数的定义，求下列函数的导数：

(1) $y = x^2 + x + 1$ ；　　　　　　　　　　　　(2) $y = \cos(x+3)$ ．

2．下列各题中均假定 $f'(x_0)$ 存在，按照导数定义观察下列极限，指出 A 表示什么：

(1) $\lim\limits_{\Delta x \to 0} \dfrac{f(x_0 - \Delta x) - f(x_0)}{\Delta x} = A$ ；　　　　(2) $\lim\limits_{h \to 0} \dfrac{f(x_0 + h) - f(x_0 - h)}{h} = A$ ．

3．求下列函数的导数：

(1) $y = x^4$ ；　　　　(2) $y = \sqrt[3]{x^2}$ ；　　　　(3) $y = \dfrac{1}{x^2}$ ；

(4) $y = \dfrac{1}{\sqrt{x}}$ ；　　　　(5) $y = x^3 \sqrt[5]{x}$ ；　　　　(6) $y = \dfrac{x^2 \sqrt[3]{x^2}}{\sqrt{x^5}}$ ．

4．讨论函数

$$y = \begin{cases} x^2 \sin\dfrac{1}{x}, & x \neq 0 \\ 0, & x = 0 \end{cases}$$

在 $x = 0$ 处的连续性与可导性．

5．求曲线 $y = x - \dfrac{1}{x}$ 与 x 轴交点处的切线方程和法线方程．

6．求下列函数的导数：

(1) $y = 3x^2 - \dfrac{2}{x^2} + 5$ ；　　　　　　(2) $y = \dfrac{x^5 + \sqrt{x} + 1}{x^3}$ ；

(3) $y = x e^x$ ；　　　　　　　　　　　　(4) $y = \dfrac{x+1}{x-1}$ ；

(5) $y = (5x+1)(2x^2 - 3)$ ；　　　　　　(6) $y = \dfrac{2}{x^2 - 1}$ ．

7. 求下列函数在给定点处的导数值：

(1) $f(t) = \dfrac{1 - \sqrt{t}}{1 + \sqrt{t}}$，求 $f'(4)$；

(2) $f(x) = \dfrac{3}{5 - x} + \dfrac{x^2}{5}$，求 $f'(0)$ 和 $f'(2)$．

8. 求下列函数的导数：

(1) $y = \sin 4x$；

(2) $y = 10^{6x}$；

(3) $y = e^{\frac{x}{2}}(x^2 + 1)$；

(4) $y = \arcsin(2x + 3)$；

(5) $y = \ln(\sin x)$；

(6) $y = (\ln x)^3$；

(7) $y = \arctan \sqrt{x^2 + 1}$；

(8) $y = \arcsin \dfrac{1}{x}$；

(9) $y = \ln(x + \sqrt{x^2 + a^2})$．

9. 设 $f(x)$ 可导，求下列函数的导数：

(1) $y = f(x^2)$；

(2) $f(\sin^2 x) + f(\cos^2 x)$．

10. 求下列函数的二阶导数：

(1) $y = \dfrac{1}{x^3 + 1}$；

(2) $y = \tan x$；

(3) $y = x e^{x^2}$；

(4) $y = \sin(x^2 + 1)$；

(5) $y = e^x \cos x$；

(6) $y = x \ln x$；

(7) $y = \ln \sin x$；

(8) $y = \arctan x$．

11. 设 $f(x) = e^{2x-1}$，求 $f''(0)$．

12. 设 $y = e^x \sin x$，证明：$y'' - 2y' + 2y = 0$．

13. 求由下列方程所确定的隐函数的导数 $\dfrac{dy}{dx}$：

(1) $y^2 - 2xy + 9 = 0$；

(2) $x^3 + y^3 - 3axy = 0$；

(3) $xy = e^{x+y}$；

(4) $y = 1 - x e^y$．

14. 求曲线 $x^{\frac{2}{3}} + y^{\frac{2}{3}} = a^{\frac{2}{3}}$ 在点 $\left(\dfrac{\sqrt{2}}{4}a, \dfrac{\sqrt{2}}{4}a \right)$ 处的切线方程和法线方程．

15. 用对数求导法求下列函数的导数：

(1) $y = x^{\frac{1}{x}}$（$x > 0$）；

(2) $y = (\cos x)^{\sin x}$；

(3) $y = \left(\dfrac{x}{1+x} \right)^x$；

(4) $y = \sqrt[5]{\dfrac{x-5}{\sqrt[5]{x^2 + 2}}}$．

16. 求下列参数方程所确定的函数的导数 $\dfrac{dy}{dx}$：

(1) $\begin{cases} x = \dfrac{t^2}{2} \\ y = 1 - t \end{cases}$；

(2) $\begin{cases} x = \theta(1 - \sin\theta) \\ y = \theta\cos\theta \end{cases}$．

17. 求曲线 $\begin{cases} x = 2e^t \\ y = e^{-t} \end{cases}$ ，在 $t = 0$ 相应的点处的切线方程和法线方程.

18. 求下列参数方程所确定的函数的二阶导数 $\dfrac{d^2 y}{dx^2}$：

(1) $\begin{cases} x = a\cos t \\ y = b\sin t \end{cases}$ ；
　　　　　(2) $\begin{cases} x = 3e^{-t} \\ y = 2e^t \end{cases}$.

19. 求下列函数的微分：

(1) $y = \dfrac{1}{x} + 2\sqrt{x}$ ；
　　　　　(2) $y = x\sin 2x$ ；

(3) $y = \dfrac{x}{\sqrt{x^2 + 1}}$ ；
　　　　　(4) $y = \ln^2(1 - x)$ ；

(5) $y = \arcsin\sqrt{1 - x^2}$ ；
　　　　　(6) $y = e^{-x}\cos(3 - x)$.

20. 将适当的函数填入括号内，使等式成立：

(1) d(　　)$= 2dx$ ；
　　　　　(2) d(　　)$= 3xdx$ ；

(3) d(　　)$= \dfrac{1}{1 + x}dx$ ；
　　　　　(4) d(　　)$= e^{-2x}dx$ ；

(5) d(　　)$= \dfrac{1}{\sqrt{x}}dx$ ；
　　　　　(6) d(　　)$= \sec^2 3xdx$.

21. 对函数 $y = \ln\sin x$ 在区间 $\left[\dfrac{\pi}{6}, \dfrac{5\pi}{6}\right]$ 上验证罗尔定理的正确性.

22. 试证明：函数 $y = px^2 + qx + r$ 在任一区间上应用拉格朗日定理时所求得的点 ξ 总是该区间的中点.

23. 证明不等式：

(1) $\dfrac{x}{1 + x} < \ln(1 + x) < x \quad (x > 0)$ ；

(2) $|\arctan a - \arctan b| \leqslant |a - b|$.

24. 证明恒等式： $\arcsin x + \arccos x = \dfrac{\pi}{2} \quad (-1 \leqslant x \leqslant 1)$.

25. 求下列极限：

(1) $\lim\limits_{x \to 0} \dfrac{\ln(1 + x)}{x}$ ；
　　　　　(2) $\lim\limits_{x \to 0} \dfrac{e^x - e^{-x}}{\sin x}$ ；

(3) $\lim\limits_{x \to \pi} \dfrac{\sin 3x}{\tan 5x}$ ；
　　　　　(4) $\lim\limits_{x \to \frac{\pi}{2}} \dfrac{\ln\sin x}{(\pi - 2x)^2}$ ；

(5) $\lim\limits_{x \to +\infty} \dfrac{\ln\left(1 + \dfrac{1}{x}\right)}{\operatorname{arc cot} x}$ ；
　　　　　(6) $\lim\limits_{x \to 0^+} \dfrac{\ln\cot x}{\ln x}$ ；

(7) $\lim\limits_{x \to \frac{\pi}{2}} \dfrac{\tan x}{\tan 3x}$ ；
　　　　　(8) $\lim\limits_{x \to 0} x\cot 2x$ ；

(9) $\lim\limits_{x\to 0} x^2 e^{\frac{1}{x^2}}$;

(10) $\lim\limits_{x\to 1}\left(\dfrac{2}{x^2-1}-\dfrac{1}{x-1}\right)$;

(11) $\lim\limits_{x\to 0^+}\left(\dfrac{1}{x}\right)^{\tan x}$;

(12) $\lim\limits_{x\to 0^+}\left(\cos\sqrt{x}\right)^{\frac{1}{x}}$.

26. 验证极限 $\lim\limits_{x\to 0}\dfrac{x^2\sin\dfrac{1}{x}}{\sin x}$ 存在，但不能用洛必达法则求出.

27. 判定函数 $f(x)=\arctan x-x$ 的单调性.

28. 判定函数 $f(x)=x+\cos x(0\leqslant x\leqslant 2\pi)$ 的单调性.

29. 确定下列函数的单调区间：

(1) $y=2x^3-6x^2-18x-7$ ；　　　(2) $y=2x+\dfrac{8}{x}\ \ (x>0)$.

30. 证明下列不等式：

(1) 当 $x>1$ 时，$\ln x>\dfrac{2(x-1)}{x+1}$ ；

(2) 当 $0<x<\dfrac{\pi}{2}$ 时，$\sin x+\tan x>2x$.

31. 试验方程 $\sin x=x$ 只有一个实根.

32. 求下列曲线的拐点及凹、凸区间：

(1) $y=x^3-5x^2+3x+5$ ；　　　(2) $y=\ln(x^2+1)$.

33. a、b 为何值时，点$(1，3)$是曲线 $y=ax^3+bx^2$ 的拐点？

34. 求下列函数的极值：

(1) $y=2x^3-6x^2-18x+7$ ；　　　(2) $y=x-\ln(1+x)$ ；

(3) $y=2-(x-1)^{\frac{2}{3}}$ ；　　　(4) $y=x+\sqrt{1-x}$ ；

(5) $y=x^{\frac{1}{x}}$ ；　　　(6) $y=x+\tan x$.

35. 求下列函数在给定的区间上的最大值和最小值：

(1) $y=x+2\sqrt{x}$ ，$0\leqslant x\leqslant 4$ ；　　　(2) $y=x+\sqrt{1-x}$ ，$-5\leqslant x\leqslant 1$.

36. (1) 从面积为 S 的一切矩形中，求其周长最小者.

　　(2) 从周长为 $2L$ 的一切矩形中，求其面积最大者.

37. 内接于半径为 R 的球内的圆柱体，其高为多少时，体积为最大？

38. 描绘下列函数的图形：

(1) $y=\dfrac{x}{1+x^2}$ ；　　　(2) $y=\ln(1+x^2)$ ；

(3) $y=x+e^{-x}$ ；　　　(4) $y=(x+1)(x-2)^2$.

39. 计算曲线 $y=\sin x$ 上点 $\left(\dfrac{\pi}{2}，1\right)$ 处的曲率.

40. 求曲线 $y=\ln(\sec x)$ 在点 $(x，y)$ 处的曲率及曲率半径.

41. 求抛物线 $y=x^2-4x+3$ 的顶点处的曲率及曲率半径.

42. 对数曲线 $y = \ln x$ 上哪点处的曲率半径最小？求出该点处的曲率半径．

43. 求下列函数的边际函数与弹性函数：

(1) $x^2 e^{-x}$；　　　　　　　　　　(2) $\dfrac{e^x}{x}$．

44. 设某产品的总收益 R 关于销售量 Q 的函数为 $R(Q) = 104Q - 0.4Q^2$．

　　求：(1) 销售量为 Q 时总收益的边际收益；

　　　　(2) 销售量 $Q=50$ 个单位时总收益的边际收益；

　　　　(3) 销售量 $Q=100$ 个单位时总收益对 Q 的弹性．

45. 某化工厂日产能力最高为 1000 吨，每日产品的总成本 C（单位：元）是日产量 x（单位：吨）的函数

$$C = C(x) = 1000 + 7x + 50\sqrt{x}，\quad x \in [0，1000]．$$

(1) 求当日产量为 100 吨时的边际成本；

(2) 求当日产量为 100 吨时的平均单位成本．

46. 设某商品的需求函数为 $Q = e^{-\frac{P}{3}}$，求：

(1) 需求弹性函数；

(2) $P = 3$、5、6 时的需求弹性，并说明其经济意义．

47. 某商品需求函数为 $Q = f(P) = 12 - \dfrac{P}{2}$．

(1) 求需求弹性函数；

(2) 求 $P = 6$ 时的需求弹性；

(3) 在 $P = 6$ 时，若价格上涨 1%，总收益增加还是减少？将变化百分之几？

48. 某企业生产一种产品，年需求量是价格 P 的线性函数 $Q = a - bP$，其中 a，$b > 0$，试求：

(1) 需求弹性；

(2) 需求弹性等于 1 时的价格．

49. 某商品的需求量 Q 为价格 P 的函数

$$Q = 150 - 2P^2．$$

　　求：(1) 当 $P = 6$ 时的边际需求，并说明其经济意义；

　　　　(2) 当 $P = 6$ 时的需求弹性，并说明其经济意义；

　　　　(3) 当 $P = 6$ 时，若价格下跌 2%，总收益将变化百分之几？是增加还是减少？

50. 设生产某产品的总成本为 $C(x) = 10000 + 50x + x^2$（x 为产量），问产量为多少时，每件产品的平均成本最低？

51. 设价格函数为 $P = 15e^{-\frac{x}{3}}$（x 为产量），求最大收益时的产量，价格和收益．

52. 假设某种产品的需求量 Q 是价格 P 的函数 $Q = 12000 - 80P$，产品的总成本 C 是需求量 Q 的函数 $C = 25000 + 50Q$，每单位产品纳税 2．试求使销售利润最大的产品价格和最大利润．

53．按 $(x-4)$ 的乘幂展开多项式：
$$f(x) = x^4 - 5x^3 + x^2 - 3x .$$

54．求函数 $f(x) = \dfrac{1}{x}$ 按 $(x+1)$ 的幂的 n 阶泰勒公式．

55．求函数 $f(x) = \tan x$ 的二阶麦克劳林公式．

56．求函数 $f(x) = xe^x$ 的 n 阶麦克劳林公式．

57．应用三阶泰勒公式计算下列各函数的近似值，并估计误差：

(1) $\sqrt[3]{30}$ ；　　　　　　　　(2) $\sin 18°$ ．

第3章 不定积分

微分学的基本问题是已知一个函数，求它的导数. 但在实际问题中往往也会遇到与之相反的问题：已知一个函数的导数，求它原来的函数，由此产生了积分学. 积分学包含不定积分和定积分两部分. 本章将研究不定积分的概念、性质和基本积分方法.

3.1 不定积分的概念与性质

3.1.1 原函数与不定积分的概念

1. 原函数的定义

定义 3.1.1 如果在区间 I 上，可导函数 $F(x)$ 的导函数为 $f(x)$，即

$$F'(x) = f(x) \quad 或 \quad \mathrm{d}F(x) = f(x)\mathrm{d}x \quad (x \in I),$$

则称函数 $F(x)$ 是函数 $f(x)$（或 $f(x)\mathrm{d}x$）在区间 I 上的原函数.

例如，因 $(\sin x)' = \cos x$，$x \in (-\infty, +\infty)$，故 $\sin x$ 是 $\cos x$ 在 $(-\infty, +\infty)$ 内的一个原函数.又因 $(\sin x + C)' = \cos x$，（C 为任意常数），所以 $\sin x + C$ 也是 $\cos x$ 在 $(-\infty, +\infty)$ 内的原函数. 由此可知，$\cos x$ 有原函数且有无穷多个原函数.

关于原函数，我们要说明下面 3 个问题.

(1) 一个函数具备什么条件，其原函数一定存在.

这个问题将在第 4 章讨论，只给出如下结论.

原函数存在定理 如果函数 $f(x)$ 在区间 I 上连续，那么在区间 I 上存在可导函数 $F(x)$，使

$$F'(x) = f(x), \quad x \in I,$$

即连续函数必有原函数.

(2) 如果函数 $f(x)$ 在区间 I 上存在原函数 $F(x)$，那么它的原函数不是唯一的.

因为对于任何常数 C，都有

$$[F(x) + C]' = F'(x) = f(x), \quad (x \in I),$$

即 $F(x) + C$ 也是 $f(x)$ 的原函数. 所以如果 $f(x)$ 有一个原函数,那么它就有无穷多个原函数.

(3) 在区间 I，如果函数 $F(x)$ 是函数 $f(x)$ 的一个原函数，那么，$f(x)$ 的任何其它原函数与 $F(x)$ 之间只相差一个常数.

设 $G(x)$ 是 $f(x)$ 的另一个原函数，即当 $x \in I$ 时，

$$G'(x) = f(x),$$

于是

$$\left[G(x)-F(x)\right]' = G'(x)-F'(x) = f(x)-f(x) = 0.$$

由第 2 章中微分中值定理的推论得

$$G(x)-F(x)=C \qquad (C \text{ 为常数}),$$

即

$$G(x)=F(x)+C,$$

这表明 $G(x)$ 与 $F(x)$ 只相差一个常数．因此，当 C 为任意常数时，表达式

$$F(x)+C$$

就可表示 $f(x)$ 的全体原函数．

2. 不定积分的定义

定义 3.1.2　在区间 I 上，函数 $f(x)$ 的全体原函数 $F(x)+C$ 称为 $f(x)$（或 $f(x)\mathrm{d}x$）在区间 I 上的不定积分，记作 $\int f(x)\mathrm{d}x$，即

$$\int f(x)\mathrm{d}x = F(x)+C .$$

其中，"$\int$" 称为**积分号**，$f(x)$ 称为**被积函数**，$f(x)\mathrm{d}x$ 称为**被积表达式**，x 称为**积分变量**，C 称为**积分常数**．

由此可知，求 $f(x)$ 的不定积分，就是求 $f(x)$ 的全体原函数，而求所有的原函数，就变成只求 $f(x)$ 的一个原函数，再加上积分常数 C 即可．

例 3.1.1　求 $\int 4x^3 \mathrm{d}x$.

解　因为 $\left(x^4\right)' = 4x^3$，所以

$$\int 4x^3 \mathrm{d}x = x^4 + C .$$

例 3.1.2　求 $\int \dfrac{1}{1+x^2}\mathrm{d}x$.

解　因为 $(\arctan x)' = \dfrac{1}{1+x^2}$，所以

$$\int \frac{1}{1+x^2}\mathrm{d}x = \arctan x + C .$$

3. 不定积分的几何意义

例 3.1.3　设曲线通过点 $(1,2)$，且其上任一点处的切线斜率等于这点横坐标的两倍，求此曲线方程．

解　设曲线方程为 $y=F(x)$，由题意知 $F'(x)=2x$，即 $F(x)$ 是函数 $y=2x$ 的一个原函数．因 $\int 2x\mathrm{d}x = x^2 + C$，故必有 $F(x)=x^2+C$．

又曲线过点 $(1,2)$，将点 $(1,2)$ 代入 $F(x)=x^2+C$，求得 $C=1$．

所以，所求曲线方程为 $y=x^2+1$．

函数 $f(x)$ 的任意一个原函数 $F(x)$ 的图形称为 $f(x)$ 的一条积分曲线，其方程为 $y=F(x)$．$f(x)$ 的全体原函数 $F(x)+C$ 的图形称为 $f(x)$ 的积分曲线族，方程为

$y = F(x) + C$ 或 $y = \int f(x)\mathrm{d}x.$

上例即是求函数 $2x$ 的通过点(1，2)的那条积分曲线. 显然，这条积分曲线可由另一条积分曲线(如 $y = x^2$)沿 y 轴方向平移而得(图 3.1).

因此，不定积分 $\int f(x)\mathrm{d}x$ 在几何上表示 $f(x)$ 的积分曲线族 $y = F(x) + C$. 这族曲线可由一条积分曲线 $y = F(x)$ 经上下平行移动而得. 即在积分曲线族上横坐标相同的点处，所有积分曲线的切线都是互相平行的(图 3.2).

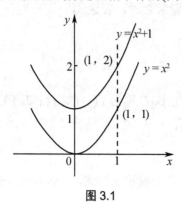　　　　　　　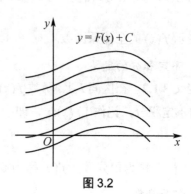

图 3.1　　　　　　　　　　　　　　　　图 3.2

3.1.2　基本积分表

由于积分运算与微分运算是互逆的运算，因此，由导数的基本公式就可以得到相应的基本积分公式.

(1) $\int k\mathrm{d}x = kx + C$ ；

(2) $\int x^{\alpha}\mathrm{d}x = \dfrac{1}{\alpha + 1}x^{\alpha+1} + C$ 　$(\alpha \neq -1)$ ；

(3) $\int \dfrac{1}{x}\mathrm{d}x = \ln|x| + C$ ；

(4) $\int a^x\mathrm{d}x = \dfrac{a^x}{\ln a} + C$ 　$(a > 0，a \neq 1)$ ；

(5) $\int \mathrm{e}^x\mathrm{d}x = \mathrm{e}^x + C$ ；

(6) $\int \sin x\mathrm{d}x = -\cos x + C$ ；

(7) $\int \cos x\mathrm{d}x = \sin x + C$ ；

(8) $\int \dfrac{1}{\cos^2 x}\mathrm{d}x = \int \sec^2 x\mathrm{d}x = \tan x + C$ ；

(9) $\int \dfrac{1}{\sin^2 x}\mathrm{d}x = \int \csc^2 x\mathrm{d}x = -\cot x + C$ ；

(10) $\int \sec x\tan x\mathrm{d}x = \sec x + C$ ；

(11) $\int \csc x\cot x\mathrm{d}x = -\csc x + C$ ；

(12) $\int \dfrac{1}{1 + x^2}\mathrm{d}x = \arctan x + C$ ；

(13) $\displaystyle\int \frac{1}{\sqrt{1-x^2}}\mathrm{d}x = \arcsin x + C$.

基本积分表是求不定积分的基础，必须熟记，熟练掌握.

3.1.3　不定积分的性质

性质 3.1.1　如果函数 $F(x)$ 是函数 $f(x)$ 的一个原函数，那么

(1) $\displaystyle\left(\int f(x)\mathrm{d}x\right)' = f(x)$ 或 $\mathrm{d}\left(\int f(x)\mathrm{d}x\right) = f(x)\mathrm{d}x$ ；

(2) $\displaystyle\int F'(x)\mathrm{d}x = F(x) + C$ 或 $\displaystyle\int \mathrm{d}F(x) = F(x) + C$.

证明　由于 $F'(x) = f(x)$ ，故有

(1) $\displaystyle\left(\int f(x)\mathrm{d}x\right)' = \left(F(x) + C\right)' = F'(x) = f(x)$ ；

(2) $\displaystyle\int F'(x)\mathrm{d}x = \int f(x)\mathrm{d}x = F(x) + C$.

由性质 3.1.1 可见，除可能相差一个常数外，微分运算与积分运算是互逆的. 当对同一个函数既进行微分运算又进行积分运算时，或者运算抵消，或者运算抵消后差一个常数，可表述为："先积后微，形式不变；先微后积，差个常数."

性质 3.1.2　如果 $k \neq 0$ 为常数，那么

$$\int k f(x)\mathrm{d}x = k \int f(x)\,\mathrm{d}x \tag{3.1.1}$$

证明　因 $\displaystyle\left(k\int f(x)\mathrm{d}x\right)' = k\left(\int f(x)\mathrm{d}x\right)' = k f(x)$ ，

$$\left(\int k f(x)\mathrm{d}x\right)' = k f(x)$$

并且式(3.1.1)两边均含有任意常数，它们都是 $kf(x)$ 的全体原函数. 所以

$$\int k f(x)\mathrm{d}x = k \int f(x)\mathrm{d}x$$

性质 3.1.2 说明：不定积分中不为零的常数因子可以提到积分号外面来.

性质 3.1.3　$\displaystyle\int [f(x) + g(x)]\mathrm{d}x = \int f(x)\mathrm{d}x + \int g(x)\mathrm{d}x$. $\tag{3.1.2}$

证明　因 $\displaystyle\left[\int f(x)\mathrm{d}x + \int g(x)\mathrm{d}x\right]' = \left[\int f(x)\mathrm{d}x\right]' + \left[\int g(x)\mathrm{d}x\right]'$

$$= f(x) + g(x)$$

即式(3.1.2)右端是 $f(x) + g(x)$ 的原函数，由于它有两个积分号，形式上有两个任意常数，但两个任意常数之和仍为任意常数，故实际上只含一个任意常数. 因此式(3.1.2)右端是 $f(x) + g(x)$ 的不定积分，即

$$\int [f(x) + g(x)]\mathrm{d}x = \int f(x)\mathrm{d}x + \int g(x)\mathrm{d}x .$$

性质 3.1.3 说明：两个函数代数和的不定积分，等于它们不定积分的代数和.

对于有限个函数的情形，性质 3.1.3 的结论也是成立的.

利用基本积分公式及不定积分的性质，可以求一些简单函数的不定积分.

例 3.1.4　求 $\displaystyle\int x^2 \sqrt{x}\mathrm{d}x$.

解 将被积函数化为 x^α 的形式，利用基本积分表中公式(2)，得

$$\int x^2\sqrt{x}\,\mathrm{d}x = \int x^{\frac{5}{2}}\mathrm{d}x = \frac{x^{\frac{5}{2}+1}}{\frac{5}{2}+1}+C = \frac{2}{7}x^{\frac{7}{2}}+C.$$

例 3.1.5 求 $\int 3^x\mathrm{e}^x\mathrm{d}x$.

解 由于 $3^x\mathrm{e}^x = (3\mathrm{e})^x$. 利用基本积分表中公式(4)，得

$$\int 3^x\mathrm{e}^x\mathrm{d}x = \int (3\mathrm{e})^x\mathrm{d}x = \frac{(3\mathrm{e})^x}{\ln(3\mathrm{e})}+C = \frac{3^x\mathrm{e}^x}{1+\ln 3}+C.$$

例 3.1.6 求 $\int\left(\dfrac{1}{x}+2^x-3\sin x\right)\mathrm{d}x$.

解
$$\int\left(\frac{1}{x}+2^x-3\sin x\right)\mathrm{d}x = \int\frac{1}{x}\mathrm{d}x+\int 2^x\mathrm{d}x-3\int\sin x\mathrm{d}x$$

$$= \ln|x|+\frac{2^x}{\ln 2}+3\cos x+C.$$

注意：(1) 分项积分后，每个不定积分的结果都会有一个任意常数，由于任意常数之和仍是任意常数，因此最后结果只写出一个任意常数就可以了.

(2) 积分结果是否正确，可以验证. 只要对结果求导，看其导数是否等于被积函数即可.

例 3.1.7 求 $\int\dfrac{1+2x^2}{x^2(1+x^2)}\mathrm{d}x$.

解 首先将被积函数作适当恒等变形，化为基本积分公式表中的类型，再积分.

$$\int\frac{1+2x^2}{x^2(1+x^2)}\mathrm{d}x = \int\frac{x^2+(1+x^2)}{x^2(1+x^2)}\mathrm{d}x = \int\left(\frac{1}{1+x^2}+\frac{1}{x^2}\right)\mathrm{d}x$$

$$= \arctan x-\frac{1}{x}+C.$$

例 3.1.8 求 $\int\cos^2\dfrac{x}{2}\mathrm{d}x$.

解 利用三角恒等式将被积函数作恒等变形，再积分.

$$\int\cos^2\frac{x}{2}\mathrm{d}x = \int\frac{1}{2}(1+\cos x)\mathrm{d}x = \frac{1}{2}\left(\int\mathrm{d}x+\int\cos x\mathrm{d}x\right)$$

$$= \frac{1}{2}(x+\sin x)+C.$$

例 3.1.9 求 $\int\dfrac{1}{\sin^2 x\cos^2 x}\mathrm{d}x$.

解
$$\int\frac{1}{\sin^2 x\cos^2 x}\mathrm{d}x = \int\frac{\sin^2 x+\cos^2 x}{\sin^2 x\cos^2 x}\mathrm{d}x = \int\left(\frac{1}{\cos^2 x}+\frac{1}{\sin^2 x}\right)\mathrm{d}x$$

$$= \tan x-\cot x+C.$$

例 3.1.10 设 $f(x) = x+\sqrt{x}$ $(x>0)$ ，求 $\int f'(x^2)\mathrm{d}x$.

解 由 $f(x) = x+\sqrt{x}$ 得 $f'(x) = 1+\dfrac{1}{2\sqrt{x}}$ ， $f'(x^2) = 1+\dfrac{1}{2x}$ ，

于是

$$\int f'(x^2)\mathrm{d}x = \int\left(1+\frac{1}{2x}\right)\mathrm{d}x = x + \frac{1}{2}\ln x + C.$$

综合以上各例，这种通过对被积函数进行恒等变形，直接利用不定积分性质和基本积分公式求解积分的方法称为"直接积分法".

3.2　换元积分法

利用直接积分法可计算一些简单的不定积分. 但是，其所能计算的不定积分是非常有限的. 因此，有必要进一步研究不定积分的积分法. 本节介绍基本积分法之一的换元积分法.

3.2.1　第一类换元积分法

先看下面的例子.

例 3.2.1　求 $\int\cos 3x\mathrm{d}x$.

解　本题不能直接利用基本积分公式求解. 基本积分公式中只有 $\int\cos u\mathrm{d}u = \sin u + C$，关键是如何把不定积分中的微分形式 $\cos 3x\mathrm{d}x$，凑成基本积分公式中的微分形式.

因为 $\cos 3x\mathrm{d}x = \frac{1}{3}\cos 3x\mathrm{d}(3x)$，令 $u = 3x$，则有

$$\int\cos 3x\mathrm{d}x = \frac{1}{3}\int\cos 3x\mathrm{d}(3x) = \frac{1}{3}\int\cos u\mathrm{d}u = \frac{1}{3}\sin u + C = \frac{1}{3}\sin 3x + C.$$

我们将这种凑微分的积分换元法称为第一类换元积分法.

定理 3.2.1　设函数 $F(u)$ 是函数 $f(u)$ 的一个原函数，$u = \varphi(x)$ 可导，那么 $F[\varphi(x)]$ 是 $f[\varphi(x)]\varphi'(x)$ 的原函数，即

$$\int f[\varphi(x)]\varphi'(x)\mathrm{d}x = \int f(u)\mathrm{d}u\Big|_{u=\varphi(x)} = F[\varphi(x)] + C\ . \tag{3.2.1}$$

证明　因为 $F'(u) = f(u)$，由复合函数求导法知

$$\frac{\mathrm{d}}{\mathrm{d}x}F[\varphi(x)] = F'[\varphi(x)]\varphi'(x) = f[\varphi(x)]\varphi'(x)$$

根据不定积分的定义，得

$$\int f[\varphi(x)]\varphi'(x)\mathrm{d}x = F[\varphi(x)] + C = [F(u) + C]_{u=\varphi(x)}$$
$$= \int f(u)\mathrm{d}u\Big|_{u=\varphi(x)}.$$

式(3.2.1)称为不定积分的第一换元积分公式. 此式在运用时还可方便地表述为

$$\int f[\varphi(x)]\varphi'(x)\mathrm{d}x = \int f[\varphi(x)]\mathrm{d}\varphi(x)$$
$$= \int f(u)\mathrm{d}u = F(u) + C = F[\varphi(x)] + C.$$

运用第一类换元积分法关键在于将被积函数凑成" $f[\varphi(x)]\mathrm{d}\varphi(x)$ "的形式，由于它是

将被积表达式通过微分变形直接凑为基本积分表中的形式,因此这种积分法也称凑微分法.

例 3.2.2　求 $\int (2x+1)^8 \mathrm{d}x$.

解　$\int (2x+1)^8 \mathrm{d}x = \dfrac{1}{2}\int (2x+1)^8 \cdot 2\mathrm{d}x = \dfrac{1}{2}\int (2x+1)^8 \mathrm{d}(2x+1)$

$$\underline{\underline{u=2x+1}}\dfrac{1}{2}\int u^8 \mathrm{d}u = \dfrac{1}{2}\cdot\dfrac{1}{9}u^9 + C = \dfrac{1}{18}(2x+1)^9 + C .$$

例 3.2.3　求 $\int \sin^2 x \cos x \mathrm{d}x$.

解　$\int \sin^2 x \cos x \mathrm{d}x = \int \sin^2 x \mathrm{d}\sin x \underline{\underline{u=\sin x}} \int u^2 \mathrm{d}u = \dfrac{1}{3}u^3 + C = \dfrac{1}{3}\sin^3 x + C$.

在对换元积分法熟悉以后，可不必写出中间变量 u . 一般地，第一类换元积分法适合于被积函数为两个函数乘积的形式,其中一个简单因式是另一个复杂因式中一部分的导数，从而利用凑微分法.

例 3.2.4　求 $\int \dfrac{1}{3+2x}\mathrm{d}x$.

解　$\int \dfrac{1}{3+2x}\mathrm{d}x = \dfrac{1}{2}\int \dfrac{1}{3+2x}\cdot 2\mathrm{d}x = \dfrac{1}{2}\int \dfrac{1}{3+2x}\mathrm{d}(3+2x) = \dfrac{1}{2}\ln|3+2x| + C$.

例 3.2.5　求 $\int \dfrac{\sin\sqrt{x}}{\sqrt{x}}\mathrm{d}x$.

解　$\int \dfrac{\sin\sqrt{x}}{\sqrt{x}}\mathrm{d}x = 2\int \sin\sqrt{x}\mathrm{d}\sqrt{x} = -2\cos\sqrt{x} + C$.

例 3.2.6　求 $\int \tan x \mathrm{d}x$.

解　$\int \tan x \mathrm{d}x = \int \dfrac{\sin x}{\cos x}\mathrm{d}x = -\int \dfrac{1}{\cos x}\mathrm{d}\cos x = -\ln|\cos x| + C$.

同理，可得

$$\int \cot x \mathrm{d}x = \ln|\sin x| + C .$$

例 3.2.7　求 $\int \dfrac{x}{\sqrt{1+x^2}}\mathrm{d}x$.

解　$\int \dfrac{x}{\sqrt{1+x^2}}\mathrm{d}x = \dfrac{1}{2}\int \dfrac{1}{\sqrt{1+x^2}}\mathrm{d}x^2 = \dfrac{1}{2}\int (1+x^2)^{-\frac{1}{2}}\mathrm{d}(1+x^2) = \sqrt{1+x^2} + C$.

例 3.2.8　求 $\int \dfrac{1}{a^2+x^2}\mathrm{d}x$.

解　$\int \dfrac{1}{a^2+x^2}\mathrm{d}x = \dfrac{1}{a^2}\int \dfrac{1}{1+\left(\dfrac{x}{a}\right)^2}\mathrm{d}x = \dfrac{1}{a^2}\int \dfrac{a}{1+\left(\dfrac{x}{a}\right)^2}\mathrm{d}\left(\dfrac{x}{a}\right) = \dfrac{1}{a}\arctan\dfrac{x}{a} + C$.

例 3.2.9　求 $\int \dfrac{1}{\sqrt{a^2-x^2}}\mathrm{d}x,\ (a>0)$.

解　$\int \dfrac{1}{\sqrt{a^2-x^2}}\mathrm{d}x = \dfrac{1}{a}\int \dfrac{1}{\sqrt{1-\left(\dfrac{x}{a}\right)^2}}\mathrm{d}x = \int \dfrac{1}{\sqrt{1-\left(\dfrac{x}{a}\right)^2}}\mathrm{d}\dfrac{x}{a} = \arcsin\dfrac{x}{a} + C$.

例 **3.2.10** 求 $\int \dfrac{1}{a^2 - x^2} \mathrm{d}x$.

解 $\int \dfrac{1}{a^2 - x^2} \mathrm{d}x = \dfrac{1}{2a} \int \dfrac{(a-x) + (a+x)}{(a-x)(a+x)} \mathrm{d}x = \dfrac{1}{2a} \int \left(\dfrac{1}{a+x} + \dfrac{1}{a-x} \right) \mathrm{d}x$

$$= \dfrac{1}{2a} \left[\int \dfrac{1}{a+x} \mathrm{d}(a+x) - \int \dfrac{1}{a-x} \mathrm{d}(a-x) \right]$$

$$= \dfrac{1}{2a} \left[\ln|a+x| - \ln|a-x| \right] + C = \dfrac{1}{2a} \ln \left| \dfrac{a+x}{a-x} \right| + C .$$

例 **3.2.11** 求 $\int \mathrm{e}^x \cos \mathrm{e}^x \mathrm{d}x$.

解 $\int \mathrm{e}^x \cos \mathrm{e}^x \mathrm{d}x = \int \cos \mathrm{e}^x \mathrm{d}\mathrm{e}^x = \sin \mathrm{e}^x + C$.

例 **3.2.12** 求 $\int \dfrac{1}{x^2 + 4x + 8} \mathrm{d}x$.

解 $\int \dfrac{1}{x^2 + 4x + 8} \mathrm{d}x = \int \dfrac{1}{2^2 + (x+2)^2} \mathrm{d}(x+2) = \dfrac{1}{2} \arctan \dfrac{x+2}{2} + C$.

从以上例子可见，第一类换元积分法是一种有效的积分法，运用时，不仅要熟悉基本积分公式，还要熟悉一些常用的微分式，如下表所示.

$\mathrm{d}x = \dfrac{1}{a} \mathrm{d}(ax) \quad (a \neq 0)$	$x^2 \mathrm{d}x = \dfrac{1}{3} \mathrm{d}x^3$
$x \mathrm{d}x = \dfrac{1}{2} \mathrm{d}x^2$	$\cos x \mathrm{d}x = \mathrm{d}\sin x$
$\dfrac{1}{\sqrt{x}} \mathrm{d}x = 2\mathrm{d}\sqrt{x}$	$\dfrac{1}{x} \mathrm{d}x = \mathrm{d}\ln x$
$\mathrm{e}^x \mathrm{d}x = \mathrm{d}\mathrm{e}^x$	$\dfrac{1}{1+x^2} \mathrm{d}x = \mathrm{d}\arctan x$
$\dfrac{1}{\sqrt{1-x^2}} \mathrm{d}x = \mathrm{d}\arcsin x$	$\sec^2 x \mathrm{d}x = \mathrm{d}\tan x$
$\mathrm{d}x = \dfrac{1}{a} \mathrm{d}(ax+b) \quad (a \neq 0)$	

例 **3.2.13** 求 $\int \cos^2 x \mathrm{d}x$.

解 $\int \cos^2 x \mathrm{d}x = \dfrac{1}{2} \int (1 + \cos 2x) \mathrm{d}x = \dfrac{1}{2} \int \mathrm{d}x + \dfrac{1}{4} \int \cos 2x \mathrm{d}(2x) = \dfrac{1}{2} x + \dfrac{1}{4} \sin 2x + C$.

例 **3.2.14** 求 $\int \csc x \mathrm{d}x$.

解 $\int \csc x \mathrm{d}x = \int \dfrac{\csc x (\csc x - \cot x)}{\csc x - \cot x} \mathrm{d}x = \int \dfrac{1}{\csc x - \cot x} \mathrm{d}(\csc x - \cot x)$

$$= \ln|\csc x - \cot x| + C .$$

类似地，有

$$\int \sec x \mathrm{d}x = \ln\left|\sec x + \tan x\right| + C.$$

例 3.2.15　求 $\int \sin^2 x \cos^3 x \mathrm{d}x$.

解　$\int \sin^2 x \cos^3 x \mathrm{d}x = \int \sin^2 x \cos^2 x \cos x \mathrm{d}x = \int \sin^2 x(1 - \sin^2 x)\mathrm{d}\sin x$

$$= \int (\sin^2 x - \sin^4 x)\mathrm{d}\sin x = \frac{1}{3}\sin^3 x - \frac{1}{5}\sin^5 x + C.$$

例 3.2.16　求 $\int \sin 2x \cos 3x \mathrm{d}x$.

解　利用三角学中的积化和差公式，可得

$$\int \sin 2x \cos 3x \mathrm{d}x = \frac{1}{2}\int (\sin 5x - \sin x)\mathrm{d}x = -\frac{1}{10}\cos 5x + \frac{1}{2}\cos x + C.$$

例 3.2.17　求 $\int \dfrac{1}{1 + \mathrm{e}^x}\mathrm{d}x$.

解　$\int \dfrac{1}{1 + \mathrm{e}^x}\mathrm{d}x = \int \dfrac{1 + \mathrm{e}^x - \mathrm{e}^x}{1 + \mathrm{e}^x}\mathrm{d}x = \int \left(1 - \dfrac{\mathrm{e}^x}{1 + \mathrm{e}^x}\right)\mathrm{d}x$

$$= \int \mathrm{d}x - \int \dfrac{1}{1 + \mathrm{e}^x}\mathrm{d}\left(1 + \mathrm{e}^x\right) = x - \ln\left(1 + \mathrm{e}^x\right) + C.$$

求积分时，经常用这种加项、减项法.

例 3.2.18　设 $f'\left(\sin^2 x\right) = \cos^2 x$，求 $f(x)$.

解　令 $u = \sin^2 x$，则 $\cos^2 x = 1 - \sin^2 x = 1 - u$，$f'(u) = 1 - u$，于是

$$f(u) = \int (1 - u)\,\mathrm{d}u = u - \frac{1}{2}u^2 + C，\quad \text{即}\quad f(x) = x - \frac{1}{2}x^2 + C.$$

3.2.2　第二类换元积分法

第一类换元积分法的要点是：选择适当的变量 $u = \varphi(x)$，将被积表达式 $g(x)\mathrm{d}x$ 分解并变形为 $f[\varphi(x)]\varphi'(x)\mathrm{d}x$，再转化为 $f[\varphi(x)]\mathrm{d}\varphi(x)$，其中 f 是容易求积分的. 但是，有时不易找出凑微分形式，却可以设法作一个变量代换 $x = \varphi(t)$，把积分 $\int f(x)\mathrm{d}x$ 化为 $\int f[\varphi(t)]\varphi'(t)\mathrm{d}t$ 的形式，而后者能在基本积分公式表中找到或较易积分. 这就是第二类换元积分法.

定理 3.2.2　设函数 $x = \varphi(t)$ 单调、可导，且 $\varphi'(t) \neq 0$. 如果 $\int f[\varphi(t)]\varphi'(t)\mathrm{d}t = F(t) + C$，那么有

$$\int f(x)\mathrm{d}x = F\left[\varphi^{-1}(x)\right] + C, \tag{3.2.2}$$

其中，$t = \varphi^{-1}(x)$ 是 $x = \varphi(t)$ 的反函数.

证明　由已知条件，可得 $F'(t) = f[\varphi(t)]\varphi'(t) = f(x)\cdot\dfrac{\mathrm{d}x}{\mathrm{d}t}$，利用复合函数求导法则及反函数的求导公式，推出

$$\frac{\mathrm{d}}{\mathrm{d}x}F\left[\varphi^{-1}(x)\right]=\frac{\mathrm{d}F(t)}{\mathrm{d}x}=\frac{\mathrm{d}F(t)}{\mathrm{d}t}\cdot\frac{\mathrm{d}t}{\mathrm{d}x}=F'(t)\cdot\frac{\mathrm{d}t}{\mathrm{d}x}=f(x)\cdot\frac{\mathrm{d}x}{\mathrm{d}t}\cdot\frac{\mathrm{d}t}{\mathrm{d}x}=f(x).$$

即 $F\left[\varphi^{-1}(x)\right]$ 是 $f(x)$ 的原函数，故

$$\int f(x)\mathrm{d}x=F\left[\varphi^{-1}(x)\right]+C.$$

式(3.2.2)称为第二类换元积分公式. 使用时可方便地表述为

$$\int f(x)\mathrm{d}x=\int f\left[\varphi(t)\right]\varphi'(t)\mathrm{d}t=F(t)+C=F\left[\varphi^{-1}(x)\right]+C.$$

以下我们举例说明第二类换元积分公式的应用.

1. 根式代换法

当被积函数中含有 $\sqrt[n]{ax+b}$ 的根式时，可选择新的积分变量 $t=\sqrt[n]{ax+b}$ ，解出 $x=\dfrac{1}{a}(t^n-b)$ ，则 $\mathrm{d}x=\dfrac{n}{a}t^{n-1}\mathrm{d}t$ ，代入积分中，除去根式，使被积函数有理化，这种方法称为根式代换法.

例 3.2.19　求 $\displaystyle\int\frac{1}{1+\sqrt{x}}\mathrm{d}x$.

解　令 $t=\sqrt{x}$ ，于是 $x=t^2$ ， $\mathrm{d}x=2t\mathrm{d}t$ ，从而有

$$\int\frac{1}{1+\sqrt{x}}\mathrm{d}x=\int\frac{1}{1+t}\cdot2t\mathrm{d}t=2\int(1-\frac{1}{1+t})\mathrm{d}t=2t-2\ln|1+t|+C$$
$$=2\sqrt{x}-2\ln(1+\sqrt{x})+C.$$

例 3.2.20　求 $\displaystyle\int\frac{1}{\sqrt{x}(1+\sqrt[3]{x})}\mathrm{d}x$.

解　令 $t=\sqrt[6]{x}$ ，于是 $x=t^6$ ， $\mathrm{d}x=6t^5\mathrm{d}t$ ，从而有

$$\int\frac{1}{\sqrt{x}(1+\sqrt[3]{x})}\mathrm{d}x=\int\frac{1}{t^3(1+t^2)}\cdot6t^5\mathrm{d}t=6\int(1-\frac{1}{1+t^2})\mathrm{d}t=6(t-\arctan t)+C$$
$$=6\sqrt[6]{x}-6\arctan\sqrt[6]{x}+C.$$

例 3.2.21　求 $\displaystyle\int\frac{1}{\sqrt{1+\mathrm{e}^x}}\mathrm{d}x$.

解　令 $t=\sqrt{1+\mathrm{e}^x}$ ，于是有 $\mathrm{e}^x=t^2-1$ ， $x=\ln\left(t^2-1\right)$ ， $\mathrm{d}x=\dfrac{2t}{t^2-1}\mathrm{d}t$ ，

$$\int\frac{1}{\sqrt{1+\mathrm{e}^x}}\mathrm{d}x=\int\frac{2}{t^2-1}\mathrm{d}t=\int\left(\frac{1}{t-1}-\frac{1}{t+1}\right)\mathrm{d}t$$
$$=\ln\left|\frac{t-1}{t+1}\right|+C=2\ln\left(\sqrt{1+\mathrm{e}^x}-1\right)-x+C.$$

2. 倒代换法

当被积函数中分母含有高次方幂项时，往往令 $x=\dfrac{1}{t}$ ，这种方法称为倒代换法，利用它可以消去被积函数分母中的变量因子.

例 3.2.22　求 $\displaystyle\int\frac{1}{x\left(x^7+2\right)}\mathrm{d}x$.

解　令 $x = \dfrac{1}{t}$，$t \neq 0$，于是有 $\mathrm{d}x = -\dfrac{1}{t^2}\mathrm{d}t$，

$$\int \frac{1}{x\left(x^7+2\right)}\mathrm{d}x = \int \frac{t}{\left(\dfrac{1}{t}\right)^7+2}\cdot\left(-\frac{1}{t^2}\right)\mathrm{d}t = -\int \frac{t^6}{1+2t^7}\mathrm{d}t$$

$$= -\frac{1}{14}\ln\left|1+2t^7\right|+C = -\frac{1}{14}\ln\left|2+x^7\right|+\frac{1}{2}\ln|x|+C.$$

3. 三角代换法

当被积函数中含有下述根式时，可以利用三角函数进行代换来化去根式.

(1) 当被积函数中含有 $\sqrt{a^2-x^2}$ 时，可令 $x = a\sin t$ $(-\dfrac{\pi}{2} < t < \dfrac{\pi}{2})$；

(2) 当被积函数中含有 $\sqrt{x^2+a^2}$ 时，可令 $x = a\tan t$ $(-\dfrac{\pi}{2} < t < \dfrac{\pi}{2})$；

(3) 当被积函数中含有 $\sqrt{x^2-a^2}$ 时，可令 $x = a\sec t$ $(0 < t < \dfrac{\pi}{2})$.

这种通过三角函数换元求积分的换元法，称为三角代换法.

例 3.2.23　求 $\displaystyle\int \sqrt{a^2-x^2}\,\mathrm{d}x$　　$(a > 0)$

解　令 $x = a\sin t$，则 $\mathrm{d}x = a\cos t\,\mathrm{d}t$，$\sqrt{a^2-x^2} = a\cos t$，于是有

$$\int \sqrt{a^2-x^2}\,\mathrm{d}x = a^2\int \cos^2 t\,\mathrm{d}t = \frac{a^2}{2}\int(1+\cos 2t)\mathrm{d}t$$

$$= \frac{a^2}{2}(t + \sin t\cos t) + C.$$

为将积分结果中的 t，代回原变量，根据所设 $\sin t = \dfrac{x}{a}$ 作出一个直角三角形，称为辅助

三角形，如图 3.3 所示. 由辅助三角形可知 $t = \arcsin\dfrac{x}{a}$，$\cos t = \dfrac{\sqrt{a^2-x^2}}{a}$，所以

$$\int \sqrt{a^2-x^2}\,\mathrm{d}x = \frac{a^2}{2}\arcsin\frac{x}{a} + \frac{x}{2}\sqrt{a^2-x^2} + C.$$

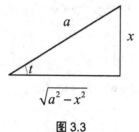

图 3.3

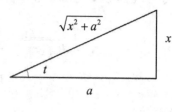

图 3.4

例 3.2.24　求 $\displaystyle\int \frac{1}{\sqrt{x^2+a^2}}\mathrm{d}x$　　$(a > 0)$.

解　令 $x = a\tan t$，则 $\mathrm{d}x = a\sec^2 t\,\mathrm{d}t$，于是有

$$\int \frac{1}{\sqrt{x^2+a^2}}\mathrm{d}x = \int \frac{a\sec^2 t}{a\sec t}\mathrm{d}t = \int \sec t\,\mathrm{d}t = \ln\left|\sec t + \tan t\right| + C_1.$$

根据所设，作辅助三角形如图 3.4 所示，有 $\sec t = \dfrac{\sqrt{x^2+a^2}}{a}$，因此

$$\int \frac{1}{\sqrt{x^2+a^2}}\mathrm{d}x = \ln\left|\sec t + \tan t\right| + C_1 = \ln\left|\frac{x}{a} + \frac{\sqrt{x^2+a^2}}{a}\right| + C_1$$

$$= \ln\left|x + \sqrt{x^2+a^2}\right| + C ,$$

其中 $C = C_1 - \ln a$.

例 3.2.25　求 $\displaystyle\int \frac{1}{\sqrt{x^2-a^2}}\mathrm{d}x \qquad (a>0)$.

解　令 $x = a\sec t$，则 $\mathrm{d}x = a\sec t\tan t\,\mathrm{d}t$，于是有

$$\int \frac{1}{\sqrt{x^2-a^2}}\mathrm{d}x = \int \frac{a\sec t\tan t}{a\tan t}\mathrm{d}t = \int \sec t\,\mathrm{d}t = \ln\left|\sec t + \tan t\right| + C_1.$$

根据所设作辅助三角形，如图 3.5 所示，有 $\tan t = \dfrac{\sqrt{x^2-a^2}}{a}$，因此

$$\int \frac{1}{\sqrt{x^2-a^2}}\mathrm{d}x = \ln\left|\sec t + \tan t\right| + C_1 = \ln\left|\frac{x}{a} + \frac{\sqrt{x^2-a^2}}{a}\right| + C_1 = \ln\left|x + \sqrt{x^2-a^2}\right| + C ,$$

其中 $C = C_1 - \ln a$.

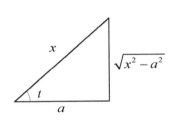

图 3.5

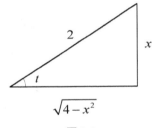

图 3.6

例 3.2.26　求 $\displaystyle\int x^3\sqrt{4-x^2}\,\mathrm{d}x$.

解　令 $x = 2\sin t$，则 $\mathrm{d}x = 2\cos t\,\mathrm{d}t$，于是有

$$\int x^3\sqrt{4-x^2}\,\mathrm{d}x = \int (2\sin t)^3\sqrt{4-4\sin^2 t}\cdot 2\cos t\,\mathrm{d}t$$

$$= 32\int \sin^3 t\cos^2 t\,\mathrm{d}t = 32\int \sin t(1-\cos^2 t)\cos^2 t\,\mathrm{d}t$$

$$= -32\int (\cos^2 t - \cos^4 t)\mathrm{d}\cos t$$

$$= -32\left(\frac{1}{3}\cos^3 t - \frac{1}{5}\cos^5 t\right) + C .$$

根据所设作辅助三角形，如图 3.6 所示，有 $\cos t = \dfrac{\sqrt{4-x^2}}{2}$，因此

$$\int x^3 \sqrt{4-x^2}\,dx = -\frac{4}{3}\left(\sqrt{4-x^2}\right)^3 + \frac{1}{5}\left(\sqrt{4-x^2}\right)^5 + C.$$

在本节例题中，有些积分的结果以后会经常用到，可以作为公式使用.

(14) $\displaystyle\int \tan x\,dx = -\ln|\cos x| + C$ ；

(15) $\displaystyle\int \cot x\,dx = \ln|\sin x| + C$ ；

(16) $\displaystyle\int \sec x\,dx = \ln|\sec x + \tan x| + C$ ；

(17) $\displaystyle\int \csc x\,dx = \ln|\csc x - \cot x| + C$ ；

(18) $\displaystyle\int \frac{1}{a^2+x^2}\,dx = \frac{1}{a}\arctan\frac{x}{a} + C$ ；

(19) $\displaystyle\int \frac{1}{x^2-a^2}\,dx = \frac{1}{2a}\ln\left|\frac{x-a}{x+a}\right| + C$ ；

(20) $\displaystyle\int \frac{1}{\sqrt{a^2-x^2}}\,dx = \arcsin\frac{x}{a} + C$ ；

(21) $\displaystyle\int \frac{1}{\sqrt{x^2 \pm a^2}}\,dx = \ln\left|x + \sqrt{x^2 \pm a^2}\right| + C$ ；

例 3.2.27　求 $\displaystyle\int \frac{\cos x}{\sin x\sqrt{3-\cos 2x}}\,dx$.

解　$\displaystyle\int \frac{\cos x}{\sin x\sqrt{3-\cos 2x}}\,dx = \int \frac{1}{\sin x\sqrt{2\left(\sin^2 x+1\right)}}\,d\sin x$

$$= \int \frac{1}{\sin^2 x\sqrt{2\left(1+\dfrac{1}{\sin^2 x}\right)}}\,d\sin x$$

$$= -\frac{1}{\sqrt{2}}\int \frac{1}{\sqrt{1+\dfrac{1}{\sin^2 x}}}\,d\frac{1}{\sin x}$$

$$= -\frac{1}{\sqrt{2}}\ln\left|\frac{1+\sqrt{1+\sin^2 x}}{\sin x}\right| + C.$$

此例利用了 $\displaystyle\int \frac{1}{\sqrt{x^2+a^2}}\,dx = \ln\left|x + \sqrt{x^2+a^2}\right| + C$.

3.3　分部积分法

分部积分法是另一种求不定积分的常用方法，它是利用两个函数乘积的求导法则而得到的一种求积分的方法，主要用于求两个不同函数乘积的不定积分.

设函数 $u = u(x)$，$v = v(x)$ 具有连续导数，由

$$(uv)' = u'v + uv'$$

移项得

$$uv' = (uv)' - u'v ,$$

两边对 x 求不定积分，于是有

$$\int uv' \mathrm{d}x = uv - \int vu' \mathrm{d}x ,$$

即

$$\int u\mathrm{d}v = uv - \int v\mathrm{d}u .$$

此式称为分部积分公式，其特点是将左边的积分 $\int u\mathrm{d}v$ 换成了右边的积分 $\int v\mathrm{d}u$．因此，当被积函数为乘积形式，经适当选择 u 及 $\mathrm{d}v$ 后，如果积分 $\int v\mathrm{d}u$ 比积分 $\int u\mathrm{d}v$ 容易求时，就可以试用分部积分公式．

利用分部积分公式计算不定积分的方法，称为分部积分法．分部积分法适用的范围，一般有下列 3 种类型．

3.3.1　右端积分变简单的类型

例 3.3.1　求 $\int x\mathrm{e}^x \mathrm{d}x$．

解　令 $u = x$，$\mathrm{e}^x \mathrm{d}x = \mathrm{d}\mathrm{e}^x = \mathrm{d}v$．由分部积分公式可得

$$\int x\mathrm{e}^x \mathrm{d}x = \int x\mathrm{d}\mathrm{e}^x = x\mathrm{e}^x - \int \mathrm{e}^x \mathrm{d}x = x\mathrm{e}^x - \mathrm{e}^x + C .$$

此例中，若将 u 与 v 互换，即将 $\int x\mathrm{e}^x \mathrm{d}x$ 写成 $\dfrac{1}{2}\int \mathrm{e}^x \mathrm{d}x^2$，则后者并不能起到化难为易的作用．

由此可知，运用分部积分法时，关键在于适当选择 u 和 $\mathrm{d}v$．一般选取 u 和 $\mathrm{d}v$ 的原则是：

(1) v 容易求出；

(2) 积分 $\int v\mathrm{d}u$ 比积分 $\int u\mathrm{d}v$ 更容易求出．

例 3.3.2　求 $\int x\sin x\mathrm{d}x$．

解　被积函数为多项式与正弦函数乘积的形式．令 $u = x$，$\sin x\mathrm{d}x = -\mathrm{d}\cos x = -\mathrm{d}v$，于是有

$$\int x\sin x\mathrm{d}x = -\int x\mathrm{d}\cos x = -x\cos x + \int \cos x\mathrm{d}x = -x\cos x + \sin x + C .$$

例 3.3.3　求 $\int x\ln x\mathrm{d}x$．

解　被积函数为多项式与对数函数乘积的形式．令 $u = \ln x$，$x\mathrm{d}x = \dfrac{1}{2}\mathrm{d}x^2 = \dfrac{1}{2}\mathrm{d}v$，于是有

$$\int x\ln x\mathrm{d}x = \frac{1}{2}\int \ln x\mathrm{d}x^2 = \frac{1}{2}x^2\ln x - \frac{1}{2}\int x^2\mathrm{d}\ln x = \frac{1}{2}x^2\ln x - \frac{1}{2}\int x^2 \frac{1}{x}\mathrm{d}x$$
$$= \frac{1}{2}x^2\ln x - \frac{1}{4}x^2 + C .$$

例 3.3.4　求 $\int \arctan x\mathrm{d}x$．

解　被积函数为多项式与反三角函数乘积的形式．令 $u = \arctan x$，$\mathrm{d}x = \mathrm{d}v$，于是有

$$\int \arctan x \, dx = x \arctan x - \int x \cdot \frac{1}{1+x^2} dx$$
$$= x \arctan x - \frac{1}{2}\ln(1+x^2) + C.$$

从以上各例可知，当被积函数是两种不同类型函数的乘积时，可用分部积分法. 选择 u 的原则为：

(1) 当被积函数为多项式与指数函数或正弦(或余弦)函数的乘积时，选多项式为 u；

(2) 当被积函数为多项式与对数函数或反三角函数的乘积时，选对数函数或反三角函数为 u.

对分部积分法计算比较熟悉之后，就不必具体写出函数 u 与 v，而直接利用分部积分公式进行计算，并且分部积分公式还可以多次使用.

例 3.3.5 求 $\int x^2 \cos x \, dx$.

解 $\int x^2 \cos x \, dx = \int x^2 d\sin x = x^2 \sin x - \int \sin x \cdot 2x \, dx = x^2 \sin x + 2\int x \, d\cos x$
$$= x^2 \sin x + 2x \cos x - 2\int \cos x \, dx = x^2 \sin x + 2x \cos x - 2\sin x + C.$$

3.3.2 右端变为含有原积分的类型

有的不定积分经过分部积分之后，并没有直接求出该不定积分的结果，但是可以用类似解方程的方法，从等式中解出所求的不定积分.

例 3.3.6 求 $\int e^{2x} \cos x \, dx$.

解 $\int e^{2x} \cos x \, dx = \int e^{2x} d\sin x = e^{2x} \sin x - \int \sin x \cdot 2e^{2x} dx = e^{2x} \sin x + 2\int e^{2x} d\cos x$
$$= e^{2x} \sin x + 2e^{2x} \cos x - 2\int \cos x \cdot 2e^{2x} dx$$
$$= e^{2x} \sin x + 2e^{2x} \cos x - 4\int e^{2x} \cos x \, dx,$$

移项得

$$5\int e^{2x} \cos x \, dx = e^{2x} \sin x + 2e^{2x} \cos x + C_1,$$

即

$$\int e^{2x} \cos x \, dx = \frac{1}{5}e^{2x}(\sin x + 2\cos x) + C,$$

其中 $C = \frac{1}{5}C_1$.

例 3.3.7 求 $\int \sec^3 x \, dx$.

解 $\int \sec^3 x \, dx = \int \sec x \sec^2 x \, dx = \int \sec x \, d\tan x = \sec x \tan x - \int \tan x \, d\sec x$
$$= \sec x \tan x - \int \sec x \tan^2 x \, dx = \sec x \tan x - \int \sec x(\sec^2 x - 1)dx$$
$$= \sec x \tan x - \int \sec^3 x \, dx + \int \sec x \, dx$$
$$= \sec x \tan x + \ln|\sec x + \tan x| - \int \sec^3 x \, dx,$$

移项得

$$2\int \sec^3 x \, dx = \sec x \tan x + \ln|\sec x + \tan x| + C_1,$$

即

$$\int \sec^3 x dx = \frac{1}{2}\left(\sec x \tan x + \ln|\sec x + \tan x|\right) + C,$$

其中 $C = \frac{1}{2}C_1$.

3.3.3 利用分部积分得出递推公式的类型

有一些不定积分不能用分部积分法直接计算出结果，但可用分部积分法推导出相应的递推公式，再根据递推公式推出结果.

例 3.3.8 求 $I_n = \int \sin^n x dx$.

解
$$I_n = \int \sin^{n-1}x \cdot \sin x dx = -\int \sin^{n-1}x d\cos x = -\sin^{n-1}x\cos x + \int \cos x d\sin^{n-1}x$$
$$= -\sin^{n-1}x\cos x + (n-1)\int \cos^2 x \sin^{n-2}x dx$$
$$= -\sin^{n-1}x\cos x + (n-1)\int \sin^{n-2}x\left(1-\sin^2 x\right)dx$$
$$= -\sin^{n-1}x\cos x + (n-1)\int \sin^{n-2}x dx - (n-1)\int \sin^n dx,$$

移项，得

$$n\int \sin^n x dx = -\sin^{n-1}x\cos x + (n-1)\int \sin^{n-2}x dx,$$

即

$$I_n = \int \sin^n x dx = -\frac{1}{n}\sin^{n-1}x\cos x + \frac{n-1}{n}\int \sin^{n-2}x dx.$$

同理可推得

$$\int \cos^n x dx = \frac{1}{n}\cos^{n-1}x\sin x + \frac{n-1}{n}\int \cos^{n-2}x dx.$$

计算不定积分时，有时需要综合运用换元积分法与分部积分法.

例 3.3.9 求 $\int \sin\sqrt{x}dx$.

解 令 $t = \sqrt{x}$，则 $x = t^2$，$dx = 2tdt$，于是有
$$\int \sin\sqrt{x}dx = 2\int \sin t \cdot t dt = -2\int t d\cos t = -2t\cos t + 2\int \cos t dt$$
$$= -2t\cos t + 2\sin t + C,$$

变量回代，得

$$\int \sin\sqrt{x}dx = 2\left(\sin\sqrt{x} - \sqrt{x}\cos\sqrt{x}\right) + C.$$

例 3.3.10 求 $\int \sqrt{x^2-a^2}dx$ $(a>0)$

解 令 $x = a\sec t$，则 $dx = a\sec t\tan t dt$，于是有
$$\int \sqrt{x^2-a^2}dx = \int a\tan t \cdot a\sec t \cdot \tan t dt = a^2\int \tan^2 t\sec t dt$$
$$= a^2\int \tan t d(\sec t) = a^2\tan t\sec t - a^2\int \sec^3 t dt$$
$$= \frac{a^2}{2}\left(\tan t\sec t - \ln|\sec t + \tan t|\right) + C_1.$$

利用辅助三角形，将变量 t 回代为变量 x，有

$$\int \sqrt{x^2 - a^2}\,\mathrm{d}x = \frac{x}{2}\sqrt{x^2 - a^2} - \frac{a^2}{2}\ln\left| x + \sqrt{x^2 - a^2} \right| + C$$

其中，$C = C_1 + \dfrac{a^2}{2}\ln a$.

例 3.3.11　求 $\displaystyle\int \frac{x \arctan x}{\sqrt{1 + x^2}}\,\mathrm{d}x$.

解　因为 $\left(\sqrt{1 + x^2}\right)' = \dfrac{x}{\sqrt{1 + x^2}}$，所以

$$\int \frac{x \arctan x}{\sqrt{1 + x^2}}\,\mathrm{d}x = \int \arctan x\,\mathrm{d}\left(\sqrt{1 + x^2}\right) = \sqrt{1 + x^2}\arctan x - \int \sqrt{1 + x^2}\,\mathrm{d}(\arctan x)$$

$$= \sqrt{1 + x^2}\arctan x - \int \sqrt{1 + x^2} \cdot \frac{1}{1 + x^2}\,\mathrm{d}x$$

$$= \sqrt{1 + x^2}\arctan x - \int \frac{1}{\sqrt{1 + x^2}}\,\mathrm{d}x$$

$$= \sqrt{1 + x^2}\arctan x - \ln\left| x + \sqrt{1 + x^2} \right| + C.$$

例 3.3.12　设 $\dfrac{\sin x}{x}$ 是 $f(x)$ 的原函数，求 $\displaystyle\int xf'(x)\,\mathrm{d}x$.

解　利用分部积分公式，有

$$\int xf'(x)\,\mathrm{d}x = \int x\,\mathrm{d}f(x) = xf(x) - \int f(x)\,\mathrm{d}x = xf(x) - \frac{\sin x}{x} + C.$$

又因 $\dfrac{\sin x}{x}$ 是 $f(x)$ 的原函数，所以 $f(x) = \left(\dfrac{\sin x}{x}\right)' = \dfrac{x\cos x - \sin x}{x^2}$.

于是有

$$\int xf'(x)\,\mathrm{d}x = \frac{x\cos x - \sin x}{x} - \frac{\sin x}{x} + C = \cos x - \frac{2\sin x}{x} + C.$$

3.4　有理函数与三角函数有理式的积分举例

3.4.1　有理函数的积分举例

设有两个多项式

$$P_n(x) = a_0 x^n + a_1 x^{n-1} + \cdots + a_{n-1}x + a_n,$$
$$Q_m(x) = b_0 x^m + b_1 x^{m-1} + \cdots + b_{m-1}x + b_m.$$

称多项式的商 $\dfrac{P_n(x)}{Q_m(x)}$ 为有理函数，其中 m 和 n 都是正整数或零，a_0，a_1，$\cdots$，a_n；b_0，b_1，$\cdots$，b_m 都是实数，并且 $a_0 \neq 0$，$b_0 \neq 0$. 当 $n \geqslant m$ 时，称 $\dfrac{P_n(x)}{Q_m(x)}$ 为假分式，当 $n < m$ 时，称 $\dfrac{P_n(x)}{Q_m(x)}$ 为真分式. 当有理函数是假分式时，可以用多项式的除法把假分式化为一个多项式与一个

真分式之和.

由于多项式的积分容易求出，因此讨论有理函数的积分，只需要讨论真分式的积分. 根据代数学的知识，真分式的分母即多项式 $Q_m(x)$ 可在实数范围内分解成一次因式和二次质因式的乘积，分解的结果只含两种类型的因式：一种是 $(x-a)^k$，另一种是 $(x^2+px+q)^l$，其中 $p^2-4q<0$，k、l 为正整数.

通常把形如 $\dfrac{A}{x-a}$，$\dfrac{A}{(x-a)^k}$，$\dfrac{Mx+N}{x^2+px+q}$，$\dfrac{Mx+N}{(x^2+px+q)^k}$ 的真分式称为部分分式.

其中，A，M，N，a，p，q 为实数. $k>1$ 为正整数，且 $p^2-4q<0$.

怎样将真分式分解成几个部分分式的代数和？下面我们不加证明地给出这种分解法的一般规律.

(1) 分母中如果有因式 $(x-a)^k$，$k \geqslant 1$，则可以分解为

$$\frac{A_1}{(x-a)^k}+\frac{A_2}{(x-a)^{k-1}}+\cdots+\frac{A_k}{x-a}，$$

其中，A_1，A_2，$\cdots A_k$ 都是常数. 当 $k=1$ 时，分解后为 $\dfrac{A}{x-a}$，

(2) 分母中如果有因式 $(x^2+px+q)^k$，$k \geqslant 1$，且 $p^2-4q<0$，则可以分解为

$$\frac{M_1 x+N_1}{(x^2+px+q)^k}+\frac{M_2 x+N_2}{(x^2+px+q)^{k-1}}+\cdots+\frac{M_k x+N_k}{x^2+px+q}，$$

其中，M_i，N_i 都是常数 $(i=1，2，\cdots，k)$. 当 $k=1$ 时，分解后为 $\dfrac{Mx+N}{x^2+px+q}$.

下面通过例子来说明这种分解方法.

例 3.4.1　将 $\dfrac{x+5}{x^2-2x-3}$ 分解成部分分式.

解　分母 $x^2-2x-3=(x-3)(x+1)$，设

$$\frac{x+5}{x^2-2x-3}=\frac{A}{x-3}+\frac{B}{x+1}，$$

右边通分，得

$$\frac{x+5}{x^2-2x-3}=\frac{(A+B)x+A-3B}{(x-3)(x+1)}，$$

比较上式左右两边的分子中 x 的同次幂的系数，可得

$$\begin{cases} A+B=1 \\ A-3B=5 \end{cases}，$$

解得 $A=2$，$B=-1$，

于是

$$\frac{x+5}{x^2-2x-3}=\frac{2}{x-3}-\frac{1}{x+1}.$$

例 3.4.2 将 $\dfrac{x^2}{(x-1)(x-2)(x-3)}$ 分解成部分分式.

解 令

$$\frac{x^2}{(x-1)(x-2)(x-3)} = \frac{A}{x-1} + \frac{B}{x-2} + \frac{C}{x-3},$$

右边通分，令两边分子相等，于是有

$$x^2 = A(x-2)(x-3) + B(x-1)(x-3) + C(x-1)(x-2),$$

为求待定系数，若用上例的比较系数方法，需要解一个线性方程组，运算较为复杂. 在此介绍另一种方法：赋值法. 代入特殊的 x 值，从而求出待定系数 A、B、C.

令 $x = 1$，得 $A = \dfrac{1}{2}$；令 $x = 2$，得 $B = -4$；令 $x = 3$，得 $C = \dfrac{9}{2}$. 故有

$$\frac{x^2}{(x-1)(x-2)(x-3)} = \frac{\frac{1}{2}}{x-1} - \frac{4}{x-2} + \frac{\frac{9}{2}}{x-3}.$$

例 3.4.3 将 $\dfrac{2x^2+3x+3}{(x+1)^2(x^2+x+1)}$ 分解成部分分式.

解 令

$$\frac{2x^2+3x+3}{(x+1)^2(x^2+x+1)} = \frac{A}{x+1} + \frac{B}{(x+1)^2} + \frac{Cx+D}{x^2+x+1},$$

右边通分，令两边分子相等，于是有

$$2x^2+3x+3 = A(x+1)(x^2+x+1) + B(x^2+x+1) + (Cx+D)(x+1)^2,$$

比较两边 x 同次幂的系数与常数，有

$$\begin{cases} A+C=0 \\ 2A+B+2C+D=2 \\ 2A+B+C+2D=3 \\ A+B+D=3 \end{cases},$$

解得 $A = 1$，$B = 2$，$C = -1$，$D = 0$，所以

$$\frac{2x^2+3x+3}{(x+1)^2(x^2+x+1)} = \frac{1}{x+1} + \frac{2}{(x+1)^2} - \frac{1}{x^2+x+1}.$$

例 3.4.4 将 $\dfrac{x^2+1}{(x^2-1)(x+1)}$ 分解成部分分式.

解 分母 $(x^2-1)(x+1) = (x-1)(x+1)^2$，令

$$\frac{x^2+1}{(x^2-1)(x+1)} = \frac{A}{x-1} + \frac{B}{x+1} + \frac{C}{(x+1)^2}$$

$$= \frac{A(x+1)^2 + B(x-1)(x+1) + C(x-1)}{(x-1)(x+1)^2},$$

令上式两端分子恒等得

$$x^2+1 = A(x+1)^2 + B(x-1)(x+1) + C(x-1).$$

令 $x=1$，得 $A=\dfrac{1}{2}$；令 $x=-1$，得 $C=-1$；令 $x=0$，得 $B=A-C-1=\dfrac{1}{2}$，于是有

$$\frac{x^2+1}{(x^2-1)(x+1)}=\frac{1}{2(x-1)}+\frac{1}{2(x+1)}-\frac{1}{(x+1)^2}.$$

一般地，求有理函数的积分，可按下列步骤进行.

(1) 当有理函数为假分式时，用多项式除法将其化为一个多项式与一个真分式之和.

(2) 将真分式分解成部分分式之和，求待定系数. 可用比较同类项系数解方程组的方法，或用赋值法，有时两种方法可以灵活地混合使用.

(3) 求出多项式及部分分式的不定积分.

例 3.4.5 求 $\displaystyle\int\frac{x^3-x^2-4x+2}{x^2-2x-3}\mathrm{d}x$.

解 将被积函数用多项式除法，可化为

$$\frac{x^3-x^2-4x+2}{x^2-2x-3}=x+1+\frac{x+5}{x^2-2x-3},$$

由例 3.4.1 知

$$\frac{x+5}{x^2-2x-3}=\frac{2}{x-3}-\frac{1}{x+1},$$

于是有

$$\int\frac{x^3-x^2-4x+2}{x^2-2x-3}\mathrm{d}x=\int\left(x+1+\frac{2}{x-3}-\frac{1}{x+1}\right)\mathrm{d}x$$
$$=\frac{1}{2}x^2+x+2\ln|x-3|-\ln|x+1|+C.$$

例 3.4.6 求 $\displaystyle\int\frac{2x^2+3x+3}{(x+1)^2(x^2+x+1)}\mathrm{d}x$.

解 由例 3.4.3，得

$$\int\frac{2x^2+3x+3}{(x+1)^2(x^2+x+1)}\mathrm{d}x=\int\left(\frac{1}{x+1}+\frac{2}{(x+1)^2}-\frac{1}{x^2+x+1}\right)\mathrm{d}x$$
$$=\ln|x+1|-\frac{2}{x+1}-\int\frac{1}{\left(x+\frac{1}{2}\right)^2+\frac{3}{4}}\mathrm{d}x$$
$$=\ln|x+1|-\frac{2}{x+1}-\frac{2\sqrt{3}}{3}\arctan\frac{2x+1}{\sqrt{3}}+C.$$

例 3.4.7 求 $\displaystyle\int\frac{x^2+1}{(x^2-1)(x+1)}\mathrm{d}x$.

解 由例 3.4.4，得

$$\int\frac{x^2+1}{(x^2-1)(x+1)}\mathrm{d}x=\frac{1}{2}\int\frac{1}{x-1}\mathrm{d}x+\frac{1}{2}\int\frac{1}{x+1}\mathrm{d}x-\int\frac{1}{(x+1)^2}\mathrm{d}x$$
$$=\frac{1}{2}\ln|x^2-1|+\frac{1}{x+1}+C.$$

用待定系数法求有理函数的不定积分，理论上虽可行，但计算较为烦琐. 在求有理函

数的积分时，应根据被积函数的特点，尽量选择其它简单的方法，尽可能避免用待定系数法.

例 3.4.8　求 $\displaystyle\int\frac{3x-2}{x^2-2x+5}\mathrm{d}x$.

解　被积函数为有理函数，但由于分子是一次因式，分母是二次因式，且分母的导数是一次因式，故可以把分子拆成两部分之和：一部分是分母导数乘上一个常数因子；另一部分是常数，即 $3x-2=\dfrac{3}{2}(2x-2)+1$，从而有

$$\int\frac{3x-2}{x^2-2x+5}\mathrm{d}x=\int\frac{3\cdot\frac{1}{2}(2x-2)+3-2}{x^2-2x+5}\mathrm{d}x$$

$$=\frac{3}{2}\int\frac{1}{x^2-2x+5}\mathrm{d}(x^2-2x+5)-\int\frac{1}{(x-1)^2+4}\mathrm{d}x$$

$$=\frac{3}{2}\ln\left|x^2-x+5\right|-\frac{1}{2}\arctan\frac{x-1}{2}+C .$$

3.4.2　三角函数有理式的积分举例

由三角函数和常数经过有限次四则运算构成的函数称为三角函数有理式. 任何三角函数都可由 $\sin x$ 和 $\cos x$ 来表示，因此三角函数有理式可化为含有 $\sin x$ 和 $\cos x$ 的有理式.

作变量代换 $\tan\dfrac{x}{2}=t$，则 $x=2\arctan t$，$\mathrm{d}x=\dfrac{2}{1+t^2}\mathrm{d}t$，于是有

$$\sin x=\frac{2\tan\frac{x}{2}}{1+\tan^2\frac{x}{2}}=\frac{2t}{1+t^2} ,\qquad \cos x=\frac{1-\tan^2\frac{x}{2}}{1+\tan^2\frac{x}{2}}=\frac{1-t^2}{1+t^2} ,$$

从而含有 $\sin x$ 和 $\cos x$ 的有理式可化为 t 的有理函数. 因此，三角函数有理式的积分都可化为有理函数的积分. 代换 $\tan\dfrac{x}{2}=t$ 称为万能代换.

例 3.4.9　求 $\displaystyle\int\frac{1}{4+5\cos x}\mathrm{d}x$.

解　令 $\tan\dfrac{x}{2}=t$，则有 $\cos x=\dfrac{1-t^2}{1+t^2}$，$\mathrm{d}x=\dfrac{2}{1+t^2}\mathrm{d}t$，于是有

$$\int\frac{1}{4+5\cos x}\mathrm{d}x=\int\frac{1}{4+5\frac{1-t^2}{1+t^2}}\cdot\frac{2}{1+t^2}\mathrm{d}t=-2\int\frac{1}{t^2-3^2}\mathrm{d}t$$

$$=-2\cdot\frac{1}{6}\ln\left|\frac{t-3}{t+3}\right|+C=-\frac{1}{3}\ln\left|\frac{\tan\frac{x}{2}-3}{\tan\frac{x}{2}+3}\right|+C .$$

例 3.4.10　求 $\displaystyle\int\frac{1+\sin x}{\sin x(1+\cos x)}\mathrm{d}x$.

解　令 $\tan\dfrac{x}{2}=t$，则有 $\sin x=\dfrac{2t}{1+t^2}$，$\cos x=\dfrac{1-t^2}{1+t^2}$，$\mathrm{d}x=\dfrac{2}{1+t^2}\mathrm{d}t$，于是有

$$\int \frac{1+\sin x}{\sin x(1+\cos x)}dx = \int \frac{(1+t)^2}{2t}dt = \frac{1}{2}\int \left(t+2+\frac{1}{t}\right)dt = \frac{1}{4}t^2+t+\frac{1}{2}\ln|t|+C$$

$$= \frac{1}{4}\tan^2\frac{x}{2}+\tan\frac{x}{2}+\frac{1}{2}\ln\left|\tan\frac{x}{2}\right|+C.$$

三角函数有理式的积分都可以用万能代换化为有理函数的积分，但有时计算比较复杂，因此对于某些特殊的三角函数有理式的积分，应注意利用三角恒等式、凑微分法等其它方法求解. 例如，

$$\int \frac{\sin x}{1+\sin x}dx = \int \frac{\sin x(1-\sin x)}{\cos^2 x}dx = \int \frac{\sin x}{\cos^2 x}dx - \int \tan^2 xdx$$

$$= \int \sec x\tan xdx - \int (\sec^2 x-1)dx = \sec x-\tan x+x+C.$$

3.5　积分表的使用

把常用的积分公式汇集成表，称为积分表. 积分表是按被积函数的类型排列的，使用时可根据被积函数的类型，在积分表中查出相应的公式. 有时，被积函数还需经过适当的变换，化成积分表中所列的形式，然后再查表.

例 3.5.1　查表求 $\int \frac{1}{x(3+2x)}dx$.

解　被积函数属于含有 $a+bx$ 因子的积分. 在附录 I 积分表中查到公式(5)，于是有

$$\int \frac{1}{x(3+2x)}dx = -\frac{1}{3}\ln\left|\frac{3+2x}{x}\right|+C.$$

例 3.5.2　查表求 $\int \frac{1}{1+\sin^2 x}dx$.

解　此积分不能在积分表中直接查到. 先将被积函数作恒等变形，再利用积分表求　积分.

解法 1　$\int \frac{1}{1+\sin^2 x}dx = \int \frac{2}{3-\cos 2x}dx = \int \frac{1}{3-\cos 2x}d2x$

在附录 I 积分表中查到公式(104)，于是有

$$\int \frac{1}{1+\sin^2 x}dx = \frac{1}{\sqrt{2}}\arctan\left(\sqrt{2}\tan x\right)+C.$$

解法 2　用公式 $\sin^2 x+\cos^2 x=1$ 将 $1+\sin^2 x$ 变形为 $\cos^2 x+2\sin^2 x$，得

$$\int \frac{1}{1+\sin^2 x}dx = \int \frac{1}{\cos^2 x+2\sin^2 x}dx.$$

在附录 I 积分表中查到公式(105)，于是有

$$\int \frac{1}{1+\sin^2 x}dx = \int \frac{1}{\cos^2 x+2\sin^2 x}dx = \frac{1}{\sqrt{2}}\arctan\left(\sqrt{2}\tan x\right)+C.$$

例 3.5.3　查表求 $\int x^3 e^{-2x}dx$.

解　被积函数含有指数函数，在附录 I 积分表中查到公式(125):

$$\int x^n e^{ax}dx = \frac{1}{a}x^n e^{ax} - \frac{n}{a}\int x^{n-1} e^{ax}dx.$$

于是有

$$\int x^3 e^{-2x} dx = -\frac{1}{2} x^3 e^{-2x} + \frac{3}{2} \int x^2 e^{-2x} dx ,$$

重复运用公式(125)，得

$$\begin{aligned}
\int x^3 e^{-2x} dx &= -\frac{1}{2} x^3 e^{-2x} + \frac{3}{2}\left(-\frac{1}{2} x^2 e^{-2x} + \int x e^{-2x} dx\right) \\
&= -\frac{1}{2} x^3 e^{-2x} - \frac{3}{4} x^2 e^{-2x} + \frac{3}{2}\left(-\frac{1}{2} x e^{-2x} + \frac{1}{2}\int e^{-2x} dx\right) \\
&= -\frac{1}{2} x^3 e^{-2x} - \frac{3}{4} x^2 e^{-2x} - \frac{3}{4} x e^{-2x} + \frac{3}{4}\left(-\frac{1}{2} e^{-2x}\right) + C \\
&= -e^{-2x}\left(\frac{1}{2} x^3 + \frac{3}{4} x^2 + \frac{3}{4} x + \frac{3}{8}\right) + C .
\end{aligned}$$

习 题 3

1. 求下列不定积分：

(1) $\displaystyle\int x^3 \sqrt[5]{x^2}\, dx$；

(2) $\displaystyle\int \frac{3^x}{2^x} dx$；

(3) $\displaystyle\int x^2\left(\sqrt{x}+1\right) dx$；

(4) $\displaystyle\int \frac{\sqrt{x} - 2x^3 a^x + x^2}{x^3} dx$；

(5) $\displaystyle\int \frac{x^2}{1+x^2} dx$；

(6) $\displaystyle\int \frac{x-9}{\sqrt{x}+3} dx$；

(7) $\displaystyle\int \frac{\sqrt{1+x^2}}{\sqrt{1-x^4}} dx$；

(8) $\displaystyle\int \frac{3^x - 4^x}{5^x} dx$；

(9) $\displaystyle\int \frac{6x^2 - 1}{x^2 + 1} dx$；

(10) $\displaystyle\int \frac{1 + 2x^2}{x^2\left(1+x^2\right)} dx$；

(11) $\displaystyle\int \frac{1}{x^2 + 2x - 3} dx$；

(12) $\displaystyle\int f'(2x)\, dx$；

(13) $\displaystyle\int \frac{x^2}{1+x} dx$；

(14) $\displaystyle\int \frac{1}{\sin^2 x \cos^2 x} dx$；

(15) $\displaystyle\int \frac{4}{3\sin^2 x} dx$；

(16) $\displaystyle\int \tan^2 x\, dx$；

(17) $\displaystyle\int 2\cos^2 \frac{x}{2} dx$；

(18) $\displaystyle\int \frac{1 + \cos^2 x}{1 + \cos 2x} dx$；

(19) $\displaystyle\int \frac{\cos 2x}{\sin^2 x \cos^2 x} dx$；

(20) $\displaystyle\int \sin \frac{x}{2} \cos \frac{x}{2} dx$.

2. 设曲线通过点$(0，1)$，且在曲线上任一点处切线斜率等于$4x^4$，求此曲线方程.

3. 已知$F(x)$在$[-1，1]$上连续，在$(-1，1)$内$F'(x) = \dfrac{1}{\sqrt{1-x^2}}$，且$F(1) = \dfrac{3\pi}{2}$，求$F(x)$.

4. 设$f'(x) = (x+1)(2x-1)$，求$f(x)$.

5. 证明函数$\ln x$，$\ln ax$是同一函数的原函数.

6. 用换元积分法求下列不定积分：

(1) $\int \sin 3x dx$;

(2) $\int \cos(5x+1)dx$;

(3) $\int (1+3x)^8 dx$;

(4) $\int \dfrac{2}{4x-1}dx$;

(5) $\int \dfrac{x^2}{\sqrt{x^3-2}}dx$;

(6) $\int e^{\sin x}\cos x dx$;

(7) $\int \dfrac{x}{1+x^4}dx$;

(8) $\int \dfrac{1+\ln x}{x}dx$;

(9) $\int \dfrac{1}{1+e^{-x}}dx$;

(10) $\int \dfrac{1}{\sin x \cos x}dx$;

(11) $\int 2^{\tan x}\sec^2 x dx$;

(12) $\int \dfrac{\arctan x}{1+x^2}dx$;

(13) $\int e^x \sin e^x dx$;

(14) $\int \sqrt{\dfrac{\arcsin x}{1-x^2}}dx$;

(15) $\int \dfrac{1}{e^x+e^{-x}}dx$;

(16) $\int \dfrac{e^{3x}+1}{e^x+1}dx$;

(17) $\int \dfrac{2x-1}{\sqrt{1-x^2}}dx$;

(18) $\int \dfrac{x}{x^2+5x+6}dx$;

(19) $\int \dfrac{1+\ln x}{(x\ln x)^2}dx$;

(20) $\int \dfrac{\ln(\ln x)}{x\ln x}dx$;

(21) $\int \sin^3 x \cos^4 x dx$;

(22) $\int \sin 5x \cos 3x dx$;

(23) $\int \tan\sqrt{1+x^2}\cdot\dfrac{x}{\sqrt{1+x^2}}dx$;

(24) $\int \dfrac{\sin x \cos x}{1+\sin^4 x}dx$;

(25) $\int \dfrac{(2-x)^2}{2-x^2}dx$;

(26) $\int \cot^5 x \csc x dx$;

(27) $\int x\sqrt{x-1}dx$;

(28) $\int \dfrac{2\sqrt{x}}{1+x}dx$;

(29) $\int \dfrac{\sqrt{x^2-9}}{x}dx$;

(30) $\int \dfrac{1}{x\sqrt{x^2+1}}dx$.

7. 已知 $\dfrac{\sin x}{1+x\sin x}$ 为 $f(x)$ 的一个原函数，求 $\int f(x)f'(x)dx$.

8. 用分部积分法求下列不定积分：

(1) $\int x\cos x dx$;

(2) $\int 2x^2 \sin x dx$;

(3) $\int x^3 \ln x dx$;

(4) $\int xe^{-2x}dx$;

(5) $\int x^3 e^{-x^2}dx$;

(6) $\int x\sin\dfrac{x}{2}dx$;

(7) $\int \ln(1+x^2)dx$;

(8) $\int \arcsin x dx$;

(9) $\int \cos\sqrt{x}dx$;

(10) $\int e^x \cos x dx$;

(11) $\displaystyle\int \sin x \ln(\tan x)\,\mathrm{d}x$;

(12) $\displaystyle\int \frac{1}{\sin^3 x}\,\mathrm{d}x$;

(13) $\displaystyle\int x(\arctan x)^2\,\mathrm{d}x$;

(14) $\displaystyle\int x^2 \arctan x\,\mathrm{d}x$.

9. 求下列不定积分：

(1) $\displaystyle\int \frac{1}{x(x+1)}\,\mathrm{d}x$;

(2) $\displaystyle\int \frac{x-4}{x^2-5x+6}\,\mathrm{d}x$;

(3) $\displaystyle\int \frac{x+1}{x^2-3x+2}\,\mathrm{d}x$

(4) $\displaystyle\int \frac{1}{x^4-2x^2+1}\,\mathrm{d}x$;

(5) $\displaystyle\int \frac{1}{\sqrt{x}\left(1+\sqrt[4]{x}\right)}\,\mathrm{d}x$;

(6) $\displaystyle\int \frac{1}{5+4\sin x}\,\mathrm{d}x$;

(7) $\displaystyle\int \frac{1}{5+3\cos x}\,\mathrm{d}x$;

(8) $\displaystyle\int \frac{1}{\sin x+\tan x}\,\mathrm{d}x$.

10. 查表求下列不定积分：

(1) $\displaystyle\int \frac{1}{\left(x^2+9\right)^2}\,\mathrm{d}x$;

(2) $\displaystyle\int \frac{x}{\sqrt{2-3x}}\,\mathrm{d}x$;

(3) $\displaystyle\int \frac{1}{1+\cos^2 x}\,\mathrm{d}x$;

(4) $\displaystyle\int \sqrt{x^2-4x+8}\,\mathrm{d}x$;

(5) $\displaystyle\int \frac{1}{\cos^4 x}\,\mathrm{d}x$;

(6) $\displaystyle\int \mathrm{e}^{-2x}\sin 3x\,\mathrm{d}x$.

第4章 定积分及其应用

本章将讨论积分学的另一个基本问题——定积分问题. 先从几何与力学问题出发引进定积分的定义，然后讨论它的性质，计算方法及其应用.

4.1 定积分的概念与性质

4.1.1 定积分问题举例

1. 曲边梯形的面积

设 $y=f(x)$ 在区间 $[a, b]$ 上非负、连续. 由直线 $x=a$、$x=b$、$y=0$ 及曲线 $y=f(x)$ 所围成的图形称为**曲边梯形**(图 4.1)，其中曲线弧称为**曲边**.

由于曲边梯形高 $f(x)$ 在其底区间 $[a, b]$ 上是变动的，故它的面积不能直接利用矩形面积公式计算. 但由于曲边梯形的高 $f(x)$ 在区间 $[a, b]$ 上是连续变化的，在很小的一段区间上变化很小，可看成近似不变. 因此，可以求出每一个小曲边梯形面积的近似值，我们把大曲边梯形分成若干个小曲边梯形，最后用极限的方法即可求出大曲边梯形的面积 A. 具体步骤如下.

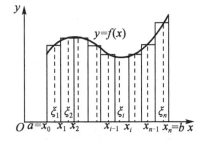

图 4.1

(1) 分割：在区间 $[a, b]$ 中任意插入若干个分点，把 $[a, b]$ 分成 n 个小区间 $[x_0, x_1]$，$[x_1, x_2]$，$\cdots$，$[x_{n-1}, x_n]$ 每个小区间的长度为 $\Delta x_i = x_i - x_{i-1}(i = 1, 2, \cdots, n)$.

经过每一个分点作平行于 y 轴的直线段，把曲边梯形分成 n 个窄曲边梯形，并记它们的面积分别为 ΔA_1，ΔA_2，$\cdots$，ΔA_n.

(2) 求近似值：在每个小区间 $[x_{i-1}, x_i]$ 上任取一点 ξ_i，以 $f(\xi_i)$ 为高，$[x_{i-1}, x_i]$ 为底的小矩形面积来近似代替同底的小曲边梯形的面积，即

$$\Delta A_i \approx f(\xi_i)\Delta x_i \quad (i = 1, 2, \cdots, n).$$

(3) 求和：将 n 个小矩形的面积加起来，就得到原来曲边梯形面积 A 的一个近似值，即

$$A = \sum_{i=1}^{n} \Delta A_i \approx \sum_{i=1}^{n} f(\xi_i)\Delta x_i.$$

(4) 取极限：把 $[a, b]$ 区间无限细分，为了保证每一个小区间长度趋近于零，我们让小区间长度中的最大值趋于零，记 $\lambda = \max\{\Delta x_1, \Delta x_2, \cdots, \Delta x_n\}$，当 $\lambda \to 0$ 时，式的极限就是曲边梯形的面积 A，即

$$A = \lim_{\lambda \to 0} \sum_{i=1}^{n} f(\xi_i) \Delta x_i .$$

2. 变速直线运动的路程

设有一质点作变速直线运动，在时刻 t 的速度 $v = v(t)$ 是一已知的连续函数，我们来计算质点从时刻 T_1 到时刻 T_2 所通过的路程 S.

采用上面求曲边梯形面积的类似方法.

(1) 分割：在 $[T_1，T_2]$ 内任意插入 $n-1$ 个分点

$$T_1 = t_0 < t_1 < t_2 < \cdots < t_{n-1} < t_n = T_2$$

把 $[T_1，T_2]$ 分成 n 个时间间隔 $[t_{i-1}，t_i](i=1，2，\cdots，n)$，每段时间间隔的长为 $\Delta t_i = t_i - t_{i-1}(i=1，2，\cdots，n)$;

(2) 求近似值：在 $[t_{i-1}，t_i]$ 上任取一点 $\tau_i(i=1，2，\cdots，n)$ 作乘积 $v(\tau_i)\Delta t_i (i=1，2，\cdots，n)$ 为时间间隔 $[t_{i-1}，t_i](i=1，2，\cdots，n)$ 上所通过路程的近似值，即

$$\Delta S_i \approx v(\tau_i)\Delta t_i .$$

(3) 求和：$S = \sum_{i=1}^{n} \Delta S_i \approx \sum_{i=1}^{n} v(\tau_i)\Delta t_i .$

(4) 取极限：令 $\lambda = \max\{\Delta t_1，\Delta t_2，\cdots，\Delta t_n\}$，

$$S = \lim_{\lambda \to 0} \sum_{i=1}^{n} v(\tau_i)\Delta t_i .$$

4.1.2　定积分的定义

在实际问题中许多问题都归结为这样一个和式的极限，把这类问题经过数学抽象地加以概括，这就是下面引入的定积分定义.

定义 4.1.1　设函数 $f(x)$ 在 $[a，b]$ 上有界，在 $[a，b]$ 中任意插入若干个分点

$$a = x_0 < x_1 < x_2 < \cdots < x_{n-1} < x_n = b,$$

把区间 $[a，b]$ 分成 n 个小区间

$$[x_0，x_1]，[x_1，x_2]，\cdots，[x_{n-1}，x_n],$$

各个小区间的长度依次为

$$\Delta x_1 = x_1 - x_0，\Delta x_2 = x_2 - x_1，\cdots，\Delta x_n = x_n - x_{n-1},$$

在每个小区间 $[x_{i-1}，x_i]$ 上任取一点 $\xi_i(x_{i-1} \leqslant \xi_i \leqslant x_i)$，作乘积 $f(\xi_i)\Delta x_i(i=1，2，\cdots，n)$，并求和

$$S = \sum_{i=1}^{n} f(\xi_i)\Delta x_i .$$

记 $\lambda = \max\{\Delta x_1，\Delta x_2，\cdots，\Delta x_n\}$，如果不论对区间 $[a，b]$ 怎样分法，也不论在小区间 $[x_{i-1}，x_i]$ 上点 ξ_i 怎样取法，当 $\lambda \to 0$ 时，和 S 总趋于确定的极限 I，这时我们称这个极限 I 为函数 $f(x)$ 在区间 $[a，b]$ 上的**定积分**(简称积分)，记作 $\int_a^b f(x)\mathrm{d}x$，

即

$$\int_a^b f(x)\mathrm{d}x = I = \lim_{\lambda \to 0} \sum_{i=1}^n f(\xi_i)\Delta x_i.$$

其中，$f(x)$ 称为**被积函数**，$f(x)\mathrm{d}x$ 称为**被积表达式**，x 称为**积分变量**，a 称为**积分下限**，b 称为**积分上限**，$[a, b]$ 叫做**积分区间**. 和 $\sum_{i=1}^n f(\xi_i)\Delta x_i$ 称为 $f(x)$ 的**积分和**，如果 $f(x)$ 在 $[a, b]$ 上的定积分存在，就称 $f(x)$ 在 $[a, b]$ 上**可积**. 注意：$f(x)$ 在 $[a, b]$ 上的定积分完全由被积函数 $f(x)$ 和积分区间 $[a, b]$ 所确定，它与积分变量采用什么字母表示是无关的，例如：把 x 改写成字母 t 或 u，其积分 I 不变，即

$$\int_a^b f(x)\mathrm{d}x = \int_a^b f(t)\mathrm{d}t = \int_a^b f(u)\mathrm{d}u.$$

按照定积分的定义，前面所举的例子可以分别表示如下：

由 $y = f(x) \geqslant 0$，$y = 0$，$x = a$，$x = b$ 所围图形的面积

$$A = \int_a^b f(x)\mathrm{d}x.$$

质点以速度 $v = v(t)$ 作直线运动时，从时刻 $t_1 = T_1$ 到时刻 $t = T_2$ 通过的路程

$$S = \int_{T_1}^{T_2} v(t)\mathrm{d}t.$$

对于定积分，有这样一个重要问题：函数 $f(x)$ 在 $[a, b]$ 上满足怎样的条件，$f(x)$ 在 $[a, b]$ 上一定可积？这个问题我们不作深入讨论，只给出以下两个充分条件.

定理 4.1.1 设 $f(x)$ 在区间 $[a, b]$ 上连续，则 $f(x)$ 在 $[a, b]$ 上可积.

定理 4.1.2 设 $f(x)$ 在区间 $[a, b]$ 上有界，且只有有限个间断点，则 $f(x)$ 在 $[a, b]$ 上可积.

下面讨论定积分的几何意义. 当 $f(x) \geqslant 0$ 时，$\int_a^b f(x)\mathrm{d}x$ 表示由 $y = f(x)$，$y = 0$，$x = a$，$x = b$ 所围图形的面积；如果 $f(x) \leqslant 0$，由 $y = f(x)$，$y = 0$，$x = a$，$x = b$ 所围图形在 x 轴下方，$\int_a^b f(x)\mathrm{d}x$ 的值是曲边梯形面积的负值；如果 $f(x)$ 在 $[a, b]$ 上的某一些区间取正，另一些区间取负，$\int_a^b f(x)\mathrm{d}x$ 表示 x 轴上方图形面积减去 x 轴下方图形面积所得的差，如图 4.2 所示，这几个曲边梯形面积为 S_1，S_2，S_3，则有

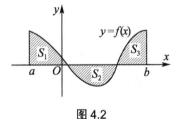

图 4.2

$$\int_a^b f(x)\mathrm{d}x = S_1 - S_2 + S_3.$$

例 4.1.1 利用定积分的定义计算 $\int_0^1 x\,\mathrm{d}x$.

解 因为被积函数 $f(x) = x$ 在积分区间 $[0, 1]$ 上连续，而连续函数是可积的，积分与区间 $[0, 1]$ 的分法及点 ξ_i 的取法无关. 为了便于计算，不妨把区间 $[0, 1]$ n 等分，分点为 $x_i = \dfrac{i}{n}$，$i = 1, 2, \cdots, n-1$；每个小区间 $[x_{i-1}, x_i]$ 的长度 $\Delta x_i = \dfrac{1}{n}$，$i = 1, 2, \cdots, n$；取 $\xi_i = x_i$，$i = 1$，

2，…，n. 于是，得

$$\sum_{i=1}^{n} f(\xi_i)\Delta x_i = \sum_{i=1}^{n} \xi_i \Delta x_i = \sum_{i=1}^{n} x_i \Delta x_i$$

$$= \sum_{i=1}^{n} \frac{i}{n} \cdot \frac{1}{n} = \frac{n(n+1)}{2n^2}.$$

当 $\lambda \to 0$ 时，即 $n \to \infty$ 时，取极限得

$$\int_0^1 x\,\mathrm{d}x = \lim_{\lambda \to 0} \sum_{i=1}^{n} \xi_i \Delta x_i = \lim_{n \to \infty} \frac{n(n+1)}{2n^2} = \frac{1}{2},$$

而由定积分的几何意义，$y = x$，x 轴，$x = 0$，$x = 1$ 所围图形面积为 $\frac{1}{2}$.

4.1.3　定积分的性质

对定积分作以下两点规定：

(1) 当 $a = b$ 时，$\displaystyle\int_a^b f(x)\mathrm{d}x = 0$；

(2) 当 $a > b$ 时，$\displaystyle\int_a^b f(x)\mathrm{d}x = -\int_b^a f(x)\mathrm{d}x$.

下面我们讨论定积分的性质，下列各性质中积分上下限的大小，如不特别指明，均不加限制，并假定各性质中所列出的定积分都是存在的.

性质 4.1.1　$\displaystyle\int_a^b [f(x) \pm g(x)]\mathrm{d}x = \int_a^b f(x)\mathrm{d}x \pm \int_a^b g(x)\mathrm{d}x.$

证明　$\displaystyle\int_a^b [f(x) \pm g(x)]\mathrm{d}x = \lim_{\lambda \to 0} \sum_{i=1}^{n} [f(\xi_i) \pm g(\xi_i)]\Delta x_i$

$$= \lim_{\lambda \to 0} \sum_{i=1}^{n} f(\xi_i)\Delta x_i \pm \lim_{\lambda \to 0} \sum_{i=1}^{n} g(\xi_i)\Delta x_i$$

$$= \int_b^b f(x)\mathrm{d}x \pm \int_b^b g(x)\mathrm{d}x.$$

性质 4.1.2　$\displaystyle\int_a^b k\,f(x)\mathrm{d}x = k\int_a^b f(x)\mathrm{d}x$　（k 是常数）.

性质 4.1.3　设 $a < c < b$，则

$$\int_a^b f(x)\mathrm{d}x = \int_a^c f(x)\mathrm{d}x + \int_c^b f(x)\mathrm{d}x.$$

证明　因为函数 $f(x)$ 在区间 $[a, b]$ 上可积，所以不论把 $[a, c]$ 怎样分，积分和的极限总是不变的，因此使 c 永远是个分点. 那么，$[a, b]$ 上的积分和等于 $[a, c]$ 上的积分和加上 $[c, b]$ 上的积分和，记为

$$\sum_{[a,\ b]} f(\xi_i)\Delta x_i = \sum_{[a,\ c]} f(\xi_i)\Delta x_i + \sum_{[c,\ b]} f(\xi_i)\Delta x_i$$

$\lambda \to 0$ 取极限，得

$$\int_a^b f(x)\mathrm{d}x = \int_a^c f(x)\mathrm{d}x + \int_c^b f(x)\mathrm{d}x.$$

这个性质表明定积分对于积分区间具有"可加性"，这种积分区间的"可加性"，如图 4.3 所示.

同时这个性质可以推广，即不论 a、b、c 大小如何，性质 4.1.3 结论仍然成立.

性质 4.1.4 如果在区间 $[a，b]$ 上 $f(x) \equiv 1$，则

$$\int_a^b 1\mathrm{d}x = \int_a^b \mathrm{d}x = b - a.$$

如图 4.4，这个性质的证明请读者自己完成.

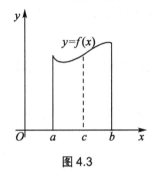 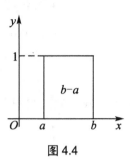

图 4.3   图 4.4

性质 4.1.5 如果在区间 $[a，b]$ 上，$f(x) \geqslant 0$，则

$$\int_a^b f(x)\mathrm{d}x \geqslant 0 \qquad (a < b).$$

证明 因为 $f(x) \geqslant 0$，所以

$$f(\xi_i) \geqslant 0 \quad (i = 1，2，\cdots，n)，$$

又由于 $\Delta x_i \geqslant 0 \quad (i = 1，2，\cdots，n)$，因此

$$\sum_{i=1}^n f(\xi_i)\Delta x_i \geqslant 0，$$

令 $\lambda = \max\{\Delta x_1，\cdots，\Delta x_n\} \to 0$，由保号性定理便得要证明的不等式.

推论 4.1.1 如果在区间 $[a，b]$ 上，$f(x) \leqslant g(x)$，则

$$\int_a^b f(x)\mathrm{d}x \leqslant \int_a^b g(x)\mathrm{d}x \quad (a < b).$$

证明 设 $h(x) = g(x) - f(x) \geqslant 0$，由性质 4.1.5 得

$$\int_a^b [g(x) - f(x)]\mathrm{d}x \geqslant 0.$$

再由性质 4.1.1，便得要证的不等式.

推论 4.1.2 $\left| \int_a^b f(x)\mathrm{d}x \right| \leqslant \int_a^b |f(x)|\mathrm{d}x \quad (a < b)$

证明

$$-|f(x)| \leqslant f(x) \leqslant |f(x)|，$$

由推论 4.1.1 及性质 4.1.2 得

$$-\int_a^b |f(x)|\mathrm{d}x \leqslant \int_a^b f(x)\mathrm{d}x \leqslant \int_a^b |f(x)|\mathrm{d}x，$$

即

$$\left| \int_a^b f(x)\mathrm{d}x \right| \leqslant \int_a^b |f(x)|\mathrm{d}x.$$

性质 4.1.6 (定积分的估值不等式) 设 M 及 m 分别是函数 $f(x)$ 在区间 $[a, b]$ 上的最大值及最小值，则

$$m(b-a) \leqslant \int_a^b f(x)\mathrm{d}x \leqslant M(b-a).$$

证明 如图 4.5 所示，因为 $m \leqslant f(x) \leqslant M$，由推论 4.1.1 得

$$\int_a^b m\mathrm{d}x \leqslant \int_a^b f(x)\mathrm{d}x \leqslant \int_a^b M\mathrm{d}x,$$

由性质 4.1.2 及性质 4.1.4，即得所要证的不等式.

这个性质说明，由被积函数在积分区间上的最大值及最小值，可以估计积分值的大致范围.

例如，定积分 $\int_{\frac{1}{2}}^1 x^2\mathrm{d}x$，它的被积函数 $f(x) = x^2$ 在积分区间 $[\frac{1}{2}, 1]$ 上的最小值 $m = \frac{1}{4}$，最大值 $M = 1$，由性质 4.1.6，得

$$\frac{1}{4}\left(1-\frac{1}{2}\right) \leqslant \int_{\frac{1}{2}}^1 x^2\mathrm{d}x \leqslant 1 \cdot \left(1-\frac{1}{2}\right),$$

即

$$\frac{1}{8} \leqslant \int_{\frac{1}{2}}^1 x^2\mathrm{d}x \leqslant \frac{1}{2}.$$

性质 4.1.7(定积分中值定理) 如果函数 $f(x)$ 在闭区间 $[a, b]$ 上连续，则在积分区间 $[a, b]$ 上至少存在一点 ξ，使下式成立：

$$\int_a^b f(x)\mathrm{d}x = f(\xi)(b-a) \quad (a \leqslant \xi \leqslant b).$$

这个公式叫积分中值公式.

证明由性质 4.1.6 得

$$m \leqslant \frac{1}{b-a}\int_a^b f(x)\mathrm{d}x \leqslant M,$$

根据闭区间上连续函数的介质定理，在 $[a, b]$ 上至少存在一点 ξ，使函数 $f(x)$ 在点 ξ 处的值与这个确定的数值相等，即

$$\frac{1}{b-a}\int_a^b f(x)\mathrm{d}x = f(\xi).$$

即 $\int_a^b f(x)\mathrm{d}x = f(\xi)(b-a)$ (ξ 在 a 与 b 之间)，不论 $a<b$ 或 $a>b$ 都成立.

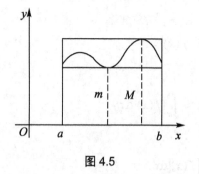

图 4.5　　　　　　　　图 4.6

这个公式叫做积分中值定理，如图 4.6 所示.

这个性质的几何意义是：如果 $y = f(x)$ 是 $[a, b]$ 上的一条连续曲线，总可以适当地选取数 $f(\xi)$，使得由 $y = f(\xi)$，$y = 0$，$x = a$，$x = b$ 所围长方形的面积 $f(\xi)(b-a)$ 恰好等于由 $y = f(x)$，$y = 0$，$x = a$，$x = b$ 所围图形面积. 图中正负号是 $f(x)$ 相对于长方形凸出和凹进的部分.

例 4.1.2 估计积分值 $\int_{\frac{1}{2}}^{1} x^4 \,\mathrm{d}x$ 的大小.

解 因为 $f(x) = x^4$ 在 $\left(\dfrac{1}{2}, 1\right)$ 上单调增加，所以

$$f\left(\frac{1}{2}\right) \leqslant f(x) \leqslant f(1) ,$$

即

$$\frac{1}{16} \leqslant f(x) \leqslant 1 .$$

由性质 4.1.6

$$\frac{1}{16}\left(1 - \frac{1}{2}\right) \leqslant \int_{\frac{1}{2}}^{1} x^4 \,\mathrm{d}x \leqslant 1\left(1 - \frac{1}{2}\right) ,$$

从而

$$\frac{1}{32} \leqslant \int_{\frac{1}{2}}^{1} x^4 \,\mathrm{d}x \leqslant \frac{1}{2} .$$

例 4.1.3 比较下面两个积分值的大小

$$I_1 = \int_{1}^{e} \ln x \,\mathrm{d}x , \quad I_2 = \int_{1}^{e} (\ln x)^2 \,\mathrm{d}x .$$

解 当 $1 \leqslant x \leqslant e$ 时，$0 \leqslant \ln x \leqslant 1$，所以 $\ln x \geqslant (\ln x)^2$.

根据推论 4.1.1 有

$$\int_{1}^{e} \ln x \,\mathrm{d}x \geqslant \int_{1}^{e} (\ln x)^2 \,\mathrm{d}x .$$

4.2 微积分基本公式

定积分的定义本身给出了计算定积分的方法，显然这种方法较复杂，因此，有必要寻求计算定积分的新方法.

4.2.1 积分上限的函数及其导数

设函数 $f(x)$ 在区间 $[a, b]$ 上连续，x 为 $[a, b]$ 上的任意一点，考察定积分

$$\int_{a}^{x} f(x) \,\mathrm{d}x = \int_{a}^{x} f(t) \,\mathrm{d}t .$$

如果上限 x 在区间 $[a, b]$ 上任意变动，则对于每一个取定的 x 值，定积分总有一个对应值，所以它在 $[a, b]$ 上定义了一个函数叫做**积分上限的函数**或**变上限函数**，记为

$$\Phi(x) = \int_a^x f(t)\,\mathrm{d}t .$$

函数 $\Phi(x)$ 具有如下重要性质.

定理 4.2.1 如果函数 $f(x)$ 在区间 $[a,\ b]$ 上连续，则积分上限的函数

$$\Phi(x) = \int_a^x f(t)\,\mathrm{d}t$$

在 $[a,\ b]$ 上可导，并且它的导数是

$$\Phi'(x) = \frac{\mathrm{d}}{\mathrm{d}x}\int_a^x f(t)\,\mathrm{d}t \qquad\qquad (4.2.1)$$

$$= f(x) \qquad\qquad (a \leqslant x \leqslant b) .$$

证明 若 $x\in(a,\ b)$，$x+\Delta x\in(a,\ b)$，则 $\Phi(x)$ 在 $x+\Delta x$ 处的函数值为

$$\Phi(x+\Delta x) = \int_a^{x+\Delta x} f(t)\,\mathrm{d}t$$

如图 4.7 所示.

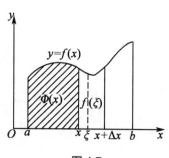

图 4.7

$$\Delta\Phi = \Phi(x+\Delta x) - \Phi(x)$$

$$= \int_a^{x+\Delta x} f(t)\,\mathrm{d}t - \int_a^x f(t)\,\mathrm{d}t$$

$$= \int_a^x f(t)\,\mathrm{d}t + \int_x^{x+\Delta x} f(t)\,\mathrm{d}t - \int_a^x f(t)\,\mathrm{d}t$$

$$= \int_x^{x+\Delta x} f(t)\,\mathrm{d}t ,$$

由积分中值定理得

$$\wedge\Phi = f(\xi)\Delta x ,\quad \xi\in[x,\ x+\Delta x] ,$$

$$\lim_{\Delta x\to 0}\frac{\Delta\Phi}{\Delta x} = \lim_{\Delta x\to 0} f(\xi) ,$$

$$\Delta x\to 0,\quad \xi\to x,$$

由 $f(x)$ 的连续性得

$$\Phi'(x) = \lim_{\Delta x\to 0}\frac{\Delta\Phi}{\Delta x} = \lim_{\Delta x\to 0} f(\xi) = \lim_{\xi\to x} f(\xi) = f(x) .$$

若 $x=a$，取 $\Delta x>0$，则同理可证 $\Phi'_+(a)=f(a)$；若 $x=b$，取 $\Delta x<0$，则同理可证 $\Phi'_-(b)=f(b)$.

定理 4.2.2 如果函数 $f(x)$ 在区间 $[a,\ b]$ 上连续，则函数

$$\Phi(x) = \int_a^x f(t)\,\mathrm{d}t \qquad\qquad (4.2.2)$$

是 $f(x)$ 在 $[a,\ b]$ 上的一个原函数.

由定理 4.2.1，利用定理积分的性质及复合函数求导法则可得到定理 4.2.3.

定理 4.2.3   如果 $f(t)$ 连续，$a(x)$，$b(x)$ 可导且 $F(x)=\int_{a(x)}^{b(x)} f(t)\,\mathrm{d}t$ 可导，则

$$F(x) = \int_{a(x)}^{b(x)} f(t)\mathrm{d}t$$

的导数 $F'(x)$ 为

$$F'(x) = \frac{\mathrm{d}}{\mathrm{d}x}\int_{a(x)}^{b(x)} f(t)\mathrm{d}t = f\big[b(x)\big]b'(x) - f\big[a(x)\big]a'(x).$$

4.2.2　牛顿—莱布尼茨公式

现在我们根据定理 4.2.2 来证明一个重要定理，它给出了用原函数计算定积分的公式.

定理 4.2.4　如果函数 $F(x)$ 是连续函数 $f(x)$ 在区间 $[a, b]$ 上的一个原函数，则

$$\int_a^b f(x)\mathrm{d}x = F(b) - F(a). \tag{4.2.3}$$

证明　已知函数 $F(x)$ 是 $f(x)$ 的一个原函数，又根据定理 4.2.2 知道，$\varPhi(x) = \int_a^x f(t)\mathrm{d}t$ 也是 $f(x)$ 的一个原函数，于是

$$F(x) - \varPhi(x) = c \qquad (a \leqslant x \leqslant b). \tag{4.2.4}$$

上式中令 $x = a$，得 $F(a) - \varPhi(a) = c$，而 $\varPhi(a) = 0$，因此，$c = F(a)$，以 $F(a)$ 代替 (4.2.4) 式中的 c，以 $\int_a^x f(t)\mathrm{d}t$ 代入式 (4.2.4) 中的 $\varPhi(x)$，可得

$$\int_a^x f(t)\mathrm{d}t = F(x) - F(a).$$

在上式中令 $x = b$，就得到所要证明的式 (4.2.3). 为方便起见，把 $F(b) - F(a)$ 记成 $\big[F(x)\big]_a^b$，于是式 (4.2.3) 又可写成

$$\int_a^b f(x)\mathrm{d}x = \big[F(x)\big]_a^b.$$

式 (4.2.3) 叫做牛顿—莱布尼茨 (Newton-Leibniz) 公式，也叫做微积分基本公式. 它进一步揭示了定积分与被积函数的原函数或不定积分的联系，即一个连续函数在区间 $[a, b]$ 上的定积分等于它的任意一个原函数在区间 $[a, b]$ 上的增量，求定积分的问题转化为求原函数的问题.

注意：当 $a > b$ 时，$\int_a^b f(x)\mathrm{d}x = F(b) - F(a)$ 仍成立.

下面我们举几个应用式 (4.2.3) 来计算定积分的简单例子.

例 4.2.1　计算 $\int_0^1 x^2\mathrm{d}x$.

解　由于 $\dfrac{x^3}{3}$ 是 x^2 的一个原函数，所以

$$\int_0^1 x^2\mathrm{d}x = \left[\frac{1}{3}x^3\right]_0^1 = \frac{1}{3}.$$

例 4.2.2　计算 $\int_{-1}^{\sqrt{3}} \dfrac{\mathrm{d}x}{1+x^2}$.

解　$\displaystyle\int_{-1}^{\sqrt{3}} \frac{\mathrm{d}x}{1+x^2} = \big[\arctan x\big]_{-1}^{\sqrt{3}}$

$$= \arctan \sqrt{3} - \arctan(-1)$$

$$= \frac{\pi}{3} - \left(-\frac{\pi}{4}\right) = \frac{7}{12}\pi.$$

例 4.2.3 计算 $\int_{-2}^{-1} \dfrac{dx}{x}$.

解 $\int_{-2}^{-1} \dfrac{dx}{x} = \Big[\ln|x|\Big]_{-2}^{-1}$

$$= \ln|-1| - \ln|-2|$$

$$= -\ln 2.$$

例 4.2.4 计算 $\int_{0}^{\pi} \sin x\,dx$.

解 $\int_{0}^{\pi} \sin x\,dx = \big[-\cos x\big]_{0}^{\pi}$

$$= -\cos \pi + \cos 0$$

$$= -(-1) + 1 = 2.$$

这个例子的几何意义是：在区间 $[0, \pi]$ 上 $y = \sin x$ 与 $y = 0$ 所围图形面积是 2.

例 4.2.5 计算 $\int_{-1}^{3} |x-2|\,dx$.

解 $|x-2| = \begin{cases} 2-x, & x \leqslant 2 \\ x-2, & x > 2 \end{cases}$.

$$\int_{-1}^{3} |x-2|\,dx = \int_{-1}^{2}(2-x)\,dx + \int_{2}^{3}(x-2)\,dx$$

$$= \left[2x - \frac{x^2}{2}\right]_{-1}^{2} + \left[\frac{x^2}{2} - 2x\right]_{2}^{3}$$

$$= \left[4 - 2 + 2 + \frac{1}{2}\right] + \left[\frac{9}{2} - 6 - 2 + 4\right]$$

$$= 5.$$

下面再举一个应用式(4.2.3)的例子.

例 4.2.6 求 $\lim\limits_{x \to 0} \dfrac{\int_{\cos x}^{1} e^{-t^2}\,dt}{x^2}$.

解 易知这是一个 $\dfrac{0}{0}$ 型的未定式，我们应用洛必达法则来计算.

$$\lim_{x \to 0} \frac{\int_{\cos x}^{1} e^{-t^2}\,dt}{x^2} = \lim_{x \to 0} \frac{-e^{-\cos^2 x} \cdot (-\sin x)}{2x} = \frac{1}{2e}.$$

4.3　定积分的换元积分法和分部积分法

由 4.2 节结果知道，计算定积分 $\int_a^b f(x)\mathrm{d}x$ 的简便方法是把它转化为求 $f(x)$ 的原函数的增量. 知道用换元积分法和分部积分法可以求出一些函数的原函数，因此，在一定条件下，可以用换元积分法和分部积分法来计算定积分. 下面就来讨论定积分的这两种计算方法.

4.3.1　定积分的换元积分法

定理 4.3.1　设函数 $f(x)$ 在区间 $[a, b]$ 上连续，函数 $x = \varphi(t)$ 满足下列条件

(1)　$\varphi(\alpha) = a$，　$\varphi(\beta) = b$；

(2)　$\varphi(t)$ 在 $[\alpha, \beta]$ 或 $[\beta, \alpha]$ 上具有连续导数，且其值域 $R_\varphi \subset [a, b]$，那么有

$$\int_a^b f(x)\mathrm{d}x = \int_\alpha^\beta f[\varphi(t)]\varphi'(t)\mathrm{d}t. \tag{4.3.1}$$

式(4.3.1)为定积分的换元公式.

证明　设 $F(x)$ 是 $f(x)$ 的一个原函数，

$$\int_a^b f(x)\mathrm{d}x = F(b) - F(a).$$

设 $\Phi(t) = F[\varphi(t)]$，

$$\Phi'(t) = \frac{\mathrm{d}F}{\mathrm{d}x} \cdot \frac{\mathrm{d}x}{\mathrm{d}t} = f(x) \cdot \varphi'(t) = f[\varphi(t)]\varphi'(t)，$$

即 $\Phi(t)$ 是 $f[\varphi(t)]\varphi'(t)$ 的一个原函数.

$$\int_\alpha^\beta f[\varphi(t)]\varphi'\mathrm{d}t = \Phi(\beta) - \Phi(\alpha)，$$

由已知条件，$\varphi(\alpha) = a$，$\varphi(\beta) = b$

$$\Phi(\beta) - \Phi(\alpha) = F[\varphi(\beta)] - F[\varphi(\alpha)] = F(b) - F(a)，$$

$$\int_a^b f(x)\mathrm{d}x = F(b) - F(a) = \Phi(\beta) - \Phi(\alpha)$$

$$= \int_\alpha^\beta f[\varphi(t)]\varphi'(t)\mathrm{d}t.$$

注意：当 $\alpha > \beta$ 时，换元公式仍成立.

应用换元公式时应注意从下两点.

(1) 用 $x = \varphi(t)$ 把变量 x 换成新积分变量 t 时，积分限也相应地改变.

(2) 求出 $f[\varphi(t)]\varphi'(t)$ 的一个原函数 $\Phi(t)$ 后，不必像计算不定积分那样再把 $\phi(t)$ 变换成原变量 x 的函数，而只要把新变量 t 的上下限分别代入 $\Phi(t)$ 然后相减就行了.

例 4.3.1　计算 $\int_0^a \sqrt{a^2 - x^2}\mathrm{d}x$ $(a > 0)$.

解　设 $x = a\sin t$，则 $\mathrm{d}x = a\cos t\,\mathrm{d}t$，且当 $x = 0$ 时，$t = 0$；当 $x = a$ 时，$t = \frac{\pi}{2}$，

于是

$$\int_0^a \sqrt{a^2 - x^2}\,dx = a^2 \int_0^{\frac{\pi}{2}} \cos^2 t\,dt = \frac{a^2}{2} \int_0^{\frac{\pi}{2}} (1 + \cos 2t)\,dt$$

$$= \frac{a^2}{2} \left[t + \frac{1}{2}\sin 2t \right]_0^{\frac{\pi}{2}} = \frac{\pi a^2}{4}.$$

换元公式也可反过来使用，为使用方便起见，把换元公式中左右两边对调位置，同时把 t 改记为 x，而 x 改记为 t，得

$$\int_a^b f\left[\varphi(x)\right]\varphi'(x)dx = \int_\alpha^\beta f(t)dt.$$

即可用 $t = \varphi(x)$ 来引入新变量 t，而 $\alpha = \varphi(a)$，$\beta = \varphi(b)$。

例 4.3.2 计算 $\int_0^{\frac{\pi}{2}} \cos^5 x \sin x\,dx$.

解 设 $t = \cos x$，则 $dt = -\sin x dx$，且当 $x = 0$ 时，$t = 1$；当 $x = \frac{\pi}{2}$ 时，$t = 0$
于是

$$\int_0^{\frac{\pi}{2}} \cos^5 x \sin x\,dx = -\int_1^0 t^5 dt = \int_0^1 t^5 dt = \left[\frac{t^6}{6}\right]_0^1 = \frac{1}{6}.$$

在例 4.3.2 中，如果我们不明显地写出新变量 t，那么定积分的上、下限就不要变更，现在用这种记法计算如下：

$$\int_0^{\frac{\pi}{2}} \cos^5 x \sin x\,dx = -\int_0^{\frac{\pi}{2}} \cos^5 x\,d(\cos x).$$

$$= -\left[\frac{\cos^6 x}{6}\right]_0^{\frac{\pi}{2}} = -(0 - \frac{1}{6}) = \frac{1}{6}.$$

例 4.3.3 计算 $\int_{\frac{3}{4}}^1 \frac{1}{\sqrt{1-x}-1}\,dx$.

解 设 $\sqrt{1-x} = u$，则 $x = 1 - u^2$，$dx = -2u du$，且当 $x = \frac{3}{4}$ 时，$u = \frac{1}{2}$；当 $x = 1$ 时，$u = 0$.
于是

$$\int_{\frac{3}{4}}^1 \frac{1}{\sqrt{1-x}-1}\,dx = \int_{\frac{1}{2}}^0 \frac{-2u}{u-1}\,du = 2\int_0^{\frac{1}{2}} \frac{u-1+1}{u-1}\,du$$

$$= 2\int_0^{\frac{1}{2}} \left(1 + \frac{1}{u-1}\right)du$$

$$= 2\left[u + \ln|u-1|\right]_0^{\frac{1}{2}}$$

$$= 1 - 2\ln 2.$$

例 4.3.4　计算 $\int_0^\pi \sqrt{1+\cos 2x}\,\mathrm{d}x$.

解　由于 $\sqrt{1+\cos 2x}=\sqrt{2\cos^2 x}=\sqrt{2}\,|\cos x|$，在 $\left[0,\ \dfrac{\pi}{2}\right]$ 上，$|\cos x|=\cos x$，在 $\left[\dfrac{\pi}{2},\ \pi\right]$ 上，$|\cos x|=-\cos x$，所以

$$\int_0^\pi \sqrt{1+\cos 2x}\,\mathrm{d}x = \int_0^\pi \sqrt{2}\,|\cos x|\,\mathrm{d}x$$

$$= \sqrt{2}\left[\int_0^{\frac{\pi}{2}}\cos x\,\mathrm{d}x - \int_{\frac{\pi}{2}}^\pi \cos x\,\mathrm{d}x\right]$$

$$= \left[\sqrt{2}\sin x\right]_0^{\frac{\pi}{2}} - \left[\sqrt{2}\sin x\right]_{\frac{\pi}{2}}^\pi = 2\sqrt{2} .$$

例 4.3.5　计算 $\int_1^{e^2} \dfrac{1}{x\sqrt{1+\ln x}}\mathrm{d}x$.

解　$\int_1^{e^2} \dfrac{1}{x\sqrt{1+\ln x}}\mathrm{d}x = \int_1^{e^2} \dfrac{1}{\sqrt{1+\ln x}}\mathrm{d}(1+\ln x)$

$$= \left[2\sqrt{1+\ln x}\right]_1^{e^2} = 2(\sqrt{3}-1) .$$

例 4.3.6　证明

(1) 若 $f(x)$ 在 $[-a,\ a]$ 上连续且为偶函数，则

$$\int_{-a}^a f(x)\mathrm{d}x = 2\int_0^a f(x)\mathrm{d}x ;$$

(2) 若 $f(x)$ 在 $[-a,\ a]$ 上连续且为奇函数，则

$$\int_{-a}^a f(x)\mathrm{d}x = 0 .$$

证明

(1) 因为

$$\int_{-a}^a f(x)\mathrm{d}x = \int_{-a}^0 f(x)\mathrm{d}x + \int_0^a f(x)\mathrm{d}x ,$$

对积分 $\int_{-a}^0 f(x)\mathrm{d}x$ 作代换 $x=-t$，得

$$\int_{-a}^0 f(x)\mathrm{d}x = \int_a^0 f(-t)(-\mathrm{d}t) = \int_0^a f(t)\mathrm{d}t$$

$$= \int_0^a f(x)\mathrm{d}x ,$$

从而

$$\int_{-a}^a f(x)\mathrm{d}x = 2\int_0^a f(x)\mathrm{d}x .$$

(2) 令 $x=-t$，得

$$\int_{-a}^a f(x)\mathrm{d}x = \int_a^{-a} f(-t)(-\mathrm{d}t)$$

$$= -\int_{-a}^{a} \left[-f(t)\right](-\mathrm{d}t) = -\int_{-a}^{a} f(t)\mathrm{d}t$$

$$= -\int_{-a}^{a} f(x)\mathrm{d}x,$$

从而

$$\int_{-a}^{a} f(x)\mathrm{d}x = 0.$$

利用例 4.3.6 的结论，可以简化奇、偶函数在关于原点对称的区间的积分.

例 4.3.7　若 $f(x)$ 在 $[0, 1]$ 上连续，证明

(1) $\displaystyle\int_{0}^{\frac{\pi}{2}} f(\sin x)\mathrm{d}x = \int_{0}^{\frac{\pi}{2}} f(\cos x)\mathrm{d}x$；

(2) $\displaystyle\int_{0}^{\pi} x f(\sin x)\mathrm{d}x = \frac{\pi}{2}\int_{0}^{\pi} f(\sin x)\mathrm{d}x$，由此计算 $\displaystyle\int_{0}^{\pi} \frac{x\sin x}{1+\cos^2 x}\mathrm{d}x$.

证明

(1) 设 $x = \dfrac{\pi}{2} - t$，则 $\mathrm{d}x = -\mathrm{d}t$，且当 $x = 0$ 时，$t = \dfrac{\pi}{2}$；当 $x = \dfrac{\pi}{2}$ 时，$t = 0$.

于是

$$\int_{0}^{\frac{\pi}{2}} f(\sin x)\mathrm{d}x = -\int_{\frac{\pi}{2}}^{0} f\left[\sin(\frac{\pi}{2} - t)\right]\mathrm{d}t$$

$$= \int_{0}^{\frac{\pi}{2}} f(\cos t)\mathrm{d}t = \int_{0}^{\frac{\pi}{2}} f(\cos x)\mathrm{d}x$$

(2) 设 $x = \pi - t$，则 $\mathrm{d}x = -\mathrm{d}t$，且当 $x = 0$ 时，$t = \pi$；当 $x = \pi$ 时，$t = 0$.

于是

$$\int_{0}^{\pi} x f(\sin x)\mathrm{d}x = -\int_{\pi}^{0} (\pi - t) f\left[\sin(\pi - t)\right]\mathrm{d}t$$

$$= \int_{0}^{\pi} (\pi - t) f(\sin t)\mathrm{d}t$$

$$= \pi \int_{0}^{\pi} f(\sin t)\mathrm{d}t - \int_{0}^{\pi} t f(\sin t)\mathrm{d}t$$

$$= \pi \int_{0}^{\pi} f(\sin x)\mathrm{d}x - \int_{0}^{\pi} x f(\sin x)\mathrm{d}x.$$

所以

$$\int_{0}^{\pi} x f(\sin x)\mathrm{d}x = \frac{\pi}{2}\int_{0}^{\pi} f(\sin x)\mathrm{d}x.$$

利用上述结论，即得

$$\int_{0}^{\pi} \frac{x\sin x}{1+\cos^2 x}\mathrm{d}x = \frac{\pi}{2}\int_{0}^{\pi} \frac{\sin x}{1+\cos^2 x}\mathrm{d}x = -\frac{\pi}{2}\int_{0}^{\pi} \frac{\mathrm{d}(\cos x)}{1+\cos^2 x}$$

$$= -\frac{\pi}{2}\left[\arctan(\cos x)\right]_{0}^{\pi}$$

$$= -\frac{\pi}{2}\left(-\frac{\pi}{4} - \frac{\pi}{4}\right) = \frac{\pi^2}{4}.$$

4.3.2　定积分的分部积分法

设函数 $u=u(x)$ 与 $v=v(x)$ 在 $[a，b]$ 上有连续导数，则 $(uv)'=vu'+uv'$，即

$$uv'=(uv)'-vu'.$$

等式两端取 x 由 a 到 b 的积分，即得

$$\int_a^b uv'\mathrm{d}x=\left[uv\right]_a^b-\int_a^b vu'\mathrm{d}x，$$

或写为

$$\int_a^b u(x)\mathrm{d}v(x)=\left[u(x)v(x)\right]_a^b-\int_a^b v(x)\mathrm{d}u(x)，$$

这就是定积分的**分部积分公式**.

例 4.3.8　计算 $\int_1^2 \ln x\mathrm{d}x$.

解　$\displaystyle\int_1^2 \ln x\mathrm{d}x=\left[x\ln x\right]_1^2-\int_1^2 x\mathrm{d}\ln x$

$$=2\ln 2-\int_1^2 \mathrm{d}x=2\ln 2-\left[x\right]_1^2$$

$$=2\ln 2-1 .$$

例 4.3.9　计算 $\int_0^{\frac{1}{2}} \arcsin x\mathrm{d}x$.

解　$\displaystyle\int_0^{\frac{1}{2}} \arcsin x\mathrm{d}x=\left[x\arcsin x\right]_0^{\frac{1}{2}}-\int_0^{\frac{1}{2}} x\mathrm{d}\arcsin x$

$$=\frac{1}{2}\cdot\frac{\pi}{6}-\int_0^{\frac{1}{2}}\frac{x}{\sqrt{1-x^2}}\mathrm{d}x$$

$$=\frac{\pi}{12}+\left[\sqrt{1-x^2}\right]_0^{\frac{1}{2}}=\frac{\pi}{12}+\frac{\sqrt{3}}{2}-1 .$$

例 4.3.10　计算 $\int_0^1 \mathrm{e}^{\sqrt{x}}\mathrm{d}x$.

解　令 $\sqrt{x}=t$，$x=t^2$，$\mathrm{d}x=2t\mathrm{d}t$，当 $x=0$ 时，$t=0$，当 $x=1$ 时，$t=1$，于是

$$\int_0^1 \mathrm{e}^{\sqrt{x}}\mathrm{d}x=2\int_0^1 t\mathrm{e}^t\mathrm{d}t=2\int_0^1 t\mathrm{d}\mathrm{e}^t$$

$$=2\left(\left[t\mathrm{e}^t\right]_0^1-\int_0^1 \mathrm{e}^t\mathrm{d}t\right)=2\left(\mathrm{e}-\left[\mathrm{e}^t\right]_0^1\right)$$

$$=2[\mathrm{e}-(\mathrm{e}-1)]=2 .$$

例 4.3.11　证明定积分公式

$$I_n=\int_0^{\frac{\pi}{2}}\sin^n x\mathrm{d}x(=\int_0^{\frac{\pi}{2}}\cos^n x\mathrm{d}x)$$

$$=\begin{cases}\dfrac{n-1}{n}\cdot\dfrac{n-3}{n-2}\cdot\ \cdots\dfrac{3}{4}\cdot\dfrac{1}{2}\cdot\dfrac{\pi}{2}，& n\text{为正偶数}\\[3mm]\dfrac{n-1}{n}\cdot\dfrac{n-3}{n-2}\cdot\ \cdots\dfrac{4}{5}\cdot\dfrac{2}{3}，& n\text{为大于 }1\text{ 的正奇数}\end{cases}$$

证明　　　$I_n = \int_0^{\frac{\pi}{2}} \sin^{n-1} x \mathrm{d}(-\cos x)$

$$= \left[-\cos x \sin^{n-1} x \right]_0^{\frac{\pi}{2}} + \int_0^{\frac{\pi}{2}} \cos x \mathrm{d}(\sin^{n-1} x)$$

$$= (n-1) \int_0^{\frac{\pi}{2}} \cos^2 x \sin^{n-2} x \mathrm{d}x$$

$$= (n-1) \int_0^{\frac{\pi}{2}} (1 - \sin^2 x) \sin^{n-2} x \mathrm{d}x$$

$$= (n-1) \int_0^{\frac{\pi}{2}} \sin^{n-2} x \mathrm{d}x - (n-1) \int_0^{\frac{\pi}{2}} \sin^n x \mathrm{d}x$$

$$= (n-1) I_{n-2} - (n-1) I_n .$$

所以，

$$I_n = \frac{n-1}{n} I_{n-2} .$$

上式叫做积分 I_n 关于下标的递推公式，如果把 n 换成 $n-2$，就有

$$I_{n-2} = \frac{n-3}{n-2} I_{n-4} ,$$

于是我们就一直递推到下标为 0 或 1，

$$I_{2m} = \frac{2m-1}{2m} \cdot \frac{2m-3}{2m-2} \cdot \cdots \cdot \frac{3}{4} \cdot \frac{1}{2} \cdot I_0 ;$$

$$I_{2m+1} = \frac{2m}{2m+1} \cdot \frac{2m-2}{2m-1} \cdot \cdots \cdot \frac{4}{5} \cdot \frac{2}{3} I_1 ; \qquad (m=1, \ 2, \ \cdots)$$

又

$$I_0 = \int_0^{\frac{\pi}{2}} \sin^0 x \mathrm{d}x = \frac{\pi}{2} , \quad I_1 = \int_0^{\frac{\pi}{2}} \sin x \mathrm{d}x = 1$$

所以

$$I_{2m} = \int_0^{\frac{\pi}{2}} \sin^{2m} x \mathrm{d}x = \frac{2m-1}{2m} \cdot \frac{2m-3}{2m-2} \cdots \cdots \frac{3}{4} \cdot \frac{1}{2} \cdot \frac{\pi}{2} ,$$

$$I_{2m+1} = \int_0^{\frac{\pi}{2}} \sin^{2m+1} x \mathrm{d}x = \frac{2m}{2m+1} \cdot \frac{2m-2}{2m-1} \cdots \cdots \frac{4}{5} \cdot \frac{2}{3} , \qquad (m=1, \ 2, \ \cdots)$$

从而

$$I_n = \begin{cases} \dfrac{n-1}{n} \cdot \dfrac{n-3}{n-2} \cdots \cdots \dfrac{3}{4} \cdot \dfrac{1}{2} \cdot \dfrac{\pi}{2}, & \text{当} n \text{为正偶数} \\[3mm] \dfrac{n-1}{n} \cdot \dfrac{n-3}{n-2} \cdots \cdots \dfrac{4}{5} \cdot \dfrac{2}{3}, & \text{当} n \text{为正奇数} . \end{cases}$$

4.4　反　常　积　分

定积分 $\int_a^b f(x)\mathrm{d}x$ 中积分区间有限, 被积函数要求有界. 但在很多实际问题和理论研究中都要求去掉积分区间有限和被积函数有界的要求, 因此, 将积分区间推广到无穷区间, 得到无穷限的积分; 将有界函数推广到无界函数的情形, 得到无界函数的积分.

4.4.1　无穷限反常积分

定义 4.4.1　设函数 $f(x)$ 在区间 $[a,\ +\infty]$ 上连续, 如果极限

$$\lim_{t\to+\infty}\int_a^t f(x)\mathrm{d}x$$

存在, 那么称此极限为函数 $f(x)$ 在无穷区间 $[a,\ +\infty]$ 上的**反常积分**, 记作 $\int_a^{+\infty} f(x)\mathrm{d}x$, 即

$$\int_a^{+\infty} f(x)\mathrm{d}x = \lim_{t\to+\infty}\int_a^t f(x)\mathrm{d}x, \tag{4.4.1}$$

这时也称反常积分 $\int_a^{+\infty} f(x)\,\mathrm{d}x$ **收敛**, 如果上述极限不存在, 函数 $f(x)$ 在无穷区间 $[a,\ +\infty]$ 上的反常积分 $\int_a^{+\infty} f(x)\mathrm{d}x$ 就没有意义, 称**反常积分** $\int_a^{+\infty} f(x)\mathrm{d}x$ **发散**, 这时记号 $\int_a^{+\infty} f(x)\mathrm{d}x$ 不再表示数值了.

类似地, 设函数 $f(x)$ 在区间 $[-\infty,\ b]$ 上连续, 取 $t<b$, 如果极限

$$\lim_{t\to-\infty}\int_t^b f(x)\mathrm{d}x$$

存在, 则称此极限为函数 $f(x)$ 在无穷区间 $[-\infty,\ b]$ 上的反常积分, 记作 $\int_{-\infty}^b f(x)\mathrm{d}x$, 即

$$\int_{-\infty}^b f(x)\mathrm{d}x = \lim_{t\to-\infty}\int_t^b f(x)\mathrm{d}x \tag{4.4.2}$$

这时也称反常积分 $\int_{-\infty}^b f(x)\mathrm{d}x$ 收敛; 如果上述极限不存在, 就称反常积分 $\int_{-\infty}^b f(x)\mathrm{d}x$ 发散.

设函数 $f(x)$ 在区间 $[-\infty,\ +\infty]$ 上连续, 如果反常积分

$$\int_{-\infty}^0 f(x)\mathrm{d}x \text{ 和 } \int_0^{+\infty} f(x)\mathrm{d}x$$

都收敛, 则称上述两反常积分之和为函数 $f(x)$ 在无穷区间 $(-\infty,\ +\infty)$ 上的**反常积分**, 记作 $\int_{-\infty}^{+\infty} f(x)\mathrm{d}x$, 即

$$\int_{-\infty}^{+\infty} f(x)\mathrm{d}x = \int_{-\infty}^0 f(x)\mathrm{d}x + \int_0^{+\infty} f(x)\mathrm{d}x$$

$$= \lim_{t\to-\infty}\int_t^0 f(x)\mathrm{d}x + \lim_{t\to+\infty}\int_0^t f(x)\mathrm{d}x. \tag{4.4.3}$$

这时也称反常积分 $\int_{-\infty}^{+\infty} f(x)\mathrm{d}x$ 收敛；否则就称反常积分 $\int_{-\infty}^{+\infty} f(x)\mathrm{d}x$ 发散.

上述反常积分统称为无穷限反常积分.

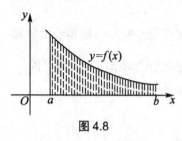

图 4.8

反常积分的几何意义是明显的，如当 $f(x) \geqslant 0$ 时，反常积分 $\int_{a}^{+\infty} f(x)\mathrm{d}x$ 在几何上表示由曲线 $y = f(x)$，$x = a$，$x = b$ $(a < b)$ 与 x 轴所围的有限曲边梯形的面积，当 $b \to +\infty$，时的极限，当该极限存在时，说明曲线下无界区域具有有限的面积(图 4.8)；当极限不存在时，说明曲线下无界区域的面积是无穷.

例 4.4.1 证明反常积分 $\int_{a}^{+\infty} \dfrac{\mathrm{d}x}{x^{p}}(a > 0)$，当 $p > 1$ 时收敛；当 $p \leqslant 1$ 时发散.

证明 取 $b > a$.

(1) $p = 1$ 时.

$$\int_{a}^{b} \frac{1}{x^{p}}\mathrm{d}x = \int_{a}^{b} \frac{1}{x}\mathrm{d}x = \left[\ln x\right]_{a}^{b} = \ln b - \ln a,$$

因为 $\lim\limits_{b \to +\infty} \ln b = +\infty$，所以 $\int_{a}^{b} \dfrac{1}{x^{p}}\mathrm{d}x$ 发散.

(2) $p \neq 1$ 时，$\int_{a}^{b} \dfrac{1}{x^{p}}\mathrm{d}x = \left[\dfrac{1}{1-p} x^{-p+1}\right]_{a}^{b} = \dfrac{1}{1-p}(b^{-p+1} - a^{-p+1})$；

$p > 1$ 时，$\lim\limits_{b \to +\infty} \dfrac{1}{1-p}(b^{-p+1} - a^{-p+1}) = \dfrac{a^{-p+1}}{p-1}$；

$p < 1$ 时，$\lim\limits_{b \to +\infty} \dfrac{1}{1-p}(b^{-p+1} - a^{-p+1}) = +\infty$.

综上，当 $p > 1$ 时，反常积分 $\int_{a}^{+\infty} \dfrac{1}{x^{p}}\mathrm{d}x(a > 0)$ 收敛，其值为 $\dfrac{a^{1-p}}{p-1}$；当 $p \leqslant 1$ 时，反常积分 $\int_{a}^{+\infty} \dfrac{1}{x^{p}}\mathrm{d}x(a > 0)$ 发散.

若 $F(x)$ 是 $f(x)$ 的一个原函数，分别记

$$\lim\limits_{x \to +\infty} F(x) = F(+\infty)，\quad \lim\limits_{x \to -\infty} F(x) = F(-\infty)，$$

这样

$$\int_{a}^{+\infty} f(x)\mathrm{d}x = \left[F(x)\right]_{a}^{+\infty} = F(+\infty) - F(a)，\tag{4.4.4}$$

$$\int_{-\infty}^{b} f(x)\mathrm{d}x = \left[F(x)\right]_{-\infty}^{b} = F(b) - F(-\infty)\tag{4.4.5}$$

$$\int_{-\infty}^{+\infty} f(x)\mathrm{d}x = \left[F(x)\right]_{-\infty}^{+\infty} = F(+\infty) - F(-\infty)\tag{4.4.6}$$

式(4.4.6)~(4.4.8)称为无穷限形式的牛顿—莱布尼茨公式.

例 4.4.2 计算反常积分 $\int_{-\infty}^{+\infty} \dfrac{\mathrm{d}x}{1+x^2}$.

解

$$\int_{-\infty}^{+\infty} \frac{\mathrm{d}x}{1+x^2} = \left[\arctan x\right]_{-\infty}^{+\infty}$$

$$= \lim_{x\to+\infty}\arctan x - \lim_{x\to-\infty}\arctan x$$

$$= \frac{\pi}{2} - \left(-\frac{\pi}{2}\right) = \pi.$$

这个反常积分值的几何意义是：当 $a\to-\infty$、$b\to+\infty$ 时，虽然图 4.9 中阴影部分向左、右无限延伸，但其面积却有极限值 π.简单地说，它是位于曲线 $y=\dfrac{1}{1+x^2}$ 的下方，x 轴上方的图形面积.

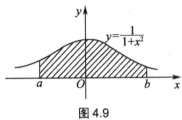

图 4.9

例 4.4.3 计算 $\int_0^{+\infty} t\mathrm{e}^{-t}\mathrm{d}t$.

解

$$\int_0^{+\infty} t\mathrm{e}^{-t}\mathrm{d}t = \lim_{b\to+\infty}\int_0^b t\mathrm{e}^{-t}\mathrm{d}t$$

$$= \lim_{b\to+\infty}\int_0^b t\mathrm{d}(-\mathrm{e}^{-t})$$

$$= \lim_{b\to+\infty}\left\{\left[-t\mathrm{e}^{-t}\right]_0^b + \int_0^b \mathrm{e}^{-t}\mathrm{d}t\right\}$$

$$= \lim_{b\to+\infty}\left\{(-b\mathrm{e}^{-b}) - \left[\mathrm{e}^{-t}\right]_0^b\right\}$$

$$= \lim_{b\to+\infty}(-b\mathrm{e}^{-b} - \mathrm{e}^{-b} + 1) = 1.$$

4.4.2 无界函数的反常积分

定义 4.4.2 设函数 $f(x)$ 在 $(a, b]$ 上连续，而在点 a 的右邻域内无界.取 $\varepsilon>0$，如果极限

$$\lim_{\varepsilon\to0^+}\int_{a+\varepsilon}^b f(x)\mathrm{d}x$$

存在，那么称此极限为函数 $f(x)$ 在 $(a, b]$ 上的反常积分，仍然记作 $\int_a^b f(x)\mathrm{d}x$，即

$$\int_a^b f(x)\mathrm{d}x = \lim_{\varepsilon\to0^+}\int_{a+\varepsilon}^b f(x)\mathrm{d}x. \tag{4.4.7}$$

这时也称反常积分 $\int_a^b f(x)\mathrm{d}x$ **收敛**.如果上述极限不存在，就称**反常积分** $\int_a^b f(x)\mathrm{d}x$ **发散**.

类似地，设函数 $f(x)$ 在 $[a, b)$ 上连续，而在点 b 的左邻内无界.取 $\varepsilon>0$，如果极限

$$\lim_{\varepsilon \to 0^+} \int_a^{b-\varepsilon} f(x)\mathrm{d}x$$

存在，则定义

$$\int_a^b f(x)\mathrm{d}x = \lim_{\varepsilon \to 0^+} \int_a^{b-\varepsilon} f(x)\mathrm{d}x \ ,$$

否则，就称**反常积分** $\int_a^b f(x)\mathrm{d}x$ **发散**.

设函数 $f(x)$ 在 $[a, b]$ 上除点 c $(a < c < b)$ 外连续，而在点 c 的邻域内无界. 如果两个反常积分

$$\int_a^c f(x)\mathrm{d}x 与 \int_c^b f(x)\mathrm{d}x$$

都收敛，则反常积分 $\int_a^b f(x)\mathrm{d}x$ 收敛，定义

$$\int_a^b f(x)\mathrm{d}x = \int_a^c f(x)\mathrm{d}x + \int_c^b f(x)\mathrm{d}x$$

$$= \lim_{\varepsilon \to 0^+} \int_a^{c-\varepsilon} f(x)\mathrm{d}x + \lim_{\varepsilon' \to 0^+} \int_{c+\varepsilon'}^b f(x)\mathrm{d}x \ , \tag{4.4.8}$$

否则，就称反常积分 $\int_a^b f(x)\mathrm{d}x$ 发散.

如果函数 $f(x)$ 在点 c 的邻域内无界，那么称 c 为函数 $f(x)$ 的**瑕点**，由此，上述反常积分也称为**瑕积分**.

设 a 是 $f(x)$ 的一个瑕点，$F(x)$ 是 $f(x)$ 的一个原函数，反常积分 $\int_a^b f(x)\mathrm{d}x$ 收敛时有

$$\int_a^b f(x)\mathrm{d}x = F(b) - F(a^+) \ ,$$

记为 $\int_a^b f(x)\mathrm{d}x = \big[F(x)\big]_a^b$；当反常积分 $\int_a^b f(x)\mathrm{d}x$ 发散时，$\lim_{\varepsilon \to 0^+} \int_{a+\varepsilon}^b f(x)\mathrm{d}x$ 不存在，这种形式也记作

$$\int_a^b f(x)\mathrm{d}x = \big[F(x)\big]_a^b \ . \tag{4.4.9}$$

式(4.4.9)称为无界函数形式的牛顿-莱布尼茨公式，其他两种情况也有类似的形式公式.

例 4.4.4　计算反常积分

$$\int_0^a \frac{\mathrm{d}x}{\sqrt{a^2 - x^2}} \ (a > 0) .$$

解　因为

$$\lim_{x \to a^-} \frac{1}{\sqrt{a^2 - x^2}} = +\infty \ ,$$

所以点 a 是瑕点，于是

$$\int_0^a \frac{\mathrm{d}x}{\sqrt{a^2 - x^2}} = \left[\arcsin \frac{x}{a}\right]_0^a = \lim_{x \to a^-} \arcsin \frac{x}{a} - 0 = \frac{\pi}{2} .$$

这个反常积分值的几何意义是：位于曲线 $y = \dfrac{1}{\sqrt{a^2 - x^2}}$ 之

下，x 轴之上，直线 $x = 0$ 与 $x = a$ 之间的图形面积(图 4.10).

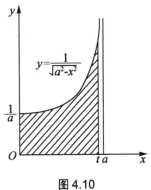

图 4.10

例 4.4.5　讨论反常积分 $\displaystyle\int_{-1}^{1} \dfrac{\mathrm{d}x}{x^2}$ 的收敛性.

解　被积函数 $f(x) = \dfrac{1}{x^2}$ 在积分区间 $[-1, 1]$ 上除 $x = 0$ 外连

续，且 $\displaystyle\lim_{x \to 0} \dfrac{1}{x^2} = \infty$.

由于

$$\int_{-1}^{0} \frac{\mathrm{d}x}{x^2} = \left[-\frac{1}{x} \right]_{-1}^{0} = \lim_{x \to 0^-} \left(-\frac{1}{x} \right) - 1 = +\infty ,$$

即反常积分 $\displaystyle\int_{-1}^{0} \dfrac{\mathrm{d}x}{x^2}$ 发散，所以反常积分 $\displaystyle\int_{-1}^{1} \dfrac{\mathrm{d}x}{x^2}$ 发散.

注意： 如果疏忽了 $x = 0$ 是被积函数的瑕点，就会得到错误结果以下的

$$\int_{-1}^{1} \frac{\mathrm{d}x}{x^2} = \left[-\frac{1}{x} \right]_{-1}^{1} = -1 - 1 = -2 .$$

例 4.4.6　证明反常积分 $\displaystyle\int_{0}^{1} \dfrac{1}{x^q} \mathrm{d}x$ ，当 $0 < q < 1$ 时收敛；当 $q \geqslant 1$ 时发散.

证明　$q > 0$ 时，$\displaystyle\lim_{x \to 0^+} \dfrac{1}{x^q} = +\infty$ ，因此，$x = 0$ 是被积函数的瑕点.

$q = 1$ 时，$\displaystyle\int_{0}^{1} \dfrac{1}{x^q} \mathrm{d}x = \int_{0}^{1} \dfrac{1}{x} \mathrm{d}x = \left[\ln x \right]_{0}^{1} = 0 - (-\infty) = +\infty$ ；

$q \neq 1$ 时，$\displaystyle\int_{0}^{1} \dfrac{1}{x^q} \mathrm{d}x = \left[\dfrac{1}{1-q} x^{1-q} \right]_{0}^{1} = \begin{cases} \dfrac{1}{1-q}, & q < 1 \\ +\infty, & q > 1 \end{cases}$.

因此，当 $0 < q < 1$ 时反常积分收敛，其值为 $\dfrac{1}{1-q}$ ；当 $q \geqslant 1$ 时反常积分发散.

4.5　定积分的应用

定积分的应用范围极为广泛，在自然科学与工程技术中有许多问题，最后往往要归结为定积分的问题.

4.5.1　定积分的元素法

在定积分的应用中，经常采用所谓的元素法. 为了说明这种方法，先回顾一下计算曲边梯形面积的方法.

设曲边梯形的曲边 $y = f(x)$ ，$f(x) \geqslant 0$ 在底 $[a, b]$ 区间上连续，则曲边梯形的面积 A 表示为定积分.

$$A = \int_a^b f(x)\mathrm{d}x.$$

我们当时按 4 个步骤进行.

(1) 用任意一组分点把区间$[a, b]$分成长度为$\Delta x_i (i = 1, 2, \cdots, n)$的$n$个小区间, 相应地把曲边梯形分成$n$个窄曲边梯形, 第$i$个窄曲边梯形的面积为$\Delta A_i$ $(i = 1, 2, \cdots, n)$, 于是

$$A = \sum_{i=1}^{n} \Delta A_i.$$

(2) 计算ΔA_i的近似值

$$\Delta A_i \approx f(\xi_i)\Delta x_i \quad (x_{i-1} \leqslant \xi_i \leqslant x_i).$$

(3) 求和, 得A的近似值

$$A \approx \sum_{i=1}^{n} f(\xi_i)\Delta x_i.$$

(4) 求极限, 得

$$A = \lim_{\lambda \to 0} \sum_{i=1}^{n} f(\xi_i)\Delta x_i = \int_a^b f(x)\mathrm{d}x.$$

一般地, 如果某一实际问题中的所求量U符合下列条件:

(1) U是与某一个变量x的变化区间$[a, b]$有关的量;

(2) U对于区间$[a, b]$具有可加性, 就是说, 如果把区间$[a, b]$分成许多部分区间, 则U相应的分成许多部分量, 而U等于所有部分量之和;

(3) 部分量ΔU_i的近似值可表示为$f(\xi_i)\Delta x_i$. 那么就可考虑用定积分来表示U, 通常写出这个量U的积分表达式的步骤如下.

①选取一个变量例如x为积分变量, 并确定它的变化区间$[a, b]$.

②设想将区间$[a, b]$分成n个小区间, 从中任意取一个小区间并记作$[x, x + \mathrm{d}x]$, 求出相应于这个小区间的部分量ΔU的近似值, 并将近似值记为

$$\mathrm{d}U = f(x)\mathrm{d}x,$$

其中, $f(x)$为$[a, b]$上的连续函数. $\mathrm{d}U = f(x)\mathrm{d}x$称为$U$的元素.

以所求量U的元素$f(x)\mathrm{d}x$为被积表达式在区间$[a, b]$上作定积分, 得

$$U = \int_a^b f(x)\mathrm{d}x.$$

这个方法通常叫做**元素法**.

下面我们利用这种方法来讨论几何和经济中的一些问题.

4.5.2　定积分的几何应用

1. 平面图形的面积

1) 直角坐标情形

(1) 由$x = a$, $x = b$, $y = f(x)$, $y = g(x)$ $(g(x) \leqslant f(x)$, $x \in [a, b])$, 所围平面图形如图 4.11 所示, 求其面积A.

在$[a, b]$上任取位于$[x, x + \mathrm{d}x]$区间上的部分图形, 把截取的部分图形的面积用长方形面积近似计算, 这个长方形的长为$f(x) - g(x)$, 宽为$\mathrm{d}x$, 面积的近似值为

$$\Delta A \approx [f(x) - g(x)]\mathrm{d}x,$$

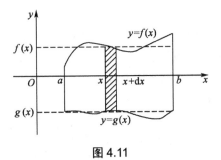

图 4.11

即

$$\mathrm{d}A = \left[f(x) - g(x)\right]\mathrm{d}x.$$

把上式从 a 到 b 积分，即得

$$A = \int_a^b \left[f(x) - g(x)\right]\mathrm{d}x. \tag{4.5.1}$$

如果 $f(x)$，$g(x)$ 的大小不能确定，则平面图形的面积公式为

$$A = \int_a^b \left|f(x) - g(x)\right|\mathrm{d}x, \tag{4.5.2}$$

如图 4.12 所示.

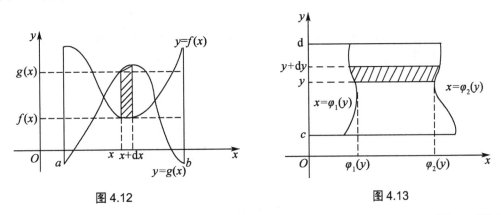

图 4.12　　　　　　　　　　　　　　　　图 4.13

(2) 由 $y = c$，$y = d$，$x = \varphi_1(y)$，$x = \varphi_2(y)$（$\varphi_1(y) \leqslant \varphi_2(y)$，$y \in [c, d]$）所围平面图形如图 4.13 所示. 仿照前面的讨论可得面积计算公式

$$A = \int_c^d \left[\varphi_2(y) - \varphi_1(y)\right]\mathrm{d}y. \tag{4.5.3}$$

如果 $\varphi_1(y)$，$\varphi_2(y)$ 大小不能确定，则平面图形的面积公式为

$$A = \int_c^d \left|\varphi_2(y) - \varphi_1(y)\right|\mathrm{d}y. \tag{4.5.4}$$

例 4.5.1　计算由两条抛物线：$y^2 = x$，$y = x^2$ 所围成的图形的面积.

解　这两条抛物线所围成的图形如图 4.14 所示，求交点，解方程组

$$\begin{cases} y^2 = x \\ y = x^2 \end{cases}$$

得到两个解

$$x=0，\quad y=0 \text{ 及 } x=1，\quad y=1,$$

即这两条抛物线的交点为(0，0)及(1，1).

取 x 为积分变量，它的变化区间为[0，1].

面积元素 $\mathrm{d}A=\left(\sqrt{x}-x^2\right)\mathrm{d}x$

$$A=\int_0^1\left(\sqrt{x}-x^2\right)\mathrm{d}x=\left[\frac{2}{3}x^{\frac{3}{2}}-\frac{x^3}{3}\right]_0^1=\frac{1}{3}.$$

例 4.5.2 求椭圆 $\dfrac{x^2}{a^2}+\dfrac{y^2}{b^2}=1$ 所围成的图形的面积.

解 如图 4.15 所示.由对称性得

$$A=4A_1,$$

其中 A_1 为该椭圆在第一象限部分与两坐标轴所围图形的面积.

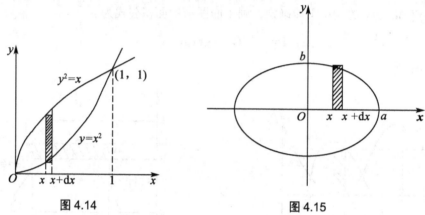

图 4.14　　　　　　　　　图 4.15

方法一：$A=4A_1=4\displaystyle\int_0^a\frac{b}{a}\sqrt{a^2-x^2}\mathrm{d}x\xrightarrow{x=a\sin t}4b\int_0^{\frac{\pi}{2}}a\cos^2 t\mathrm{d}t=\pi ab.$

方法二：利用椭圆的参数方程

$$\begin{cases}x=a\cos t\\ y=b\sin t\end{cases},$$

当 x 由 0 变到 a 时，t 由 $\dfrac{\pi}{2}$ 变到 0，所以

$$A=4A_1=4\int_0^a y\mathrm{d}x=4\int_{\frac{\pi}{2}}^0 b\sin t(-a\sin t)\mathrm{d}t=-4ab\int_{\frac{\pi}{2}}^0\sin^2 t\mathrm{d}t=\pi ab.$$

例 4.5.3 计算抛物线 $y^2=2x$ 与直线 $y=x-4$ 所围成的图形的面积.

解 这个图形如图 4.16 所示.为了定出这图形所在的范围，先求出所给抛物线和直线的交点.

解方程组

$$\begin{cases}y^2=2x\\ y=x-4\end{cases}$$

得交点$(2，-2)$和$(8，4)$，从而知道这图形在直线 $y=-2$ 及 $y=4$ 之间.

现在，选取纵坐标 y 为积分变量，它的变化区间为$[-2，4]$(读者可以思考一下，取横坐标 x 为积分变量，有什么不方便的地方). 相应于$[-2，4]$上任一小区间$[y，y+\mathrm{d}y]$的窄条面积近似于高为 $\mathrm{d}y$、底为 $(y+4)-\dfrac{1}{2}y^2$ 的窄矩形的面积，从而得到面积元素

$$\mathrm{d}A=\left(y+4-\frac{1}{2}y^2\right)\mathrm{d}y.$$

以 $\left(y+4-\dfrac{1}{2}y^2\right)\mathrm{d}y$ 为被积表达式，在闭区间$[-2，4]$上作定积分，便得所求的面积为

$$A=\int_{-2}^{4}(y+4-\frac{1}{2}y^2)\mathrm{d}y$$
$$=\left[\frac{y^2}{2}+4y-\frac{y^3}{6}\right]_{-2}^{4}$$
$$=18.$$

由例 4.5.3 我们可以看到，积分变量选得适当，就可使计算方便.

2) 极坐标情形

设在极坐标系下，一平面图形由曲线 $\rho=\rho(\theta)$ 及射线 $\theta=\alpha$，$\theta=\beta(\alpha<\beta)$ 围成(称这样的图形为曲边扇形)，其中，$\rho(\theta)$ 在$[\alpha，\beta]$上连续.下面求这曲边扇形的面积.

如图 4.17 所示，取 θ 为积分变量，则 $\theta\in[\alpha，\beta]$，在$[\alpha，\beta]$上任取一小区间 $[\theta，\theta+\mathrm{d}\theta]$

因 $\rho(\theta)$ 连续，所以相应的小曲边扇形的面积可用半径为 $\rho(\theta)$，圆心角为 $\mathrm{d}\theta$ 的圆扇形的面积近似代替. 面积元素

$$\mathrm{d}A=\frac{1}{2}\rho^2(\theta)\mathrm{d}\theta，$$

于是所求曲边扇形的面积

$$A=\frac{1}{2}\int_{\alpha}^{\beta}\rho^2(\theta)\mathrm{d}\theta. \tag{4.5.5}$$

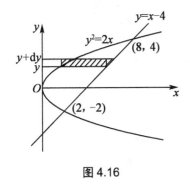

图 4.16   图 4.17

例 4.5.4 计算阿基米德螺线

$$\rho=a\theta \quad (a>0)$$

上相应于 θ 从0 变到 2π 的一段弧与极轴所围成的图形的面积如图 4.18 所示.

解　θ 的变化区间为 $[0，2\pi]$，在 $[0，2\pi]$ 上任取一小区间 $[\theta，\theta+\mathrm{d}\theta]$，相应的窄曲边扇形的面积元素

$$\mathrm{d}A = \frac{1}{2}(a\theta)^2\mathrm{d}\theta$$

所求面积为

$$A = \frac{1}{2}\int_0^{2\pi}a^2\theta^2\mathrm{d}\theta = \frac{a^2}{2}\left[\frac{\theta^3}{3}\right]_0^{2\pi} = \frac{4}{3}a^2\pi^3.$$

例 4.5.5　计算心形线 $\rho = a(1+\cos\theta)$　$(a>0)$ 所围成的图形的面积.

解　如图 4.19 所示. 这个图形关于极轴对称，所求面积是极轴以上部分图形面积 A_1 的两倍.

对于极轴以上部分的图形，θ 的变化区间为 $[0，\pi]$，面积元素

$$\mathrm{d}A = \frac{1}{2}a^2(1+\cos\theta)^2\mathrm{d}\theta，$$

于是

$$\begin{aligned}
A_1 &= \int_0^{\pi}\frac{1}{2}a^2(1+\cos\theta)^2\mathrm{d}\theta \\
&= \frac{a^2}{2}\int_0^{\pi}(1+2\cos\theta+\cos^2\theta)\mathrm{d}\theta \\
&= \frac{a^2}{2}\int_0^{\pi}\left(\frac{3}{2}+2\cos\theta+\frac{1}{2}\cos2\theta\right)\mathrm{d}\theta \\
&= \frac{a^2}{2}\left[\frac{3}{2}\theta+2\sin\theta+\frac{1}{4}\sin2\theta\right]_0^{\pi} = \frac{3}{4}\pi a^2，
\end{aligned}$$

所求面积为

$$A = 2A_1 = \frac{3}{2}\pi a^2.$$

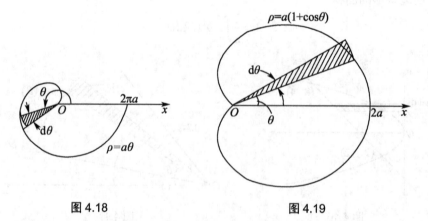

图 4.18　　　　　　　　　　图 4.19

2. 立体的体积

1) 平行截面面积为已知的立体的体积

如图 4.20 所示. 设一物体位于过点 $x=a$，$x=b$ 且垂直于 x 轴的两个平面之间，用任

意垂直于 x 轴的平面截该物体,所得截面面积为 $A(x)$,假定 $A(x)$ 为 x 的已知的连续函数,取 x 为积分变量,它的变化区间为$[a,b]$;立体中相应于$[a,b]$上任一小区间$[x,x+dx]$的一薄片的体积,近似于底面积为 $A(x)$,高为 dx 的扁柱体的体积,即体积元素

$$dV = A(x)dx,$$

则所求立体的体积为

$$V = \int_a^b A(x)dx. \tag{4.5.6}$$

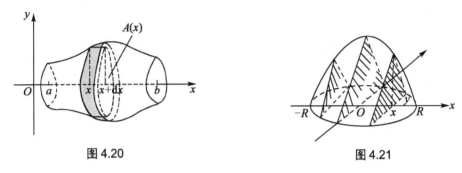

图 4.20   图 4.21

例 4.5.6 计算底面是半径为 R 的圆,而垂直于底面上一条固定直径的所有截面都是等边三角形的立体体积,如图 4.21 所示.

解 底面圆的方程为

$$x^2 + y^2 = R^2,$$

过 x 轴上点 x 作垂直于 x 轴的截面,截面是边长为 $2\sqrt{R^2 - x^2}$ 的正三角形,其高为

$$2\sqrt{R^2 - x^2} \cdot \frac{\sqrt{3}}{2},$$

截面面积

$$A(x) = \frac{1}{2} \cdot 2\sqrt{R^2 - x^2} \cdot \sqrt{3} \cdot \sqrt{R^2 - x^2}$$
$$= \sqrt{3}(R^2 - x^2),$$

则体积

$$V = \int_{-R}^{R} A(x)dx = \int_{-R}^{R} \sqrt{3}(R^2 - x^2)dx$$
$$= 2\int_0^R \sqrt{3}(R^2 - x^2)dx = 2\sqrt{3}\left[R^2 x - \frac{1}{3}x^3\right]_0^R = \frac{4}{3}\sqrt{3}R^3.$$

2) 旋转体的体积

旋转体就是由一个平面图形绕这平面内一条直线旋转一周而成的立体,这直线称**旋转轴**,圆锥、圆柱、圆台、球体可以分别看成是由直角三角形绕它的一条直角边、矩形绕它的一条边、直角梯形绕它的直角腰、半圆绕它的直径旋转一周而成的立体,所以它们都是旋转体.

上述旋转体都可以看作是由连续曲线 $y = f(x)$、直线 $x = a$,$x = b$ 及 x 轴所围成的曲边梯形绕 x 轴旋转一周而成的立体,现在我们用定积分来计算这种旋转体的体积.

过$[a,b]$内任意点 x,用垂直于 x 轴的平面截旋转体,所得截面面积 $A(x) = \pi f^2(x)$,如

图 4.22 所示，根据平行截面面积为已知的立体的体积的计算方法，旋转体的体积

$$V = \int_a^b \pi \left[f(x) \right]^2 \mathrm{d}x \tag{4.5.7}$$

类似地，如果旋转体是由连续曲线 $x = \varphi(y)$，直线 $y = c, y = d$，及 y 轴所围成的曲边梯形绕 y 轴旋转一周而成的立体，如图 4.23 所示，旋转体的体积为

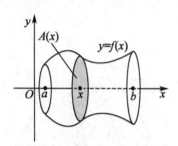

图 4.22　　　　　　　　　　　　　　　　**图 4.23**

$$V = \int_c^d \pi \left[\varphi(y) \right]^2 \mathrm{d}y. \tag{4.5.8}$$

例 4.5.7　计算由椭圆

$$\frac{x^2}{a^2} + \frac{y^2}{b^2} = 1$$

所围成的图形绕 x 轴旋转一周而成的旋转椭球体的体积.

解　如图 4.24 所示，取 x 为积分变量，则 $x \in [-a, a]$，过 $[-a, a]$ 上任一点 x，作垂直于 x 轴的平面，得截面面积 $A(x) = \pi y^2(x)$. 于是体积

$$
\begin{aligned}
V &= \int_{-a}^a A(x)\mathrm{d}x = \int_{-a}^a \pi y^2(x)\mathrm{d}x \\
&= 2\int_0^a \pi y^2(x)\mathrm{d}x = 2\pi \frac{b^2}{a^2} \int_0^a (a^2 - x^2)\mathrm{d}x \\
&= 2\pi \frac{b^2}{a^2} \left[a^2 x - \frac{1}{3}x^3 \right]_0^a = \frac{4}{3}\pi ab^2.
\end{aligned}
$$

例 4.5.8　求星形线 $x = a\cos^3 t$，$y = a\sin^3 t$ 所围成的图形绕 x 轴旋转而成的旋转体的体积.

解　由于图形关于两个坐标轴对称，所以所求旋转体的体积是位于第一象限部分图形绕 x 轴旋转而成的旋转体体积的 2 倍，如图 4.25 所示.

由旋转体体积公式

$$
\begin{aligned}
V &= 2\int_0^a \pi y^2 \mathrm{d}x = 2\pi \int_{\frac{\pi}{2}}^0 a^2 \sin^6 t \cdot 3a\cos^2 t(-\sin t)\mathrm{d}t \\
&= 6\pi a^3 \int_0^{\frac{\pi}{2}} \left(\sin^7 t - \sin^9 t \right) \mathrm{d}t \\
&= 6\pi a^3 \left(\frac{6}{7} \cdot \frac{4}{5} \cdot \frac{2}{3} - \frac{8}{9} \cdot \frac{6}{7} \cdot \frac{4}{5} \cdot \frac{2}{3} \right) = \frac{32}{105}\pi a^3.
\end{aligned}
$$

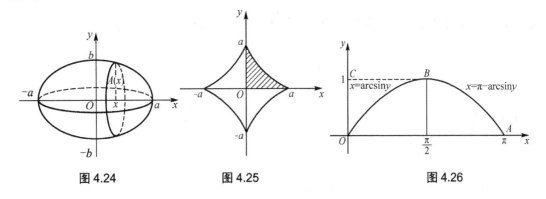

图 4.24　　　　　　　图 4.25　　　　　　　图 4.26

例 4.5.9　求曲线 $y = \sin x$ $(0 \leqslant x \leqslant \pi)$ 及 x 轴所围成的图形绕 y 轴旋转所成的旋转体的体积.

解　如图 4.26 所示.

将原曲线弧 $y = \sin x$ $(0 \leqslant x \leqslant \pi)$ 分成左、右两条曲线弧，其方程分别表示成 $x = \arcsin y$，$x = \pi - \arcsin y$. 所得旋转体的体积可以看成平面图形 $OABC$ 和 OBC 分别绕 y 轴旋转所成的旋转体的体积之差. 利用旋转体体积公式

$$
\begin{aligned}
V &= \pi \int_0^1 \left[(\pi - \arcsin y)^2 - (\arcsin y)^2 \right] \mathrm{d}y \\
&= \pi \int_0^1 \left(\pi^2 - 2\pi \arcsin y \right) \mathrm{d}y \\
&= \pi^3 - 2\pi^2 \left\{ \left[y \arcsin y \right]_0^1 - \int_0^1 \frac{y}{\sqrt{1-y^2}} \mathrm{d}y \right\} \\
&= \pi^3 - 2\pi^2 \left\{ \frac{\pi}{2} + \left[\sqrt{1-y^2} \right]_0^1 \right\} \\
&= 2\pi^2.
\end{aligned}
$$

3．平面曲线的弧长

(1) 考虑曲线弧由参数方程形式给出的情形.

设曲线的参数方程为

$$
\begin{cases} x = \varphi(t) \\ y = \psi(t) \end{cases} (\alpha \leqslant t \leqslant \beta),
$$

其中 $\varphi(t)$，$\psi(t)$ 在 $[\alpha,\ \beta]$ 上具有连续导数. 弧长元素(弧微分)

$$
\mathrm{d}s = \sqrt{(\mathrm{d}x)^2 + (\mathrm{d}y)^2} = \sqrt{[\varphi'(t)]^2 + [\psi'(t)]^2} \mathrm{d}t,
$$

于是所求弧长为

$$
s = \int_\alpha^\beta \sqrt{[\varphi'(t)]^2 + [\psi'(t)]^2} \mathrm{d}t.
$$

(2) 曲线弧由直角坐标方程给出的情形.

当曲线弧由直角坐标方程

$$
y = f(x) \quad (a \leqslant x \leqslant b)
$$

给出，其中 $f(x)$ 在 $[a, b]$ 上具有一阶连续导数，这时曲线弧参数方程为

$$\begin{cases} x = x \\ y = f(x) \end{cases} (a \leqslant x \leqslant b) ,$$

所求弧长为

$$s = \int_a^b \sqrt{1 + y'^2}\, \mathrm{d}x .$$

4. 曲线弧由极坐标方程给出的情形

设曲线弧由极坐标方程

$$\rho = \rho(\varphi) \quad (\alpha \leqslant \varphi \leqslant \beta)$$

给出，其中 $\rho(\varphi)$ 在 $[\alpha, \beta]$ 上具有连续导数，则可将其用参数方程表示为

$$x = \rho(\varphi)\cos\varphi , \quad y = \rho(\varphi)\sin\varphi ,$$

于是得极坐标系中曲线的弧长公式

$$s = \int_\alpha^\beta \sqrt{x'^2(\varphi) + y'^2(\varphi)}\, \mathrm{d}\varphi = \int_\alpha^\beta \sqrt{\rho^2(\varphi) + \rho'^2(\varphi)}\, \mathrm{d}\varphi .$$

例 4.5.10　计算曲线 $y = \dfrac{2}{3}x^{\frac{3}{2}}$ 上相应于 x 从 a 到 b 的一段弧(图 4.27)的长度.

解　$y' = x^{\frac{1}{2}}$，从而弧长元素

$$\mathrm{d}s = \sqrt{1 + (x^{\frac{1}{2}})^2}\, \mathrm{d}x = \sqrt{1 + x}\, \mathrm{d}x ,$$

因此，所求弧长为

$$s = \int_a^b \sqrt{1 + x}\, \mathrm{d}x = \left[\frac{2}{3}(1 + x)^{\frac{3}{2}} \right]_a^b$$

$$= \frac{2}{3}\left[(1 + b)^{\frac{3}{2}} - (1 + a)^{\frac{3}{2}} \right].$$

例 4.5.11　计算星形线 $x = a\cos^3 t$，$y = a\sin^3 t$ (图 4.28)的全长.

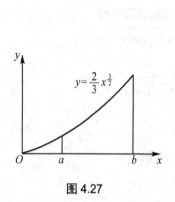

图 4.27

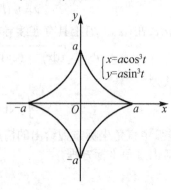

图 4.28

解　利用参数式弧长公式及对称性得

$$s = 4\int_0^{\frac{\pi}{2}} \sqrt{x'^2(t) + y'^2(t)}\, \mathrm{d}t$$

$$= 4\int_0^{\frac{\pi}{2}} \sqrt{\left[3a\cos^2 t(-\sin t)\right]^2 + \left[3a\sin^2 t\cos t\right]^2}\, \mathrm{d}t$$

$$= 12a\int_0^{\frac{\pi}{2}} \sin t\cos t\,\mathrm{d}t = 12a\int_0^{\frac{\pi}{2}} \sin t\,\mathrm{d}\sin t$$

$$= \left[6a\sin^2 t\right]_0^{\frac{\pi}{2}} = 6a.$$

例 4.5.12　求心形线 $\rho = a(1+\cos\varphi)\ \ (a>0)$ 的全长.

解　如图 4.29 所示.

$$\rho^2(\varphi) + \rho'^2(\varphi) = 2a^2(1+\cos\varphi),$$

$$\mathrm{d}s = \sqrt{\rho^2(\varphi) + \rho'^2(\varphi)}\,\mathrm{d}\varphi$$

$$= \sqrt{2a^2(1+\cos\varphi)}\,\mathrm{d}\varphi$$

$$= 2a\left|\cos\frac{\varphi}{2}\right|\mathrm{d}\varphi.$$

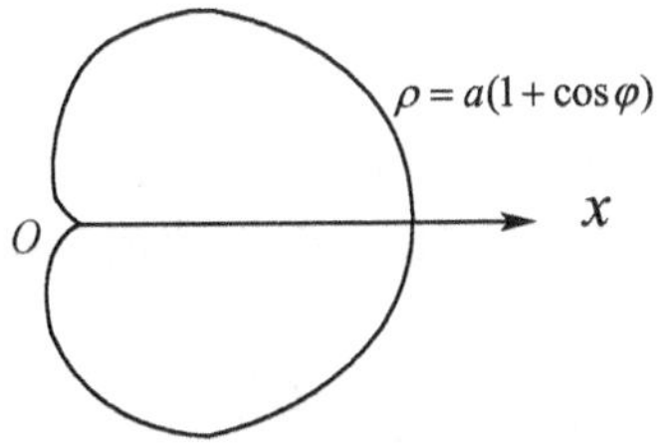

图 4.29

由对称性得，心形线全长为 x 轴上方曲线弧长度 2 倍.

所以，

$$s = 2\int_0^{\pi} 2a\cos\frac{\varphi}{2}\mathrm{d}\varphi = 8a\int_0^{\pi} \cos\frac{\varphi}{2}\mathrm{d}\frac{\varphi}{2} = 8a\left[\sin\frac{\varphi}{2}\right]_0^{\pi} = 8a.$$

4.5.3　定积分在经济学中的应用

1. 由边际函数求原函数

设经济应用函数 $f(x)$ 的边际函数为 $f'(x)$，则有

$$\int_0^x f'(x)\mathrm{d}x = f(x) - f(0),$$

于是

$$f(x) = f(0) + \int_0^x f'(x)\mathrm{d}x.$$

例 4.5.13　生产某产品的边际成本函数为

$$C'(Q) = 3Q^2 - 14Q + 100,$$

固定成本 $C(0) = 10000$，求生产 Q 个产品的总成本函数.

解
$$C(Q) = C(0) + \int_0^Q C'(Q)\mathrm{d}Q$$
$$= 10000 + \int_0^Q (3Q^2 - 14Q + 100)\mathrm{d}Q$$
$$= 10000 + \left[Q^3 - 7Q^2 + 100Q \right]_0^Q$$
$$= 10000 + Q^3 - 7Q^2 + 100Q.$$

例 4.5.14　设某种产品每天生产 Q 单位时固定成本为 20 元，边际成本函数为 $C'(Q) = 0.4Q + 2$ (元/单位)，求总成本函数 $C(Q)$. 如果这种产品规定的销售单价为 18 元，且产品可以全部售出，求总利润函数 $L(Q)$，并问每天生产多少单位时才能获得最大利润.

解　设每天生产 Q 单位时固定成本为 $C(0) = 20$，则总成本为
$$C(Q) = C(0) + \int_0^Q (0.4Q + 2)\mathrm{d}Q$$
$$= 0.2Q^2 + 2Q + 20.$$

设销售 Q 单位得到的总收益为 $R(Q)$，$R(Q) = 18Q$，
$$L(Q) = R(Q) - C(Q) = 18Q - (0.2Q^2 + 2Q + 20) = -0.2Q^2 + 16Q - 20.$$
由 $L'(Q) = -0.4Q + 16 = 0$ 得 $Q = 40$，$L''(40) = -0.4 < 0$，所以每天生产 40 单位产品时才能获得最大利润，最大利润为
$$L(40) = -0.2 \times 40^2 + 16 \times 40 - 20 = 300(元).$$

例 4.5.15　已知边际收益为 $R'(Q) = 78 - 2Q$，设 $R(0) = 0$，求收益函数 $R(Q)$.

解
$$R(Q) = R(0) + \int_0^Q R'(Q)\mathrm{d}Q$$
$$= R(0) + \int_0^Q (78 - 2Q)\mathrm{d}Q$$
$$= 78Q - Q^2.$$

例 4.5.16　已知某产品生产 Q 个单位时，边际收益为 $R'(Q) = 200 - \dfrac{Q}{100}$　$(Q > 0)$

(1) 生产了 50 个单位时的总收益是多少？

(2) 如果已经生产了 100 个单位，求如果再生产 100 个单位总收益将增加多少？

解　因为总收益是边际收益函数在 $[0, Q]$ 上的定积分，所以生产 50 个单位时的总收益为
$$R(50) = \int_0^{50} \left(200 - \frac{Q}{100} \right) \mathrm{d}Q$$
$$= \left[200Q - \frac{Q^2}{200} \right]_0^{50} = 9987.5.$$

在生产 100 个单位的基础上，再生产 100 个单位，这时总收益的增量为
$$\Delta R = \int_{100}^{100+100} R'(Q)\mathrm{d}Q = \int_{100}^{200} \left(200 - \frac{Q}{100} \right) \mathrm{d}Q = 19850.$$

2. 由变化率求总量

例 4.5.17　某工厂生产某产品在时刻 t 的总产量变化率为 $Q'(t)=100+12t$(件/小时)，求由 $t=2$ 到 $t=4$ 这两小时的总产量.

解　总产量

$$Q=\int_2^4 Q'(t)\mathrm{d}t=\int_2^4 (100+12t)\mathrm{d}t=272 .$$

例 4.5.18　生产某产品的边际成本为 $C'(Q)=150-0.2Q$，当产量由 200 增加到 300 时，需追加成本为多少？

解　追加成本

$$C=\int_{200}^{300}(150-0.2Q)\mathrm{d}Q=\left[150Q-0.1Q^2\right]_{200}^{300}=10000 .$$

3. 收益流的现值和将来值

若某公司的收益是连续获得的，则其收益可被看成是一种随时间连续变化的**收益流**. 而收益流对时间的变化率称为**收益流量**，一般用 $P(t)$ 表示. 若时间 t 以年为单位，收益以元为单位，则收益流量的单位为：元/年.

收益流的将来值定义为将其存入银行并加入利息之后的存款值，若以连续复利 r 计息. 一笔 P 元人民币从现在起存入银行，t 年后的价值(将来值) $B=Pe^{rt}$；而收益流的**现值**是这样一笔款项，若把它存入可获息的银行，将来从收益中获得的总收益，与包括利息在内的银行存款值有相同的价值，若 t 年后得到 B 元人民币，则现在需要存入银行的金额(现值) $P=Be^{-rt}$.

在讨论连续收益流时，为简单起见，假设以连续复利率 r 计息.

若有一笔收益流的收益流量为 $P(t)$(元/年)，下面计算其现值和将来值.

考虑从现在开始($t=0$)到 T 年后的这一段时间. 利用元素法，在$[0，T]$内任取一小区间 $[t，t+\mathrm{d}t]$，在$[t，t+\mathrm{d}t]$内所应获得金额近似等于

$$P(t)\mathrm{d}t ，$$

$$收益流的现值 \approx \left[P(t)\mathrm{d}t\right]\mathrm{e}^{-rt}=P(t)\mathrm{e}^{-rt}\mathrm{d}t$$

$$总现值=\int_0^T P(t)\mathrm{e}^{-rt}\mathrm{d}t \tag{4.5.9}$$

在计算将来值时，收入 $P(t)\mathrm{d}t$ 在以后的 $(T-t)$ 年期间内获息，故在$[t，t+\mathrm{d}t]$内

$$收益流的将来值 \approx \left[P(t)\mathrm{d}t\right]\mathrm{e}^{r(T-t)}=P(t)\mathrm{e}^{r(T-t)}\mathrm{d}t$$

$$将来值=\int_0^T P(t)\mathrm{e}^{r(T-t)}\mathrm{d}t \tag{4.5.10}$$

例 4.5.19　假设以年连续复利率 $r=0.1$ 计息.

(1) 求收益流量为 100 元/年的收益流在 20 年期间的现值和将来值.

(2) 将来值和现值的关系如何？解释这一关系.

解

(1)
$$现值=\int_0^{20}100\mathrm{e}^{-0.1t}\mathrm{d}t=1000(1-\mathrm{e}^{-2})\approx 864.66\,(元)，$$

$$将来值 = \int_0^{20} 100e^{0.1(20-t)}dt = \int_0^{20} 100e^2 e^{-0.1t}dt$$

$$= e^2 \int_0^{20} 100e^{-0.1t}dt \approx 6389.06(元).$$

(2) 将来值=现值×e^2.

若在 $t=0$ 时刻以现值 $1000(1-e^{-2})$ 作为一笔款项存入银行，以年连续复利率 $r=0.1$ 计息，则 20 年中这笔单独款项的将来值为

$$1000(1-e^{-2})e^{0.1(20)} = 1000(1-e^{-2})e^2,$$

而这正好是上述收益流在 20 年期间的将来值.

一般以年复利率 r 计息，则从现在起到 T 年后该收益流的将来值等于该收益流的现值作为单笔款项存入银行 T 年后的将来值.

例 4.5.20 设有一项计划现在 $(t=0)$ 需要投入 1000 万元，在 10 年中每年收益为 200 万元. 若连续利率为 5%，求收益资本价值 W.（设购入的设备 10 年后完全失去价值）.

解 资本价值 = 收益流的现值 − 投入资金的现值.

$$W = \int_0^{10} 200e^{-0.05t}dt - 1000$$

$$= \left[-\frac{200}{0.05} e^{-0.05t} \right]_0^{10} - 1000$$

$$\approx 573.88(万元).$$

习 题 4

1. 利用定积分的几何意义，说明下列等式：

(1) $\int_0^1 2x\,dx = 1$；

(2) $\int_0^1 \sqrt{1-x^2}\,dx = \frac{\pi}{4}$；

(3) $\int_{-\pi}^{\pi} \sin x\,dx = 0$；

(4) $\int_{\frac{\pi}{2}}^{\frac{\pi}{2}} \cos x\,dx = 2\int_0^{\frac{\pi}{2}} \cos x\,dx$.

2. 估计下列各积分的值：

(1) $\int_1^4 (x^2+1)\,dx$；

(2) $\int_{\frac{\pi}{4}}^{\frac{5\pi}{4}} (1+\sin^2 x)\,dx$；

(3) $\int_{\frac{1}{\sqrt{3}}}^{\sqrt{3}} x \arctan x\,dx$；

(4) $\int_2^0 e^{x^2-x}\,dx$.

3. 比较下列各题中两个积分的大小：

(1) $I_1 = \int_0^1 x^3\,dx$，$I_2 = \int_0^1 x^4\,dx$；

(2) $I_1 = \int_3^4 x^3\,dx$，$I_2 = \int_3^4 x^4\,dx$；

(3) $I_1 = \int_1^2 \ln x\,dx$，$I_2 = \int_1^2 (\ln x)^2\,dx$；

(4) $I_1 = \int_0^1 x\,dx$，$I_2 = \int_0^1 \ln(1+x)\,dx$；

(5) $I_1 = \int_0^1 e^x dx$, $I_2 = \int_0^1 (1+x)dx$.

4. 计算下列各导数：

(1) $\dfrac{d}{dx} \int_0^{x^3} \sqrt{1+t^2}\, dt$;

(2) $\dfrac{d}{dx} \int_{x^2}^{x^3} \dfrac{dt}{\sqrt{1+t^2}}$;

(3) $\dfrac{d}{dx} \int_{\sin x}^{\cos x} \sin t^2 dt$.

5. 计算下列各定积分：

(1) $\int_0^a (3x^2 - x + 1)dx$;

(2) $\int_4^9 \sqrt{x}(1 + \sqrt{x})dx$;

(3) $\int_{\frac{1}{\sqrt{3}}}^{\sqrt{3}} \dfrac{dx}{1+x^2}$;

(4) $\int_{-\frac{1}{2}}^{\frac{1}{2}} \dfrac{dx}{\sqrt{1-x^2}}$;

(5) $\int_0^{\sqrt{3}a} \dfrac{dx}{a^2+x^2}$;

(6) $\int_{-1}^0 \dfrac{3x^4 + 3x^2 + 1}{x^2 + 1}dx$;

(7) $\int_{-e-1}^{-2} \dfrac{dx}{1+x}$;

(8) $\int_0^{\frac{\pi}{4}} \tan^2\theta d\theta$;

(9) $\int_0^{2\pi} |\sin x|\, dx$;

(10) $\int_0^2 f(x)dx$, 其中 $f(x) = \begin{cases} x+1 & x \leqslant 1 \\ \dfrac{1}{2}x^2 & x > 1 \end{cases}$.

6. 求下列极限：

(1) $\lim\limits_{x \to 0} \dfrac{\int_0^x e^{t^2} dt}{x}$;

(2) $\lim\limits_{x \to 0} \dfrac{\left(\int_0^x \sin t^2 dt \right)^2}{\int_0^x t^2 \sin t^3 dt}$;

(3) $\lim\limits_{x \to 0} \dfrac{\int_0^x \ln(\cos t)dt}{x^3}$;

(4) $\lim\limits_{x \to a} \dfrac{x}{x-a} \int_a^x f(t)dt$, 其中 $f(x)$ 连续 .

7. 求由方程 $\int_0^y e^t dt + \int_0^x \cos dt = 0$ 所确定的隐函数 $y = y(x)$ 导数 $\dfrac{dy}{dx}$.

8. 设 $f(x) = \begin{cases} \dfrac{1}{2}\sin x, & 0 \leqslant x \leqslant \pi \\ 0, & x < 0 或 x > \pi \end{cases}$, 求 $\phi(x) = \int_0^x f(t)dt$ 在 $(-\infty , +\infty)$ 内的表达式.

9. 求函数 $\phi(x) = \int_0^x \dfrac{3t}{t^2 - t + 1}dt$ 在 $[0, 1]$ 的最小值.

10. 设 $y = y(x)$ 由方程 $\int_0^{y^2} e^{-t} dt + \int_x^0 \cos t^2 dt = a$ 确定, 求 $\dfrac{dy}{dx}$.

11. 计算下列定积分：

(1) $\int_{\frac{\pi}{3}}^{\pi} \sin\left(x + \dfrac{\pi}{3}\right)dx$;

(2) $\int_{-2}^1 \dfrac{dx}{(11+5x)^3}$;

(3) $\int_{\frac{\pi}{6}}^{\frac{\pi}{2}} \cos^2 u\, du$;

(4) $\int_0^{\sqrt{2}} \sqrt{2-x^2}\, dx$;

(5) $\int_1^4 \dfrac{dx}{1+\sqrt{x}}$;

(6) $\int_0^{\sqrt{2}a} \dfrac{xdx}{\sqrt{3a^2-x^2}} (a>0)$;

(7) $\int_0^1 te^{\frac{-t^2}{2}} dt$;

(8) $\int_{-\frac{\pi}{2}}^{\frac{\pi}{2}} \sqrt{\cos x - \cos^3 x}\, dx$;

(9) $\int_0^3 \sqrt{4-4x+x^2}\, dx$;

(10) $\int_0^{\frac{3}{2}} \dfrac{dx}{\sqrt{9-x^2}}$;

(11) $\int_1^2 \dfrac{dx}{x^2-2x-3}$;

(12) $\int_{-\frac{\pi}{2}}^{\frac{\pi}{2}} \cos x \cos 2x\, dx$.

12. 设 $f(x) = \begin{cases} 1+x^2, & x \leqslant 0 \\ e^{-x}, & x>0 \end{cases}$ ，求 $\int_1^3 f(x-2)dx$.

13. 计算 $\int_{\frac{1}{e}}^{e} |\ln x|\, dx$.

14. 设 $f(x)$ 在 $[-a,a]$ 上连续 $(a>0)$ ，证明

$$\int_{-a}^{a} f(x)dx = \int_0^a [f(x)+f(-x)]\, dx$$

并计算 $I = \int_{-\frac{\pi}{4}}^{\frac{\pi}{4}} \dfrac{1}{1+\sin x}\, dx$.

15. 设 $f(x)$ 为连续函数，证明

(1) 若 $f(x)$ 为奇函数，则 $\int_0^x f(t)dt$ 是偶函数；

(2) 若 $f(x)$ 偶函数，则 $\int_0^x f(t)dt$ 是奇函数.

16. 若 $f(x)$ 具有连续的导数，求 $\dfrac{d}{dx}\int_0^x (x-t)f'(t)dt$.

17. 计算定积分 $\int_0^{2\pi} |\sin x|\, dx$.

18. 计算 $\int_{-1}^1 \left(x+\sqrt{4-x^2}\right)^2 dx$.

19. 利用函数的奇偶性计算下列积分：

(1) $\int_{-\pi}^{\pi} x^2 \cos x \cdot \sin^3 x\, dx$;

(2) $\int_{-\frac{1}{2}}^{\frac{1}{2}} \dfrac{(\arcsin x)^2}{\sqrt{1-x^2}}\, dx$.

20. 证明： $\int_0^{\pi} \sin^n x\, dx = 2\int_0^{\frac{\pi}{2}} \sin^n x\, dx$.

21. 计算下列定积分：

(1) $\int_0^1 xe^{-x}dx$;

(2) $\int_1^e x\ln x\, dx$;

(3) $\int_0^1 x\arctan x\, dx$;

(4) $\int_{\frac{\pi}{4}}^{\frac{\pi}{3}} \dfrac{x}{\sin^2 x}\, dx$.

22. 设 $f(x)$ 有二阶连续导数且 $f(0)=2$ ， $f(2)=3$ ， $f'(2)=5$ ，求 $I = \int_0^1 xf''(2x)dx$.

23. 判别下列反常积分是否收敛，如果收敛，计算反常积分的值.

(1) $\displaystyle\int_{1}^{+\infty}\frac{\ln x}{x^{2}}\mathrm{d}x$;

(2) $\displaystyle\int_{0}^{+\infty}\frac{1}{(x+2)(x+3)}\mathrm{d}x$;

(3) $\displaystyle\int_{-1}^{1}\frac{1}{\sqrt{1-x^{2}}}\mathrm{d}x$;

(4) $\displaystyle\int_{0}^{1}\ln x\mathrm{d}x$;

(5) $\displaystyle\int_{0}^{+\infty}\mathrm{e}^{-ax}\mathrm{d}x\ (a>0)$;

(6) $\displaystyle\int_{-\infty}^{+\infty}\frac{\mathrm{d}x}{x^{2}+2x+2}$;

(7) $\displaystyle\int_{0}^{1}\frac{x}{\sqrt{1-x^{2}}}\mathrm{d}x$;

(8) $\displaystyle\int_{0}^{2}\frac{\mathrm{d}x}{(1-x)^{2}}$.

24. 求由下列各曲线所围图形的面积.

(1) $y=\sqrt{x},\ y=x$;

(2) $y=\mathrm{e}^{x},\ x=0,\ y=\mathrm{e}$;

(3) $y=3-x^{2},\ y=2x$;

(4) $y=\dfrac{x^{2}}{2},\ x^{2}+y^{2}=8$(上部分图形的面积).

(5) $y=\dfrac{1}{x}$ 与 $y=x,\ x=2$;

(6) $y=\mathrm{e}^{x},\ y=\mathrm{e}^{-x},\ x=2$;

(7) $y=\ln x,\ x=0,\ y=\ln a,\ y=\ln b$.

25. 求由下列各曲线所围成的图形的面积.

(1) $\rho=2a\cos\theta$;

(2) 星形线 $\begin{cases}x=a\cos^{3}t\\ y=a\sin^{3}t\end{cases}$;

(3) 摆线 $\begin{cases}x=a(t-\sin t)\\ y=a(1-\cos t)\end{cases}$ ，的一拱 $(0\leqslant t\leqslant 2\pi)$ 与横轴所围成的图形的面积.

26. 把抛物线 $y^{2}=4ax$ 及直线 $x=x_{0}(x_{0}>0)$ 所围成的图形绕 x 轴旋转，计算所得旋转抛物体的体积.

27. 求下列曲线所围成的图形，按指定的轴旋转所产生的旋转体的体积.

(1) $y=x^{2},\ x=y^{2}$，绕 y 轴.

(2) $x^{2}+(y-5)^{2}=16$，绕 x 轴.

28. 求由 $xy\leqslant 4$，$y\geqslant 1$，$x>0$ 所围图形绕 y 旋转一周所成的旋转体的体积.

29. 计算曲线 $y=\ln x$ 上相应于 $\sqrt{3}\leqslant x\leqslant\sqrt{8}$ 的一段弧的长度.

30. 求摆线 $\begin{cases}x=a(t-\sin\theta)\\ y=a(1-\cos\theta)\end{cases}$ 的一拱 $(0\leqslant\theta\leqslant 2\pi)$ 的弧长.

31. 求曲线 $y=\displaystyle\int_{-\frac{\pi}{2}}^{x}\sqrt{\cos t}\,\mathrm{d}t\left(-\dfrac{\pi}{2}\leqslant x\leqslant\dfrac{\pi}{2}\right)$ 的长度.

32. 设 $f(x)=\displaystyle\int_{1}^{x}\mathrm{e}^{-\frac{t}{2}}\mathrm{d}t$ ，求 $I=\displaystyle\int_{0}^{1}\dfrac{f(x)}{\sqrt{x}}\mathrm{d}x$.

33. 已知边际成本为 $C'(Q)=7+\dfrac{25}{\sqrt{Q}}$ ，固定成本为 $C(0)=1000$，求总成本函数.

34. 已知边际收益 $R'(Q) = a - bQ$，求收益函数.

35. 已知边际成本为 $C'(Q) = 100 - 2Q$，求当产量由 $Q = 20$ 增加到 $Q = 30$ 时，应追加的成本.

36. 某地区居民购买冰箱的消费支出 $W(x)$ 的变化率是居民收入 x 的函数 $W'(x) = \dfrac{1}{200\sqrt{x}}$，当居民收入由 4 亿元增加到 9 亿元时，购买冰箱的消费支出增加多少？

37. 某公司按利率 10%(连续复利)贷款 100 万元购买某设备，该设备使用 10 年后报废，公司每年可收益 b 万元.

(1) b 为何值时，公司不会亏本？

(2) 当 $b = 20$ 万元时，求收益的资本价值.

第5章　向量代数与空间解析几何

解析几何的基本思想是用代数的方法研究空间的几何问题. 具体做法是设法将几何结构有条理、有系统的代数化. 一般地, 可以通过坐标系, 也可以不使用坐标系而直接通过向量来代数化几何结构. 本章首先建立空间直角坐标系, 引进向量的概念和一些运算, 然后利用向量的运算建立空间的平面和直线方程, 最后讨论空间曲面和曲线的一般方程以及二次曲面的几何特性.

5.1　空间直角坐标系

5.1.1　空间点的直角坐标

过空间一个定点 O, 作三条互相垂直的数轴, 分别称为 x 轴(横轴), y 轴(纵轴)和 z 轴(竖轴). 这三条数轴都以 O 为原点且有相同的长度单位, 它们的正方向符合右手法则, 即右手握住 z 轴, 当右手的四个手指从 x 轴的正向转过 $\frac{\pi}{2}$ 角度后指向 y 轴的正向时, 竖起的大拇指的指向就是 z 轴的正向(图 5.1). 这样三条坐标轴就组成了空间直角坐标系. 称为 $Oxyz$ 直角坐标系, 点 O 称为该坐标系的**原点**.

设 M 是空间的一点, 过 M 作三个平面分别垂直于 x 轴、y 轴和 z 轴并交 x 轴、y 轴和 z 轴于 P、Q、R 三点. 点 P、Q、R 分别称为点 M 在 x 轴、y 轴和 z 轴上的投影. 设这三个投影在 x 轴、y 轴和 z 轴上的坐标分别为 x、y 和 z, 于是空间一点 M 唯一地确定了一个有序数组 x, y, z. 反过来, 对给定的有序数组 x, y, z, 可以在 x 轴上取坐标为 x 的点 P, 在 y 轴上取坐标为 y 的点 Q, 在 z 轴上取坐标为 z 的点 R, 过点 P、Q、R 分别作垂直于 x 轴、y 轴和 z 轴的三个平面, 这三个平面的交点 M 就是由有序数组 x, y, z 确定的唯一的点(图 5.2).

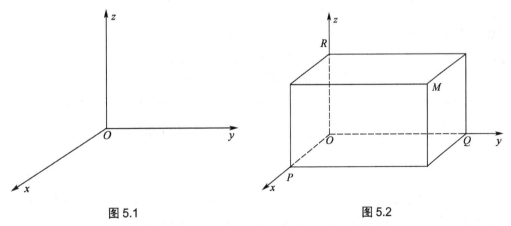

图 5.1　　　　　　　　　　图 5.2

这样, 空间的点与有序数组 x, y, z 之间就建立了一一对应的关系. 这组数 x, y, z 称

为点 M 的坐标，依次称 x、y 和 z 为点 M 的**横坐标、纵坐标和竖坐标**，并把点 M 记为 $M(x, y, z)$.

　　三条坐标轴中每两条可以确定一个平面，称为**坐标面**，由 x 轴和 y 轴确定的坐标面简称为 xOy 面，类似地还有 yOz 面与 zOx 面. 这三个坐标面把空间分成八个部分，每一部分叫做一个**卦限**(图 5.3). 八个卦限分别用罗马数字Ⅰ、Ⅱ、…、Ⅷ表示，第一、二、三、四卦限均在 xOy 面的上方，按逆时针方向排定，其中在 xOy 面上方并在 yOz 面前方、zOx 面右方的是第一卦限；第五、六、七、八卦限均在 xOy 面的下方，也按逆时针方向排定，它们依次分别在第一至第四卦限的下方. 八个卦限中点的坐标有如下的特点.

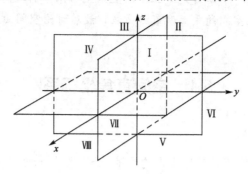

图 5.3

卦限	点的坐标(x, y, z)	卦限	点的坐标(x, y, z)
Ⅰ	$x > 0, y > 0, z > 0.$	Ⅴ	$x > 0, y > 0, z < 0$
Ⅱ	$x < 0, y > 0, z > 0.$	Ⅵ	$x < 0, y > 0, z < 0$
Ⅲ	$x < 0, y < 0, z > 0.$	Ⅶ	$x < 0, y < 0, z < 0$
Ⅳ	$x > 0, y < 0, z > 0.$	Ⅷ	$x > 0, y < 0, z < 0$

　　坐标面和坐标轴上的点，其坐标也具有一定特征. 如 xOy 面上的点，有 $z = 0$；xOz 面上的点，有 $y = 0$；yOz 面上的点，有 $x = 0$. 又如 x 轴上的点，有 $y = z = 0$；y 轴上的点，有 $x = z = 0$；z 轴上的点，有 $x = y = 0$. 而坐标原点 O 的坐标为 $x = y = z = 0$.

　　例 5.1.1　求点(x_1, y_1, z_1)关于(1)xOy 面；(2)z 轴；(3)坐标原点；(4)点(a, b, c)对称点的坐标.

　　解　设所求对称点的坐标为(x_2, y_2, z_2)，则

(1) $x_2 = x_1$，$y_2 = y_1$，$z_1 + z_2 = 0$，即所求点的坐标为$(x_1, y_1, -z_1)$.

(2) $x_1 + x_2 = 0$，$y_1 + y_2 = 0$，$z_1 = z_2$. 即所求点的坐标为$(-x_1, -y_1, z_1)$.

(3) $x_1 + x_2 = 0$，$y_1 + y_2 = 0$，$z_1 + z_2 = 0$，即所求点的坐标为$(-x_1, -y_1, -z_1)$.

(4) $\dfrac{x_1 + x_2}{2} = a$，$\dfrac{y_1 + y_2}{2} = b$，$\dfrac{z_1 + z_2}{2} = c$，即所求点的坐标为$(2a - x_1, 2b - y_1, 2c - z_1)$.

5.1.2　空间两点间的距离

　　设有空间两点 $M_1(x_1, y_1, z_1)$，$M_2(x_2, y_2, z_2)$，过这两点各作三个分别垂直于坐标轴的平面，这六个平面围成一个以 M_1M_2 为对角线的长方体(图 5.4).

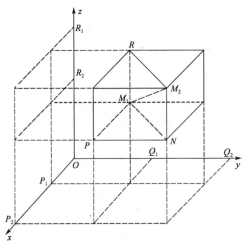

图 5.4

由于 $\triangle M_1NM_2$、$\triangle M_1PN$ 为直角三角形，所以

$$\left| M_1M_2 \right|^2 = \left| M_1N \right|^2 + \left| NM_2 \right|^2 = \left| M_1P \right|^2 + \left| PN \right|^2 + \left| NM_2 \right|^2.$$

因为

$$\left| M_1P \right| = \left| P_1P_2 \right| = \left| x_2 - x_1 \right|, \quad \left| PN \right| = \left| Q_1Q_2 \right| = \left| y_2 - y_1 \right|, \quad \left| NM_2 \right| = \left| R_1R_2 \right| = \left| z_2 - z_1 \right|$$

所以，便得到空间两点间的距离公式：

$$\left| M_1M_2 \right| = \sqrt{(x_2 - x_1)^2 + (y_2 - y_1)^2 + (z_2 - z_1)^2}.$$

特别地，点 $M(x，y，z)$ 到坐标原点 $O(0，0，0)$ 的距离为

$$\left| OM \right| = \sqrt{x^2 + y^2 + z^2}.$$

例 5.1.2 在 y 轴上求与点 $A(3，-1，1)$ 和点 $B(0，1，2)$ 等距离的点.

解 因为所求点 M 在 y 轴上，可设其坐标为 $(0，y，0)$，依题意有

$$\left| MA \right| = \left| MB \right|.$$

即

$$\sqrt{(0-3)^2 + (y+1)^2 + (0-1)^2} = \sqrt{(0-0)^2 + (y-1)^2 + (0-2)^2},$$

解之得

$$y = -\frac{3}{2},$$

故所求点为 $M(0，-\frac{3}{2}，0)$.

5.1.3 n 维空间

数轴上的点与实数有一一对应关系，实数全体表示数轴上一切点的集合. 在平面直角坐标系中，平面上的点与二元有序数组 $(x，y)$ 一一对应，二元有序数组 $(x，y)$ 全体表示平面上一切点的集合. 在空间直角坐标系中，空间的点与三元有序数组 $(x，y，z)$ 一一对应，三元有序数组 $(x，y，z)$ 全体表示空间一切点的集合.

一般地，设 n 为一个取定的自然数，我们用 R^n 表示 n 元有序数组 $(x_1，x_2，\cdots，x_n)$ 的

全体构成的集合，即

$$R^n = \{(x_1,\ x_2,\ \cdots,\ x_n)\,|\,x_i \in R,\ i = 1,\ 2,\ \cdots,\ n\}$$

称之为 n 维(实)空间，而每个 n 元有序数组 $(x_1,\ x_2,\ \cdots,\ x_n)$ 称为 n 维空间 R^n 中的一个点，数 x_i 称为该点的第 i 个坐标.

5.2　向量及其线性运算

5.2.1　向量的概念

定义 5.2.1　既有大小，又有方向的量称为**向量**(或矢量).

例如物体的位移、质点运动的速度、作用在物体上的力等，这些量除了有大小以外还有方向，它们都是向量. 再如距离、时间、面积、温度等，这种只有大小的量称为**数量**(或标量).

向量通常用黑体字母来表示，如 a、b、c、f 等(也可用上方带有箭头的字母来表示，如 $\vec{a}$、$\vec{b}$、$\vec{c}$、$\vec{f}$ 等). 从定义可知，向量的两个要素是大小和方向. 由于具有这两个要素的最简单的几何图形是有向线段，故在数学中往往用一个有方向的线段来表示向量. 如果线段的起点是 M_0，终点是 M，那么这个有向线段可以记为 $\overrightarrow{M_0M}$，它代表一个确定的向量. 线段的长度表示向量的大小，线段的方向表示向量的方向.

以坐标原点 O 为起点，向一个点 M 作向量 $\overrightarrow{OM}$，这个向量叫做点 M 对于点 O 的向径，通常用黑体字母 r 或 $\vec{r}$ 表示.

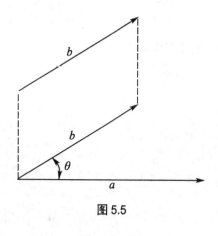

图 5.5

定义 5.2.2　如果两个向量 a 与 b 的大小相同，方向一致，就称 a 与 b **相等**，并记作

$$a = b.$$

从定义可知，如果两个有向线段的大小与方向是相同的，则不论它们的起点是否相同，都可以认为它们表示同一个向量. 这样理解的向量叫做**自由向量**. 除了另有说明外，本教程中研究的均为自由向量. 这样，我们就可以定义两个向量 a 与 b 的夹角：将 a 或 b 平移使它们的起点重合后，它们所在的射线之间的夹角 $\theta(0 \leqslant \theta \leqslant \pi)$ 称为 a 与 b 的**夹角**(图 5.5).

通常把 a 与 b 的夹角记为 $(\widehat{a,\ b})$.

5.2.2　向量的坐标表示

在直角坐标系 $Oxyz$ 中，设有向线段 $\overrightarrow{M_0M}$ 代表向量 a，它的起点为 $M_0(x_0,\ y_0,\ z_0)$，终点为 $M(x,\ y,\ z)$我们把 $x-x_0$，$y-y_0$，$z-z_0$ 分别称为有向线段 $\overrightarrow{M_0M}$ 在 x 轴，y 轴，z 轴上的投影，并记作

$$x - x_0 = a_x,\quad y - y_0 = a_y,\quad z - z_0 = a_z.$$

于是有向线段 $\overrightarrow{M_0M}$ 对应一个有序数组 a_x，a_y，a_z. 反过来，这个有序数组 a_x，a_y，a_z 完

全反映了有向线段 $\overrightarrow{M_0M}$ 的长度和方向(图 5.6).

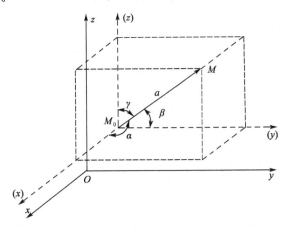

图 5.6

由于　$x - x_0 = a_x$，　$y - y_0 = a_y$，　$z - z_0 = a_z$，故 $\overrightarrow{M_0M}$ 的长度是

$$\sqrt{a_x^2 + a_y^2 + a_z^2} .$$

其次，由于 $\overrightarrow{M_0M}$ 的方向可用 $\overrightarrow{M_0M}$ 与 x 轴，y 轴，z 轴的正向所成的夹角 α，β，γ 来刻画，而 α，β，γ 由下述关系式确定：

$$\cos\alpha = \frac{a_x}{\sqrt{a_x^2 + a_y^2 + a_z^2}}, \quad \cos\beta = \frac{a_y}{\sqrt{a_x^2 + a_y^2 + a_z^2}}, \quad \cos\gamma = \frac{a_z}{\sqrt{a_x^2 + a_y^2 + a_z^2}},$$

因此这个有序数组 a_x，a_y，a_z 不但确定了 $\overrightarrow{M_0M}$ 的长度，而且确定了 $\overrightarrow{M_0M}$ 的方向，即有序数组 a_x，a_y，a_z 确定了有向线段 $\overrightarrow{M_0M}$ 所表示的向量 $\boldsymbol{a}$ 的全部特征.

由上面的分析可以看出，在直角坐标系 $Oxyz$ 中，一个向量对应了唯一的有序数组 a_x，a_y，a_z；反过来，对于给定的有序数组 a_x，a_y，a_z，唯一地确定了一个长度为 $\sqrt{a_x^2 + a_y^2 + a_z^2}$，并与 x 轴，y 轴，z 轴正向的夹角为 α，β，γ 的向量. 因此，有序数组和向量是一一对应的. 于是，任何向量 $\boldsymbol{a}$ 均可唯一地记作

$$\boldsymbol{a} = \{a_x, \quad a_y, \quad a_z\}.$$

上式称为向量 $\boldsymbol{a}$ 的坐标表达式，a_x，a_y，a_z 称为向量 $\boldsymbol{a}$ 的坐标(或分量)，有时也称为向量 $\boldsymbol{a}$ 在坐标轴上的投影. 从而以 $M_0(x_0, \ y_0, \ z_0)$ 为起点，$M(x, \ y, \ z)$ 为终点的向量的坐标表达式为

$$\overrightarrow{M_0M} = \{x - x_0, \quad y - y_0, \quad z - z_0\}.$$

5.2.3　向量的模与方向角

向量的模即向量的长度. 如向量 $\boldsymbol{a}$ 的模即是向量 $\boldsymbol{a}$ 的长度，记作 $|\boldsymbol{a}|$. 当向量 $\boldsymbol{a}$ 以坐标形式给出时，即 $\boldsymbol{a} = \{a_x, \ a_y, \ a_z\}$ 时

$$|a| = \sqrt{a_x^2 + a_y^2 + a_z^2},$$

特别地，模为 1 的向量称为**单位向量**(或简称为**幺矢**).

向量 $a = \{a_x,\ a_y,\ a_z\}$ 与 x 轴、y 轴、z 轴的正向所成的夹角 α，β，γ 称为 a 的**方向角**，方向角的余弦 $\cos\alpha$，$\cos\beta$，$\cos\gamma$ 叫做 a 的**方向余弦**，向量 a 的方向余弦可表示为

$$\cos\alpha = \frac{a_x}{|a|},\quad \cos\beta = \frac{a_y}{|a|},\quad \cos\gamma = \frac{a_z}{|a|},$$

其中 $|a|$ 为向量 a 的模，$|a| = \sqrt{a_x^2 + a_y^2 + a_z^2}$. 方向余弦满足关系式

$$\cos^2\alpha + \cos^2\beta + \cos^2\gamma = 1.$$

模为零的向量叫做**零向量**，记作 **0**；它的坐标表达式为 $\mathbf{0} = \{0,\ 0,\ 0\}$；规定零向量的方向是任意的.

例 5.2.1　设 $A\left(2, 2, \sqrt{2}\right)$ 和 $B(1,\ 3,\ 0)$ 是空间两点，计算向量 $\overrightarrow{AB}$ 的坐标表达式、模、方向余弦与方向角.

解　$\overrightarrow{AB} = \left\{1-2,\ 3-2,\ 0-\sqrt{2}\right\} = \left\{-1,\ 1,\ -\sqrt{2}\right\}$，

$$\left|\overrightarrow{AB}\right| = \sqrt{(-1)^2 + 1^2 + \left(-\sqrt{2}\right)^2} = \sqrt{4} = 2.$$

方向余弦为

$$\cos\alpha = -\frac{1}{2},\quad \cos\beta = \frac{1}{2},\quad \cos\gamma = -\frac{\sqrt{2}}{2}.$$

方向角为

$$\alpha = \frac{2\pi}{3},\quad \beta = \frac{\pi}{3},\quad \gamma = \frac{3\pi}{4}.$$

5.2.4　向量的线性运算

向量的线性运算是指向量的加法、减法及数乘向量的运算.

1. 向量的加法

定义 5.2.3　如果向量 a 与 b 的夹角等于 0 或 π，则称向量 a 与 b 平行(或称 a 与 b 共线)，记为 $a /\!/ b$.

由于零向量的方向是任意的，故可认为零向量与任何向量都平行.

定义 5.2.4(向量加法的三角形法则)　给定空间中两个向量 a 与 b，在空间中任意取一点 O，作 $\overrightarrow{OA} = a$，$\overrightarrow{AB} = b$，那么以 O 点为起点，B 点为终点的向量 $\overrightarrow{OB}$ 称为 a 与 b 之和(图 5.7)，记作 $\overrightarrow{OB} = a + b$ 或 $\overrightarrow{OB} = \overrightarrow{OA} + \overrightarrow{AB}$.

由 a 与 b 求 $a+b$ 的运算叫做**向量的加法**. 上述作出两向量之和的方法叫做**向量相加的三角形法则**. 力学上有求合力的平行四边形法则. 依此，我们可定义向量相加的平行四边形法则.

定义 5.2.5(向量加法的平行四边形法则)　当向量 $\boldsymbol{a}$ 与 $\boldsymbol{b}$ 不平行时,作 $\overrightarrow{OA}=\boldsymbol{a}$,$\overrightarrow{OC}=\boldsymbol{b}$,以 OA、OC 为边作一平行四边形 $OABC$,连接对角线 OB (图 5.8),那么向量 $\overrightarrow{OB}$ 称为向量 $\boldsymbol{a}$ 与 $\boldsymbol{b}$ 之和,记作 $\boldsymbol{a}+\boldsymbol{b}$.

从图 5.7 和图 5.8 可以明显地看出,三角形法则和平行四边形法则是一回事,只不过平行四边形法则不适用于共线向量的和而已.

显然,向量 $\boldsymbol{a}+\boldsymbol{b}$ 与起点 O 的选取无关.

下面我们给出向量加法的坐标表达式.

如图 5.9 所示,令 $\boldsymbol{a}=\overrightarrow{OA}=\{a_x,\ a_y,\ a_z\}$,$\boldsymbol{b}=\overrightarrow{AB}=\{b_x,\ b_y,\ b_z\}$,且设点 B 的坐标为 $(x,\ y,\ z)$.

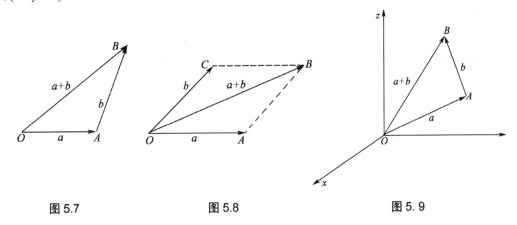

图 5.7　　　　　　　　图 5.8　　　　　　　　图 5.9

按三角形法则可得 $\boldsymbol{a}+\boldsymbol{b}=\overrightarrow{OB}=\{x,\ y,\ z\}$,因为点 A 的坐标是 $(a_x,\ a_y,\ a_z)$,点 B 的坐标是 $(x,\ y,\ z)$,所以向量 $\overrightarrow{AB}=\{x-a_x,\ y-a_y,\ z-a_z\}$.由于向量 $\overrightarrow{AB}$ 的坐标是唯一确定的,故有

$$b_x=x-a_x,\ \ b_y=y-a_y,\ \ b_z=z-a_z,$$

即

$$x=a_x+b_x,\ \ y=a_y+b_y,\ \ z=a_z+b_z,$$

于是得

$$\boldsymbol{a}+\boldsymbol{b}=\{a_x+b_x,\ a_y+b_y,\ a_z+b_z\}.$$

上式就是向量加法的坐标表达式,即两向量和的坐标是两向量对应坐标之和.

2. 向量与数的乘法(数乘)

定义 5.2.6　实数 λ 与向量 $\boldsymbol{a}$ 的乘积 $\lambda\boldsymbol{a}$ 仍是一个向量,其模为

$$|\lambda\boldsymbol{a}|=|\lambda||\boldsymbol{a}|.$$

$\lambda\boldsymbol{a}$ 的方向当 $\lambda>0$ 时与 $\boldsymbol{a}$ 同向;当 $\lambda<0$ 时与 $\boldsymbol{a}$ 反向. 数 λ 与向量 $\boldsymbol{a}$ 的这种运算,称为**数乘向量**.

如图 5.10 所示,当 $\lambda>0$ 时,$\lambda\boldsymbol{a}$ 等于沿 $\boldsymbol{a}$ 的方向"伸缩"λ 倍;当 $\lambda<0$ 时,$\lambda\boldsymbol{a}$ 等于沿 $\boldsymbol{a}$ 的反向"伸缩"λ 倍. 当 $\lambda=0$ 时,$\lambda\boldsymbol{a}=0$.

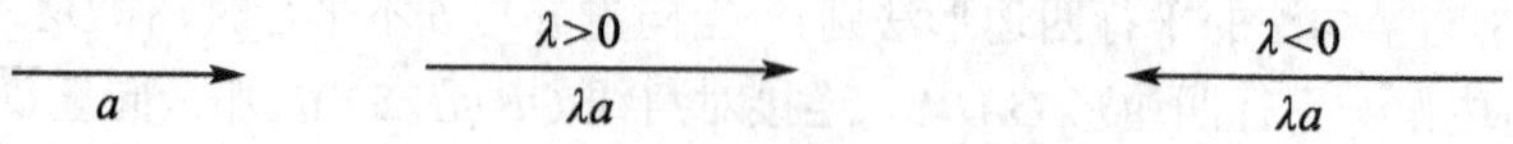

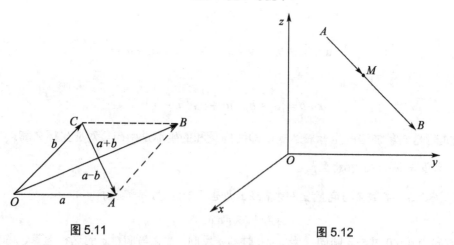

图 5.10

定义 5.2.7　设向量 $a = \{a_x,\ a_y,\ a_z\}$，则 $\lambda a = \{\lambda a_x,\ \lambda a_y,\ \lambda a_z\}$. 即向量与数的乘积的三个坐标分别是向量的三个坐标与该数之积.

容易验证，若 a，b，c 是任意向量，λ，μ 是任意实数，则有如下的运算规律.

$$a + b = b + a \text{（加法交换律）；}$$
$$a + (b + c) = (a + b) + c \text{（加法结合律）；}$$
$$\lambda(a + b) = \lambda a + \lambda b \text{（数乘分配律）；}$$
$$\lambda(\mu a) = (\lambda \mu)a \text{（数乘结合律）.}$$

对于向量 b，我们用 $-b$ 表示 $(-1)b$，并称它为 b 的负向量，$a - b$ 表示 $a + (-b)$，称为 a 减 b 的差. 在几何上，$a + b$、$a - b$ 分别是以 a 与 b 为邻边的平行四边形的两条对角线向量(图 5.11). 由三角形两边长之和不小于第三边之长，两边长之差不大于第三边之长，有不等式

$$\big\| |a| - |b| \big\| \leqslant |a \pm b| \leqslant |a| + |b|$$

例 5.2.2　已知两点 $A(x_1,\ y_1,\ z_1)$ 和 $B(x_2,\ y_2,\ z_2)$ 以及实数 $\lambda \neq -1$，在直线 AB 上求点 M，使

$$\overrightarrow{AM} = \lambda \overrightarrow{MB}.$$

解　如图 5.12 所示，由于

$$\overrightarrow{AM} = \overrightarrow{OM} - \overrightarrow{OA},$$
$$\overrightarrow{MB} = \overrightarrow{OB} - \overrightarrow{OM}.$$

图 5.11　　　　　　　　　　　图 5.12

因此 $\overrightarrow{OM} - \overrightarrow{OA} = \lambda(\overrightarrow{OB} - \overrightarrow{OM})$ 从而 $\overrightarrow{OM} = \dfrac{1}{1+\lambda}(\overrightarrow{OA} + \lambda\overrightarrow{OB})$ 以 $\overrightarrow{OA}$、$\overrightarrow{OB}$ 的坐标(即点 A、点 B 的坐标)代入，即得

$$\overrightarrow{OM} = \left(\frac{x_1 + \lambda x_2}{1 + \lambda} , \quad \frac{y_1 + \lambda y_2}{1 + \lambda} , \quad \frac{z_1 + \lambda z_2}{1 + \lambda} \right).$$

这就是点 M 的坐标.

对于非零向量 a, 取 $\lambda = \frac{1}{|a|}$, 则 $\lambda a = \frac{a}{|a|}$ 是与 a 同方向的单位向量, 记作 a°, 即 $a^\circ = \frac{a}{|a|}$.
若, $a = \{a_x, \quad a_y, \quad a_z\}$, 则

$$a^\circ = \frac{a}{|a|} = \frac{1}{|a|} \{a_x, \quad a_y, \quad a_z\} = \left\{ \frac{a_x}{|a|}, \frac{a_y}{|a|}, \frac{a_z}{|a|} \right\} = \{\cos\alpha, \quad \cos\beta, \quad \cos\gamma\}$$

即以 a 的方向余弦作为坐标的向量是与 a 同向的单位向量.

定理 5.2.1 设 a、b 是两个向量, 且 $a \neq 0$, 则 $a /\!/ b \Leftrightarrow$ 存在实数 λ, 使 $b = \lambda a$.

证明 **必要性** 设 $a /\!/ b$, 若 $b = 0$, 则取 $\lambda = 0$, 有 $b = 0a = \lambda a$. 若 $b \neq 0$, 由 $a /\!/ b$ 知 $a^\circ /\!/ b^\circ$, 即 $b^\circ = \pm a^\circ$, 故

$$\frac{b}{|b|} = \pm \frac{a}{|a|}, \quad b = \pm \frac{|b|}{|a|} a,$$

取 $\lambda = \pm \frac{|b|}{|a|}$, 有 $b = \lambda a$.

充分性 若 $b = \lambda a$, 由数乘定义知 $a /\!/ b$.

推论 5.2.1 设 $a = \{a_x, \quad a_y, \quad a_z\} \neq 0$, $b = \{b_x, \quad b_y, \quad b_z\}$, 则

$$a /\!/ b \Leftrightarrow \frac{b_x}{a_x} = \frac{b_y}{a_y} = \frac{b_z}{a_z}.$$

5.2.5　向量的分量表达式

记 i, j, k 分别是点 $(1, 0, 0)$, $(0, 1, 0)$, $(0, 0, 1)$ 相对于原点的向径, 即

$$i = \{1, \quad 0, \quad 0\}, \quad j = \{0, \quad 1, \quad 0\}, \quad k = \{0, \quad 0, \quad 1\}.$$

显然 i, j, k 分别是与 x 轴、y 轴、z 轴正向同方向的单位向量(称为 $Oxyz$ 坐标系下的**基本单位向量**)(图 5.13), 于是, 任何向量 $a = \{a_x, \quad a_y, \quad a_z\}$ 就有如下的分解表达式

$$a = \{a_x, \quad a_y, \quad a_z\}$$
$$= \{a_x, 0, 0\} + \{0, a_y, 0\} + \{0, 0, a_z\}$$
$$= a_x \{1, 0, 0\} + a_y \{0, 1, 0\} + a_z \{0, 0, 1\}.$$
即

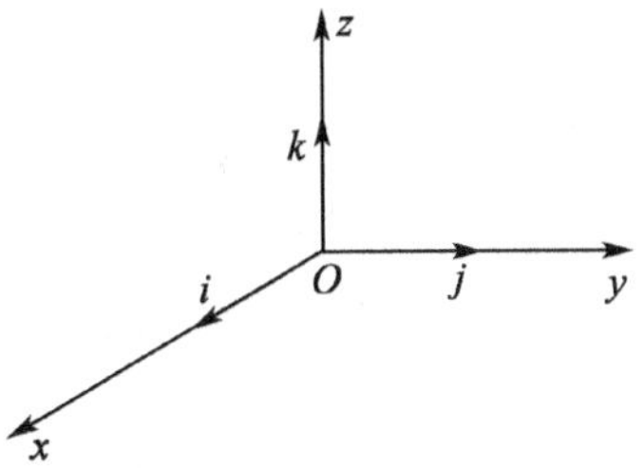

图 5.13

$$a = a_x i + a_y j + a_z k.$$

上式就叫做向量 a 按基本单位向量的分解表达式, 其中 $a_x i$, $a_y j$, $a_z k$ 分别叫做向量 a 在 x 轴、y 轴、z 轴上的分向量. 向量的分解表达式表明, 任何向量 a 可表示为 i, j, k 的线

性组合，系数 a_x，a_y，a_z 就是该向量的坐标.

5.3　数量积与向量积

5.3.1　向量的数量积

定义 5.3.1　设 a 与 b 是两个向量，$\theta = (\widehat{a,\ b})$，规定向量 a 与 b 的数量积是由下式确定的一个数，记为

$$a \cdot b = |a| \cdot |b| \cos\theta.$$

向量的数量积又称为**点积**或**内积**.

显然，对于任何向量 a，有 $a \cdot 0 = 0 \cdot a = 0$.定义中的因子 $|a|\cos\theta$ 叫做向量 a 在向量 b 上的**投影**，记作 $\mathrm{Pr}\,\mathrm{j}_b a$，即 $\mathrm{Pr}\,\mathrm{j}_b a = |a|\cos\theta$（同样，因子 $|b|\cos\theta$ 叫做向量 b 在向量 a 上的投影，记为 $\mathrm{Pr}\,\mathrm{j}_a b$，即 $\mathrm{Pr}\,\mathrm{j}_a b = |b|\cos\theta$（图 5.14）.

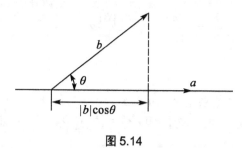

图 5.14

由数量积定义知

$$\mathrm{Pr}\,\mathrm{j}_a b = |b|\cos\theta = \frac{a \cdot b}{|a|}.$$

由数量积定义还可以推出：

(1) $a \cdot a = |a|^2$；

(2) 对于两个非零向量，如果 $a \cdot b = 0$，则 $a \perp b$（即 a 与 b 的夹角为 $\dfrac{\pi}{2}$）；反之，如果 $a \perp b$，则 $a \cdot b = 0$.

容易验证，数量积符合下列运算规律：

(1) 交换律　$a \cdot b = b \cdot a$；

(2) 分配律　$(a + b) \cdot c = a \cdot c + b \cdot c$；

(3) 数乘结合律　$(\lambda a) \cdot (\mu b) = \lambda\mu(a \cdot b)$，$\lambda$，$\mu$ 为数.

例 5.3.1　试用向量证明三角形的余弦定理.

证明　设在 $\triangle ABC$ 中，$\angle BCA = \theta$（图 5.15）.

$|\overrightarrow{CB}| = a$，$|\overrightarrow{CA}| = b$，$|\overrightarrow{AB}| = c$，要证

$$c^2 = a^2 + b^2 - 2ab\cos\theta,$$

记 $\overrightarrow{CB} = a$，$\overrightarrow{CA} = b$，$\overrightarrow{AB} = c$，则有

$$c = a - b,$$

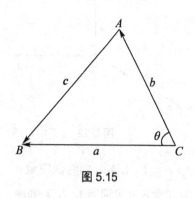

图 5.15

从而

$$|\boldsymbol{c}|^2 = \boldsymbol{c} \cdot \boldsymbol{c} = \boldsymbol{a} \cdot \boldsymbol{a} - 2\boldsymbol{a} \cdot \boldsymbol{b} + \boldsymbol{b} \cdot \boldsymbol{b}$$
$$= |\boldsymbol{a}|^2 + |\boldsymbol{b}|^2 - 2|\boldsymbol{a}||\boldsymbol{b}|\cos(\widehat{\boldsymbol{a},\ \boldsymbol{b}}).$$

即得

$$c^2 = a^2 + b^2 - 2ab\cos\theta.$$

下面我们来推导数量积的坐标表达式.

设 $\boldsymbol{a} = a_x\boldsymbol{i} + a_y\boldsymbol{j} + a_z\boldsymbol{k}$，$\boldsymbol{b} = b_x\boldsymbol{i} + b_y\boldsymbol{j} + b_z\boldsymbol{k}$，则

$$\boldsymbol{a} \cdot \boldsymbol{b} = a_x\boldsymbol{i} \cdot (b_x\boldsymbol{i} + b_y\boldsymbol{j} + b_z\boldsymbol{k}) + a_y\boldsymbol{j} \cdot (b_x\boldsymbol{i} + b_y\boldsymbol{j} + b_z\boldsymbol{k}) + a_z\boldsymbol{k} \cdot (b_x\boldsymbol{i} + b_y\boldsymbol{j} + b_z\boldsymbol{k})$$
$$= a_xb_x\boldsymbol{i} \cdot \boldsymbol{i} + a_xb_y\boldsymbol{i} \cdot \boldsymbol{j} + a_xb_z\boldsymbol{i} \cdot \boldsymbol{k} + a_yb_x\boldsymbol{j} \cdot \boldsymbol{i} + a_yb_y\boldsymbol{j} \cdot \boldsymbol{j} + a_yb_z\boldsymbol{j} \cdot \boldsymbol{k}$$
$$+ a_zb_x\boldsymbol{k} \cdot \boldsymbol{i} + a_zb_y\boldsymbol{k} \cdot \boldsymbol{j} + a_zb_z\boldsymbol{k} \cdot \boldsymbol{k}.$$

由于 $\boldsymbol{i}$、$\boldsymbol{j}$、$\boldsymbol{k}$ 互相垂直，所以 $\boldsymbol{i} \cdot \boldsymbol{j} = \boldsymbol{j} \cdot \boldsymbol{k} = \boldsymbol{k} \cdot \boldsymbol{i} = 0$，又由于 $\boldsymbol{i}, \boldsymbol{j}, \boldsymbol{k}$ 的模均为 1，所以 $\boldsymbol{i} \cdot \boldsymbol{i} = \boldsymbol{j} \cdot \boldsymbol{j} = \boldsymbol{k} \cdot \boldsymbol{k} = 1$. 因而

$$\boldsymbol{a} \cdot \boldsymbol{b} = a_xb_x + a_yb_y + a_zb_z,$$

由于 $\boldsymbol{a} \cdot \boldsymbol{b} = |\boldsymbol{a}||\boldsymbol{b}|\cos\theta$，所以当 $\boldsymbol{a}$、$\boldsymbol{b}$ 都不是零向量时，有

$$\cos\theta = \frac{\boldsymbol{a} \cdot \boldsymbol{b}}{|\boldsymbol{a}||\boldsymbol{b}|} = \frac{a_xb_x + a_yb_y + a_zb_z}{\sqrt{a_x^2 + a_y^2 + a_z^2} \cdot \sqrt{b_x^2 + b_y^2 + b_z^2}} \quad (0 \leqslant \theta \leqslant \pi).$$

5.3.2　向量的向量积

定义 5.3.2　设 $\boldsymbol{a}$、$\boldsymbol{b}$ 是两个向量，规定 $\boldsymbol{a}$ 与 $\boldsymbol{b}$ 的向量积是一个向量，记作 $\boldsymbol{a} \times \boldsymbol{b}$，它的模与方向分别为：

(1) $|\boldsymbol{a} \times \boldsymbol{b}| = |\boldsymbol{a}||\boldsymbol{b}|\sin\theta, (\theta = (\widehat{\boldsymbol{a},\ \boldsymbol{b}}))$；

(2) $\boldsymbol{a} \times \boldsymbol{b}$ 同时垂直于 $\boldsymbol{a}$ 和 $\boldsymbol{b}$，并且 $\boldsymbol{a}, \boldsymbol{b}, \boldsymbol{a} \times \boldsymbol{b}$ 符合右手规则.

向量的向量积也称为**叉积或外积**. 由向量积的定义可以推得

(1) $\boldsymbol{0} \times \boldsymbol{a} = \boldsymbol{a} \times \boldsymbol{0} = \boldsymbol{0}$；

(2) $\boldsymbol{a} \times \boldsymbol{a} = \boldsymbol{0}$；

(3) $\boldsymbol{a} \,/\!/\, \boldsymbol{b} \Leftrightarrow \boldsymbol{a} \times \boldsymbol{b} = \boldsymbol{0}$.

向量积符合下列运算律：

(1) 反交换律　$\boldsymbol{a} \times \boldsymbol{b} = -\boldsymbol{b} \times \boldsymbol{a}$；

(2) 分配律　$(\boldsymbol{a} + \boldsymbol{b}) \times \boldsymbol{c} = \boldsymbol{a} \times \boldsymbol{c} + \boldsymbol{b} \times \boldsymbol{c}$；

(3) 结合律　$(\lambda\boldsymbol{a}) \times \boldsymbol{b} = \boldsymbol{a} \times (\lambda\boldsymbol{b}) = \lambda(\boldsymbol{a} \times \boldsymbol{b})$，$\lambda$ 为数.

下面推导向量积的坐标表达式.

设 $\boldsymbol{a} = a_x\boldsymbol{i} + a_y\boldsymbol{j} + a_z\boldsymbol{k}$，$\boldsymbol{b} = b_x\boldsymbol{i} + b_y\boldsymbol{j} + b_z\boldsymbol{k}$，按向量积的运算律

$$\boldsymbol{a} \times \boldsymbol{b} = (a_x\boldsymbol{i} + a_y\boldsymbol{j} + a_z\boldsymbol{k}) \times (b_x\boldsymbol{i} + b_y\boldsymbol{j} + b_z\boldsymbol{k})$$
$$= a_xb_x(\boldsymbol{i} \times \boldsymbol{i}) + a_xb_y(\boldsymbol{i} \times \boldsymbol{j}) + a_xb_z(\boldsymbol{i} \times \boldsymbol{k}) + a_yb_x(\boldsymbol{j} \times \boldsymbol{i}) + a_yb_y(\boldsymbol{j} \times \boldsymbol{j})$$
$$+ a_yb_z(\boldsymbol{j} \times \boldsymbol{k}) + a_zb_x(\boldsymbol{k} \times \boldsymbol{i}) + a_zb_y(\boldsymbol{k} \times \boldsymbol{j}) + a_zb_z(\boldsymbol{k} \times \boldsymbol{k}).$$

由于
$$i \times i = j \times j = k \times k = 0,$$
并且容易算得
$$i \times j = k, \quad j \times k = i, \quad k \times i = j,$$
$$j \times i = -k, \quad k \times j = -i, \quad i \times k = -j.$$

故整理可得
$$a \times b = (a_y b_z - a_z b_y)i + (a_z b_x - a_x b_z)j + (a_x b_y - a_y b_x)k$$

或用二阶行列式记号，得
$$a \times b = \begin{vmatrix} a_y & a_z \\ b_y & b_z \end{vmatrix} i + \begin{vmatrix} a_z & a_x \\ b_z & b_x \end{vmatrix} j + \begin{vmatrix} a_x & a_y \\ b_x & b_y \end{vmatrix} k.$$

也可利用三阶行列式，写成
$$a \times b = \begin{vmatrix} i & j & k \\ a_x & a_y & a_z \\ b_x & b_y & b_z \end{vmatrix}.$$

两向量的向量积的几何意义如下.

(1) $|a \times b|$ 表示以 a 和 b 为邻边的平行四边形的面积.

(2) $a \times b$ 与一切既平行于 a 又平行于 b 的平面相垂直.

例 5.3.2　设 $a = \{2, 1, -1\}$，$b = \{1, -1, 2\}$，计算 $a \times b$.

解
$$a \times b = \begin{vmatrix} i & j & k \\ 2 & 1 & -1 \\ 1 & -1 & 2 \end{vmatrix} = i - 5j - 3k.$$

例 5.3.3　已知 $\triangle ABC$ 的顶点分别是 $A(1, 2, 3)$、$B(3, 4, 5)$ 和 $C(2, 4, 7)$，求三角形 ABC 的面积 $S_{\triangle ABC}$.

解　由于 $\overrightarrow{AB} = \{2, 2, 2\}$，$\overrightarrow{AC} = \{1, 2, 4\}$，则
$$\overrightarrow{AB} \times \overrightarrow{AC} = \begin{vmatrix} i & j & k \\ 2 & 2 & 2 \\ 1 & 2 & 4 \end{vmatrix} = 4i - 6j + 2k,$$

于是，三角形 ABC 的面积
$$\begin{aligned} S_{\triangle ABC} &= \frac{1}{2} \left| \overrightarrow{AB} \right| \left| \overrightarrow{AC} \right| \sin \angle A \\ &= \frac{1}{2} \left| \overrightarrow{AB} \times \overrightarrow{AC} \right| \\ &= \frac{1}{2} \sqrt{4^2 + (-6)^2 + 2^2} \\ &= \sqrt{14}. \end{aligned}$$

5.4　平面与直线

平面和空间直线,是空间中最简单的曲面和直线. 下面我们将建立平面、直线的方程.

5.4.1　平面及其方程

1. 平面的点法式方程

在空间中通过一定点且与非零向量 n 垂直的平面 π 是唯一确定的,此时称 $\vec{n}$ 为 π 的法向量(图 5.16).

在直角坐标系 $Oxyz$ 中,假设已知平面 π 过定点 $M_0(x_0, y_0, z_0)$,且垂直于非零向量

$$n = \{A,\ B,\ C\},$$

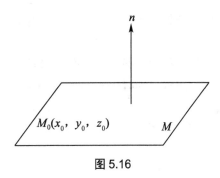

图 5.16

又设 $M(x, y, z)$ 为所求平面 π 上任一点,$\overrightarrow{M_0M} = \{x-x_0,\ y-y_0,\ z-z_0\}$,由于 $n \perp \pi$,故 $n \perp \overrightarrow{M_0M}$.

从而

$$n \cdot \overrightarrow{M_0M} = 0,$$

即

$$A(x-x_0) + B(y-y_0) + C(z-z_0) = 0.$$

而当点 $M(x, y, z)$ 不在平面 π 上时,向量 $\overrightarrow{M_0M}$ 不垂直于 n. 因此 M 的坐标 x, y, z 不满足上式. 所以上式就是平面 π 的方程. 因为此方程是由 π 上的已知点 $M_0(x_0, y_0, z_0)$ 和它的法向量 $n = \{A, B, C\}$ 确定,故把此方程称做平面的**点法式方程**.

例 5.4.1　求过点 $(2, -3, 0)$ 且以 $n = \{1, -2, 3\}$ 为法向量的平面方程.

解　由点法式方程,得所求平面的方程是

$$1 \cdot (x-2) - 2 \cdot (y+3) + 3 \cdot (z-0) = 0,$$

即

$$x - 2y + 3z - 8 = 0.$$

例 5.4.2　求过三点 $M_1(2, -1, 4)$、$M_2(-1, 3, -2)$ 和 $M_3(0, 2, 3)$ 的平面方程.

解　先找出这平面的法向量 n. 由于向量 n 与向量 $\overrightarrow{M_1M_2}$、$\overrightarrow{M_1M_3}$ 都垂直,而 $\overrightarrow{M_1M_2} = \{-3,\ 4,\ 6\}$,$\overrightarrow{M_1M_3} = \{-2,\ 3,\ -1\}$,所以可取它们的向量积为 n,

$$n = \overrightarrow{M_1M_2} \times \overrightarrow{M_1M_3} = \begin{vmatrix} i & j & k \\ -3 & 4 & -6 \\ -2 & 3 & -1 \end{vmatrix} = 14i + 9j - k,$$

根据平面的点法式方程,得所求平面的方程为

$$14(x-2) + 9(y+1) - (z-4) = 0,$$

即
$$14x + 9y - z - 15 = 0.$$

2. 平面的一般方程

在点法式方程
$$A(x - x_0) + B(y - y_0) + C(z - z_0) = 0$$
中，若把 $-(Ax_0 + By_0 + Cz_0)$ 记为 D，则方程就成为三元一次方程
$$Ax + By + Cz + D = 0$$
反之，对给定的三元一次方程如上式（其中 A，B，C 不同时为零），设 x_0，y_0，z_0 是满足方程的一组数，即 $Ax_0 + By_0 + Cz_0 + D = 0$，把此两式相减就得
$$A(x - x_0) + B(y - y_0) + C(z - z_0) = 0$$
我们把方程
$$Ax + By + Cz + D = 0$$
称为平面的**一般方程**.

当 $D = 0$ 时，$Ax + By + Cz = 0$ 表示过原点的平面.

当 $C = 0$ 时，因为法向量 $\boldsymbol{n} = \{A, B, 0\}$ 垂直 z 轴，故方程 $Ax + By + D = 0$ 表示平行于 z 轴的平面.

当 $B = C = 0$ 时，因为法向量 $\boldsymbol{n} = \{A, 0, 0\}$ 同时垂直于 y 轴与 z 轴，故方程 $Ax + D = 0$，即 $x = -\dfrac{D}{A}$ 表示平行于 yOz 面的平面，也就是垂直于 x 轴的平面.

例 5.4.3　求过 y 轴和点 $M_0(4, -3, -1)$ 的平面方程.

解　平面过 y 轴，即法向量 $\boldsymbol{n}$ 垂直于 y 轴，它在 y 轴上的投影为零，即 $\boldsymbol{n} = \{A, 0, C\}$，又平面也过原点，故可设平面方程为
$$Ax + Cz = 0.$$
将点 $(4, -3, -1)$ 代入有 $4A - C = 0$，$C = 4A$. 代入方程 $Ax + Cz = 0$ 并消去 A 可得所求平面的方程

$$x + 4z = 0.$$

3. 两平面的相互关系

设有平面 π_1：$A_1 x + B_1 y + C_1 z + D_1 = 0$，平面 π_2：$A_2 x + B_2 y + C_2 z + D_2 = 0$. 它们的法向量分别为 $\boldsymbol{n}_1 = \{A_1, B_1, C_1\}$，$\boldsymbol{n}_2 = \{A_2, B_2, C_2\}$，则有：

(1)　π_1 与 π_2 平行 $\Leftrightarrow \dfrac{A_1}{A_2} = \dfrac{B_1}{B_2} = \dfrac{C_1}{C_2}$；

(2)　π_1 与 π_2 重合 $\Leftrightarrow \dfrac{A_1}{A_2} = \dfrac{B_1}{B_2} = \dfrac{C_1}{C_2} = \dfrac{D_1}{D_2}$；

(3)　π_1 与 π_2 相交时，称两平面法向量的夹角为两平面的夹角（通常不取钝角），有
$$\cos\theta = \left|\frac{\boldsymbol{n}_1 \cdot \boldsymbol{n}_2}{\|\boldsymbol{n}_1\| \|\boldsymbol{n}_2\|}\right| = \frac{|A_1 A_2 + B_1 B_2 + C_1 C_2|}{\sqrt{A_1^2 + B_1^2 + C_1^2} \cdot \sqrt{A_2^2 + B_2^2 + C_2^2}}.$$
特别地，π_1 与 π_2 垂直 $\Leftrightarrow A_1 A_2 + B_1 B_2 + C_1 C_2 = 0$.

例 5.4.4　已知两平面分别为

$$\pi_1:\quad x+3y+z+2=0\ ;$$
$$\pi_2:\quad x-y-3z-2=0\ .$$

判定两平面的相互位置.

解　两平面的法向量分别为

$$\boldsymbol{n}_1=\{1,\ 3,\ 1\},\quad \boldsymbol{n}_2=\{1,\ -1,\ -3\},$$

由于 $\boldsymbol{n}_1$ 与 $\boldsymbol{n}_2$ 不平行，所以两平面必相交，其夹角满足

$$\cos\theta=\frac{\left|1\cdot1+3\cdot(-1)+(-3)\cdot1\right|}{\sqrt{1^2+3^2+1^2}\sqrt{1^2+(-1)^2+(-3)^2}}=\frac{5}{11}\ ,$$

故两平面的夹角为 $\theta=\arccos\dfrac{5}{11}$.

4. 点到平面的距离

设 $P_0(x_0,\ y_0,\ z_0)$ 是平面 $\pi:Ax+By+Cz+D=0$ 外一点，任取 π 上一点 $P_1(x_1,\ y_1,\ z_1)$ ，并作向量 $\overrightarrow{P_1P_0}$ ，由图 5.17 看出，P_0 到平面 π 的距离 $d=\left|\overrightarrow{P_1P_0}\right|\left|\cos\theta\right|$ ，（θ 是 $\left|\overrightarrow{P_1P_0}\right|$ 与 π 的法向量 $\boldsymbol{n}$ 的夹角），即

$$d=\frac{\left|\overrightarrow{P_1P_0}\cdot\boldsymbol{n}\right|}{|\boldsymbol{n}|}\ ,$$

由于 $\overrightarrow{P_1P_0}\cdot\boldsymbol{n}=Ax_0+By_0+Cz_0-(Ax_1+By_1+Cz_1)$ ，而 $Ax_1+By_1+Cz_1+D=0$ ，即

$$-(Ax_1+By_1+Cz_1)=D\ ,$$

故

$$\overrightarrow{P_1P_0}\cdot\boldsymbol{n}=Ax_0+By_0+Cz_0+D\ ,$$

于是得到点 $P_0(x_0,\ y_0,\ z_0)$ 到平面 $Ax+By+Cz+D=0$ 的距离为

$$d=\frac{\left|Ax_0+By_0+Cz_0+D\right|}{\sqrt{A^2+B^2+C^2}}\ .$$

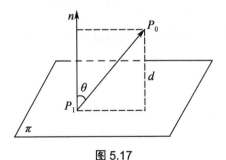

图 5.17

5.4.2 直线及其方程

1. 空间直线的一般方程

空间直线可看成两平面

$$\pi_1:\ A_1x + B_1y + C_1z + D_1 = 0\ ,\quad \pi_2:\ A_2x + B_2y + C_2z + D_2 = 0$$

的交线

$$\begin{cases} A_1x + B_1y + C_1z + D_1 = 0 \\ A_2x + B_2y + C_2z + D_2 = 0 \end{cases}$$

称为空间直线的**一般方程**.

2. 空间直线的对称式方程

如果一非零向量 $\vec{s} = \{m,\ n,\ p\}$，平行于一条已知直线，这个向量称为这条直线的**方向向量**，而 $\vec{s}$ 的坐标 $m,\ n,\ p$ 称为直线 L 的一组**方向数**.

已知直线 L 过 $M_0(x_0,\ y_0,\ z_0)$ 点，方向向量 $\vec{s} = \{m,\ n,\ p\}$，任意点 $M(x,\ y,\ z)$ 在 L 上，$\overrightarrow{M_0M} /\!/ \vec{s}$

$$\overrightarrow{M_0M} = \left\{ x - x_0,\ y - y_0,\ z - z_0 \right\},$$

所以得比例式

$$\frac{x - x_0}{m} = \frac{y - y_0}{n} = \frac{z - z_0}{p}\ ,$$

称为空间直线的**对称式方程**或**点向式方程**.

令 $\dfrac{x - x_0}{m} = \dfrac{y - y_0}{n} = \dfrac{z - z_0}{p} = t$，得

$$\begin{cases} x = x_0 + mt \\ y = y_0 + nt\ . \\ z = z_0 + pt \end{cases}$$

称为空间直线的**参数方程**.

例 5.4.5 写出直线 $\begin{cases} x + y + z + 1 = 0 \\ 2x - y + 3z + 4 = 0 \end{cases}$ 的对称式方程.

解 (1) 先找出直线上的一点 $M_0(x_0,\ y_0,\ z_0)$，令 $z_0 = 0$，代入方程组，得

$$\begin{cases} x + y + 1 = 0 \\ 2x - y + 4 = 0 \end{cases}.$$

解得

$$x_0 = -\frac{5}{3}\ ,\quad y_0 = \frac{2}{3}.$$

所以，点 $M_0\left(-\dfrac{5}{3},\ \dfrac{2}{3},\ 0\right)$ 在直线上.

(2) 再找直线的方向向量 s，由于平面 π_1: $x+y+z+1=0$ 的法向量 $n_1=\{1,\ 1,\ 1\}$，平面 π_2: $2x-y+3z+4=0$ 的法向量 $n_2=\{2,\ -1,\ 3\}$，所以，可取

$$s=n_1\times n_2=4i-j-3k,$$

于是，得直线的对称式方程

$$\frac{x+\dfrac{5}{3}}{4}=\frac{y-\dfrac{2}{3}}{-1}=\frac{z}{-3}.$$

例 5.4.6　求通过点 $A(2,\ -3,\ 4)$ 与 $B(4,\ -1,\ 3)$ 的直线方程.

解　直线的方向向量可取

$$\overrightarrow{AB}=\{2,\ 2,\ -1\},$$

所以，直线的对称式方程为

$$\frac{x-2}{2}=\frac{y+3}{2}=\frac{z-4}{-1}.$$

3. 两直线的夹角

两直线的方向向量的夹角(通常指锐角)叫做**两直线的夹角**.

设直线 L_1 和 L_2 的方向向量依次为 $s_1=\{m_1,\ n_1,\ p_1\}$ 和 $s_2=\{m_2,\ n_2,\ p_2\}$，那么 L_1 和 L_2 的夹角 φ 应是 $(\widehat{s_1,\ s_2})$ 和 $(\widehat{-s_1,\ s_2})=\pi-(\widehat{s_1,\ s_2})$ 两者中的锐角，因此 $\cos\varphi=\left|\cos(\widehat{s_1,\ s_2})\right|$. 按两向量的夹角的余弦公式，直线 L_1 和直线 L_2 的夹角 φ 可由

$$\cos\varphi=\frac{\left|m_1 m_2+n_1 n_2+p_1 p_2\right|}{\sqrt{m_1^2+n_1^2+p_1^2}\cdot\sqrt{m_2^2+n_2^2+p_2^2}}$$

来确定.

从两向量垂直、平行的充分必要条件立即得到下列结论：

两直线 L_1、L_2 互相垂直相当于 $m_1 m_2+n_1 n_2+p_1 p_2=0$；

两直线 L_1、L_2 互相平行或重合相当于 $\dfrac{m_1}{m_2}=\dfrac{n_1}{n_2}=\dfrac{p_1}{p_2}$.

例 5.4.7　求直线 L_1: $\dfrac{x-1}{1}=\dfrac{y}{-4}=\dfrac{z+3}{1}$ 和直线 L_2: $\dfrac{x}{2}=\dfrac{y+2}{-2}=\dfrac{z}{-1}$ 的夹角.

解　直线 L_1 的方向向量为 $s_1=\{1,\ -4,\ 1\}$；直线 L_2 的方向向量为 $s_2=\{2,\ -2,\ -1\}$. 设直线 L_1 和 L_2 的夹角为 φ，那么由两直线的夹角公式有

$$\cos\varphi=\frac{\left|1\times 2+(-4)\times(-2)+1\times(-1)\right|}{\sqrt{1^2+(-4)^2+1^2}\cdot\sqrt{2^2+(-2)^2+(-1)^2}}=\frac{1}{\sqrt{2}}.$$

所以
$$\varphi = \frac{\pi}{4}.$$

4. 直线与平面的夹角

当直线与平面不垂直时，直线和它在平面上的投影直线的夹角 $\varphi(0 \leqslant \varphi < \frac{\pi}{2})$ 称为**直线**

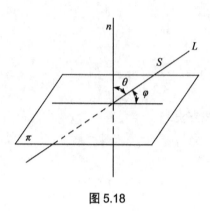

与平面的夹角(图 5.18)，当直线与平面垂直时，规定直线与平面的夹角为 $\frac{\pi}{2}$.

设直线的方向向量为 $s = \{m, n, p\}$，平面的法向量为 $n = \{A, B, C\}$，直线与平面的夹角为 φ，那么 $\varphi = \left| \frac{\pi}{2} - (\hat{s}, n) \right|$，因此 $\sin \varphi = \left| \cos(\hat{s}, n) \right|$. 按两向量夹角余弦的坐标表达式，有

$$\sin \varphi = \frac{|Am + Bn + Cp|}{\sqrt{A^2 + B^2 + C^2} \sqrt{m^2 + n^2 + p^2}}.$$

图 5.18

特别地，直线与平面垂直相当于 $\dfrac{A}{m} = \dfrac{B}{n} = \dfrac{C}{p}$. 直线与平面平行或直线在平面上相当于

$$Am + Bn + Cp = 0.$$

例 5.4.8 求直线 $\dfrac{x-2}{1} = \dfrac{y-3}{1} = \dfrac{z-4}{2}$ 与平面 $2x + y + z - 6 = 0$ 的交点与夹角.

解 将直线的参数方程

$$x = 2 + t, \quad y = 3 + t, \quad z = 4 + 2t$$

代入平面方程得

$$2(2+t) + (3+t) + (4+2t) - 6 = 0$$

解上述方程得 $t = -1$. 把 $t = -1$ 代入直线的参数方程，即得所求交点的坐标 $x = 1$，$y = 2$，$z = 2$.

其次，因为直线的方向向量 $s = \{1, 1, 2\}$，平面的法向量 $n = \{2, 1, 1\}$，由直线与平面的夹角公式有

$$\sin \varphi = \frac{|2 \cdot 1 + 1 \cdot 1 + 1 \cdot 2|}{\sqrt{1^2 + 1^2 + 2^2} \sqrt{2^2 + 1^2 + 1^2}} = \frac{5}{6},$$

故直线与平面的夹角 $\varphi = \arcsin \dfrac{5}{6}$.

5. 过直线的平面束

用平面束方法处理直线或平面问题，有时会带来方便，现在来介绍这一概念.

设直线 L 由方程组

$$\begin{cases} A_1 x + B_1 y + C_1 z + D_1 = 0 \\ A_2 x + B_2 y + C_2 z + D_2 = 0 \end{cases}$$

所确定，其中系统数 A_1、B_1、C_1 与 A_2、B_2、C_2 不成比例.

我们建立三元一次方程：

$$A_1 x + B_1 y + C_1 z + D_1 + \lambda (A_2 x + B_2 y + C_2 z + D_2) = 0$$

其中 λ 为任意常数. 因为 A_1、B_1、C_1 与 A_2、B_2、C_2 不成比例，所以对于任何一个 λ 值，系数：$A_1 + \lambda A_2$、$B_1 + \lambda B_2$、$C_1 + \lambda C_2$ 不全为零，从而上述方程表示一个平面，若一点在直线 L 上，则点的坐标必满足直线的一般方程，因而也满足上述方程，故上述三元一次方程表示通过 L 的平面，且对应不同的 λ 值，它表示通过 L 的不同的平面. 反之，通过直线 L 的任何平面(除平面 $A_2 x + B_2 y + C_2 z + D_2 = 0$ 外)都包含在上述三元一次方程所表示的一族平面内.通过定直线的所有平面的全体称为**平面束**，上述三元一次方程就作为通过直线 L 的**平面束的方程**(其中不包含平面 $A_2 x + B_2 y + C_2 z + D_2 = 0$).

例 5.4.9　求直线 $\begin{cases} x+y-z-1=0 \\ x-y+z+1=0 \end{cases}$ 在平面 $x+y+z=0$ 上的投影直线的方程.

解　过已知直线的平面束方程为

$$(x+y-z-1) + \lambda(x-y+z+1) = 0 ,$$

即　　　　　　　　$(1+\lambda)x + (1-\lambda)y + (-1+\lambda)z + (-1+\lambda) = 0 .$

现确定常数 λ，使其对应的平面与所给平面 $x+y+z=0$ 垂直，就是使法向量 $\{1+\lambda, 1-\lambda, -1+\lambda\}$ 与所给平面的法向量 $\{1, 1, 1\}$ 垂直，由此得

$$(1+\lambda) \cdot 1 + (1-\lambda) \cdot 1 + (-1+\lambda) \cdot 1 = 0 ,$$

解得 $\lambda = -1$，将 $\lambda = -1$ 代入平面束方程，即得投影平面的方程为

$$y - z - 1 = 0 .$$

所以所求投影直线的方程为

$$\begin{cases} y - z - 1 = 0 \\ x + y + z = 0 \end{cases} .$$

5.5　曲面及其方程

5.5.1　柱面与旋转曲面

1. 柱面

平行于定直线 L 并沿定曲线 C 移动的直线所形成的曲面叫做**柱面**. 定曲线 C 叫做柱面的**准线**，动直线叫做柱面的**母线**.

一般地，只含有 x，y 而缺 z 的方程 $F(x, y) = 0$，在空间直角坐标系中表示母线平行于 z 轴的柱面．其准线为 xOy 面上的曲线 $F(x, y) = 0$，$z = 0$．类似地，只含有 x，z 而缺 y 的方程 $G(x, z) = 0$ 与只含 y，z 而缺 x 的方程 $H(y, z) = 0$ 分别表示母线平行于 y 轴和 x 轴的柱面．

例如，$\dfrac{x^2}{a^2} + \dfrac{y^2}{b^2} = 1$ 表示母线平行于 z 轴的椭圆柱面(图 5.19)．

2. 旋转曲面

平面上的曲线 C 绕该平面上一条定直线 l 旋转而形成的曲面叫做**旋转曲面**，该平面曲线 C 叫做旋转曲面的母线，定直线 l 叫做旋转曲面的轴．

设 C 为 yOz 面上的已知曲线，其方程为 $f(y, z) = 0$，C 围绕 z 轴旋转一周得一旋转曲面(图 5.20)，在此旋转面上任取一点 $P_0(x_0, y_0, z_0)$，并过点 P_0 作平面 $z = z_0$，它和旋转曲面的交线为一圆周，圆周的半径 $R = \sqrt{x_0^2 + y_0^2}$．

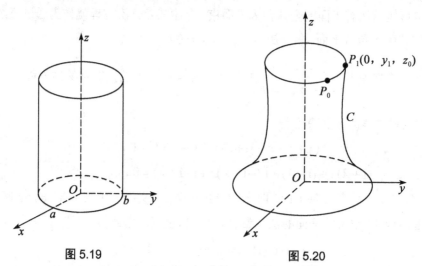

图 5.19　　　　　　图 5.20

因为 P_0 是由曲线 C 上的点 $P_1(0, y_1, z_0)$ 旋转而得，故 $|y_1| = R$，即

$$y_1 = \pm R = \pm\sqrt{x_0^2 + y_0^2},$$

又因为 $P_1(0, y_1, z_0)$ 满足方程 $f(y, z) = 0$，即 $f(y_1, z_0) = 0$，因此得

$$f\left(\pm\sqrt{x_0^2 + y_0^2}, z_0\right) = 0,$$

由此可知，旋转曲面上的任一点 $M(x, y, z)$ 适合方程

$$f\left(\pm\sqrt{x^2 + y^2}, z\right) = 0.$$

显然，若点 $M(x, y, z)$ 不在此旋转曲面上，则其坐标 x，y，z 不满足上式，所以上式是此旋转曲面的方程．

一般地，若在曲线 C 的方程 $f(y, z) = 0$ 中 z 保持不变，而将 y 改写成 $\pm\sqrt{x^2 + y^2}$，就

得到曲线 C 绕 z 轴旋转而成的曲面的方程

$$f\left(\pm\sqrt{x^2+y^2},\ z\right)=0 .$$

若在 $f(y,\ z)=0$ 中 y 保持不变,将 z 改成 $\pm\sqrt{x^2+z^2}$,就得到曲线 C 绕 y 轴旋转而成的曲面的方程

$$f\left(y,\ \pm\sqrt{x^2+z^2}\right)=0 .$$

例 5.5.1　(1) 椭圆 $\begin{cases}\dfrac{x^2}{a^2}+\dfrac{z^2}{c^2}=1 \\ y=0\end{cases}$,绕 z 轴旋转而成的曲面为

$$\frac{x^2+y^2}{a^2}+\frac{z^2}{c^2}=1 \text{(旋转椭圆面)}.$$

(2) 抛物线 $\begin{cases}y^2=2pz \\ x=0\end{cases}$,绕 z 轴旋转而成的曲面方程为

$$x^2+y^2=2pz \text{(旋转抛物面)}.$$

(3) 双曲线 $\begin{cases}\dfrac{x^2}{a^2}-\dfrac{z^2}{c^2}=1 \\ y=0\end{cases}$,绕 z 轴旋转而成的曲面方程为

$$\frac{x^2+y^2}{a^2}-\frac{z^2}{c^2}=1 \text{(旋转单叶双曲面)}.$$

例 5.5.2　直线 L 绕另一条与它相交的直线 l 旋转一周,所得曲面叫做**圆锥面**,两直线的交点叫做圆锥的顶点. 试建立顶点在原点,旋转轴为 z 轴的锥面(图 5.21)的方程.

解　设在 yOz 平面上,直线 L 的方程为 $z=ky(k>0)$,因为旋转轴是 z 轴,故得圆锥面方程为

$$z=\pm k\sqrt{x^2+y^2} ,$$

即

$$z^2=k^2(x^2+y^2) .$$

图 5.21 中所示 $\alpha=\arctan\dfrac{1}{k}$ 叫做圆锥面的**半顶角**.

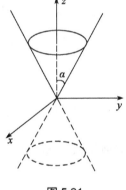

图 5.21

5.5.2　二次曲面

三元二次方程所表示的曲面叫做二次曲面. 下面主要介绍几个特殊的二次曲面.

1. 椭球面

方程 $\dfrac{x^2}{a^2}+\dfrac{y^2}{b^2}+\dfrac{z^2}{c^2}=1$ $(a>0,\ b>0,\ c>0)$表示的曲面叫做**椭球面**(图 5.22).

当 $a=b=c$ 时,方程 $x^2+y^2+z^2=a^2$ 表示一个球面(图 5.23).

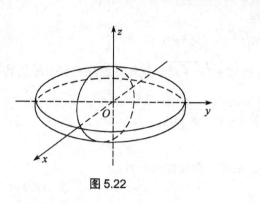

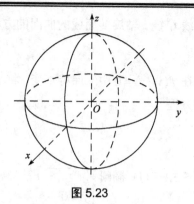

图 5.22　　　　　　　　　　　图 5.23

2. 抛物面

抛物面分椭圆抛物面与双曲抛物面两种. 方程 $\dfrac{x^2}{a^2}+\dfrac{y^2}{b^2}=\pm z$ 所表示的曲面叫做**椭圆抛物面**. 方程 $\dfrac{x^2}{a^2}-\dfrac{y^2}{b^2}=\pm z$ 所表示的曲面叫做**双曲抛物面**. 图 5.24、图 5.25 分别是 $\dfrac{x^2}{a^2}+\dfrac{y^2}{b^2}=z$ 和 $\dfrac{x^2}{a^2}-\dfrac{y^2}{b^2}=-z$ 的示意图.

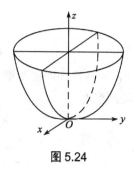

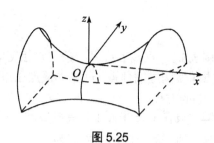

图 5.24　　　　　　　　　　　图 5.25

3. 双曲面

双曲面分单叶双曲面与双叶双曲面两种. 方程 $\dfrac{x^2}{a^2}+\dfrac{y^2}{b^2}-\dfrac{z^2}{c^2}=1$ 所表示的曲面叫做**单叶双曲面**(图 5.26). 方程 $\dfrac{x^2}{a^2}+\dfrac{y^2}{b^2}-\dfrac{z^2}{c^2}=-1$ 所表示的曲面叫做**双叶双曲面**(图 5.27).

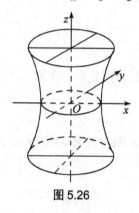

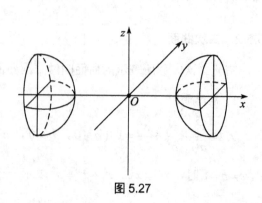

图 5.26　　　　　　　　　　　图 5.27

5.6 空 间 曲 线

5.6.1 空间曲线及其方程

空间中的曲线在几何上可以看作两个曲面的交线，因此，曲线方程可表示为

$$\begin{cases} F_1(x,\ y,\ z)=0 \\ F_2(x,\ y,\ z)=0 \end{cases}.$$

例 5.6.1 (空间圆)空间中的圆可以看作一个球面与一个平面的交线，因此圆的方程为

$$\begin{cases} (x-x_0)^2+(y-y_0)^2+(z-z_0)^2=R^2 \\ Ax+By+Cz+D=0 \end{cases},$$

其中球心$(x_0,\ y_0,\ z_0)$到平面的距离小于球面半径R，即

$$\frac{\left|Ax_0+By_0+Cz_0+D\right|}{\sqrt{A^2+B^2+C^2}}<R.$$

例 5.6.2 求圆$\begin{cases} x^2+y^2+z^2=R^2 \\ z=a \end{cases}$$(a<R)$的参数方程.

解 圆的半径$r=\sqrt{R^2-a^2}$，令$x=r\cos t$代入上式得到$y=r\sin t$，于是圆的参数方程为：

$$\begin{cases} x=\sqrt{R^2-a^2}\cos t \\ y=\sqrt{R^2-a^2}\sin t\ \ (0\leqslant t<2\pi). \\ z=a \end{cases}$$

5.6.2 空间曲线在坐标面上的投影

设空间曲线Γ的一般方程为

$$\begin{cases} F(x,\ y,\ z)=0 \\ G(x,\ y,\ z)=0 \end{cases},$$

消去变量z后所得的方程

$$H(x,\ y)=0$$

所表示的曲面为柱面，该柱面包含了曲线Γ. 从而柱面$H(x,\ y)=0$与xOy面$(z=0)$的交线

$$\begin{cases} H(x,\ y)=0 \\ z=0 \end{cases}$$

必然包含了空间曲线Γ在xOy面上的**投影曲线**.

类似地，消去变量 x 或 y，得 $R(y, z) = 0$ 或 $T(x, z) = 0$，再分别与 $x = 0$ 或 $y = 0$ 联立，就得到包含 Γ 在 yOz 面或 zOx 面上的投影曲线方程

$$\begin{cases} R(y, z) = 0 \\ x = 0 \end{cases} \quad \text{或} \quad \begin{cases} T(x, z) = 0 \\ y = 0 \end{cases}.$$

例 5.6.3　求曲线 Γ：$\begin{cases} x^2 + y^2 + z^2 = 36 \\ y + z = 0 \end{cases}$ 在 xOy 面和 yOz 面上的投影曲线的方程.

解　先由所给方程组消去 z，有

$$x^2 + 2y^2 = 36 ,$$

故 Γ 在 xOy 面上的投影曲线方程为 $\begin{cases} x^2 + 2y^2 = 36 \\ z = 0 \end{cases}$.

又由于 Γ 的第二个方程 $y + z = 0$ 不含 x，故 $y + z = 0$ 即为所求，它在 yOz 面上表示一条直线，而 Γ 在 yOz 面上的投影只是该直线的一部分，即

$$\begin{cases} y + z = 0 \quad \left(-3\sqrt{2} \leqslant y \leqslant 3\sqrt{2}\right) \\ x = 0 \end{cases}.$$

习　题　5

1. 设 $|\boldsymbol{a} + \boldsymbol{b}| = |\boldsymbol{a} - \boldsymbol{b}|$，$\boldsymbol{a} = \{3, -5, 8\}$，$\boldsymbol{b} = \{-1, -1, z\}$ 求 z.

2. 已知向量 $\vec{a}, \vec{b}$ 的夹角等于 $\dfrac{\pi}{3}$，且 $|\vec{a}| = 2$，$|\vec{b}| = 5$ 求 $\left(\vec{a} - 2\vec{b}\right) \cdot \left(\vec{a} + 3\vec{b}\right)$.

3. 已知两点 $M_1(2, 2, \sqrt{2})$ 和 $M_2(1, 3, 0)$，计算向量 $\overrightarrow{M_1 M_2}$ 的模、方向余弦和方向角.

4. 已知两点 $A(4, 0, 5)$ 和 $B(7, 1, 3)$，求与向量 $\overrightarrow{AB}$ 平行的向量的单位向量 $\vec{c}$.

5. 求与 $\boldsymbol{a} = 3\boldsymbol{i} - 2\boldsymbol{j} + 4\boldsymbol{k}$，$\boldsymbol{b} = \boldsymbol{i} + \boldsymbol{j} - 2\boldsymbol{k}$ 都垂直的单位向量.

6. 设平行四边形二边为向量 $\vec{a} = \{1, -3, 1\}$；$\vec{b} = \{2, -1, 3\}$，求其面积.

7. 已知 $\vec{a}, \vec{b}$ 为两非零不共线向量，求证：$(\vec{a} - \vec{b}) \times (\vec{a} + \vec{b}) = 2(\vec{a} \times \vec{b})$.

8. 试用向量证明不等式

$$\sqrt{a_1^2 + a_2^2 + a_3^2} \sqrt{b_1^2 + b_2^2 + b_3^2} \geqslant \left| a_1 b_1 + a_2 b_2 + a_3 b_3 \right|.$$

其中 a_1, a_2, a_3；b_1, b_2, b_3 为任意实数. 并指出等号成立的条件.

9. 求过点 $(3, 0, -1)$ 且与平面 $3x - 7y + 5z - 12 = 0$ 平行的平面方程.

10. 求过点 $M_0(2, 9, -6)$ 且与连接坐标原点 O 及点 M_0 的线段 OM_0 垂直的平面方程.

11. 求过 $(1, 1, -1)$，$(-2, -2, 2)$ 和 $(1, -1, 2)$ 三点的平面方程.

12. 求平面 $2x - 2y + z + 5 = 0$ 与各坐标面的夹角的余弦.

13. 一平面过点 $(1, 0, -1)$ 且平行于向量 $\boldsymbol{a} = \{2, 1, 1\}$ 和 $\boldsymbol{b} = \{1, -1, 0\}$，试求这平

面方程.

14. 求三平面 $x + 3y + z = 1$, $2x - y - z = 0$, $-x + 2y + 2z = 0$ 的交点.

15. 求点 $(1, 2, 1)$ 到平面 $x + 2y + 2z - 10 = 0$ 的距离.

16. 求通过直线 $\dfrac{x-1}{2} = \dfrac{y+2}{-3} = \dfrac{z-2}{2}$ 且垂直于平面 $3x + 2y - z - 5 = 0$ 的平面方程.

17. 求通过三平面：$2x + y - z - 2 = 0$, $x - 3y + z + 1 = 0$ 和 $x + y + z - 3 = 0$ 的交点，且平行于平面 $x + y + 2z = 0$ 的平面方程.

18. 求与原点 O 及点 $M_0(2, 3, 4)$ 的距离之比为 $1 : 2$ 的点的全体所构成的曲面的方程.

19. 设平面过原点及 $(6, -3, 2)$，且与平面 $4x - y + 2z = 8$ 互相垂直，求此平面方程.

20. 求经过两点 $M_1(3, -2, 9)$ 和 $M_2(-6, 0, -4)$ 且与平面 $2x - y + 4z = 8$ 垂直的平面方程.

21. 求两平行平面 π_1: $10x + 2y - 2z - 5 = 0$ 和 π_2: $5x + y - z - 1 = 0$ 之间的距离 d.

22. 求过点 $(4, -1, 3)$ 且平行于直线 $\dfrac{x-3}{2} = \dfrac{y}{1} = \dfrac{z-1}{5}$ 的直线方程.

23. 求过两点 $M_1(3, -2, 1)$ 和 $M_2(-1, 0, 2)$ 的直线方程.

24. 求直线 $\begin{cases} 5x - 3y + 3z - 9 = 0 \\ 3x - 2y + z - 1 = 0 \end{cases}$ 与直线 $\begin{cases} 2x + 2y - z = -23 \\ 3x + 8y + z = 18 \end{cases}$ 的夹角的余弦.

25. 证明直线 $\begin{cases} x + 2y - z = 7 \\ -2x + y + z = 7 \end{cases}$ 与直线 $\begin{cases} 3x + 6y - 3z = 8 \\ 2x - y - z = 0 \end{cases}$ 平行.

26. 求过点 $(0, 2, 4)$ 且与两平面 $x + 2z = 1$ 和 $y - 3z = 2$ 平行的直线方程.

27. 设一直线过点 $A(2, -3, 4)$，且与 y 轴垂直相交，求其方程.

28. 求直线 $\dfrac{x-2}{1} = \dfrac{x-3}{1} = \dfrac{z-4}{2}$ 与平面 $2x + y + z - 6 = 0$ 的交点.

29. 已知动点 $M(x, y, z)$ 到 xOy 平面的距离与点 M 到点 $(1, -1, 2)$ 的距离相等，求点 M 的轨迹的方程.

30. 求过点 $(-1, 0, 4)$ 且平行于平面 $3x - 4y + z - 10 = 0$，又与直线 $\dfrac{x+1}{1} = \dfrac{y-3}{1} = \dfrac{z}{2}$ 相交的直线的方程.

第6章 多元函数微分法及其应用

前几章我们讨论的函数都是只有一个自变量的一元函数. 但在实际问题中我们经常会遇到一个变量依赖于多个变量的情形, 本章将针对这种情形给出多元函数的概念, 并在一元函数微分学的基础上, 讨论多元函数的微分法及其应用. 讨论中我们主要以二元函数为研究对象, 二元以上的多元函数则可以类推.

6.1 多元函数的基本概念

6.1.1 平面点集的一些概念

1. 邻域

设 $P_0(x_0, y_0)$ 是 xOy 平面上的一个点, δ 是某一正数. 与点 $P_0(x_0, y_0)$ 距离小于 δ 的点 $P(x, y)$ 的全体, 称为点 P_0 的 δ 邻域, 记作 $U(P_0, \delta)$, 即

$$U(P_0, \delta) = \{P \mid \ |PP_0| < \delta\},$$

也就是

$$U(P_0, \delta) = \left\{(x, y) \middle| \sqrt{(x-x_0)^2 + (y-y_0)^2} < \delta\right\}.$$

点 P_0 的去心 δ 邻域, 记作 $\mathring{U}(P_0, \delta)$, 即

$$\mathring{U}(P_0, \delta) = \{P \mid 0 < |PP_0| < \delta\}.$$

在几何上, $U(P_0, \delta)$ 就是 xOy 平面上以点 $P_0(x_0, y_0)$ 为中心、$\delta > 0$ 为半径的圆内部的点 $P(x, y)$ 的全体.

如果不需要强调邻域的半径 δ, 则用 $U(P_0)$ 表示点 P_0 的某个邻域, 点 P_0 的去心邻域记作 $\mathring{U}(P_0)$.

利用邻域的概念, 可以描述平面上的点与点集之间的关系. 设 E 是 xOy 平面上的一个点集, P 为 xOy 平面上的任一点, 则 P 与 E 之间的关系必有以下三种关系中的一种.

(1) 内点: 如果存在点 P 的某个邻域 $U(P)$, 使得 $U(P) \subset E$, 则称 P 为 E 的内点(图 6.1 中, P_1 为 E 的内点).

(2) 外点: 如果存在点 P 的某个邻域 $U(P)$, 使得 $U(P) \cap E = \varnothing$, 则称 P 为 E 的外点 (图 6.1 中, P_2 为 E 的外点)。

(3)边界点: 如果点 P 的任一邻域内既含有属于 E 的点, 又含有不属于 E 的点, 则称 P 为 E 的边界点(图 6.1 中, P_3 为 E 的边界点).

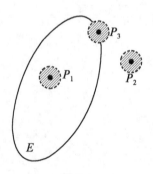

图 6.1

E 的内点必属于 E；E 的外点必定不属于 E；而 E 的边界点可能属于 E，也可能不属于 E.

2. 开集、闭集

如果点集 E 的点都是 E 的内点，那么称 E 为开集. 如果点集 E 的边界点都是 E 中的点，那么称 E 为闭集.

例如，集合 $\{(x,\ y)|1 < x^2 + y^2 < 4\}$ 是开集；集合 $\{(x,\ y)|1 \leqslant x^2 + y^2 \leqslant 4\}$ 是闭集；而集合 $\{(x,\ y)|1 < x^2 + y^2 \leqslant 4\}$ 既非开集，也非闭集.

3. 开区域、闭区域

设 E 为一开集，如果对于 E 内任意两点，都可以用含于 E 内的折线将这两点连接起来(此时称 E 具有连通性)，那么称 E 为开区域(简称区域). 开区域连同它的边界一起所构成的点集称为闭区域.

例如，集合 $\{(x,\ y)|1 < x^2 + y^2 < 4\}$ 是区域；而集合 $\{(x,\ y)|1 \leqslant x^2 + y^2 \leqslant 4\}$ 是闭区域.

简言之，区域是连通的开集.

对于点集 E，如果存在正数 K，使一切点 $P \in E$ 与某一固定点 A 间的距离 $|AP| \leqslant K$，则称 E 为有界点集，否则称为无界点集. 例如，$\{(x,\ y)|1 \leqslant x^2 + y^2 \leqslant 4\}$ 是有界闭区域，$\{(x,\ y)|x^2 + y^2 > 1\}$ 是无界区域.

6.1.2　多元函数的概念

定义 6.1.1　设 D 是平面上的一个点集，如果对于 D 中的每个点 (x, y)，变量 z 按照一定法则总有确定的值与之对应，那么称 z 是变量 x 和 y 的二元函数，记为

$$z = f(x,\ y),\quad (x,\ y) \in D,$$

其中 D 称为函数的定义域，对应的函数值 z 组成的点集称为值域. x 和 y 称为自变量，z 称为因变量.

与一元函数类似，函数 $z = f(x,\ y)$ 当 $x = x_0$、$y = y_0$ 时的对应值，称为函数 $z = f(x, y)$ 在点 $(x_0,\ y_0)$ 处的函数值，记为 $f(x_0,\ y_0)$ 或 $z\Big|_{\substack{x=x_0 \\ y=y_0}}$.

类似地，可以定义三元函数 $u = f(x,\ y, z)$ 及三元以上的函数. 二元及二元以上的函数统称为多元函数.

与一元函数类似，给定一个多元函数，则其定义域也相应给定. 若从实际问题中建立一个多元函数，则该函数的自变量有其实际意义，其取值范围(亦即函数的定义域)要符合实际. 若是用解析式表示的函数，则它的定义域就是使解析式中的运算有意义的自变量取值全体.

例如，$z = \sqrt{1 - x^2 - y^2}$ 是一个二元函数，它的定义域为有界闭区域 $\{(x,\ y)|x^2 + y^2 \leqslant 1\}$；而二元函数 $z = x^2 + y^2$ 的定义域为全平面 $\{(x,\ y)|x \in \mathbf{R}, y \in \mathbf{R}\}$.

一般地，一元函数 $y = f(x)$ 表示平面直角坐标系 xOy 上的一条曲线. 对于二元函数

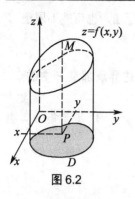

图 6.2

$z = f(x, y)$，可以取一个空间直角坐标系 $Oxyz$，定义域 D 是 xOy 平面中的一个区域，对于 D 中每一点 $P(x, y)$，它们与所对应的函数值 z 一起组成三元有序数组 (x, y, z)，对应于空间中一点 M，当 (x, y) 取遍 D 中所有点时，三元有序数组 (x, y, z) 对应的点的集合一般表示空间中的一个曲面，而曲面的方程即 $z = f(x, y)$，如图 6.2 所示.

通常我们也说二元函数的图形是一张曲面.

例如，由空间解析几何知道，函数 $z = ax + by + c$ 的图形是一张平面，而函数 $z = x^2 + y^2$ 的图形是旋转抛物面.

6.1.3　多元函数的极限

定义 6.1.2　设二元函数 $z = f(x, y)$ 在点 $P_0(x_0, y_0)$ 的某一去心邻域内有定义. 如果当点 $P(x, y)$ 以任意方式趋近于点 $P_0(x_0, y_0)$ 时，$f(x, y)$ 趋向于一个确定的常数 A，那么就称 A 为二元函数 $f(x, y)$ 当 $P(x, y)$ 趋向 $P_0(x_0, y_0)$ 时的极限，记为

$$\lim_{\substack{x \to x_0 \\ y \to y_0}} f(x, y) = A \text{ 或 } \lim_{(x, y) \to (x_0, y_0)} f(x, y) = A \text{ 或 } \lim_{p \to p_0} f(x, y) = A .$$

注意：与一元函数一样，并不是所有的二元函数的极限都存在. 如果当点 $P(x, y)$ 以不同的方式趋向于 $P_0(x_0, y_0)$ 时，函数 $f(x, y)$ 趋向不同的值，就可以断定这个函数当 $P(x, y)$ $\to P_0(x_0, y_0)$ 时，极限不存在. 例如，函数 $f(x, y) = \begin{cases} \dfrac{xy}{x^2 + y^2}, & x^2 + y^2 \neq 0 \\ 0, & x^2 + y^2 = 0 \end{cases}$ 当点 $P(x, y)$ 沿 x 轴(即固定 $y = 0$)趋近于点 $(0, 0)$ 时，

$$\lim_{\substack{(x, y) \to (0,0) \\ y=0}} f(x, y) = \lim_{x \to 0} f(x, 0) = \lim_{x \to 0} 0 = 0 ;$$

当点 $P(x, y)$ 沿着直线 $y = x$ 趋于点 $(0, 0)$ 时，即 $y = x$，$x \to 0 (x \neq 0)$，

$$\lim_{\substack{(x,y) \to (0,0) \\ y=x}} f(x, y) = \lim_{x \to 0} \frac{x^2}{x^2 + x^2} = \frac{1}{2} .$$

可见，存在不同的路线，使得 $(x, y) \to (0, 0)$ 时 $f(x, y)$ 的极限不同. 因此 $\lim\limits_{(x, y) \to (0,0)} f(x, y)$ 不存在.

以上关于二元函数的极限概念，可相应推广到多元函数上去. 为了区别于一元函数的极限，我们也把二元函数的极限叫做**二重极限**.

关于多元函数的极限运算，有与一元函数类似的运算法则.

例 6.1.1　求 $\lim\limits_{(x, y) \to (0,2)} \dfrac{\sin xy}{x}$.

解　原式 $= \lim\limits_{(x, y) \to (0,2)} \dfrac{\sin xy}{xy} \cdot y = 1 \cdot 2 = 2$.

例 6.1.2　求 $\lim\limits_{(x,\ y)\to(0,1)} xy\sin\dfrac{1}{x^2+y^2}$.

解　由于 $\lim\limits_{(x,\ y)\to(0,1)} xy = 0\cdot1 = 0$，而

$$\left|\sin\frac{1}{x^2+y^2}\right| \leqslant 1,$$

所以

$$\lim_{(x,\ y)\to(0,1)} xy\sin\frac{1}{x^2+y^2} = 0.$$

6.1.4　多元函数的连续性

与一元函数的情形一样，也可以利用二元函数的极限来研究二元函数的连续性.

定义 6.1.3　设函数 $z = f(x,\ y)$ 在点 $P_0(x_0,\ y_0)$ 的某邻域内有定义，如果

$$\lim_{\substack{x\to x_0\\y\to y_0}} f(x,\ y) = f(x_0,\ y_0),$$

那么称二元函数 $z = f(x,\ y)$ 在点 $P_0(x_0,\ y_0)$ 处连续. 如果函数 $f(x,\ y)$ 在区域 D 的每一点都连续，则称函数 $f(x,\ y)$ 在区域 D 上连续.

如果函数 $f(x,\ y)$ 在点 $P_0(x_0,\ y_0)$ 不连续，则 P_0 称为函数 $f(x,\ y)$ 的间断点. 这里需要指出：函数 $f(x,\ y)$ 在间断点 P_0 处可以没有定义. 另外，$f(x,\ y)$ 不但可以有间断点，有时间断点还可以形成一条曲线，称之为**间断线**.

例如，$(0,\ 0)$ 是函数 $f(x,\ y) = \dfrac{1}{x^2+y^2}$ 的间断点，$x^2+y^2 = 1$ 是函数 $f(x,\ y) = \dfrac{1}{x^2+y^2-1}$ 的间断线.

仿此可以定义 n 元函数的连续性与间断点.

和一元函数一样，利用多元函数的极限运算法则可以证明，多元连续函数的和、差、积、商(在分母不为零处)仍是连续函数，多元连续函数的复合函数也是连续函数.

与一元初等函数相类似，一个多元初等函数是指能用一个算式表示的多元函数，这个算式由常量及具有不同自变量的一元基本初等函数经过有限次的四则运算和复合运算而得到. 例如，$x+y^2$，$\dfrac{x-y}{1+x^2}$，e^{xy^2}，$\sin(x^2+y^2+z)$ 等都是多元初等函数. 根据上面的分析，即可得到下述结论：一切多元初等函数在定义区域内是连续的. 所谓定义区域，是指包含在自然定义域内的区域或闭区域.

与闭区间上一元连续函数的性质相类似，在有界闭区域上连续的多元函数具有如下性质.

性质 6.1.1(有界性与最大值最小值定理)　在有界闭区域 D 上连续的多元函数，必定在 D 上有界，且能取得它的最大值和最小值.

性质 6.1.2(介值定理)　在有界闭区域 D 上连续的多元函数必取得介于最大值和最小值之间的任何值.

例 6.1.3　求下列函数的极限：

(1) $\lim\limits_{\substack{x\to 1 \\ y\to -1}} \dfrac{x^2+2xy}{x-y}$；

(2) $\lim\limits_{\substack{x\to 0 \\ y\to 0}} \dfrac{xy}{\sqrt{xy+9}-3}$．

解　(1) 因为 $\dfrac{x^2+2xy}{x-y}$ 在点 $(1,\ -1)$ 处连续，所以

$$\lim\limits_{\substack{x\to 1 \\ y\to -1}} \dfrac{x^2+2xy}{x-y} = \dfrac{1^2+2\times 1\times(-1)}{1-(-1)} = -\dfrac{1}{2}．$$

(2) 因为 $\lim\limits_{\substack{x\to 0 \\ y\to 0}} \dfrac{xy}{\sqrt{xy+9}-3} = \lim\limits_{\substack{x\to 0 \\ y\to 0}}(\sqrt{xy+9}+3)$，而函数 $\sqrt{xy+9}+3$ 在点 $(0,\ 0)$ 处连续，所以

$$\lim\limits_{\substack{x\to 0 \\ y\to 0}} \dfrac{xy}{\sqrt{xy+9}-3} = \lim\limits_{\substack{x\to 0 \\ y\to 0}}(\sqrt{xy+9}+3) = 6．$$

6.2　偏　导　数

6.2.1　偏导数的概念

在实际问题中，我们往往需要研究多元函数的变化率问题. 以二元函数 $z=f(x,\ y)$ 为例，如果只有自变量 x 变化，而自变量 y 固定(即看作常量)，这时它就是 x 的一元函数，这函数对 x 的导数，就称为二元函数 $z=f(x,\ y)$ 对于 x 的偏导数，即有如下定义.

定义 6.2.1　设二元函数 $z=f(x,\ y)$ 在点 $(x_0,\ y_0)$ 的某邻域内有定义，当固定 $y=y_0$，而 x 在 x_0 处有改变量 Δx 时，函数 z 相应的改变量为 $f(x_0+\Delta x,\ y_0)-f(x_0,\ y_0)$，如果极限

$$\lim\limits_{\Delta x\to 0} \dfrac{f(x_0+\Delta x,\ y_0)-f(x_0,\ y_0)}{\Delta x} \tag{6.2.1}$$

存在，那么称此极限值为函数 $z=f(x,\ y)$ 在点 $(x_0,\ y_0)$ 处对 x 的偏导数. 记作

$$f_x'(x_0,\ y_0)\ \text{或}\ \dfrac{\partial f(x_0,\ y_0)}{\partial x},\quad \dfrac{\partial z}{\partial x}\Big|_{\substack{x=x_0 \\ y=y_0}},\quad z_x'\Big|_{\substack{x=x_0 \\ y=y_0}}．$$

类似地，定义函数 $z=f(x,\ y)$ 对于 y 的偏导数为

$$\lim\limits_{\Delta y\to 0} \dfrac{f(x_0,\ y_0+\Delta y)-f(x_0,\ y_0)}{\Delta y} \tag{6.2.2}$$

记作

$$f_y'(x_0,\ y_0)\ \text{或}\ \dfrac{\partial f(x_0,\ y_0)}{\partial y},\quad \dfrac{\partial z}{\partial y}\Big|_{\substack{x=x_0 \\ y=y_0}},\quad z_y'\Big|_{\substack{x=x_0 \\ y=y_0}}．$$

如果函数 $z=f(x,\ y)$ 在区域 D 内每一点对 x 的偏导数都存在，那么这个偏导数仍然是关于 $x,\ y$ 的函数，称这个函数为 $z=f(x,\ y)$ 对 x 的偏导函数，记作

$$f_x'(x,\ y)\ \text{或}\ \dfrac{\partial f(x,\ y)}{\partial x},\quad \dfrac{\partial z}{\partial x},\quad z_x'，$$

即

$$f_x'(x,\ y) = \lim\limits_{\Delta x\to 0} \dfrac{f(x+\Delta x,\ y)-f(x,\ y)}{\Delta x}． \tag{6.2.3}$$

类似地，$z = f(x,\ y)$ 在区域 D 内每一点对 y 的偏导数，记作

$$f_y'(x,\ y) \ \text{或} \ \frac{\partial f(x,\ y)}{\partial y},\ \ \frac{\partial z}{\partial y},\ \ z_y',$$

即

$$f_y'(x,\ y) = \lim_{\Delta y \to 0} \frac{f(x,\ y + \Delta y) - f(x,\ y)}{\Delta y}. \tag{6.2.4}$$

在不引起混淆的情况下，偏导函数也简称为偏导数.

注意：①偏导数的概念可以推广到二元以上的函数. 如三元函数 $u = f(x, y, z)$ 在点 $(x,\ y, z)$ 处对 x 的偏导数定义为 $\lim\limits_{\Delta x \to 0} \dfrac{f(x + \Delta x,\ y,\ z) - f(x,\ y,\ z)}{\Delta x}$，对 y, z 的偏导数类似.

②求偏导数的方法：对多元函数求关于某一个自变量的偏导数时，只需视其他变量为常数，根据一元函数的求导公式和求导法则求导即可.

例 6.2.1　求函数 $z = x^2 \sin 3y$ 的偏导数.

解　求 z 对 x 的偏导时，把 y 看作常量，$\dfrac{\partial z}{\partial x} = 2x \sin 3y$，

求 z 对 y 的偏导时，把 x 看作常量，$\dfrac{\partial z}{\partial y} = 3x^2 \cos 3y$.

例 6.2.2　求函数 $z = x^3 + 2xy + 3y^2$ 在点 $(1,\ 2)$ 处的偏导数.

解　$\dfrac{\partial z}{\partial x} = 3x^2 + 2y$，$\dfrac{\partial z}{\partial y} = 2x + 6y$.

$$\frac{\partial z}{\partial x}\bigg|_{\substack{x=1 \\ y=2}} = 3 \times 1^2 + 2 \times 2 = 7,$$

$$\frac{\partial z}{\partial y}\bigg|_{\substack{x=1 \\ y=2}} = 2 \times 1 + 6 \times 2 = 14.$$

例 6.2.3　求函数 $z = x^y\,(y > 0,\ x \neq 1)$ 的偏导数.

解　$\dfrac{\partial z}{\partial x} = yx^{y-1}$，$\dfrac{\partial z}{\partial y} = x^y \ln x$.

例 6.2.4　理想气体的状态方程为 $pV = RT$ (R 为常数)，求证：

$$\frac{\partial p}{\partial V} \cdot \frac{\partial V}{\partial T} \cdot \frac{\partial T}{\partial p} = -1.$$

证明　由 $p = \dfrac{RT}{V}$，有 $\dfrac{\partial p}{\partial V} = -\dfrac{RT}{V^2}$；

由 $V = \dfrac{RT}{p}$，有 $\dfrac{\partial V}{\partial T} = \dfrac{R}{p}$；

由 $T = \dfrac{pV}{R}$，有 $\dfrac{\partial T}{\partial p} = \dfrac{V}{R}$；

于是

$$\frac{\partial p}{\partial V} \cdot \frac{\partial V}{\partial T} \cdot \frac{\partial T}{\partial p} = -\frac{RT}{V^2} \cdot \frac{R}{p} \cdot \frac{V}{R} = -\frac{RT}{pV} = -1.$$

偏导数的记法 $\dfrac{\partial z}{\partial x}$、$\dfrac{\partial z}{\partial y}$ 是一个整体的记号，不能看成分式. 从上例中可以看到，如果将

等式的左边看成是三个分式的积的话，就会得出错误的结论.

例 6.2.5　求函数 $f(x, y) = \begin{cases} \dfrac{xy}{x^2 + y^2}, & x^2 + y^2 \neq 0 \\ 0, & x^2 + y^2 = 0 \end{cases}$ 在点 $(0, 0)$ 处的偏导数.

解　在点 $(0, 0)$ 处对 x 的偏导数

$$f_x'(0, 0) = \lim_{\Delta x \to 0} \frac{f(0 + \Delta x, 0) - f(0, 0)}{\Delta x} = 0,$$

同样有

$$f_y'(0, 0) = \lim_{\Delta y \to 0} \frac{f(0, 0 + \Delta y) - f(0, 0)}{\Delta y} = 0,$$

即函数在 $(0, 0)$ 处的偏导数都存在.

在 6.1.3 中已经知道该函数在点 $(0, 0)$ 处的极限不存在，当然也就不连续. 因此对于二元函数来说在某一点处偏导数存在，但未必连续.

6.2.2　偏导数的几何意义

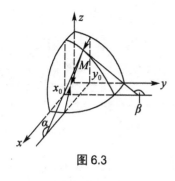

图 6.3

函数 $z = f(x, y)$ 的偏导数 $f_x'(x_0, y_0)$，就是曲面 $z = f(x, y)$ 与平面 $y = y_0$ 的交线 $\begin{cases} z = f(x, y) \\ y = y_0 \end{cases}$ 在点 $M_0(x_0, y_0, f(x_0, y_0))$ 处的切线对 x 轴的斜率；同理，偏导数 $f_y'(x_0, y_0)$ 就是曲面 $z = f(x, y)$ 与平面 $x = x_0$ 的交线 $\begin{cases} z = f(x, y) \\ x = x_0 \end{cases}$ 在点 $M_0(x_0, y_0, f(x_0, y_0))$ 处的切线对 y 轴的斜率（图 6.3）.

6.2.3　高阶偏导数

和一元函数的高阶导数一样，也可以定义多元函数的高价偏导数.

定义 6.2.2　设函数 $z = f(x, y)$ 在区域 D 内具有偏导数

$$\frac{\partial z}{\partial x} = f_x'(x, y), \quad \frac{\partial z}{\partial y} = f_y'(x, y),$$

一般地，$f_x'(x, y)$、$f_y'(x, y)$ 也都是 x，y 的函数，如果它们的偏导数也存在，那么称它们的偏导数为 $z = f(x, y)$ 的二阶偏导数. 将 $f_x'(x, y)$、$f_y'(x, y)$ 分别对 x，y 求偏导，按照不同的次序有

(1) $\dfrac{\partial}{\partial x}\left(\dfrac{\partial z}{\partial x}\right)$ 记为 $\dfrac{\partial^2 z}{\partial x^2}$ 或 $f_{xx}''(x, y)$，　　(2) $\dfrac{\partial}{\partial y}\left(\dfrac{\partial z}{\partial x}\right)$ 记为 $\dfrac{\partial^2 z}{\partial x \partial y}$ 或 $f_{xy}''(x, y)$，

(3) $\dfrac{\partial}{\partial x}\left(\dfrac{\partial z}{\partial y}\right)$ 记为 $\dfrac{\partial^2 z}{\partial y \partial x}$ 或 $f_{yx}''(x, y)$，　　(4) $\dfrac{\partial}{\partial y}\left(\dfrac{\partial z}{\partial y}\right)$ 记为 $\dfrac{\partial^2 z}{\partial y^2}$ 或 $f_{yy}''(x, y)$.

其中式(2)和式(3)称为混合偏导数.

类似地，可定义三阶、四阶及更高阶的偏导数. 二阶以及二阶以上的偏导数统称为高阶偏导数. 相对于高阶偏导数而言，$\dfrac{\partial z}{\partial x} = f'_x(x,\ y)$、$\dfrac{\partial z}{\partial y} = f'_y(x,\ y)$ 称为 $z = f(x,\ y)$ 的一阶偏导数.

例 6.2.6　求函数 $z = x^3 y^2 - 3xy^3 - xy + 1$ 的各二阶偏导数.

解　$\dfrac{\partial z}{\partial x} = 3x^2 y^2 - 3y^3 - y$，　　　　　　$\dfrac{\partial z}{\partial y} = 2x^3 y - 9xy^2 - x$，

$\dfrac{\partial^2 z}{\partial x^2} = 6xy^2$，　　　　　　　　　　$\dfrac{\partial^2 z}{\partial x \partial y} = 6x^2 y - 9y^2 - 1$，

$\dfrac{\partial^2 z}{\partial y \partial x} = 6x^2 y - 9y^2 - 1$，　　　　　$\dfrac{\partial^2 z}{\partial y^2} = 2x^3 - 18xy$.

从这个例子中可以看到：两个混合偏导数 $\dfrac{\partial^2 z}{\partial x \partial y}$、$\dfrac{\partial^2 z}{\partial y \partial x}$ 相等，这不是偶然现象，我们有下面的定理.

定理 6.2.1　如果函数 $z = f(x,\ y)$ 的两个二阶混合偏导数 $\dfrac{\partial^2 z}{\partial x \partial y}$ 与 $\dfrac{\partial^2 z}{\partial y \partial x}$ 在区域 D 内连续，那么在 D 内有

$$\frac{\partial^2 z}{\partial x \partial y} = \frac{\partial^2 z}{\partial y \partial x}.$$

证明从略.

此定理说明，只要二阶混合偏导数连续，则它与求导的先后顺序无关. 这个结论对于更高阶的混合偏导数也适用. 比如，在连续的前提下，有 $f'''_{xyx} = f'''_{xxy} = f'''_{yxx}$，这就是说，只要对 x 求导两次，对 y 求导一次，不论求导的次序如何，其结果是一样的.

6.2.4　偏导数在经济分析中的应用——交叉弹性

在一元函数微分学中，我们引出了边际和弹性的概念，来分别表示经济函数在一点的变化率与相对变化率. 这些概念也可以推广到多元函数微分学中去，并被赋予了更丰富的经济含义. 例如，某种品牌的电视机营销人员在开拓市场时，除了关心本牌电视机的价格取向外，更关心其它品牌同类型电视机的价格情况，以决定自己的营销策略. 即该品牌电视机的销售量 Q_A 是它的价格 P_A 及其它品牌电视机价格 P_B 的函数

$$Q_A = f(P_A,\ P_B).$$

通过分析其边际 $\dfrac{\partial Q_A}{\partial P_A}$ 及 $\dfrac{\partial Q_A}{\partial P_B}$ 可知，Q_A 随着 P_A 及 P_B 变化而变化的规律. 进一步分析其弹性

$$\frac{\frac{\partial Q_A}{\partial P_A}}{\frac{Q_A}{P_A}} \text{ 及 } \frac{\frac{\partial Q_A}{\partial P_B}}{\frac{Q_A}{P_B}},$$

可知这种变化的灵敏度.

前者称为 Q_A 对 P_A 的弹性；后者称为 Q_A 对 P_B 的弹性，也称为 Q_A 对 P_B 的交叉弹性. 这里，我们将主要研究交叉弹性 $\frac{\partial Q_A}{\partial P_A} \cdot \frac{P_B}{Q_A}$ 及其经济意义. 在实际应用中，交叉弹性也常用符号 η_{P_B} 来表示. 先看如下两个例子.

例 6.2.7 随着养鸡工业化程度的提高，肉鸡价格(用 P_B 表示)会不断下降. 现估计明年肉鸡价格将下降 5%，且猪肉需求量(用 Q_A 表示)对肉鸡价格的交叉弹性为 0.85，问明年猪肉的需求量将如何变化？

解 由于鸡肉与猪肉互为替代品，故肉鸡价格的下降将导致猪肉需求量的下降. 依题意，猪肉需求量对肉鸡价格的交叉弹性为

$$\eta_{P_B} = 0.85 ,$$

而肉鸡价格将下降

$$\frac{\Delta P_B}{P_B} = 5\% .$$

于是猪肉的需求量将下降

$$\frac{\Delta_{P_B} Q_A}{Q_A} = \eta_{P_B} \cdot \frac{\Delta P_B}{P_B} = 4.25\% .$$

例 6.2.8 某种数码相机的销售量 Q_A，除与它自身的价格 P_A 有关外，还与彩色喷墨打印机的价格 P_B 有关，具体为

$$Q_A = 120 + \frac{250}{P_A} - 10P_B - P_B^2 .$$

求 $P_A = 50$，$P_B = 5$ 时，(1)Q_A 对 P_A 的弹性；(2)Q_A 对 P_B 的交叉弹性.

解 (1) Q_A 对 P_A 的弹性为

$$\frac{EQ_A}{EP_A} = \frac{\partial Q_A}{\partial P_A} \cdot \frac{P_A}{Q_A}$$

$$= -\frac{250}{P_A^2} \cdot \frac{P_A}{120 + \frac{250}{P_A} - 10P_B - P_B^2}$$

$$= -\frac{250}{120P_A + 250 - P_A(10P_B + P_B^2)} .$$

当 $P_A = 50$，$P_B = 50$ 时，

$$\frac{EQ_A}{EP_B} = -\frac{250}{120 \cdot 50 + 250 - 50(50 + 25)} = -\frac{1}{10} .$$

(2) Q_A 对 P_A 的交叉弹性为

$$\frac{EQ_A}{EP_B} = \frac{\partial Q_A}{\partial P_B} \cdot \frac{P_B}{Q_A}$$

$$= -(10 + 2P_B) \cdot \frac{P_B}{120 + \dfrac{250}{P_A} - 10P_B - P_B^2} \cdot$$

当 $P_A = 50$，　$P_B = 50$ 时，

$$\frac{EQ_A}{EQ_B} = -20 \cdot \frac{5}{120 + 5 - 50 - 25} = -2 \cdot$$

由以上两例可知，不同交叉弹性的值，能反映两种商品间的相关性，具体就是当交叉弹性大于零时，两商品互为替代品；当交叉弹性小于零时，两商品为互补品；当交叉弹性等于零时，两商品为相互独立的商品.

一般地，我们对函数 $z = f(x, y)$ 给出如下定义.

定义 6.2.3　设函数 $z = f(x, y)$ 在 (x, y) 处偏导数存在，函数对 x 的相对改变量

$$\frac{\Delta_x z}{z} = \frac{f(x + \Delta x,\ y) - f(x,\ y)}{f(x,\ y)}$$

与自变量 x 的相对改变量 $\dfrac{\Delta x}{x}$ 之比

$$\frac{\dfrac{\Delta_x z}{z}}{\dfrac{\Delta x}{x}}$$

称为函数 $f(x, y)$ 对 x 从 x 到 $x + \Delta x$ 两点间的弹性. 当 $\Delta x \to 0$ 时，

$$\frac{\dfrac{\Delta_x z}{z}}{\dfrac{\Delta x}{x}}$$

的极限称为 $f(x, y)$ 在 (x, y) 处对 x 的弹性，记作 η_x 或 $\dfrac{Ez}{Ex}$，即

$$\eta_x = \frac{Ez}{Ex} = \lim_{\Delta x \to 0} \frac{\dfrac{\Delta_x z}{z}}{\dfrac{\Delta x}{x}} = \frac{\partial z}{\partial x} \cdot \frac{x}{z} \cdot$$

类似可定义 $f(x, y)$ 在 (x, y) 处对 y 的弹性

$$\eta_y = \frac{Ez}{Ey} = \lim_{\Delta y \to 0} \frac{\dfrac{\Delta_y z}{z}}{\dfrac{\Delta y}{y}} = \frac{\partial z}{\partial y} \cdot \frac{y}{z} \cdot$$

特别地，如果 $z = f(x, y)$ 中 z 表示需要量，x 表示价格，y 表示消费者收入，则 η_x 表示需求对价格的弹性，η_y 表示需求对收入的弹性.

6.3　全　微　分

在 2.5 节中，我们学习了一元函数的微分的概念，有了

$$dy = f'(x)\Delta x, \quad \Delta y = dy + o(\Delta x).$$

第一个式子表明，dy 关于 Δx 是线性的；第二个式子表明，微分 dy 是函数增量 Δy 的一个近似，它们之间的差是 Δx 的高阶无穷小. 对于二元函数，也有类似的关系.

定义 6.3.1　设函数 $z = f(x, y)$，如果 x，y 分别有改变量 Δx，Δy，那么相应的函数值 z 的改变量为

$$\Delta z = f(x + \Delta x, \ y + \Delta y) - f(x, \ y),$$

称 Δz 为函数 $z = f(x, y)$ 的全增量.

定义 6.3.2　设二元函数 $z = f(x, y)$ 在点 (x, y) 的某邻域内有定义，自变量 x，y 分别取得一改变量 Δx，Δy，若函数值的全增量 $\Delta z = f(x + \Delta x, \ y + \Delta y) - f(x, y)$ 可表示为

$$\Delta z = A\Delta x + B\Delta y + o(\rho),$$

其中，A、B 是 x，y 的函数，与 Δx、Δy 无关，$\rho = \sqrt{(\Delta x)^2 + (\Delta y)^2}$，那么称函数 $z = f(x, y)$ 在点 (x, y) 处可微分，$A\Delta x + B\Delta y$ 称为函数 $z = f(x, y)$ 在点 (x, y) 处的全微分，记作 dz 或 $df(x, y)$，即

$$dz = df(x, y) = A\Delta x + B\Delta y.$$

如果函数在区域 D 内各点处都可微分，就称这函数在 D 内可微分.

定理 6.3.1 (可微分的必要条件)　如果函数 $z = f(x, y)$ 在点 (x, y) 处可微分，那么函数 $z = f(x, y)$ 在点 (x, y) 处的偏导数 $f_x'(x, y)$，$f_y'(x, y)$ 存在，且函数 $z = f(x, y)$ 在点 (x, y) 处的全微分为

$$dz = f_x'(x, y)\Delta x + f_y'(x, \ y)\Delta y.$$

证明从略.

对于独立的自变量 x、y，定义 $dx = \Delta x$，$dy = \Delta y$，于是函数 $z = f(x, y)$ 的全微分可写为

$$dz = f_x'(x, \ y)dx + f_y'(x, \ y)dy.$$

注意：一元函数在某点可导与在该点可微是充分必要条件，但对于二元函数来说未必成立. 当二元函数 $z = f(x, y)$ 的两个偏导数都存在时，虽然形式上能写出式子

$$f_x'(x, \ y)\Delta x + f_y'(x, \ y)\Delta y,$$

但它与 Δz 的差不一定是较 ρ 高阶的无穷小，因此，它不一定是该二元函数的全微分. 换句话说，各偏导数的存在只是全微分存在的必要条件而不是充分条件. 但如果函数的各个偏

导数连续，则该函数的全微分一定存在，即有下面的定理.

定理 6.3.2 (可微分的充分条件)　如果函数 $z = f(x, y)$ 在点 (x, y) 的某邻域内有连续的偏导数 $f_x'(x, y)$，$f_y'(x, y)$，那么函数 $z = f(x, y)$ 在点 (x, y) 处可微分.

证明从略.

定理 6.3.3　如果函数 $z = f(x, y)$ 在点 (x_0, y_0) 处可微分，那么这函数在该点一定连续.

证明　因为 $z = f(x, y)$ 在点 (x_0, y_0) 处可微分，则

$$\Delta z = f(x_0 + \Delta x, y_0 + \Delta y) - f(x_0, y_0) = A\Delta x + B\Delta y + o(\rho),$$

所以

$$\lim_{\substack{\Delta x \to 0 \\ \Delta y \to 0}} \Delta z = 0,$$

即

$$\lim_{\substack{\Delta x \to 0 \\ \Delta y \to 0}} [f(x_0 + \Delta x, y_0 + \Delta y) - f(x_0, y_0)] = 0,$$

即

$$\lim_{\substack{\Delta x \to 0 \\ \Delta y \to 0}} f(x_0 + \Delta x, y_0 + \Delta y) = f(x_0, y_0).$$

由函数连续的定义知，函数 $z = f(x, y)$ 在点 (x_0, y_0) 处连续.

例 6.3.1　求函数 $z = 2x^2 y$ 在点 $(1, 2)$ 当 $\Delta x = 0.01$，$\Delta y = -0.01$ 时的全增量和全微分.

解
$$\Delta z = f(x_0 + \Delta x, y_0 + \Delta y) - f(x_0, y_0)$$
$$= 2 \times (1 + 0.01)^2 (2 - 0.01) - 2 \times 1^2 \times 2 = 0.059998.$$

而

$$\frac{\partial z}{\partial x}\bigg|_{\substack{x=1 \\ y=2}} = 4xy\bigg|_{\substack{x=1 \\ y=2}} = 8, \quad \frac{\partial z}{\partial y}\bigg|_{\substack{x=1 \\ y=2}} = 2x^2\bigg|_{\substack{x=1 \\ y=2}} = 2,$$

所以
$$dz = 8 \times 0.01 + 2 \times (-0.01) = 0.06.$$

例 6.3.2　求函数 $z = e^{xy}$ 在点 $(-1, 2)$ 处的全微分.

解　因为　$\dfrac{\partial z}{\partial x} = y e^{xy}$，$\dfrac{\partial z}{\partial y} = x e^{xy}$，

$$\frac{\partial z}{\partial x}\bigg|_{\substack{x=-1 \\ y=2}} = 2e^{-2}, \qquad \frac{\partial z}{\partial y}\bigg|_{\substack{x=-1 \\ y=2}} = -e^{-2},$$

所以
$$dz = 2e^{-2}dx - e^{-2}dy.$$

以上关于二元函数全微分的定义及可微分的必要条件和充分条件，都可以类似地推广到三元和三元以上的多元函数. 例如，如果三元函数 $u = f(x, y, z)$ 可微分，那么它的全微分为

$$du = \frac{\partial u}{\partial x}dx + \frac{\partial u}{\partial y}dy + \frac{\partial u}{\partial z}dz.$$

例 6.3.3 求函数 $u = \sin\dfrac{x}{2} + x^{yz}$ $(x > 0,\ x \neq 1)$ 的全微分.

解　因为
$$\frac{\partial u}{\partial x} = \frac{1}{2}\cos\frac{x}{2} + yzx^{yz-1},$$

$$\frac{\partial u}{\partial y} = zx^{yz}\ln x,$$

$$\frac{\partial u}{\partial z} = yx^{yz}\ln x,$$

所以
$$\mathrm{d}u = \left(\frac{1}{2}\cos\frac{x}{2} + yzx^{yz-1}\right)\mathrm{d}x + zx^{yz}\ln x\,\mathrm{d}y + yx^{yz}\ln x\,\mathrm{d}z.$$

6.4　多元复合函数求导法则

对于一元复合函数 $y = f(u)$，$u = \varphi(x)$ 的求导，有
$$\frac{\mathrm{d}y}{\mathrm{d}x} = \frac{\mathrm{d}y}{\mathrm{d}u} \cdot \frac{\mathrm{d}u}{\mathrm{d}x}.$$

这个求导法则说明：求一元复合函数 $y = f[\varphi(x)]$ 的导数 $\dfrac{\mathrm{d}y}{\mathrm{d}x}$ 时，只需分别求出 $\dfrac{\mathrm{d}y}{\mathrm{d}u}$ 和 $\dfrac{\mathrm{d}u}{\mathrm{d}x}$ 然后乘积即可，多元函数也有类似的求导法则，但比一元函数的情况要稍微复杂一些.

定理 6.4.1　如果函数 $u = \varphi(x,\ y)$ 和 $v = \psi(x,\ y)$ 在点 $(x,\ y)$ 的偏导数 $\dfrac{\partial u}{\partial x}$，$\dfrac{\partial u}{\partial y}$ 及 $\dfrac{\partial v}{\partial x}$，$\dfrac{\partial v}{\partial y}$ 都存在，且在对应的点 $(u,\ v)$ 处，函数 $z = f(u,\ v)$ 可微分，那么复合函数
$$z = f[\varphi(x,\ y),\ \psi(x,\ y)]$$

在点 $(x,\ y)$ 处对 x 及 y 的偏导数都存在，且有

$$\frac{\partial z}{\partial x} = \frac{\partial z}{\partial u} \cdot \frac{\partial u}{\partial x} + \frac{\partial z}{\partial v} \cdot \frac{\partial v}{\partial x}, \tag{6.4.1}$$

$$\frac{\partial z}{\partial y} = \frac{\partial z}{\partial u} \cdot \frac{\partial u}{\partial y} + \frac{\partial z}{\partial v} \cdot \frac{\partial v}{\partial y}. \tag{6.4.2}$$

证明　对于任意固定的 y，x 取得一个改变量 Δx，则得到 u 和 v 的改变量 Δu，Δv
$$\Delta u = u(x + \Delta x,\ y) - u(x,\ y),\quad \Delta v = v(x + \Delta x,\ y) - v(x,\ y),$$
$$\Delta z = f(u + \Delta u,\ v + \Delta v) - f(u,\ v),$$

由于 $f(x,\ y)$ 可微分，有

$$\Delta z = \frac{\partial z}{\partial u}\Delta u + \frac{\partial z}{\partial v}\Delta v + o(\rho),\quad \rho = \sqrt{(\Delta u)^2 + (\Delta v)^2},$$

两边除以 Δx 再取极限 $(\Delta x \to 0)$，得

$$\lim_{\Delta x \to 0} \frac{\Delta z}{\Delta x} = \lim_{\Delta x \to 0} \frac{\partial z}{\partial u} \cdot \frac{\Delta u}{\Delta x} + \lim_{\Delta x \to 0} \frac{\partial z}{\partial v} \cdot \frac{\Delta v}{\Delta x} + \lim_{\Delta x \to 0} \frac{o(\rho)}{\rho} \cdot \frac{\rho}{\Delta x},$$

$$\lim_{\Delta x \to 0} \frac{\Delta z}{\Delta x} = \frac{\partial z}{\partial u} \lim_{\Delta x \to 0} \frac{\Delta u}{\Delta x} + \frac{\partial z}{\partial v} \lim_{\Delta x \to 0} \frac{\Delta v}{\Delta x} + \lim_{\Delta x \to 0} \frac{o(\rho)}{\rho} \lim_{\Delta x \to 0} \sqrt{\left(\frac{\Delta u}{\Delta x}\right)^2 + \left(\frac{\Delta v}{\Delta x}\right)^2},$$

因此

$$\frac{\partial z}{\partial x} = \frac{\partial z}{\partial u} \cdot \frac{\partial u}{\partial x} + \frac{\partial z}{\partial v} \cdot \frac{\partial v}{\partial x}.$$

同理可证

$$\frac{\partial z}{\partial y} = \frac{\partial z}{\partial u} \cdot \frac{\partial u}{\partial y} + \frac{\partial z}{\partial v} \cdot \frac{\partial v}{\partial y}.$$

上述定理可推广到多元复合函数中有任意多个中间变量和自变量的情形.

注意：我们可以通过画出变量关系图的方法来直观理解多元复合函数求导法则. 以求由 $z = f(u, v)$，$u = \varphi(x, y)$，$v = \psi(x, y)$ 所构成的复合函数 $z = f(\varphi(x, y), \psi(x, y))$ 的偏导数 $\frac{\partial z}{\partial x}$ 为例，其复合关系是：z 是 u、v 的函数，u、v 都是 x、y 的函数，据此可画出变量关系图 6.4.

再看在变量关系图 6.4 中，z 到 x 的通路有几条，则 $\frac{\partial z}{\partial x}$ 就是几项之和，而每一项中是几个偏导函数之积，则取决于该项所对应的通路是由几段连成的，如通路 z–u–x 是由 z–u 和 u–x 这两段连成的，所以对应的项为 $\frac{\partial z}{\partial u} \cdot \frac{\partial u}{\partial x}$. 在图 6.4 中，$z$ 到 x 有两条通路，每条通路都由两段连成，因此可得式(6.4.1)：

$$\frac{\partial z}{\partial x} = \frac{\partial z}{\partial u} \cdot \frac{\partial u}{\partial x} + \frac{\partial z}{\partial v} \cdot \frac{\partial v}{\partial x}. \tag{6.4.1}$$

同理可得式(6.4.2)

$$\frac{\partial z}{\partial y} = \frac{\partial z}{\partial u} \cdot \frac{\partial u}{\partial y} + \frac{\partial z}{\partial v} \cdot \frac{\partial v}{\partial y}. \tag{6.4.2}$$

利用变量关系图，可以既快又准地得到各种情形的多元复合函数求导公式.

例如，设 $z = f(u, v, x)$，$u = \varphi(x, y)$，$v = \psi(x, y)$，复合函数

$$z = f[\varphi(x, y), \quad \psi(x, y), x].$$

求偏导数 $\frac{\partial z}{\partial x}$.

画出变量关系图 6.5，则有

$$\frac{\partial z}{\partial x} = \frac{\partial z}{\partial u} \cdot \frac{\partial u}{\partial x} + \frac{\partial z}{\partial v} \cdot \frac{\partial v}{\partial x} + \frac{\partial f}{\partial x}. \tag{6.4.3}$$

这里也要注意，$\frac{\partial z}{\partial x}$ 与 $\frac{\partial f}{\partial x}$ 是不同的，$\frac{\partial z}{\partial x}$ 表示的是把复合函数 $z = f[\varphi(x, y), \psi(x, y), x]$ 中的 y 看作不变而对 x 的偏导数；$\frac{\partial f}{\partial x}$ 表示的是把三元函数 $z = f(u, v, x)$ 中的 u 及 v 看作不变而对 x 的偏导数.

特别地，如果 $z = f(x, y)$，$x = \varphi(t)$，$y = \psi(t)$，即 z 是一个变量 t 的复合函数：

$z = f[\varphi(t), \psi(t)]$，则 z 对 t 的导数 $\dfrac{\mathrm{d}z}{\mathrm{d}t}$ 也可以这样求.

画出变量关系图 6.6，于是有

$$\frac{\mathrm{d}z}{\mathrm{d}t} = \frac{\partial z}{\partial x} \cdot \frac{\mathrm{d}x}{\mathrm{d}t} + \frac{\partial z}{\partial y} \cdot \frac{\mathrm{d}y}{\mathrm{d}t}. \tag{6.4.5}$$

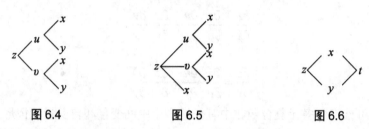

图 6.4 　　　　　　　图 6.5 　　　　　　　图 6.6

公式(6.4.4)中的导数 $\dfrac{\mathrm{d}z}{\mathrm{d}t}$ 称为全导数.

例 6.4.1 设 $z = u^2 \ln v$，$u = \dfrac{x}{y}$，$v = 3x - 2y$，求 $\dfrac{\partial z}{\partial x}$ 及 $\dfrac{\partial z}{\partial y}$.

解

$$\frac{\partial z}{\partial x} = \frac{\partial z}{\partial u} \cdot \frac{\partial u}{\partial x} + \frac{\partial z}{\partial v} \cdot \frac{\partial v}{\partial x} = 2u \ln v \cdot \frac{1}{y} + \frac{u^2}{v} \cdot 3$$

$$= \frac{2x}{y^2} \ln(3x - 2y) + \frac{3x^2}{(3x - 2y)y^2},$$

$$\frac{\partial z}{\partial y} = \frac{\partial z}{\partial u} \cdot \frac{\partial u}{\partial y} + \frac{\partial z}{\partial v} \cdot \frac{\partial v}{\partial y} = 2u \ln v \cdot \left(-\frac{x}{y^2}\right) + \frac{u^2}{v} \cdot (-2)$$

$$= -\frac{2x^2}{y^3} \ln(3x - 2y) - \frac{2x^2}{(3x - 2y)y^2}.$$

例 6.4.2 设 $z = x^y + y^x$，$x = \varphi(t)$，$y = \psi(t)$，求 $\dfrac{\mathrm{d}z}{\mathrm{d}t}$.

解 由式(6.4.4)得

$$\frac{\mathrm{d}z}{\mathrm{d}x} = \frac{\partial z}{\partial x} \cdot \frac{\mathrm{d}x}{\mathrm{d}t} + \frac{\partial z}{\partial y} \cdot \frac{\mathrm{d}y}{\mathrm{d}t}$$

$$= (y \cdot x^{y-1} + y^x \ln y)\varphi'(t) + (x^y \ln x + x \cdot y^{x-1})\psi'(t).$$

例 6.4.3 设 $u = f(x, y, z) = \ln(x^2 + y^2 + z^2)$，$z = \cos(x + 2y)$，求 $\dfrac{\partial u}{\partial x}$，$\dfrac{\partial u}{\partial y}$.

解 　$\dfrac{\partial u}{\partial x} = \dfrac{\partial f}{\partial x} + \dfrac{\partial f}{\partial z} \cdot \dfrac{\partial z}{\partial x} = \dfrac{2x}{x^2 + y^2 + z^2} + \dfrac{2z}{x^2 + y^2 + z^2}[-\sin(x + 2y)]$

$$= \frac{2}{x^2 + y^2 + z^2}[x - z \cdot \sin(x + 2y)],$$

$$\frac{\partial u}{\partial y} = \frac{\partial f}{\partial y} + \frac{\partial f}{\partial z} \cdot \frac{\partial z}{\partial y} = \frac{2y}{x^2 + y^2 + z^2} + \frac{2z}{x^2 + y^2 + z^2} \cdot [-\sin(x + 2y)] \cdot 2$$

$$= \frac{2}{x^2 + y^2 + z^2}[y - 2z \cdot \sin(x + 2y)].$$

例 6.4.4 设 $w = f(x + y + z, xyz)$，f 具有二阶连续偏导数，求 $\dfrac{\partial w}{\partial x}$ 及 $\dfrac{\partial^2 w}{\partial x \partial z}$.

解 令 $u = x + y + z$，$v = xyz$，则 $w = f(u, v)$.

为表达简便起见，引入以下记号.

$$f_1' = \frac{\partial f(u, v)}{\partial u}, \quad f_{12}'' = \frac{\partial^2 f(u, v)}{\partial u \partial v},$$

这里下标 1 表示对第一个变量 u 求偏导数，下标 2 表示对第二个变量 v 求偏导数. 同理有 f_2'，f_{11}''，f_{22}'' 等.

因所给函数由 $w = f(u, v)$ 及 $u = x + y + z$，$v = xyz$ 复合而成，根据复合函数求导法则，有

$$\frac{\partial w}{\partial x} = \frac{\partial f}{\partial u}\frac{\partial u}{\partial x} + \frac{\partial f}{\partial v}\frac{\partial v}{\partial x} = f_1' + yzf_2',$$

$$\frac{\partial^2 w}{\partial x \partial z} = \frac{\partial}{\partial z}(f_1' + yzf_2') = \frac{\partial f_1'}{\partial z} + yf_2' + yz\frac{\partial f_2'}{\partial z}.$$

求 $\dfrac{\partial f_1'}{\partial z}$ 及 $\dfrac{\partial f_2'}{\partial z}$ 时，应注意 f_1' 及 f_2' 仍旧是复合函数，根据复合函数求导法则，有

$$\frac{\partial f_1'}{\partial z} = \frac{\partial f_1'}{\partial u}\frac{\partial u}{\partial z} + \frac{\partial f_1'}{\partial v}\frac{\partial v}{\partial z} = f_{11}'' + xyf_{12}'',$$

$$\frac{\partial f_2'}{\partial z} = \frac{\partial f_2'}{\partial u}\frac{\partial u}{\partial z} + \frac{\partial f_2'}{\partial v}\frac{\partial v}{\partial z} = f_{21}'' + xyf_{22}''.$$

于是

$$\frac{\partial^2 w}{\partial x \partial z} = f_{11}'' + xyf_{12}'' + yf_2' + yzf_{21}'' + xy^2zf_{22}''$$

$$= f_{11}'' + y(x + z)f_{12}'' + xy^2zf_{22}'' + yf_2'.$$

全微分形式不变性 设函数 $z = f(u, v)$ 具有连续偏导数，则有全微分

$$dz = \frac{\partial z}{\partial u}du + \frac{\partial z}{\partial v}dv.$$

如果 u、v 又是 x、y 的函数 $u = \varphi(x, y)$、$v = \psi(x, y)$，且这两个函数也具有连续偏导数，则复合函数

$$z = f[\varphi(x, y), \psi(x, y)]$$

的全微分为

$$dz = \frac{\partial z}{\partial x}dx + \frac{\partial z}{\partial y}dy.$$

其中 $\dfrac{\partial z}{\partial x}$ 及 $\dfrac{\partial z}{\partial y}$ 分别由式(6.4.1)及式(6.4.2)给出，把式(6.4.1)及式(6.4.2)中的 $\dfrac{\partial z}{\partial x}$ 及 $\dfrac{\partial z}{\partial y}$ 代入上式，得

$$dz = \left(\frac{\partial z}{\partial u}\frac{\partial u}{\partial x} + \frac{\partial z}{\partial v}\frac{\partial v}{\partial x}\right)dx + \left(\frac{\partial z}{\partial u}\frac{\partial u}{\partial y} + \frac{\partial z}{\partial v}\frac{\partial v}{\partial y}\right)dy$$

$$= \frac{\partial z}{\partial u}\left(\frac{\partial u}{\partial x}dx + \frac{\partial u}{\partial y}dy\right) + \frac{\partial z}{\partial v}\left(\frac{\partial v}{\partial x}dx + \frac{\partial v}{\partial y}dy\right)$$

$$= \frac{\partial z}{\partial u}du + \frac{\partial z}{\partial v}dv .$$

由此可见，无论 z 是自变量 u、v 的函数或中间变量 u、v 的函数，它的全微分形式是一样的. 这个性质叫做全微分形式不变性.

例 6.4.5　利用全微分形式不变性解本节的例 6.4.1.

解

$$dz = d(u^2 \ln v) = 2u \ln v du + \frac{u^2}{v} dv .$$

因为

$$du = d\left(\frac{x}{y}\right) = \frac{y dx - x dy}{y^2} ,$$

$$dv = d(3x - 2y) = 3dx - 2dy ,$$

代入后归并含 dx 及 dy 的项，得

$$dz = \left[\frac{2x}{y^2}\ln(3x-2y) + \frac{3x^2}{(3x-2y)y^2}\right]dx + \left[-\frac{2x^2}{y^3}\ln(3x-2y) - \frac{2x^2}{(3x-2y)y^2}\right]dy .$$

将它和公式 $dz = \frac{\partial z}{\partial x}dx + \frac{\partial z}{\partial y}dy$ 比较，就可同时得到两个偏导数 $\frac{\partial z}{\partial x}$、$\frac{\partial z}{\partial y}$. 它们与例 6.4.1 的结果一致.

6.5　隐函数的求导公式

6.5.1　一个方程的情形

(1) 对于由方程

$$F(x,\ y) = 0 \tag{6.5.1}$$

所确定的一元函数 $y = f(x)$ 的导数 $\frac{dy}{dx}$，我们在 2.4 中已经给出了它的求法. 下面利用多元复合函数求导法导出一个隐函数的求导公式.

首先将式(6.5.1)所确定的函数 $y = f(x)$ 代入式(6.5.1)得

$$F[x,\ f(x)] = 0 , \tag{6.5.2}$$

其左端可以看作是 x 的一个复合函数，将式(6.5.2)两边对 x 求导，应用多元复合函数求导法则得

$$\frac{\partial F}{\partial x}+\frac{\partial F}{\partial y}\cdot\frac{\mathrm{d}y}{\mathrm{d}x}=0,$$

当 $F_y'(x,\ y)\neq0$ 时，有

$$\frac{\mathrm{d}y}{\mathrm{d}x}=-\frac{\dfrac{\partial F}{\partial x}}{\dfrac{\partial F}{\partial y}}\ 或写成\ \frac{\mathrm{d}y}{\mathrm{d}x}=-\frac{F_x'}{F_y'}. \tag{6.5.3}$$

式(6.5.3)就是隐函数的求导公式.

例 6.5.1　已知方程 $y+\mathrm{e}^x=x\mathrm{e}^y$ 确定 y 是 x 的函数，求 $\dfrac{\mathrm{d}y}{\mathrm{d}x}$.

解　方法 1(直接法)　利用隐函数微分法，等式两边对 x 求导，得

$$y'+\mathrm{e}^x=\mathrm{e}^y+x\mathrm{e}^y y',$$

解得

$$y'=\frac{\mathrm{e}^y-\mathrm{e}^x}{1-x\mathrm{e}^y}.$$

方法 2(公式法)　　　　$y+\mathrm{e}^x=x\mathrm{e}^y$ 即 $y+\mathrm{e}^x-x\mathrm{e}^y=0$，

令　　　　　　　　　　　$F(x,\ y)=y+\mathrm{e}^x-x\mathrm{e}^y,$

则　　　　　　　　　$F_x'=\mathrm{e}^x-\mathrm{e}^y,\quad F_y'=1-x\mathrm{e}^y,$

由式(6.5.3)得

$$\frac{\mathrm{d}y}{\mathrm{d}x}=-\frac{F_x'}{F_y'}=-\frac{\mathrm{e}^x-\mathrm{e}^y}{1-x\mathrm{e}^y}.$$

(2) 对于由方程 $F(x,y,z)=0$ 确定的 z 是 $x,\ y$ 的函数 $(z=f(x,\ y))$，当 $F_z'(x,y,z)\neq0$ 时，方程 $F(x,y,z)=0$ 两边分别对 x 和 y 求偏导数，利用多元复合函数求导法则有

$$\frac{\partial F}{\partial x}+\frac{\partial F}{\partial z}\frac{\partial z}{\partial x}=0\ 和\ \frac{\partial F}{\partial y}+\frac{\partial F}{\partial z}\frac{\partial z}{\partial y}=0,$$

于是有

$$\frac{\partial z}{\partial x}=-\frac{F_x'}{F_z'},\quad \frac{\partial z}{\partial y}=-\frac{F_y'}{F_z'}. \tag{6.5.4}$$

注意：式(6.5.4)中，求 F_z' 时是把 $F(x,\ y,\ z)$ 看作三元函数，这时 z 是自变量而不是函数 $z=f(x,\ y)$.

例 6.5.2　设 $x^2+y^2+z^2-4z=0$，求 $\dfrac{\partial z}{\partial x}$，$\dfrac{\partial z}{\partial y}$，$\dfrac{\partial^2 z}{\partial x^2}$.

解　令 $F(x,\ y,\ z)=x^2+y^2+z^2-4z$，由式(6.5.4)得

$$\frac{\partial z}{\partial x}=-\frac{F_x'}{F_z'}=-\frac{2x}{2z-4}=\frac{x}{2-z},$$

$$\frac{\partial z}{\partial y} = -\frac{F_y'}{F_z'} = -\frac{2y}{2z-4} = \frac{y}{2-z},$$

$$\frac{\partial^2 z}{\partial x^2} = \frac{\partial}{\partial x}\left(\frac{x}{2-z}\right) = \frac{(2-z)+x\dfrac{\partial z}{\partial x}}{(2-z)^2} = \frac{(2-z)^2+x^2}{(2-z)^3}.$$

6.5.2　方程组的情形

考虑方程组

$$\begin{cases} F(x,\ y,\ u,\ v)=0 \\ G(x,\ y,\ u,\ v)=0 \end{cases} \tag{6.5.5}$$

这个方程组中含有四个变量，两个方程，因此一般只能有两个独立变量，由方程组(6.5.5)可能确定两个二元函数.

设方程组(6.5.5)确定了两个二元函数 $u=u(x,\ y)$，$v=v(x,\ y)$，将它们代入(6.5.5)，得恒等式

$$F\big((x,y,u(x,y),v(x,y)\big)\equiv 0$$

$$G\big((x,y,u(x,y),v(x,y)\big)\equiv 0$$

将此两个恒等式的两边分别对 x 求导，应用多元复合函数求导法则得

$$\begin{cases} F_x' + F_u'\dfrac{\partial u}{\partial x} + F_v'\dfrac{\partial v}{\partial x} = 0 \\[3mm] G_x' + G_u'\dfrac{\partial u}{\partial x} + G_v'\dfrac{\partial v}{\partial x} = 0 \end{cases} \tag{6.5.6}$$

对方程组(6.5.6)作移项变形得

$$\begin{cases} F_u'\dfrac{\partial u}{\partial x} + F_v'\dfrac{\partial v}{\partial x} = -F_x' \\[3mm] G_u'\dfrac{\partial u}{\partial x} + G_v'\dfrac{\partial v}{\partial x} = -G_x' \end{cases}$$

这是关于 $\dfrac{\partial u}{\partial x}$，$\dfrac{\partial v}{\partial x}$ 为未知变量的线性方程组，当其系数行列式(或称雅可比(Jacobi)式)

$$J = \begin{vmatrix} F_u' & F_v' \\ G_u' & G_v' \end{vmatrix} \neq 0$$

时，可解得

$$\frac{\partial u}{\partial x} = \frac{\begin{vmatrix} -F_x' & F_v' \\ -G_x' & G_v' \end{vmatrix}}{\begin{vmatrix} F_u' & F_v' \\ G_u' & G_v' \end{vmatrix}}, \quad \frac{\partial v}{\partial x} = \frac{\begin{vmatrix} F_u' & -F_x' \\ G_u' & -G_x' \end{vmatrix}}{\begin{vmatrix} F_u' & F_v' \\ G_u' & G_v' \end{vmatrix}}. \tag{6.5.7}$$

同理，可得

$$\frac{\partial u}{\partial y}=\frac{\begin{vmatrix} -F_y' & F_v' \\ -G_y' & G_v' \end{vmatrix}}{\begin{vmatrix} F_u' & F_v' \\ G_u' & G_v' \end{vmatrix}},\quad \frac{\partial v}{\partial y}=\frac{\begin{vmatrix} F_u' & -F_y' \\ G_u' & -G_y' \end{vmatrix}}{\begin{vmatrix} F_u' & F_v' \\ G_u' & G_v' \end{vmatrix}}. \tag{6.5.8}$$

例 6.5.3　设 $\begin{cases} xu-yv=0 \\ yu+xv=1 \end{cases}$，求 $\dfrac{\partial u}{\partial x}$，$\dfrac{\partial u}{\partial y}$，$\dfrac{\partial v}{\partial x}$ 和 $\dfrac{\partial v}{\partial y}$.

解　此题可直接利用式(6.5.7)和式(6.5.8)，但也可依照上面推导公式的过程来求解. 下面我们用后一种方法来做.

将所给方程的两边对 x 求导并移项，得

$$\begin{cases} x\dfrac{\partial u}{\partial x}-y\dfrac{\partial v}{\partial x}=-u \\ y\dfrac{\partial u}{\partial x}+x\dfrac{\partial v}{\partial x}=-v \end{cases}$$

在 $J=\begin{vmatrix} x & -y \\ y & x \end{vmatrix}=x^2+y^2\neq0$ 的条件下，

$$\frac{\partial u}{\partial x}=\frac{\begin{vmatrix} -u & -y \\ -v & x \end{vmatrix}}{\begin{vmatrix} x & -y \\ y & x \end{vmatrix}}=-\frac{xu+yv}{x^2+y^2},$$

$$\frac{\partial v}{\partial x}=\frac{\begin{vmatrix} x & -u \\ y & -v \end{vmatrix}}{\begin{vmatrix} x & -y \\ y & x \end{vmatrix}}=\frac{yu-xv}{x^2+y^2}.$$

将所给方程的两边对 y 求导. 用同样方法在 $J=x^2+y^2\neq0$ 的条件下可得

$$\frac{\partial u}{\partial y}=\frac{xv-yu}{x^2+y^2},\quad \frac{\partial v}{\partial y}=-\frac{xu+yv}{x^2+y^2}.$$

6.6　多元函数的极值及其求法

在实际问题中，我们也经常会遇到多元函数的最大值和最小值问题. 与一元函数类似，多元函数的最大值、最小值与极大值、极小值有密切的联系，因此我们以二元函数为例，先来讨论多元函数的极值问题.

6.6.1　多元函数的极值

定义 6.6.1　设二元函数 $z=f(x,y)$ 在点 (x_0,y_0) 的某邻域内有定义，如果对该邻域内任何异于点 (x_0,y_0) 的点 (x,y)，总有

$$f(x_0,y_0)>f(x,y),$$

那么称 $f(x_0, y_0)$ 是函数 $f(x, y)$ 的极大值；如果总有

$$f(x_0, y_0) < f(x, y),$$

那么称 $f(x_0, y_0)$ 是函数 $f(x, y)$ 的极小值.

　　函数的极大值与极小值统称为极值. 使函数取得极值的点统称为极值点.

　　类似地，可以定义三元函数 $u = f(x, y, z)$ 的极大值和极小值.

　　例如，函数 $z = 2x^2 + y^2$ 在点 $(0, 0)$ 处取得极小值；函数 $z = -(x-1)^2 - y^2$ 在点 $(1, 0)$ 处取得极大值；函数 $z = xy$ 在点 $(0, 0)$ 处既不取得极大值也不取得极小值. 因为在点 $(0, 0)$ 处的函数值为零，而在点 $(0, 0)$ 处的任何一个邻域内，总有使函数值为正的点，也有使函数值为负的点.

　　多元函数极值问题，一般可以利用偏导数来解决.

　　定理 6.6.1(取极值的必要条件)　设二元函数 $z = f(x, y)$ 在点 (x_0, y_0) 处存在偏导数，且在点 (x_0, y_0) 处取得极值，那么有

$$f'_x(x_0, y_0) = 0, \quad f'_y(x_0, y_0) = 0.$$

　　证明　不妨设 $z = f(x, y)$ 在点 (x_0, y_0) 处有极大值. 依极大值的定义，在点 (x_0, y_0) 的某个邻域内异于 (x_0, y_0) 的点 (x, y) 都适合不等式

$$f(x, y) < f(x_0, y_0).$$

特别地，对于该邻域内 $y = y_0$，$x \neq x_0$ 的点，也适合不等式

$$f(x, y_0) < f(x_0, y_0).$$

这说明一元函数 $f(x, y_0)$ 在 $x = x_0$ 处取得极大值，因而必有

$$f'_x(x_0, y_0) = 0.$$

同理可证

$$f'_y(x_0, y_0) = 0.$$

　　通常称使 $f'_x(x, y) = 0$，$f'_y(x, y) = 0$ 同时成立的点为函数 $z = f(x, y)$ 的驻点.

　　从定理 6.6.1 可知，具有偏导数的函数的极值点一定是驻点. 但反之函数的驻点不一定是极值点. 例如，函数 $z = y^2 - x^2$，其偏导数为 $\dfrac{\partial z}{\partial x} = -2x$，$\dfrac{\partial z}{\partial y} = 2y$，所以，$f'_x(0, 0) = 0$，$f'_y(0, 0) = 0$，即点 $(0, 0)$ 是该函数的驻点，但函数在该点并无极值(图 6.7). 另外，偏导数不存在的点也可能是极值点. 例如，函数 $f(x, y) = \sqrt{y^2 + x^2}$，在点 $(0, 0)$ 偏导数不存在，但 $f(0, 0) = 0$ 是极小值.

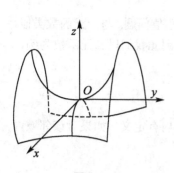

图 6.7

　　怎样判定一个驻点是否是极值点呢？看下面的定理 6.6.2.

　　定理 6.6.2 (取极值的充分条件)　设二元函数 $z = f(x, y)$ 在驻点 (x_0, y_0) 的某邻域内具有一阶和二阶连续偏导数，记

$$A = f''_{xx}(x_0, y_0), \quad B = f''_{xy}(x_0, y_0), \quad C = f''_{yy}(x_0, y_0)$$

$$\Delta = AC - B^2 ,$$

如果

① $\Delta > 0$，当 $A < 0$ 时，$f(x_0, y_0)$ 是极大值；当 $A > 0$ 时，$f(x_0, y_0)$ 是极小值.

(2) $\Delta < 0$，$f(x_0, y_0)$ 不是极值.

(3) $\Delta = 0$，$f(x_0, y_0)$ 可能是极值，也可能不是极值.

证明从略.

利用定理 6.6.1 和定理 6.6.2，我们把具有二阶连续偏导数的函数 $z = f(x, y)$ 的极值的求法的步骤归纳如下。

(1) 解方程组

$$f_x'(x, y) = 0 , \quad f_y'(x, y) = 0$$

求得一切实数解，即可求得一切驻点.

(2) 对于每个驻点 (x_0, y_0)，求出二阶偏导数的值 $A = f_{xx}''(x_0, y_0)$，$B = f_{xy}''(x_0, y_0)$，$C = f_{yy}''(x_0, y_0)$.

(3) 定出 $\Delta = AC - B^2$ 的符号，按定理 6.6.2 的结论判定 $f(x_0, y_0)$ 是否是极值、是极大值还是极小值.

例 6.6.1　求函数 $f(x, y) = x^3 - y^3 + 3x^2 + 3y^2 - 9x$ 的极值.

解　先解方程组

$$\begin{cases} f_x'(x, y) = 3x^2 + 6x - 9 = 0 \\ f_y'(x, y) = -3y^2 + 6y = 0 \end{cases}.$$

求得驻点为 $(1, 0)$，$(1, 2)$，$(-3, 0)$，$(-3, 2)$.

再求二阶偏导数为

$$A = f_{xx}''(x, y) = 6x + 6 , \quad B = f_{xy}''(x, y) = 0 , \quad C = f_{yy}''(x, y) = -6y + 6 ,$$

$$\Delta = 36(x+1)(1-y) .$$

在点 $(1, 0)$ 处，$\Delta = 72 > 0$，$A = f_{xx}''(1, 0) = 12 > 0$，所以函数在 $(1, 0)$ 处有极小值 $f(1, 0) = -5$；

在点 $(1, 2)$ 处，$\Delta = -72 < 0$，所以 $f(1, 2)$ 不是极值；

在点 $(-3, 0)$ 处，$\Delta = -72 < 0$，所以 $f(-3, 0)$ 不是极值；

在点 $(-3, 2)$ 处，$\Delta = 72 > 0$，$A = f_{xx}''(-3, 2) = -12 < 0$，所以函数在 $(-3, 2)$ 处有极大值 $f(-3, 2) = 31$.

6.6.2　多元函数的最大值、最小值

与一元函数类似，我们可以利用函数的极值来求函数的最大值和最小值. 在 6.1 中已经指出，如果 $f(x, y)$ 在有界闭区域 D 上连续，则 $f(x, y)$ 在 D 上必能取得最大值和最小值. 在实际问题中，我们常遇到这样的情况：根据问题的性质，知道函数 $f(x, y)$ 的最大值(最小值)一定在区域 D 的内部取得，且函数在 D 内只有一个驻点，那么可以肯定该驻点处的函数值就是函数 $f(x, y)$ 在 D 上的最大值(最小值).

例 6.6.2　一个容积为 $2m^3$ 的长方体形状的箱子(有盖)，怎样选取它的长、宽、高，才能使用料最省？

解　设箱子的长、宽、高分别为 x、y、z，则表面积为

$$S = 2(xy + yz + zx)，　(x > 0，y > 0，z > 0).$$

而已知 $xyz = 2$，即有 $z = \dfrac{2}{xy}$，代入上式得

$$S = 2\left(xy + \frac{2}{x} + \frac{2}{y}\right)，　(x > 0，y > 0).$$

令

$$\begin{cases} \dfrac{\partial S}{\partial x} = 2\left(y - \dfrac{2}{x^2}\right) = 0, \\[2mm] \dfrac{\partial S}{\partial y} = 2\left(x - \dfrac{2}{y^2}\right) = 0. \end{cases}$$

解此方程组，得

$$x = y = \sqrt[3]{2}.$$

根据这问题的实际意义，知该函数 S 一定在 $x > 0$，$y > 0$ 的范围内取得最小值，且驻点只有一个，因此，函数 S 在 $x = y = \sqrt[3]{2}$ 处取得最小值.

又由 $z = \dfrac{2}{xy}$，得 $z = \sqrt[3]{2}$，故知当 $x = y = z = \sqrt[3]{2}$ (m)，即当箱子为正方体时，所用的材料最省.

从这个例子可以看到：在体积一定的长方体中，立方体的表面积最小.

6.6.3　条件极值、拉格朗日乘数法

在实际问题中，有时会遇到求函数 $z = f(x, y)$ 当自变量 x，y 满足条件 $\varphi(x, y) = 0$ 时的极值问题，像这种对自变量有附加条件的极值称为条件极值. 无附加条件的极值称为无条件极值.

对于有些实际问题，可以把条件极值化为无条件极值来求解，例 6.6.2 就是属于把条件极值化为无条件极值的例子. 但在很多情形下，将条件极值化为无条件极值并不这样简单. 下面介绍的拉格朗日乘数法，就是一种直接求条件极值的方法.

拉格朗日乘数法　求函数 $z = f(x, y)$ 在附加条件 $\varphi(x, y) = 0$ 下的极值，可按下列步骤进行.

(1) 构造拉格朗日函数

$$F(x, y) = f(x, y) + \lambda\varphi(x, y)，$$

其中 λ 为参数.

(2) 解方程组

$$\begin{cases} F'_x = f'_x(x, y) + \lambda\varphi'_x(x, y) = 0 \\ F'_y = f'_y(x, y) + \lambda\varphi'_y(x, y) = 0 \\ \varphi(x, y) = 0 \end{cases}$$

得 $F(x, y)$ 的驻点 (x, y)，即为可能的极值点；

(3) 判断点 (x, y) 是否为极值点(一般情况下由具体问题的性质判断).

这方法还可以推广到自变量多于两个而附加条件多于一个的情形. 例如，要求函数

$$u = f(x, y, z) \tag{6.6.1}$$

在附加条件

$$\varphi(x, y, z) = 0 ， \psi(x, y, z) = 0 \tag{6.6.2}$$

下的极值，可以先作拉格朗日函数

$$F(x, y, z) = f(x, y, z) + \lambda\varphi(x, y, z) + \mu\psi(x, y, z)，$$

其中 λ， μ 均为参数，求其一阶偏导数，并使之为零，然后与(6.6.2)中的两个方程联立起来求解，这样得出的点 (x, y, z) 就是函数 $f(x, y, z)$ 在附加条件(6.6.2)下的可能极值点，再根据实际问题的性质来判定 (x, y, z) 是否是极值点.

例 6.6.3 试将数 12 分成三个正数的和，且使这三个正数的乘积最大.

解 设将数 12 分成的三个正数分别为 x、y、z，则问题归结为求函数

$$u = xyz ， \quad (x > 0, y > 0, z > 0)，$$

在附加条件

$$x + y + z = 12$$

下的最大值. 作拉格朗日函数

$$F(x, y, z) = xyz + \lambda(x + y + z - 12) .$$

解方程组

$$\begin{cases} F_x' = yz + \lambda = 0 \\ F_y' = xz + \lambda = 0 \\ F_z' = xy + \lambda = 0 \\ x + y + z - 12 = 0 \end{cases}$$

得

$$x = y = z = 4 .$$

这是唯一可能的极值点. 因为由题意知最大值一定存在，所以最大值就在这个可能的极值点处取得，也就是说，将数 12 分成三个相等的正数 4、4、4 的和时，这三个正数的乘积最大，其最大值为 64.

例 6.6.4 经济学中有 Cobb-Douglas 生产函数模型

$$f(x, y) = Cx^a y^{1-a}，$$

其中 x 表示劳动力的数量，y 表示资本数量，C 与 $a(0 < a < 1)$ 是常数，由不同企业的具体情形决定，函数值表示生产量. 现已知某生产商的 Cobb-Douglas 生产函数为

$$f(x, y) = 100x^{\frac{3}{4}}y^{\frac{1}{4}}，$$

其中每个劳动力与每单位资本的成本分别为 150 元及 250 元，该生产商的总预算是 50000

元，问他该如何分配这笔钱用于雇佣劳动力及投入资本，以使生产量最高.

解 这是个条件极值问题，要求目标函数

$$f(x, y) = 100x^{\frac{3}{4}}y^{\frac{1}{4}}$$

在条件

$$150x + 250y = 50000$$

下的最大值.

作拉格朗日函数

$$F(x, y) = 100x^{\frac{3}{4}}y^{\frac{1}{4}} + \lambda(50000 - 150x - 250y).$$

令

$$F'_x = 75x^{-\frac{1}{4}}y^{\frac{1}{4}} - 150\lambda = 0,$$

$$F'_y = 25x^{\frac{3}{4}}y^{-\frac{3}{4}} - 250\lambda = 0,$$

与方程

$$150x + 250y = 50000$$

联立解得

$$x = 250, \quad y = 50.$$

这是目标函数在定义域 $D = \{(x, y) \mid x > 0, y > 0\}$ 内的唯一可能极值点，而由问题本身可知最高生产量一定存在. 故该制造商雇佣 250 个劳动力及投入 50 个单位资本时，可获得最大产量.

例 6.6.5 设某电视机厂生产一台电视机的成本为 C，每台电视机的销售价格为 P，销售量为 Q. 假设该厂的生产处于平衡状态，即电视机的生产量等于销售量. 根据市场预测，销售量 Q 与销售价格 P 之间有下面的关系：

$$Q = Me^{-aP} \qquad (M > 0, a > 0), \qquad (6.6.3)$$

其中 M 为市场最大需求量，a 是价格系数. 同时，生产部门根据对生产环节的分析，对每台电视机的生产成本 C 有如下测算：

$$C = C_0 - k\ln Q \qquad (k > 0, Q > 1), \qquad (6.6.4)$$

其中 C_0 是只生产一台电视机时的成本，k 是规模系数.

根据上述条件，应如何确定电视机的售价 P，才能使该厂获得最大利润？

解 设厂家获得的利润为 L，每台电视机售价为 P，每台生产成本为 C，销售量为 Q，则

$$L = (P - C)Q.$$

于是问题化为求利润函数 $L = (P - C)Q$ 在附加条件(6.6.3)、(6.6.4)下的极值问题.

作拉格朗日函数

$$F(Q, P, C) = (P - C)Q + \lambda(Q - Me^{-aP}) + \mu(C - C_0 + k\ln Q),$$

令

$$F_Q' = P - C + \lambda + k\frac{\mu}{Q} = 0 ,$$

$$F_P' = Q + \lambda aMe^{-aP} = 0 ,$$

$$F_C' = -Q + \mu = 0 .$$

将(6.6.3)代入(6.6.4)，得

$$C = C_0 - k(\ln M - aP) . \tag{6.6.5}$$

由(6.6.3)及 $F_P' = 0$ 知 $\lambda a = -1$，即

$$\lambda = -\frac{1}{a} . \tag{6.6.6}$$

由 $F_C' = 0$ 知，$Q = \mu$，即

$$\frac{Q}{\mu} = 1 . \tag{6.6.7}$$

将式(6.6.5)、式(6.6.6)、式(6.6.7)代入 $F_Q' = 0$，得

$$P - C_0 + k(\ln M - aP) - \frac{1}{a} + k = 0 ,$$

由此得

$$P^* = \frac{C_0 - k\ln M + \dfrac{1}{a} - k}{1 - ak} .$$

因为由问题本身可知最优价格必定存在，所以这个 P^* 就是电视机的最优价格.

习 题 6

1. 设 $f(x, y) = \dfrac{x^2 + y^2}{2xy}$，求 $f(2, -3)$，$f(1, \dfrac{b}{a})$，$f(x - y, x + y)$，$f(x, xy)$.

2. 求下列函数的定义域：

(1) $z = \dfrac{1}{\sqrt{x + y}} + \dfrac{1}{\sqrt{x - y}}$； (2) $z = \sqrt{(1 - x^2)(y^2 - 4)}$；

(3) $z = \sqrt{x - \sqrt{y}}$； (4) $z = \dfrac{\sqrt{4x - y^2}}{\ln(1 - x^2 - y^2)}$；

(5) $u = \dfrac{\sqrt{25 - x^2 - y^2}}{z - 5}$； (6) $u = \sqrt{R^2 - x^2 - y^2 - z^2} + \dfrac{1}{\sqrt{x^2 + y^2 + z^2 - r^2}} \ (R > r > 0)$.

3. 求下列各极限：

(1) $\lim\limits_{\substack{x \to 0 \\ y \to 1}} \dfrac{1 - xy}{x^2 + y^2}$； (2) $\lim\limits_{\substack{x \to 0 \\ y \to 0}} \dfrac{1}{x^2 + y^2}$； (3) $\lim\limits_{\substack{x \to \infty \\ y \to \infty}} \dfrac{1}{x^2 + y^2}$；

(4) $\lim\limits_{\substack{x\to 0 \\ y\to 0}} \dfrac{2-\sqrt{xy+4}}{xy}$；　　　(5) $\lim\limits_{\substack{x\to 0 \\ y\to 0}} \dfrac{xy}{\sqrt{xy+1}-1}$；　　　(6) $\lim\limits_{\substack{x\to 0 \\ y\to 0}} \dfrac{\sin(xy)}{x}$.

4. 求下列函数的偏导数：

(1) $z=\ln(x+\ln y)$；　　　　(2) $z=x^3 y-y^3 x$；　　　(3) $s=\dfrac{u^2+v^2}{uv}$；

(4) $z=e^{\frac{x}{y}}\cos(x+y)$；　　　(5) $z=\dfrac{\cos^2 x}{y}$；　　　(6) $u=\arctan(x-y)^z$；

(7) $z=\ln\left(x+\sqrt{x^2+y^2}\right)$；　　(8) $z=\sqrt{\ln(xy)}$.

5. 设 $f(x,\ y)=\sqrt[3]{x^2+y^2}$. 求 $f'_x(1,\ 1)$，$f'_y(1,\ 2)$.

6. 求下列函数的 $\dfrac{\partial^2 z}{\partial x^2}$，$\dfrac{\partial^2 z}{\partial y^2}$ 和 $\dfrac{\partial^2 z}{\partial x\partial y}$：

(1) $z=x^4+y^4-4x^2 y^2$；　　(2) $z=\ln(x^2+y)$；　　(3) $z=\arctan\dfrac{y}{x}$；　　(4) $z=y^x$.

7. 设 $f(x,\ y,\ z)=xy^2+yz^2+zx^2$，求 $f''_{xx}(0,\ 0,\ 1)$，$f''_{xz}(1,\ 0,\ 2)$，$f''_{yz}(0,\ -1,\ 0)$ 及 $f''_{zzx}(2,\ 0,\ 1)$.

8. X 公司和 Y 公司是机床行业的两个竞争对手，这两家公司的主要产品的供给函数分别为

$$P_X=1000-5Q_X；\quad P_Y=1600-4Q_Y.$$

X 公司和 Y 公司现在的销售量分别是 100 个单位和 250 个单位.

(1) X 公司和 Y 公司当前的价格弹性是多少？

(2) 假定 Y 降价后，使 Q_Y 增加到 300 个单位，同时导数 X 的销售量 Q_X 下降到 75 个单位，试问 X 公司产品的交叉价格弹性是多少？

9. 求下列函数的全微分：

(1) $z=x^2-2xy-y^2$；　　　(2) $z=\dfrac{y}{\sqrt{x^2+y}}$；　　　(3) $z=e^{\frac{y}{x}}$.

10. 求函数 $z=e^{xy}$，当 $x=1$，$y=1$，$\Delta x=0.15$，$\Delta y=0.1$ 时的全微分.

11. 求函数 $z=\ln(1+x^2+y^2)$ 当 $x=1$，$y=2$ 时的全微分.

12. 求下列函数的全导数：

(1) 设 $z=\dfrac{v}{u}$，而 $u=\ln x$，$v=e^x$，求 $\dfrac{dz}{dx}$；

(2) 设 $z=\arctan(x-y)$，而 $x=3t$，$y=4t^3$，求 $\dfrac{dz}{dt}$；

(3) 设 $z=xy+yt$，而 $y=2^x$，$t=\sin x$，求 $\dfrac{dz}{dx}$.

13. 求下列函数的一阶偏导数(其中 f 具有一阶连续偏导数)：

(1) $z=ue^{\frac{u}{v}}$，而 $u=x^2+y^2$，$v=xy$；

(2) $z = x^2 \ln y$，而 $x = \dfrac{u}{v}$，$y = 3u - 2v$；

(3) $z = f(x^2 - y^2,\ \mathrm{e}^{xy})$；

(4) $u = f\left(\dfrac{x}{y}, \dfrac{y}{z}\right)$；

(5) $u = f(x,\ xy,\ xyz)$．

14. 设 $z = \dfrac{y}{f(x^2 - y^2)}$，其中 $f(u)$ 为可导函数，验证

$$\frac{1}{x}\frac{\partial z}{\partial x} + \frac{1}{y}\frac{\partial z}{\partial y} = \frac{z}{y^2}.$$

15. 求下列函数的二阶偏导数：

(1) $z = \sin^2(ax + by)$；　　　　　　(2) $z = \ln\left(y + \sqrt{x^2 + y^2}\right)$．

16. 求下列函数的二阶偏导数(其中 f 具有二阶连续偏导数)：

(1) $z = f\left(2x, \dfrac{x}{y}\right)$；　　　　　　(2) $z = f(x \ln y,\ y - x)$；

(3) $z = f(\sin x, \cos y,\ \mathrm{e}^{2x - y})$．

17. 设 $xy - \ln y = \mathrm{e}$，求 $\dfrac{\mathrm{d}y}{\mathrm{d}x}$．

18. 设 $x^2 + y^2 + z^2 - 6xz = 0$，求 $\dfrac{\partial z}{\partial x}$，$\dfrac{\partial z}{\partial y}$．

19. 设 $\dfrac{x}{z} = \ln\dfrac{z}{y}$，求 $\dfrac{\partial^2 z}{\partial x^2}$，$\dfrac{\partial^2 z}{\partial y^2}$．

20. 设 $z^3 - 3xyz = a^3$，求 $\dfrac{\partial^2 z}{\partial x \partial y}$．

21. 设 $\begin{cases} x + y + z = 1 \\ x^2 + y^2 + z^2 = 4 \end{cases}$，求 $\dfrac{\mathrm{d}x}{\mathrm{d}z}$，$\dfrac{\mathrm{d}y}{\mathrm{d}z}$．

22. 设 $\begin{cases} x = \mathrm{e}^u + u \sin v \\ y = \mathrm{e}^u - u \cos v \end{cases}$，求 $\dfrac{\partial u}{\partial x}$，$\dfrac{\partial u}{\partial y}$，$\dfrac{\partial v}{\partial x}$，$\dfrac{\partial v}{\partial y}$．

23. 求函数 $f(x,y) = 4x^3 + y^3 - 12x - 3y$ 的极值．

24. 求函数 $f(x,y) = \mathrm{e}^{2x}(x + y^2 + 2y)$ 的极值．

25. 在 xOy 平面上求一点，使它到 $x = 0$，$y = 0$ 及 $x + 2y - 16 = 0$ 三直线的距离平方之和为最小．

26. 将半径为 R 的半球体锯成一个长方体. 问长、宽、高各为多少时，其体积最大？

27. 求表面积为 36 而体积为最大的长方体的体积．

28. 某厂家生产的一种产品同时在两个市场销售，售价分别为 P_1 和 P_2，销售量分别为 Q_1 和 Q_2，需求函数分别为 $Q_1 = 24 - 0.2P_1$，$Q_2 = 10 - 0.5P_2$；总成本函数为 $C = 34 + 40(Q_1 + Q_2)$，问厂家如何确定两个市场的售价，能使其获得的总利润最大？最大利润为多少？

29. 某养殖场饲养两种鱼，若甲种鱼放养 x (万尾)，乙种鱼放养 y(万尾)，收获时两种

鱼的收获量分别为 $(3-\alpha x-\beta y)x$，$(4-\beta x-2\alpha y)y$，$(\alpha>\beta>0)$，求使产鱼总量最大的放养数？

30. 某公司可通过电台及报纸两种方式做销售某商品的广告. 根据统计资料，销售收益 R(万元)与电台广告费用 x_1(万元)及报纸广告费用 x_2(万元)之间的关系有如下的经验公式：

$$R=15+14x_1+32x_2-8x_1x_2-2x_1^2-10x_2^2 \ .$$

(1) 在广告费用不限的情况下，求最优广告策略.

(2) 若提供的广告费用为 1.5 万元，求相应的最优广告策略.

31. 设生产某种产品需要投入两种要素，x_1 和 x_2 分别为两要素的投入量，Q 为产出量；若生产函数为 $Q=2x_1^\alpha x_2^\beta$，其中 α、β 为正常数，且 $\alpha+\beta=1$，假设两种要素的价格分别为 P_1 和 P_2，试问：当产出量为 12 时，两要素各投入多少可以使得投入总费用最小？

第7章 二重积分

在一元函数积分学中，我们学习了定积分. 在许多几何、物理及其他实际问题中还要求我们讨论二元函数的积分，这就是本章要讲的二重积分. 本章将介绍二重积分的概念、计算方法及应用.

7.1 二重积分的概念与性质

7.1.1 二重积分的概念

1. 曲顶柱体的体积

设有一空间立体 Ω，它的底是 xOy 面上的有界闭区域 D，它的侧面是以 D 的边界曲线为准线，而母线平行于 z 轴的柱面，它的顶是曲面 $z = f(x, y)$.

当 $(x, y) \in D$ 时，$f(x, y)$ 在 D 上连续且 $f(x, y) \geqslant 0$，这种立体称为**曲顶柱体**.

如何给出曲顶柱体的体积 V 的数学定义并进行体积的计算呢？

在初等几何中，我们知道，平顶柱体的高是常量，它的体积可以用公式

$$体积 = 高 \times 底面积$$

来计算. 对于曲顶柱体来说，当点 (x, y) 在区域 D 上变动时，高度 $f(x, y)$ 是个变量，因此，它的体积不能直接用平顶柱体的公式计算.

下面我们把求曲边梯形的面积的方法推广到曲顶柱体的体积的计算中来.

(1) 分割：用任意一组曲线网将闭区域 D 分成 n 个小闭区域：$\Delta\sigma_1$，$\Delta\sigma_2$，$\cdots$，$\Delta\sigma_n$ 表示各小区域的面积. 以这些小闭区域的边界曲线为准线，作母线平行于 z 轴的柱面，这些柱面将原来的曲顶柱体 Ω 分划成 n 个小曲顶柱体 $\Delta\Omega_1$，$\Delta\Omega_2$，$\cdots$，$\Delta\Omega_n$，并同时表示各小曲顶柱体的体积.从而

$$V = \sum_{i=1}^{n} \Delta\Omega_i$$

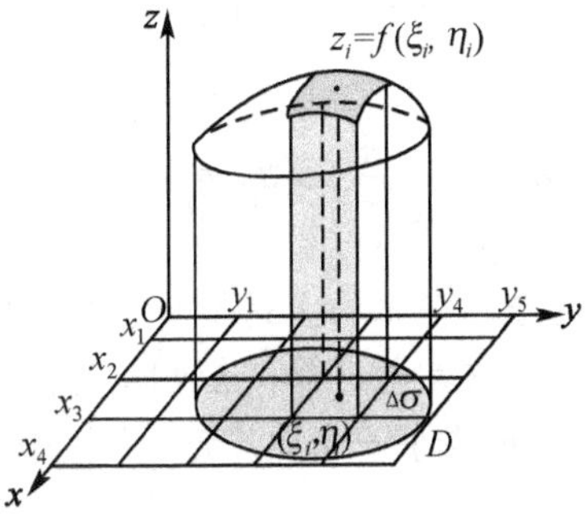

图 7.1

(2) 取近似：由于 $f(x, y)$ 在区域 D 上连续，所以当这些小区域的直径很小时，小曲顶柱体的高 $f(x, y)$ 变化很小，因此，可以将小曲顶柱体近似地看作是平顶柱体，于是

$$\Delta\Omega_i \approx f(\xi_i, \eta_i)\Delta\sigma_i \quad (i=1, 2, \cdots, n)$$

其中，$(\xi_i, \eta_i) \in \Delta\sigma_i$；

(3) 作和：整个曲顶柱体的体积近似值为

$$V \approx \sum_{i=1}^{n} f(\xi_i, \eta_i)\Delta\sigma_i;$$

(4) 求极限：为得到 V 的精确值，只需让这 n 个小区域越来越小，即让每个小区域向某点收缩．为此，我们引入区域直径的概念．

一个闭区域的直径是指区域上任意两点距离的最大者．

所谓让区域向一点收缩性地变小，意指让区域的直径趋向于零．

设 n 个小区域直径中的最大者为 λ，则

$$V = \lim_{\lambda \to 0} \sum_{i=1}^{n} f(\xi_i, \eta_i)\Delta\sigma_i;$$

2. 平面薄片的质量

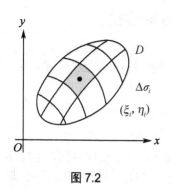

图 7.2

设有一平面薄片占有 xOy 面上的闭区域 D，它在 (x, y) 处的面密度为 $\rho(x, y)$，这里 $\rho(x, y) > 0$，而且 $\rho(x, y)$ 在 D 上连续，现计算该平面薄片的质量 M(图 7.2)．

将 D 分成 n 个小区域 $\Delta\sigma_1$，$\Delta\sigma_2$，$\cdots$，$\Delta\sigma_n$，其中 $\Delta\sigma_i$ 既代表第 i 个小闭区域又代表它的面积．用 λ_i 记 $\Delta\sigma_i$ 的直径，当 $\lambda = \max_{1 \le i \le n}\{\lambda_i\}$ 很小时，由于 $\rho(x, y)$ 连续，每小片闭区域的直径很小时，可近似地看作是均匀的，那么第 i 块小闭区域的质量近似等于

$$\rho(\xi_i, \eta_i)\Delta\sigma_i \ \forall(\xi_i, \eta_i) \in \Delta\sigma_i. \ (i=1, 2, \cdots, n)$$

于是，通过作和求极限有

$$M \approx \sum_{i=1}^{n} \rho(\xi_i, \eta_i)\Delta\sigma_i;$$

$$M = \lim_{\lambda \to 0} \sum_{i=1}^{n} \rho(\xi_i, \eta_i)\Delta\sigma_i;$$

两种实际意义完全不同的问题，在本质上是把一个平面区域分成许多很小的区域，让函数值在每个小区域中几乎可以当成常数，最终都归结为同一形式的极限问题．因此，撇开这类极限问题的实际背景，就形成了一个更广泛、更抽象的数学概念——二重积分．

3. 二重积分的定义

设 $f(x, y)$ 是有界闭区域 D 上的有界函数，将区域 D 分成 n 个小区域

$$\Delta\sigma_1, \ \Delta\sigma_2, \ \cdots, \ \Delta\sigma_n,$$

其中，$\Delta\sigma_i$ 既表示第 i 个小区域，也表示它的面积，λ_i 表示它的直径，在每个小区域上任取一点，即

$$\forall(\xi_i, \ \eta_i) \in \Delta\sigma_i;$$

作乘积

$$f(\xi_i, \ \eta_i)\Delta\sigma_i (i = 1, \ 2, \ \cdots, \ n);$$

作和式

$$\sum_{i=1}^{n} f(\xi_i, \ \eta_i)\Delta\sigma_i;$$

若极限 $\displaystyle\lim_{\lambda \to 0} \sum_{i=1}^{n} f(\xi_i, \ \eta_i)\Delta\sigma_i$ 存在，其中，$\lambda = \max_{1 \leqslant i \leqslant n}\{\lambda_i\}$，则称此极限值为函数 $f(x, y)$

在区域 D 上的二重积分，记作 $\displaystyle\iint_D f(x, y)\mathrm{d}\sigma$，即

$$\iint_D f(x, y)\mathrm{d}\sigma = \lim_{\lambda \to 0} \sum_{i=1}^{n} f(\xi_i, \ \eta_i)\Delta\sigma_i.$$

其中，$f(x, y)$ 叫做被积函数，$f(x, y)\mathrm{d}\sigma$ 叫做被积表达式，$\mathrm{d}\sigma$ 叫做面积元素，x, y

叫做积分变量，D 叫做积分区域，$\displaystyle\sum_{i=1}^{n} f(\xi_i, \ \eta_i)\Delta\sigma_i$ 叫做积分和式(简称积分和).

4. 关于二重积分的几点说明

(1) 二重积分的存在定理.

若 $f(x, y)$ 在闭区域 D 上连续，则 $f(x, y)$ 在 D 上的二重积分存在.

在以后的讨论中，我们总假定被积函数在积分区域上连续. 如果函数 $f(x, y)$ 在闭区域 D 上二重积分存在，则称二元函数 $f(x, y)$ 在区域 D 上可积.

(2) 二重积分是个数值，这个数值大小仅与被积函数 $f(x, y)$ 和积分区域 D 有关，与积分变量的记号无关. 如 $\displaystyle\iint_D f(x, y)\mathrm{d}\sigma = \iint_D f(u, v)\mathrm{d}\sigma$.

(3) $\displaystyle\iint_D f(x, y)\mathrm{d}\sigma$ 中的面积元素 $\mathrm{d}\sigma$ 对应着积分和式中的 $\Delta\sigma_i$.

在二重积分的定义中，对区域 D 的划分是任意的，如果在直角坐标系中用一组平行于坐标轴的直线网来划分区域 D，那么除了包含边界点的一些小区域之外，其余的小闭区域都是矩形闭区域 $\Delta\sigma_i$，其边长分别为 Δx_j 和 Δy_k，且 $\Delta\sigma_i = \Delta x_j \Delta y_k$. 因此，在直角坐标系中可以将 $\mathrm{d}\sigma$ 记作 $\mathrm{d}x\mathrm{d}y$（并称 $\mathrm{d}x\mathrm{d}y$ 为直角坐标系下的**面积元素**），二重积分也可表示成为

$$\iint_B f(x, y)\mathrm{d}x\mathrm{d}y .$$

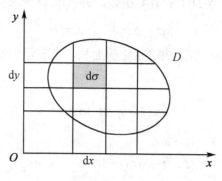

图 7.3

　　(4) 若 $f(x, y) \geqslant 0$，被积函数 $f(x, y)$ 可以解释为曲顶柱体在点 (x, y) 处的竖坐标，所以二重积分的几何意义就是以 $f(x, y)$ 为曲顶，以 D 为底的曲顶柱体的体积．如果 $f(x, y)$ 是负的，柱体在 xOy 平面的下方，二重积分的值是负的．如果 $f(x, y)$ 在闭区域 D 上的某些区域为正，而在其它部分区域为负，那么，$f(x, y)$ 在 D 上的二重积分就等于这些部分区域上的柱体体积的代数和．

7.1.2　二重积分的性质

　　二重积分与定积分有相类似的性质．

　　性质 7.1.1

$$\iint_B [k_1 f(x, y) + k_2 g(x, y)]\mathrm{d}\sigma = k_1 \iint_B f(x, y)\mathrm{d}\sigma + k_2 \iint_B g(x, y)\mathrm{d}\sigma ,$$

其中，k_1，k_2 是常数．当 $k_1 = k$，$k_2 = 0$ 时，性质表现为下列情形：

$$\iint_B kf(x, y)\mathrm{d}\sigma = k \iint_B f(x, y)\mathrm{d}\sigma .$$

　　性质 7.1.2　若区域 D 分为两个部分区域 D_1，D_2，则

$$\iint_B f(x, y)\mathrm{d}\sigma = \iint_{D_1} f(x, y)\mathrm{d}\sigma + \iint_{D_2} f(x, y)\mathrm{d}\sigma$$

　　性质 7.1.2 可以推广到有限个区域的情形．

　　性质 7.1.3　若在 D 上，$f(x, y) \equiv 1$，σ 为区域 D 的面积，则

$$\sigma = \iint 1\mathrm{d}\sigma = \iint 1\mathrm{d}\sigma$$

　　性质 7.1.3 的几何意义是：高为 1 的平顶柱体的体积在数值上等于柱体的底面积．

　　性质 7.1.4　若在 D 上，$f(x, y) \leqslant \varphi(x, y)$，则有不等式

$$\iint_B f(x, y)\mathrm{d}\sigma \leqslant \iint_B \varphi(x, y)\mathrm{d}\sigma .$$

　　特殊地，由于 $-|f(x, y)| \leqslant f(x, y) \leqslant |f(x, y)|$，有

$$\left|\iint\limits_{D} f(x, y)\mathrm{d}\sigma\right| \leqslant \iint\limits_{D} |f(x, y)|\mathrm{d}\sigma.$$

性质 7.1.5(估值不等式)　　设 M 与 m 分别是 $f(x, y)$ 在闭区域 D 上的最大值和最小值，σ 是 D 的面积，则 $m \cdot \sigma \leqslant \iint\limits_{D} f(x, y)\mathrm{d}\sigma \leqslant M \cdot \sigma.$

事实上，由于 $m \leqslant f(x, y) \leqslant M$，从而有

$$m\sigma = \iint\limits_{D} m\mathrm{d}\sigma \leqslant \iint\limits_{D} f(x, y)\mathrm{d}\sigma \leqslant \iint\limits_{D} M\mathrm{d}\sigma = M\sigma.$$

性质 7.1.6(二重积分的中值定理)　　设函数 $f(x, y)$ 在闭区域 D 上连续，σ 是 D 的面积，则在 D 上至少存在一点 (ξ, η)，使得

$$\iint\limits_{D} f(x, y)\mathrm{d}\sigma = f(\xi, \eta) \cdot \sigma.$$

证明　　显然 $\sigma \neq 0$，由性质 7.1.5 有，$m \leqslant \dfrac{\iint\limits_{D} f(x, y)\mathrm{d}\sigma}{\sigma} \leqslant M$，这就是说，确定的数值 $\dfrac{1}{\sigma}\iint\limits_{D} f(x, y)\mathrm{d}\sigma$ 在函数 $f(x, y)$ 的最大值与最小值之间，由闭区域上连续函数的介值定理，在闭区域 D 上至少存在一点 (ξ, η)，使得下式成立.

$$\frac{1}{\sigma}\iint\limits_{D} f(x, y)\mathrm{d}\sigma = f(\xi, \eta),$$

即

$$\iint\limits_{D} f(x, y)\mathrm{d}\sigma = f(\xi, \eta) \cdot \sigma.$$

例 7.1.1　　估计二重积分 $I = \iint\limits_{D}(x^2 + 4y^2 + 9)\mathrm{d}\sigma$ 的值，D 是圆域 $x^2 + y^2 \leqslant 4$.

解　　通过观察显然有 $M = 25$，$m = 9$，于是有
$$36\pi = 9 \times 4\pi \leqslant I \leqslant 25 \times 4\pi = 100\pi$$

7.2　二重积分的计算方法

二重积分的定义本身也给出了计算方法，但是这种方法具有很大的局限性. 本节将给出计算二重积分常用的方法. 这种方法就是将二重积分的计算化为两次定积分，称为累次积分法. 下面从几何直观上给出其计算方法.

7.2.1 直角坐标系下二重积分的计算方法

根据二重积分的几何意义，讨论二重积分 $\iint\limits_{D} f(x,\ y)\mathrm{d}\sigma$ 在直角坐标系中的计算问题． 假设 $f(x,\ y) \geqslant 0$ ． 在直角坐标系下二重积分的面积元素 $\mathrm{d}\sigma$ 可以表示为 $\mathrm{d}x\mathrm{d}y$ ，于是

$$\iint\limits_{D} f(x,\ y)\mathrm{d}\sigma = \iint\limits_{D} f(x,\ y)\mathrm{d}x\mathrm{d}y .$$

假定积分区域 D 可用不等式 $a \leqslant x \leqslant b,\ \varphi_1(x) \leqslant y \leqslant \varphi_2(x)$ 表示，其中 $\varphi_1(x)$，$\varphi_2(x)$ 在 $[a,\ b]$ 上连续，此时，称积分区域 D 为 **X—型区域**，如图 7.4 所示.

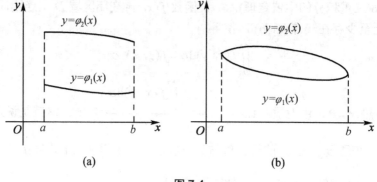

图 7.4

据二重积分的几何意义可知， $\iint\limits_{D} f(x,\ y)\mathrm{d}\sigma$ 的值等于以 D 为底，以曲面 $z = f(x,\ y)$ 为顶的**曲顶柱体**的体积(图 7.5).

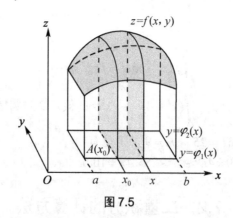

图 7.5

在区间 $[a,\ b]$ 上任意取定一个点 x_0 ，作平行于 yOz 面的平面 $x = x_0$，这平面截曲顶柱体所得截面是一个以区间 $[\varphi_1(x_0),\ \varphi_2(x_0)]$ 为底，曲线 $z = f(x_0,\ y)$ 为曲边梯形，其面积为

$$A(x_0) = \int_{\varphi_1(x_0)}^{\varphi_2(x_0)} f(x_0,\ y)\mathrm{d}y .$$

一般地，过区间 $[a,\ b]$ 上任一点 x 且平行于 yOz 面的平面截曲顶柱体所得截面的面积为

$$A(x) = \int_{\varphi_1(x)}^{\varphi_2(x)} f(x,\ y)\mathrm{d}y.$$

利用计算平行截面面积为已知的立体体积的计算方法，该曲顶柱体的体积为

$$V = \int_a^b A(x)\mathrm{d}x = \int_a^b \left[\int_{\varphi_1(x)}^{\varphi_2(x)} f(x,\ y)\mathrm{d}y\right]\mathrm{d}x,$$

从而有

$$\iint_D f(x,\ y)\mathrm{d}\sigma = \int_a^b \left[\int_{\varphi_1(x)}^{\varphi_2(x)} f(x,\ y)\mathrm{d}y\right]\mathrm{d}x.$$

上述积分就是先对 y，后对 x 的累次积分(二次积分)公式，也就是进行两次定积分的计算，先对 y 积分时，把 x 看作常数，$f(x,\ y)$ 只看作 y 的函数，对 $f(x,\ y)$ 计算从 $\varphi_1(x)$ 到 $\varphi_2(x)$ 的定积分，然后把所得的结果(它是 x 的函数)再对 x 从 a 到 b 计算定积分.

这个先对 y，后对 x 的二次积分也常记作

$$\iint_D f(x,\ y)\mathrm{d}\sigma = \int_a^b dx \int_{\varphi_1(x)}^{\varphi_2(x)} f(x,\ y)\mathrm{d}y. \tag{7.2.1}$$

因此，计算二重积分的问题转化为计算两个定积分，而这两个定积分的上、下限恰好为积分区域 D 的边界曲线. 下面把计算二重积分的步骤总结如下.

如果区域 D 是 $X-$型区域，首先将区域 D 投影到 x 轴上，得一闭区间 $[a,\ b]$，在开区间 $(a,\ b)$ 内任取一点 x，作 y 轴的平行线，交区域 D 的边界曲线两点，那么这两点的纵坐标 $\varphi_1(x)$ 与 $\varphi_2(x)$ $(\varphi_1(x) \leqslant \varphi_2(x))$ 就分别是对 y 积分的下限和上限，最后在投影区间 $[a,\ b]$ 上对 x 作定积分.

在上述讨论中，假定了 $f(x,\ y) \geqslant 0$，利用二重积分的几何意义，导出了二重积分的计算式(7.2.1). 但实际上，式(7.2.1)并不受此条件限制，对一般的 $f(x,\ y)$(在 D 上连续)，式(7.2.1)总是成立的.

例 7.2.1　计算

$$I = \iint_D (1-x^2)\mathrm{d}\sigma \quad D = \{(x,\ y)\,|\,-1 \leqslant x \leqslant 1,\ 0 \leqslant y \leqslant 2\}.$$

解
$$\begin{aligned}
I &= \int_{-1}^1 dx \int_0^2 (1-x^2)\,\mathrm{d}y \\
&= \left[\int_{-1}^1 y(1-x^2)\,\mathrm{d}x\right]_0^2 \\
&= \int_{-1}^1 (1-x^2)\,\mathrm{d}x = \left|2x - \frac{2}{3}x^3\right|_{-1}^1 = \frac{8}{3}.
\end{aligned}$$

类似地，如果积分区域 D 可以用下述不等式

$$c \leqslant y \leqslant d,\quad \phi_1(y) \leqslant x \leqslant \phi_2(y)$$

表示，此时，称积分区域 D 为 **$Y-$型区域**(图7.6)，且函数 $\phi_1(y)$，$\phi_2(y)$ 在 $[c,d]$ 上连续，$f(x,\ y)$ 在 D 上连续，则同 $X-$型区域的计算方法相类似有：

$$\iint_D f(x,\ y)\mathrm{d}\sigma = \int_c^d \left[\int_{\phi_1(y)}^{\phi_2(y)} f(x,\ y)\mathrm{d}x\right]\mathrm{d}y = \int_c^d dy \int_{\phi_1(y)}^{\phi_2(y)} f(x,\ y)\mathrm{d}x.$$

显然，上式是先对 x，后对 y 的二次积分.

关于积分区域需要特别指出的是：对于 X 一型区域(或 Y 一型区域)，用平行于 y 轴(x 轴)的直线穿过区域内部，直线与区域的边界相交不多于两点．

如果积分区域不满足这一条件时，用平行于 y 轴(x 轴)的直线穿过区域内部，如果直线与区域的边界相交多于两点，可对区域进行剖分，将 D 分为几部分，使每个部分成为 X 一型区域或 Y 一型区域，从而 D 为 X 一型区域或 Y 一型区域的并集，分别求出各个部分区域上的二重积分值后再根据二重积分的性质 7.1.2，计算它们的和．

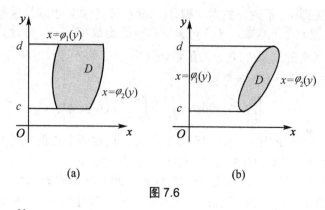

(a)　　　　　　　　　　　　(b)

图 7.6

例 7.2.2　计算 $\iint\limits_D 3x^2y^2\mathrm{d}\sigma$，其中 D 是由 x 轴，y 轴和抛物线 $y=1-x^2$ 在第一象限内所围成的区域(图 7.7)．

解　$D: 0 \leqslant x \leqslant 1, \ 0 \leqslant y \leqslant 1-x^2$，

$$\iint\limits_D 3x^2y^2\mathrm{d}\sigma = \int_0^1 \mathrm{d}x \int_0^{1-x^2} 3x^2y^2\mathrm{d}y = \int_0^1 [x^2y^3]_0^{1-x^2}\mathrm{d}x = \int_0^1 x^2(1-x^2)^3\mathrm{d}x.$$

令 $x=\sin t$，上式等于

$$\int_0^{\frac{\pi}{2}} \sin^2 t \cdot \cos^7 t\mathrm{d}t = \frac{(2-1)!!(7-1)!!}{9!!} = \frac{16}{315}.$$

同样可以先对 X 进行积分．由于

$$D: 0 \leqslant y \leqslant 1, \ 0 \leqslant x \leqslant \sqrt{1-y},$$

$$\iint\limits_D 3x^2y^2\mathrm{d}\sigma = \int_0^1 \mathrm{d}y \int_0^{\sqrt{1-y}} 3x^2y^2\mathrm{d}y = \int_0^1 [x^3y^2]_0^{\sqrt{1-y}}\mathrm{d}y = \int_0^1 y^2(1-y)^{\frac{3}{2}}\mathrm{d}y.$$

令 $y=\sin^2 t$，上式等于 $\int_0^{\frac{\pi}{2}} 2\cos^4 t \cdot \sin^5 t\mathrm{d}t = 2 \cdot \frac{(4-1)!!(5-1)!!}{9!!} = \frac{16}{315}.$

这说明有些二重积分可以交换积分次序．

例 7.2.3　计算 $\iint\limits_D xy\mathrm{d}\sigma$，其中 D 是由抛物线 $y^2=x$ 及直线 $y=x-2$ 所围成的区域(图 7.8)．

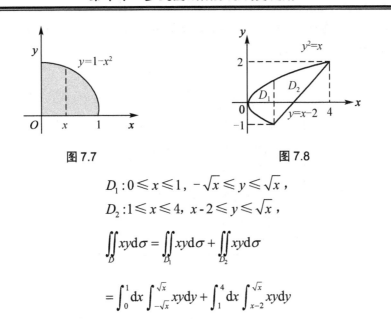

图 7.7　　　　　　　　　　　　　图 7.8

解
$$D_1 : 0 \leqslant x \leqslant 1, \ -\sqrt{x} \leqslant y \leqslant \sqrt{x},$$
$$D_2 : 1 \leqslant x \leqslant 4, \ x-2 \leqslant y \leqslant \sqrt{x},$$

$$\iint\limits_{D} xy\,\mathrm{d}\sigma = \iint\limits_{D_1} xy\,\mathrm{d}\sigma + \iint\limits_{D_2} xy\,\mathrm{d}\sigma$$

$$= \int_0^1 \mathrm{d}x \int_{-\sqrt{x}}^{\sqrt{x}} xy\,\mathrm{d}y + \int_1^4 \mathrm{d}x \int_{x-2}^{\sqrt{x}} xy\,\mathrm{d}y$$

$$= 0 + \int_1^4 \left[\frac{x}{2} y^2\right]_{x-2}^{\sqrt{x}} \mathrm{d}x = \int_1^4 \frac{x}{2} \left[x - (x-2)^2\right] \mathrm{d}x = \frac{45}{8}.$$

也可以将区域 D 看作 Y 一型区域：

$$D: -1 \leqslant y \leqslant 2, \ y^2 \leqslant x \leqslant y+2,$$

$$\iint\limits_{D} xy\,\mathrm{d}\sigma = \int_{-1}^2 \mathrm{d}y \int_{y^2}^{y+2} xy\,\mathrm{d}x = \int_{-1}^2 \left[\frac{1}{2} x^2 y\right]_{y^2}^{y+2} \mathrm{d}y$$

$$= \frac{1}{2}\int_{-1}^2 \left[y(y+2)^2 - y\right] \mathrm{d}y = \frac{45}{8}.$$

由此可见，计算二重积分有先对哪个变量积分使得计算简便的问题．这点请读者注意．

7.2.2　极坐标系下二重积分的计算法

如果二重积分的积分区域 D 的边界曲线的方程用极坐标的形式给出非常方便，而且被积函数用极坐标的形式表示也比较简单，那么我们可以利用极坐标系来计算二重积分．

下面给出极坐标系中二重积分的计算公式．

1. 变换公式

按照二重积分的定义有

$$\iint\limits_{D} f(x, \ y)\,\mathrm{d}\sigma = \lim_{\lambda \to 0} \sum_{i=1}^{n} f(\xi_i, \ \eta_i)\Delta\sigma_i,$$

下面给出这一和式极限在极坐标中的形式．

假设从极点 O 出发且穿过闭区域 D 内部的射线与 D 的边界曲线相交不多于两点．用以

极点 O 为中心的一族同心圆，r 等于常数，以及从极点出发的一族射线，θ 等于常数，将 D 剖分成若干个小闭区域(图 7.9).

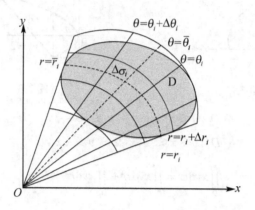

图 7.9

除了包含边界点的一些小闭区域外，小闭区域 $\Delta\sigma_i$ 的面积可计算如下：

$$\Delta\sigma_i = \frac{1}{2}(r_i + \Delta r_i)^2 \Delta\theta_i - \frac{1}{2}r_i^2 \Delta\theta_i = \frac{1}{2}(2r_i + \Delta r_i)\Delta r_i \Delta\theta_i$$

$$= \frac{r_i + (r_i + \Delta r_i)}{2}\Delta r_i \Delta\theta_i = \overline{r_i}\Delta r_i \Delta\theta_i,$$

其中，$\overline{r_i}$ 表示相邻两圆弧半径的平均值.

数学上可以证明：包含边界点的那些小闭区域所对应项之和的极限为零，因此，这样的一些小区域可以略去不计.

在小区域 $\Delta\sigma_i$ 上取点 $(\overline{r_i}, \overline{\theta_i})$，设该点直角坐标为 (ξ_i, η_i)，据直角坐标与极坐标的关系有

$$\xi_i = \overline{r_i}\cos\overline{\theta_i}, \quad \eta_i = \overline{r_i}\sin\overline{\theta_i}.$$

于是

$$\lim_{\lambda\to 0}\sum_{i=1}^{n}f(\xi_i, \eta_i)\Delta\sigma_i = \lim_{\lambda\to 0}\sum_{i=1}^{n}f(\overline{r_i}\cos\overline{\theta_i}, \overline{r_i}\sin\overline{\theta}) \cdot \overline{r_i}\Delta r_i \Delta\theta_i$$

即

$$\iint_{B}f(x, y)\mathrm{d}\sigma = \iint_{B}f(r\cos\theta, r\sin\theta)r\mathrm{d}r\mathrm{d}\theta$$

由于在直角坐标系中 $\iint_{B}f(x, y)\mathrm{d}\sigma$ 也常记作 $\iint_{B}f(x, y)\mathrm{d}x\mathrm{d}y$，因此，上述变换公式可以写成

$$\iint_{B}f(x, y)\mathrm{d}x\mathrm{d}y = \iint_{B}f(r\cos\theta, r\sin\theta)r\mathrm{d}r\mathrm{d}\theta.$$

这就是二重积分由直角坐标变量变换成极坐标变量的变换公式. 其中，$r\mathrm{d}r\mathrm{d}\theta$ 就是极

坐标系中的**面积元素**.

上式表明要把二重积分的变量从直角坐标变换为极坐标,只要把被积函数 $f(x, y)$ 中的 x, y 分别换成 $r\cos\theta$, $r\sin\theta$,并把直角坐标系中的面积元素 $dxdy$ 换为极坐标系中的面积元素 $rdrd\theta$. 极坐标系下的二重积分也要化为两次积分计算.

2. 极坐标系下的二重积分计算法

极坐标系中的二重积分,同样可以化为二次积分进行计算.

设积分区域 D 可以用不等式表示成下述形式

$$\alpha \leqslant \theta \leqslant \beta \ \varphi_1(\theta) \leqslant r \leqslant \varphi_2(\theta),$$

其中函数 $\varphi_1(\theta)$,$\varphi_2(\theta)$ 在 $[\alpha, \beta]$ 上连续.

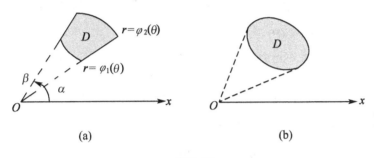

(a)　　　　　　　　　(b)

图 7.10

先在区间 $[\alpha, \beta]$ 上任意取一个 θ 值,作射线交区域 D 的边界曲线于 E, F 两点,其 E 点的极径 $\varphi_1(\theta)$,F 点的极径 $\varphi_2(\theta)$,就是对 r 积分的下限与上限. 最后对 θ 从 α 到 β 作定积分(图 7.10). 于是,极坐标系中的二重积分化为二次积分的计算公式为

$$\iint\limits_{D} f(r\cos\theta, r\sin\theta)rdrd\theta = \int_{\alpha}^{\beta}\left[\int_{\varphi_1(\theta)}^{\varphi_2(\theta)} f(r\cos\theta, r\sin\theta)rdr\right]d\theta;$$

也可以写成

$$\iint\limits_{D} f(r\cos\theta, r\sin\theta)rdrd\theta = \int_{\alpha}^{\beta}d\theta\int_{\varphi_1(\theta)}^{\varphi_2(\theta)} f(r\cos\theta, r\sin\theta)rdr.$$

注意,如果积分区域 D 为图 7.11 所述形式,显然,这只是特殊形式,即 $\varphi_1(\theta) \equiv 0$(即极点在积分区域的边界上),

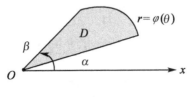

图 7.11

故

$$\iint_D f(r\cos\theta, \ r\sin\theta)r\mathrm{d}r\mathrm{d}\theta = \int_\alpha^\beta \mathrm{d}\theta\int_0^{\varphi(\theta)} f(r\cos\theta, \ r\sin\theta)r\mathrm{d}r$$

如果积分区域 D 为图 7.12 所述形式，显然，这类区域又是另外一种变形(极点包围在积分区域 D 的内部)，D 可剖分成 D_1 与 D_2，而

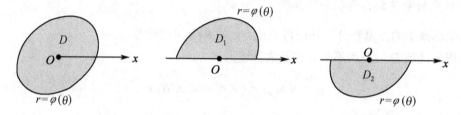

图 7.12

$$D_1: 0\leqslant\theta\leqslant\pi, \ 0\leqslant r\leqslant\varphi(\theta), \ D_2: \pi\leqslant\theta\leqslant 2\pi, \ 0\leqslant r\leqslant\varphi(\theta),$$

故　$D: 0\leqslant\theta\leqslant 2\pi, \ 0\leqslant r\leqslant\varphi(\theta)$.则

$$\iint_D f(r\cos\theta, \ r\sin\theta)r\mathrm{d}r\mathrm{d}\theta = \int_0^{2\pi} \mathrm{d}\theta\int_0^{\varphi(\theta)} f(r\cos\theta, \ r\sin\theta)r\mathrm{d}r .$$

由上面的讨论不难发现，将二重积分化为极坐标形式进行计算，其关键之处在于：将积分区域 D 用极坐标变量 r，θ 表示成如下形式

$$\alpha\leqslant\theta\leqslant\beta, \ \varphi_1(\theta)\leqslant r\leqslant\varphi_2(\theta)$$

特别地，计算闭区域 D 的面积公式为

$$\sigma = \iint_D \mathrm{d}\sigma = \iint_D r\mathrm{d}r\mathrm{d}\theta .$$

下面先通过例子来介绍如何将区域用极坐标来表示.

例 7.2.4　将下列区域用极坐标表示

(1) D_1: $x^2+y^2\leqslant 2y$

(2) D_2：$-R\leqslant x\leqslant R, \ R\leqslant y\leqslant R+\sqrt{R^2-x^2}$

先画出区域的简图，据图确定极角的最大变化范围 $[\alpha, \ \beta]$；

再过 $[\alpha, \ \beta]$ 内任一点 θ 作射线穿过区域，与区域的边界有两交点，将它们用极坐标表示，这样就得到了极径的变化范围 $[\varphi_1(\theta), \ \varphi_2(\theta)]$(图 7.13、图 7.14).

解　$D_1: 0\leqslant\theta\leqslant\pi, 0\leqslant r\leqslant 2\sin\theta, D_2: \dfrac{\pi}{4}\leqslant\theta\leqslant\dfrac{3\pi}{4}, \ \dfrac{R}{\sin\theta}\leqslant r\leqslant 2R\sin\theta$.

例 7.2.5　计算二重积分 $\displaystyle\iint_D \mathrm{e}^{-x^2-y^2}\mathrm{d}\sigma$ ，其中 D 为圆域 $x^2+y^2\leqslant a^2 (a>0)$.

解　本题由直角坐标无法计算，用极坐标计算.

令 $x=r\cos\theta$，$y=r\sin\theta$，$\mathrm{d}\sigma=r\mathrm{d}r\mathrm{d}\theta$，于是有

$$\iint\limits_{D} e^{-x^2-y^2} d\sigma = \iint\limits_{D} e^{-r^2} r dr d\theta = \int_0^{2\pi} d\theta \int_0^a e^{-r^2} r dr$$

$$= \left[2\pi \left(-\frac{1}{2} e^{-r^2} \right) \right]_0^a = \pi (1 - e^{-a^2}).$$

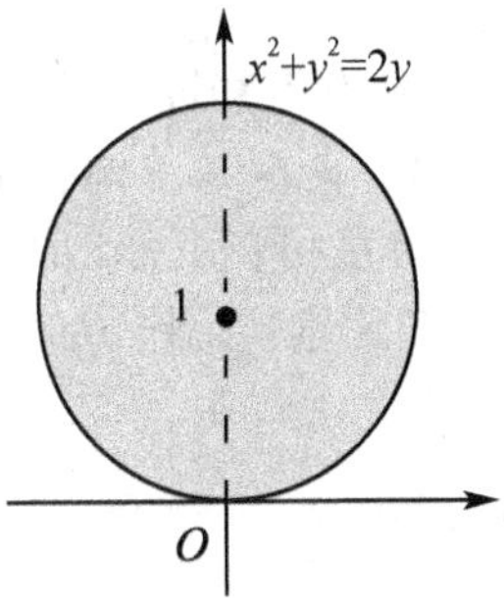

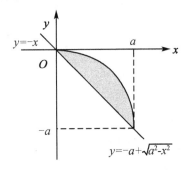

图 7.13 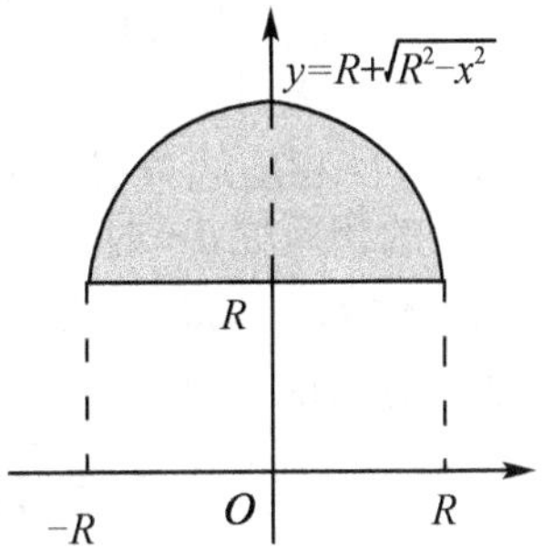　　　　　　　图 7.14

　　由此例可知，计算二重积分首先遇到选择坐标系的问题，这要从被积函数与积分域两方面考虑. 一般来说，被积函数含有 $x^2 + y^2$ 或两个积分变量之比 $\dfrac{y}{x}$ 或 $\dfrac{x}{y}$ 时，积分域为圆域(如圆形、扇形、圆环等)用极坐标计算较方便.

例 7.2.6　计算 $I = \int_0^a dx \int_{-x}^{-a+\sqrt{a^2-x^2}} \dfrac{dy}{\sqrt{x^2+y^2} \cdot \sqrt{4a^2-(x^2+y^2)}} \ (a > 0).$

解　积分区域为 D：$0 \le x \le a, \quad -x \le y \le -a + \sqrt{a^2-x^2}$

区域的图形，如图 7.15 所示.

图 7.15

该区域在极坐标下的表示形式为

$$D: -\frac{\pi}{4} \le \theta \le 0, \quad 0 \le r \le -2a\sin\theta$$

$$I = \iint\limits_{D} \frac{r dr d\theta}{r\sqrt{4a^2-r^2}} = \int_{-\frac{\pi}{4}}^0 d\theta \int_0^{-2a\sin\theta} \frac{dr}{\sqrt{4a^2-r^2}} = \int_{-\frac{\pi}{4}}^0 \left[\arcsin\frac{r}{2a} \right]_0^{-2a\sin\theta} d\theta$$

$$= \int_{-\frac{\pi}{4}}^0 (-\theta) d\theta = \left[-\frac{1}{2}\theta^2 \right]_{-\frac{\pi}{4}}^0 = \frac{\pi^2}{32}$$

7.3　二重积分的应用

　　在定积分的应用中，曾利用元素法讨论了定积分的应用问题．这种元素法也可以推广到二重积分的应用中，去解决二重积分的应用问题．

　　设 D 是一个平面闭区域，要计算的量 U 对于 D 具有可加性(就是说，当闭区域 D 被分成许多小闭区域时，所求量 U 相应地分成许多部分量，且 U 等于部分量之和)，并且在闭区域 D 内任取一个直径很小的闭区域 $d\sigma$ 时，相应的部分量可以近似地表示为 $f(x, y)d\sigma$ 的形式，其中 (x, y) 在 $d\sigma$ 内．称 $f(x, y)d\sigma$ 为所求量 U 的元素，记作 dU，以它为被积表达式，在闭区域 D 上积分就是所求的量，即

$$U = \iint\limits_{D} f(x, y)d\sigma.$$

7.3.1　曲面面积

　　设曲面 S 由方程 $z = f(x, y)$ 给出，D 为曲面 S 在 xOy 面上的投影区域，函数 $z = f(x, y)$ 在 D 上具有连续偏导数 $f_x(x, y)$ 和 $f_y(x, y)$，下面计算曲面 S 的面积 A．

　　在闭区域 D_{xy} 上任取一直径很小的闭区域 $d\sigma$ (它的面积也记作 $d\sigma$)，在 $d\sigma$ 内取一点 $P(x, y)$，对应着曲面 S 上一点 $M(x, y)$，曲面 S 在点 M 处的切平面设为 T．以小区域 $d\sigma$ 的边界为准线作母线平行于 z 轴的柱面，该柱面在曲面 S 上截下一小片曲面，在切平面 T 上截下一小片平面，由于 $d\sigma$ 的直径很小，那一小片平面面积近似地等于那一小片曲面面积．

　　曲面 S 在点 M 处的法线向量(指向朝上)为

$$n = \{-f_x(x, y), -f_y(x, y), 1\}$$

它与 z 轴正向所成夹角 γ 的方向余弦为

$$\cos\gamma = \frac{1}{\sqrt{1 + f_x^2(x, y) + f_y^2(x, y)}}$$

而 $dA = \dfrac{d\sigma}{\cos\gamma}$，

所以　$dA = \sqrt{1 + f_x^2(x, y) + f_y^2(x, y)} \cdot d\sigma$．

这就是曲面 S 的**面积元素**，故

$$A = \iint\limits_{D_{xy}} \sqrt{1 + f_x^2(x, y) + f_y^2(x, y)} \cdot d\sigma.$$

例 7.3.1　求半径为 a 的球的表面积．

　　解　取上半球面方程为 $z = \sqrt{a^2 - x^2 - y^2}$，则它在 xOy 平面上的投影区域

$$x^2 + y^2 \leqslant a^2.$$

　　由

$$\frac{\partial z}{\partial x} = \frac{-x}{\sqrt{a^2 - x^2 - y^2}}, \quad \frac{\partial z}{\partial y} = \frac{-y}{\sqrt{a^2 - x^2 - y^2}},$$

得

$$\sqrt{1+\left(\frac{\partial z}{\partial x}\right)^2+\left(\frac{\partial z}{\partial y}\right)^2}=\frac{a}{\sqrt{a^2-x^2-y^2}}.$$

因为这个函数在闭区域 D 上无界，所以，不能直接用面积公式计算.

应用无界函数在有限区间上的广义积分进行计算，先取区域 D_1: $x^2+y^2\leqslant b^2(0<b<a)$ 计算在 D_1 上的球面面积 A_1.

$$A_1=\iint\limits_{D_1}\frac{a}{\sqrt{a^2-x^2-y^2}}\mathrm{d}x\mathrm{d}y;$$

用极坐标

$$A_1=\iint\limits_{D_1}\frac{a}{\sqrt{a^2-r^2}}r\mathrm{d}r\mathrm{d}\theta.$$

$$=a\int_0^{2\pi}\mathrm{d}\theta\int_0^b\frac{r\mathrm{d}r}{\sqrt{a^2-r^2}}=2\pi a\int_0^b\frac{r\mathrm{d}r}{\sqrt{a^2-r^2}}=2\pi a(a-\sqrt{a^2-b^2})$$

取极限

$$\lim_{b\to a}A_1=\lim_{b\to a}2\pi a\left(a-\sqrt{a^2-b^2}\right)=2\pi a^2$$

这就是半个球面的面积，因此，整个球面的面积为 $A=4\pi a^2$.

例 7.3.2　求球面 $x^2+y^2+z^2=a^2$ 含在柱面 $x^2+y^2=ax\,(a>0)$ 内部的面积.

解　所求曲面在 xOy 面的投影区域 $D_{xy}=\left\{(x,\ y)\,|\,x^2+y^2\leqslant ax\right\}$ (图 7.16).

曲面方程应取为　$z=\sqrt{a^2-x^2-y^2}$，则

$$z_x=\frac{-x}{\sqrt{a^2-x^2-y^2}},\quad z_y=\frac{-y}{\sqrt{a^2-x^2-y^2}}$$

$$\sqrt{1+z_x^2+z_y^2}=\frac{a}{\sqrt{a^2-x^2-y^2}}$$

曲面在 xOy 面上的投影区域 D_{xy} 如图 7.17 所示.

根据曲面的对称性，有

$$A=2\iint\limits_{D_{xy}}\frac{a}{\sqrt{a^2-x^2-y^2}}\mathrm{d}x\mathrm{d}y=2\int_{-\frac{\pi}{2}}^{\frac{\pi}{2}}\mathrm{d}\theta\int_0^{a\cos\theta}\frac{a}{\sqrt{a^2-r^2}}\cdot r\mathrm{d}r$$

$$=2a\int_{-\frac{\pi}{2}}^{\frac{\pi}{2}}\left[-\sqrt{a^2-r^2}\right]_0^{a\cos\theta}\mathrm{d}\theta=2a\int_{-\frac{\pi}{2}}^{\frac{\pi}{2}}\left(a-a|\sin\theta|\right)\mathrm{d}\theta$$

$$=4a\int_0^{\frac{\pi}{2}}(a-a\sin\theta)\mathrm{d}\theta=2a^2(\pi-2)$$

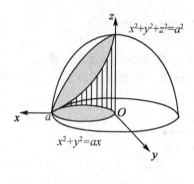 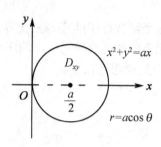

图 7.16 　　　　　　　　　　　　　　 图 7.17

若曲面的方程为 $x = g(y, z)$ 或 $y = h(z, x)$，可分别将曲面投影到 yOz 面或 zOx 面，设所得到的投影区域分别为 D_{yz} 或 D_{zx}，类似地有

$$A = \iint\limits_{D_{yz}} \sqrt{1 + \left(\frac{\partial x}{\partial y}\right)^2 + \left(\frac{\partial x}{\partial z}\right)^2}\, \mathrm{d}y\mathrm{d}z$$

或

$$A = \iint\limits_{D_{zx}} \sqrt{1 + \left(\frac{\partial y}{\partial z}\right)^2 + \left(\frac{\partial y}{\partial x}\right)^2}\, \mathrm{d}z\mathrm{d}x\,.$$

7.3.2　立体体积

由二重积分的几何意义可知，如果函数 $f(x, y) \geqslant 0$，则二重积分 $\iint\limits_{D} f(x, y)\mathrm{d}\sigma$ 表示的就是以 D 为底、以曲面 $z = f(x, y)$ 为顶的曲顶柱体体积，利用二重积分的这个性质，可以计算立体体积.

例 7.3.3　求两个底圆半径都等于 R 的直交圆柱面所围成的立体的体积.

解　设这两个圆柱面的方程分别为

$$x^2 + y^2 = R^2 \quad 及 \quad x^2 + z^2 = R^2\,.$$

利用立体关于坐标平面的对称性，只要算出它在第一卦限部分(图 7.18(a))的体积 V_1，然后再乘以 8 就行了.

所求立体在第一卦限部分可以看成是一个曲顶柱体，它的底为

$$D = \left\{(x, y)\,\middle|\, 0 \leqslant y \leqslant \sqrt{R^2 - x^2},\ 0 \leqslant x \leqslant R\right\},$$

如图 7.18(b)所示，它的顶是柱面 $z = \sqrt{R^2 - x^2}$．于是，

$$V_1 = \iint\limits_{D} \sqrt{R^2 - x^2}\,\mathrm{d}\sigma,$$

得

$$V_1 = \iint\limits_D \sqrt{R^2 - x^2}\, d\sigma = \int_0^R \left[\int_0^{\sqrt{R^2-x^2}} \sqrt{R^2 - x^2}\, dy \right] dx$$

$$= \int_0^R \left[\sqrt{R^2 - x^2}\, y \right]_0^{\sqrt{R^2-x^2}} dx = \int_0^R (R^2 - x^2)\, dx = \frac{2}{3} R^3.$$

从而所求立体的体积为

$$V = 8V_1 = \frac{16}{3} R^3.$$

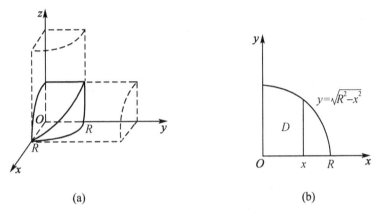

(a)   (b)

图 7.18

例 7.3.4 求球体 $x^2 + y^2 + z^2 \leqslant 4a^2$ 被圆柱面 $x^2 + y^2 = 2ax(a > 0)$ 所截得的(含在圆柱面内的部分)立体的体积(图 7.19).

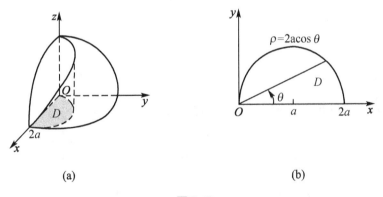

(a)   (b)

图 7.19

解 由对称性得

$$V = 4 \iint\limits_D \sqrt{4a^2 - x^2 - y^2}\, dx dy.$$

其中 D 为半圆周 $y = \sqrt{2ax - x^2}$ 及 x 轴所围成的闭区域. 在极坐标中,闭区域 D 可用不等式

$$0 \leqslant \rho \leqslant 2a\cos\theta, \quad 0 \leqslant \theta \leqslant \frac{\pi}{2}$$

来表示. 于是

$$V = 4\iint_D \sqrt{4a^2 - \rho^2}\, \rho \mathrm{d}\rho \mathrm{d}\theta = 4\int_0^{\frac{\pi}{2}} \mathrm{d}\theta \int_0^{2a\cos\theta} \sqrt{4a^2 - \rho^2}\, \rho \mathrm{d}\rho$$

$$= \frac{32}{3} a^3 \int_0^{\frac{\pi}{2}} (1 - \sin^3\theta)\, \mathrm{d}\theta = \frac{32}{3} a^3 \left(\frac{\pi}{2} - \frac{2}{3} \right).$$

习　题　7

1. 选择题(在每小题给出的四个选项中, 只有一项符合题目要求, 选出正确的选项).

(1) $I = \int_0^1 \mathrm{d}y \int_0^{\sqrt{1-y}} 3x^2 y^2 \mathrm{d}x$, 则交换积分次序后得(　　　).

　　A. $I = \int_0^1 \mathrm{d}y \int_0^{\sqrt{1-x}} 3x^2 y^2 \mathrm{d}y$ 　　　　　　B. $I = \int_0^{\sqrt{1-y}} \mathrm{d}x \int_0^1 3x^2 y^2 \mathrm{d}y$

　　C. $I = \int_0^1 \mathrm{d}x \int_0^{1-x^2} 3x^2 y^2 \mathrm{d}x$ 　　　　　　D. $I = \int_0^1 \mathrm{d}x \int_0^{1+x^2} 3x^2 y^2 \mathrm{d}y$

(2) 设积分域为 $D = \{(x, y) \mid -1 \leqslant x \leqslant 1, -1 \leqslant y \leqslant 1\}$, 则 $\iint_D e^{x+y} \mathrm{d}x\mathrm{d}y = ($　　　$)$.

　　A. $(e-1)^2$ 　　　B. $2(e - e^{-1})^2$ 　　　C. $4(e-1)^2$ 　　　D. $(e - e^{-1})^2$

(3) 设积分域 D 由直线 $y = x$, $x + y = 2$, $x = 2$ 围成, 则 $\iint_D f(x, y)\mathrm{d}x\mathrm{d}y = ($　　　$)$.

　　A. $\int_0^1 \mathrm{d}x \int_x^{2-x} f(x, y)\mathrm{d}y$ 　　　　　　B. $\int_0^1 \mathrm{d}y \int_y^{2-y} f(x, y)\mathrm{d}x$

　　C. $\int_1^2 \mathrm{d}x \int_{2-x}^x f(x, y)\mathrm{d}y$ 　　　　　　D. $\int_0^1 \mathrm{d}x \int_0^x f(x, y)\mathrm{d}y$

(4) $I = \iint_D e^{-x^2-y^2} \mathrm{d}x\mathrm{d}y$, $D: x^2 + y^2 \leqslant 1$, 化为极坐标形式是(　　　).

　　A. $I = \int_0^{2\pi} \left[\int_0^1 e^{-r^2} \mathrm{d}r \right] \mathrm{d}\theta$ 　　　　　　B. $I = 4\int_0^{\frac{\pi}{2}} \left[\int_0^1 e^{-r^2} \mathrm{d}r \right] \mathrm{d}\theta$

　　C. $I = 2\int_0^{\frac{\pi}{2}} \left[\int_0^1 e^{-r^2} r\mathrm{d}r \right] \mathrm{d}\theta$ 　　　　　　D. $I = \int_0^{2\pi} \left[\int_0^1 e^{-r^2} r\mathrm{d}r \right] \mathrm{d}\theta$

(5) $I = \iint_D xy^2 \mathrm{d}\sigma$, 其中 $D: x^2 + y^2 \leqslant 1$ 的第一象限部分, 则(　　　).

　　A. $I = \int_0^1 \mathrm{d}y \int_0^{\sqrt{1-y^2}} xy^2 \mathrm{d}y$ 　　　　　　B. $I = \int_0^1 \mathrm{d}x \int_0^1 xy^2 \mathrm{d}y$

　　C. $I = \int_0^1 \mathrm{d}x \int_0^{\sqrt{1-x^2}} xy^2 \mathrm{d}y$ 　　　　　　D. $I = \int_0^{\frac{\pi}{2}} \cos^2\theta \sin^2\theta \mathrm{d}\theta \int_0^1 r^3 \mathrm{d}r$

2．填空题

(1) 交换二次积分次序，$I = \int_0^1 dx \int_x^{\sqrt{x}} f(x,\,y)dy = $ _____．

(2) 设积分域 D 由 $-1 \leqslant x \leqslant 1$，$-2 \leqslant y \leqslant 2$，围成则 $\iint\limits_D (x^3 + 2y)dxdy = $ _____．

(3) 设积分域为 $D = \left\{(x,\,y) \big| 1 \leqslant x^2 + y^2 \leqslant 4, y \geqslant x\right\}$，则积分 $\iint\limits_D f(x^2 + y^2)dxdy$ 在极坐标下的二次积分为 _____．

(4) 积分 $\iint\limits_{x^2+y^2\leqslant4}(x+y)dxdy$ 在极坐标下的二次积分为 _____．

(5) 二重积分 $\iint\limits_{x^2+y^2\leqslant1}(x^2+y^2)d\sigma = $ _____．

(6) 交换二次积分次序，$I = \int_0^2 dx \int_0^{2-x} f(x,\,y)\,dy = $ _____．

3．利用二重积分的性质估计积分
$$I = \iint\limits_D xy(x+y)d\sigma \text{ 的值，其中} D = \left\{(x,\,y) \,|\, 0 \leqslant x \leqslant 1,\ 0 \leqslant y \leqslant 1\right\}.$$

4．计算积分 $\iint\limits_D xe^{xy}dxdy$，其中 D：$0 \leqslant x \leqslant 1$，$-1 \leqslant y \leqslant 0$．

5．计算 $\iint\limits_D xy^2dxdy$，其中 D 是由直线 $y = x$，$x = 1$ 和 x 轴围成的平面区域．

6．计算 $\iint\limits_D (x^2 + y^2)dxdy$，其中 D 是由抛物线 $y = x^2$，直线 $x = 1$，$y = 0$ 围成的平面区域．

7．交换 $I = \int_0^1 dx \int_{\sqrt{x}}^1 e^{\frac{y}{x}}dy$ 的积分次序，并求该积分的值．

8．设 $f(x)$ 在 $[0,\,1]$ 上连续，证明：$\int_0^1 dy \int_0^{\sqrt{y}} e^y f(x)dx = \int_0^1 \left(e - e^{x^2}\right)f(x)dx$．

9．计算二重积分 $I = \iint\limits_D \left(2 - y - \dfrac{x}{2}\right)dxdy$，其中 D 是由抛物线 $2y^2 = x$，和直线 $x + 2y = 4$ 围成的平面区域．

10．计算二重积分 $I = \iint\limits_D \left(1 - x^2 - y^2\right)dxdy$，其中 D 是由 $x^2 + y^2 = 1$ 和直线 $y = x$，$y = 0$ 在第一象限内围成的平面区域．

11．计算二重积分 $I = \iint\limits_D \sqrt{x^2 + y^2}dxdy$，其中 D 是圆 $x^2 + y^2 = 2y$ 围成的平面区域．

12．计算二重积分 $I = \iint\limits_D \sin\sqrt{x^2 + y^2}dxdy$，其中 D 是圆环 $\pi^2 \leqslant x^2 + y^2 \leqslant 4\pi^2$．

13．计算 $\iint\limits_D \dfrac{x^2}{y^2}dxdy$．域 D 由 $xy = 1$、$x = 2$、$y = x$ 所围成．

14．计算积分 $\iint\limits_D \dfrac{\pi x}{2y}dxdy$，其中 D 由曲线 $y = \sqrt{x}$ 及直线 $y = x$，$y = 2$ 所围成的区域．

15. 计算二重积分 $I = \iint\limits_{D} \dfrac{1}{\sqrt{(x^2 + y^2)^3}} dxdy$，其中 D 是直线 $y = x$，$x = 2$ 及上半圆周 $y = \sqrt{2x - x^2}$ 所围成的区域.

16. 计算 $I = \iint\limits_{D} (xy + y^2 + 1)dxdy$，其中 $D = \{(x, y) \mid x^2 + y^2 \leqslant 4\}$.

17. 求抛物面 $z = 2 - x^2 - y^2$ 与上半圆锥面 $z = \sqrt{x^2 + y^2}$ 所围成的立体的体积 V.

18. 计算 $\iint\limits_{D} (x^2 + y^2)d\sigma$．$D$ 为由不等式 $\sqrt{2x - x^2} \leqslant y \leqslant \sqrt{4 - x^2}$ 所确定的区域.

第8章 无穷级数

无穷级数是高等数学的基本内容之一，它包含常数项级数和函数项级数两部分. 无穷级数研究的是无穷多个数量或函数相加的问题，它是表示函数、研究函数的性质以及进行数值计算的一种工具. 本章先讨论常数项级数，然后讨论函数项级数，着重讨论幂级数及如何将函数展开成幂级数的问题.

8.1 常数项级数的概念和基本性质

8.1.1 常数项级数的概念

定义 8.1.1 设给定一个数列

$$u_1, u_2, u_3, \cdots, u_n, \cdots$$

则把数列中的各项依次相加所得到的表达式

$$u_1 + u_2 + u_3 + \cdots + u_n + \cdots \tag{8.1.1}$$

称为**(常数项)无穷级数**，简称**(常数项)级数**，记为 $\sum\limits_{n=1}^{\infty} u_n$，即

$$\sum_{n=1}^{\infty} u_n = u_1 + u_2 + \cdots + u_n + \cdots,$$

其中第 n 项 u_n 称为**级数的一般项(或通项)**，前 n 项的和

$$S_n = u_1 + u_2 + u_3 + \cdots + u_n,$$

称为**级数的部分和**. 当 n 依次取 1，2，3，$\cdots$ 时，得到

$$S_1 = u_1, \ S_2 = u_1 + u_2, \ S_3 = u_1 + u_2 + u_3, \cdots,$$
$$S_n = u_1 + u_2 + u_3 + \cdots + u_n, \cdots,$$

它们构成一个新的数列 $\{S_n\}$，称为**部分和数列**.

例如，

$$\sum_{n=1}^{\infty} \frac{1}{n} = 1 + \frac{1}{2} + \frac{1}{3} + \cdots + \frac{1}{n} + \cdots;$$

$$\sum_{n=1}^{\infty} (-1)^{n-1} \frac{1}{2^{n-1}} = 1 - \frac{1}{2} + \frac{1}{2^2} - \cdots + (-1)^{n-1} \frac{1}{2^{n-1}} + \cdots$$

都是常数项无穷级数.

有限个数相加，其和是一个确定的数，那么无穷级数是无穷多个数相加，其结果肯定是一个数吗？答案是不一定. 下面通过部分和数列 $\{S_n\}$ 是否有极限来给出无穷级数的收敛与发散的概念.

定义 8.1.2 如果级数 $\sum\limits_{n=1}^{\infty} u_n$ 的部分和数列 $\{S_n\}$ 的极限存在，即

$$\lim_{n \to \infty} S_n = S,$$

则称无穷级数 $\sum_{n=1}^{\infty} u_n$ 收敛，S 称为级数的和，记作

$$S = \sum_{n=1}^{\infty} u_n = u_1 + u_2 + u_3 + \cdots + u_n + \cdots;$$

如果数列 $\{S_n\}$ 极限不存在，则称**无穷级数** $\sum_{n=1}^{\infty} u_n$ **发散**.

当级数收敛时，其部分和 S_n 是级数的和 S 的近似值，它们之间的差值

$$r_n = S - S_n = u_{n+1} + u_{n+2} + \cdots$$

称为级数的**余项**. 用 S_n 代替 S 时所产生的误差就是余项的绝对值 $|r_n|$.

可见，级数是否收敛及收敛时它的和是什么的问题，等价于部分和数列极限是否存在以及它的极限值是什么的问题.

例 8.1.1　无穷级数

$$\sum_{n=1}^{\infty} aq^{n-1} = a + aq + aq^2 + \cdots + aq^{n-1} + \cdots \tag{8.1.2}$$

称为**几何级数**(又称为**等比级数**)，其中 $a \neq 0$，q 称为级数的公比，试讨论该级数的敛散性.

解　当 $q \neq 1$ 时，部分和

$$S_n = a + aq + aq^2 + \cdots + aq^{n-1} = \frac{a(1 - q^n)}{1 - q} = \frac{a}{1 - q} - \frac{aq^n}{1 - q}.$$

当 $|q| < 1$ 时，$\lim_{n \to \infty} q^n = 0$，因此 $\lim_{n \to \infty} S_n = \frac{a}{1 - q}$. 由级数收敛的定义可知，几何级数是收敛的，它的和为 $S = \frac{a}{1 - q}$. 当 $|q| > 1$ 时，$\lim_{n \to \infty} q^n = \infty$，则 $\lim_{n \to \infty} S_n = \infty$，因此这时几何级数是发散的.

当 $|q| = 1$ 时分两种情况来讨论：当 $q = 1$ 时，级数成为

$$a + a + a + \cdots + a + \cdots,$$

由于 $S_n = na$，则 $\lim_{n \to \infty} S_n = \infty$，所以这时级数是发散的.

当 $q = -1$ 时，级数成为

$$a - a + a - a + \cdots,$$

显然，n 为偶数时，$S_n = 0$；n 为奇数时，$S_n = a$，因此当 $n \to \infty$ 时，S_n 极限不存在，这时级数也是发散的.

综合上述讨论，等比级数当 $|q| < 1$ 时收敛，当 $|q| \geqslant 1$ 时发散，即

$$\sum_{n=1}^{\infty} aq^{n-1} = a + aq + aq^2 + \cdots + aq^{n-1} + \cdots = \begin{cases} \dfrac{a}{1 - q} & |q| < 1 \\ \text{发散} & |q| = 1 \end{cases}.$$

例 8.1.2　判定级数的敛散性.

$$\sum_{n=1}^{\infty} \frac{1}{n(n+1)} = \frac{1}{1 \cdot 2} + \frac{1}{2 \cdot 3} + \frac{1}{3 \cdot 4} + \cdots + \frac{1}{n(n+1)} + \cdots$$

解　级数的一般项

$$u_n = \frac{1}{n(n+1)} = \frac{1}{n} - \frac{1}{n+1},$$

级数的部分和为

$$
\begin{aligned}
S_n &= \frac{1}{1\cdot 2} + \frac{1}{2\cdot 3} + \frac{1}{3\cdot 4} + \cdots + \frac{1}{n(n+1)} \\
&= \left(1 - \frac{1}{2}\right) + \left(\frac{1}{2} - \frac{1}{3}\right) + \left(\frac{1}{3} - \frac{1}{4}\right) + \cdots + \left(\frac{1}{n} - \frac{1}{n+1}\right) \\
&= 1 - \frac{1}{n+1},
\end{aligned}
$$

于是

$$\lim_{n\to\infty} S_n = \lim_{n\to\infty}\left(1 - \frac{1}{n+1}\right) = 1,$$

所以级数收敛，其和为 1.

8.1.2　常数项级数的基本性质

用定义判定级数的敛散性关键在于求出部分和 S_n 的表达式，但有些时候是很困难的，因此往往借助于级数的性质进行判定. 根据无穷级数收敛、发散的定义，以及极限的运算法则，不难证明以下关于无穷级数的基本性质.

性质 8.1.1　如果级数 $\sum_{n-1}^{\infty} u_n$ 收敛，其为 S，那么它的各项同乘以一个常数 k 后所得的级数 $\sum_{n=1}^{\infty} ku_n$ 也收敛，且其和为 kS.

证明　设级数 $\sum_{n=1}^{\infty} u_n$ 与级数 $\sum_{n=1}^{\infty} ku_n$ 的部分和分别为 S_n 与 T_n，则

$$T_n = ku_1 + ku_2 + \cdots + ku_n = k(u_1 + u_2 + \cdots + u_n) = kS_n,$$

于是

$$\lim_{n\to\infty} T_n = \lim_{n\to\infty} kS_n = k\lim_{n\to\infty} S_n = kS,$$

这表明级数 $\sum_{n=1}^{\infty} ku_n$ 收敛，其和为 kS.

由关系式 $T_n = kS_n$ 可知，如果 S_n 没有极限且 $k \neq 0$，则 T_n 也不可能有极限，因此，可以得到如下推论.

推论　设 k 为非零常数，则 $\sum_{n=1}^{\infty} u_n$ 与 $\sum_{n=1}^{\infty} ku_n$ 同时收敛或同时发散.

例如，$\sum_{n=1}^{\infty} u^2$ 发散，那么 $\sum_{n=1}^{\infty} kn^2\ (k \neq 0)$ 也发散.

又如，$\sum_{n=1}^{\infty} \frac{1}{3^n}$ 收敛，那么 $\sum_{n=1}^{\infty} \frac{k}{3^n}$ (k 为常数) 也收敛，且收敛于 $k\sum_{n=1}^{\infty} \frac{1}{3^n}$.

性质 8.1.2 如果级数 $\sum_{n=1}^{\infty} u_n$ 和 $\sum_{n=1}^{\infty} v_n$ 收敛，它们的和分别为 S、T，那么级数 $\sum_{n=1}^{\infty} (u_n \pm v_n)$ 也收敛，且其和为 $S \pm T$. 即两个收敛的级数可以逐项相加或相减.

证明 设级数 $\sum_{n=1}^{\infty} u_n$、$\sum_{n=1}^{\infty} v_n$ 与 $\sum_{n=1}^{\infty} (u_n \pm v_n)$ 的部分和分别为 S_n、T_n 与 W_n，则

$$W_n = (u_1 \pm v_1) + (u_2 \pm v_2) + \cdots + (u_n \pm v_n)$$
$$= (u_1 + u_2 + \cdots + u_n) \pm (v_1 + v_2 + \cdots + v_n)$$
$$= S_n \pm T_n,$$

于是

$$\lim_{n \to \infty} W_n = \lim_{n \to \infty} (S_n \pm T_n) = \lim_{n \to \infty} S_n \pm \lim_{n \to \infty} T_n = S \pm T,$$

这表明级数 $\sum_{n=1}^{\infty} (u_n \pm v_n)$ 收敛，且其和为 $S \pm T$.

性质 8.1.3 在级数中去掉或加上有限项不改变级数的敛散性.

证明 只需证明"在级数的前面去掉或加上有限项不改变级数的敛散性"，因为其他情形(即在级数中任意去掉或加上有限项的情形)都可以看成在级数的前面先去掉有限项，然后再加上有限项的结果.

设将级数

$$\sum_{n=1}^{\infty} u_n = u_1 + u_2 + \cdots + u_k + u_{k+1} + u_{k+2} + \cdots u_{k+n} + \cdots \tag{8.1.3}$$

去掉前 k 项，得到级数

$$\sum_{n=1}^{\infty} u_{k+n} = u_{k+1} + u_{k+2} + \cdots + u_{k+n} + \cdots. \tag{8.1.4}$$

设级数(8.1.4)的部分和为 T_n，则

$$T_n = u_{k+1} + u_{k+2} + \cdots + u_{k+n} = S_{k+n} - S_k,$$

其中，S_{k+n} 是级数(8.1.3)的前 $k+n$ 项的和，S_k 是常数，$S_k = u_1 + u_2 + \cdots + u_k$，所以当 $n \to \infty$ 时，T_n 与 S_{k+n} 或者同时具有极限，或者同时没有极限. 因此级数(8.1.3)与级数(8.1.4)具有相同的敛散性.

类似地，可以证明在级数前面加上有限项不改变级数的敛散性.

性质 8.1.4 如果级数 $\sum_{n=1}^{\infty} u_n$ 收敛，那么对这级数的项任意加括号之后所得的级数仍收敛，且其和不变.

证明 设收敛级数

$$\sum_{n=1}^{\infty} u_n = u_1 + u_2 + \cdots + u_n + \cdots$$

的部分和数列为 $\{S_n\}$，其加括号之后所得的级数为

$$(u_1 + \cdots + u_{n_1}) + (u_{n_1+1} + \cdots + u_{n_2}) + \cdots + (u_{u_{k-1}+1} + \cdots + u_{n_k}) + \cdots. \tag{8.1.5}$$

将加括号之后级数(8.1.5)的每个括号看作一项，记其前 k 项的部分和数列为 $\{S_k'\}$. 显然，数列 $\{S_k'\}$ 是数列 $\{S_n\}$ 的一个子数列，因此，当数列 $\{S_n\}$ 收敛时，必有数列 $\{S_k'\}$ 收敛，且

$$\lim_{k \to \infty} S'_k = \lim_{n \to \infty} S_n,$$

即加括号后所成的级数收敛，且其和不变.

注意：数列的某一子列收敛时，并不能保证原数列收敛. 因此性质 8.1.4 的逆命题不成立. 即加括号之后所成的级数收敛，并不能断定去括号后原来的级数也收敛. 例如，级数

$$(1-1) + (1-1) + (1-1) + \cdots$$

收敛于零，但是去掉括号之后的级数

$$1-1+1-1+1-1+\cdots$$

却是发散的.

性质 8.1.4 的逆否命题成立，即得下面推论.

推论　如果加括号后所成的级数发散，那么原级数也发散. 因为若原级数收敛，则根据性质 8.1.4，加括号后的级数就该收敛了.

性质 8.1.5 (级数收敛的必要条件)　如果级数 $\sum\limits_{n=1}^{\infty} u_n$ 收敛，那么它的一般项 u_n 趋于零，即

$$\lim_{n \to \infty} u_n = 0.$$

证明　设级数 $\sum\limits_{n=1}^{\infty} u_n$ 的部分和为 S_n，且 $\lim\limits_{n \to \infty} S_n = S$，因为

$$u_n = S_n - S_{n-1},$$

所以

$$\lim_{n \to \infty} u_n = \lim_{n \to \infty}(S_n - S_{n-1}) = \lim_{n \to \infty} S_n - \lim_{n \to \infty} S_{n-1} = S - S = 0.$$

由于“ $\lim\limits_{n \to \infty} u_n = 0$ ”是级数收敛的必要条件，故若有 $\lim\limits_{n \to \infty} u_n \neq 0$，则该级数 $\sum\limits_{n=1}^{\infty} u_n$ 必定发散.

例 8.1.3　判定级数 $\sum\limits_{n=1}^{\infty} \dfrac{n}{n+1}$ 的敛散性.

解　因为

$$\lim_{n \to \infty} u_n = \lim_{n \to \infty} \frac{n}{n+1} = 1 \neq 0,$$

由性质 8.1.5 知，该级数是发散的.

由此可见，性质 8.1.5 是判定级数发散的一个重要依据，它比利用级数发散定义来判定要方便得多.

注意：级数的一般项趋于零并不是级数收敛的充分条件. 有些级数虽然一般项趋于零，但仍然是发散的. 例如，调和级数

$$1 + \frac{1}{2} + \frac{1}{3} + \cdots + \frac{1}{n} + \cdots, \tag{8.1.6}$$

虽然它的一般项 $u_n = \dfrac{1}{n} \to 0 (n \to \infty)$，但是它是发散的. 现在用反证法证明如下：

假若级数(8.1.6)收敛，设它的部分和为 S_n，且 $S_n \to S(n \to \infty)$. 显然，对级数(8.1.6)的部分和 S_{2n}，也有 $S_{2n} \to S(n \to \infty)$. 于是

$$S_{2n} - S_n \to S - S = 0 \quad (n \to \infty).$$

但另一方面

$$S_{2n} - S_n = \frac{1}{n+1} + \frac{1}{n+2} + \cdots + \frac{1}{2n} > \underbrace{\frac{1}{2n} + \frac{1}{2n} + \cdots + \frac{1}{2n}}_{n\text{项}} = \frac{1}{2},$$

故

$$S_{2n} - S_n \to 0 \quad (n \to \infty),$$

与假设级数(8.1.6)收敛矛盾. 这矛盾说明级数(8.1.6)必定发散.

8.2　常数项级数的审敛法

8.2.1　正项级数及其审敛法

定义 8.2.1　如果级数 $\sum\limits_{n=1}^{\infty} u_n$ 的每一项 $u_n \geqslant 0 (n=1, 2, \cdots)$，那么称它为**正项级数**.

正项级数是数项级数中比较特殊而又重要的一类. 以后将会看到，许多级数的收敛性问题可归结为正项级数的收敛性问题.

设 $\sum\limits_{n=1}^{\infty} u_n$ 是一个正项级数. 因为 $u_n \geqslant 0 (n=1, 2, \cdots)$，所以它的部分和数列 $\{S_n\}$ 是一个单调增加的数列

$$S_1 \leqslant S_2 \leqslant \cdots \leqslant S_n \leqslant \cdots.$$

如果数列 $\{S_n\}$ 有上界，即存在某个常数 M，使 $0 \leqslant S_n \leqslant M$，从而 $\{S_n\}$ 有界，根据单调有界数列必有极限的准则可知 $\lim\limits_{n\to\infty} S_n = S$ 且 $S_n \leqslant S \leqslant M$，即 $\sum\limits_{n=1}^{\infty} u_n$ 收敛且其和为 S；反之，如果正项级数 $\sum\limits_{n=1}^{\infty} u_n$ 收敛于和 S，即 $\lim\limits_{n\to\infty} S_n = S$，根据有极限的数列是有界数列的性质可知，数列 $\{S_n\}$ 有界. 因此，得到了如下基本定理.

定理 8.2.1(基本定理)　正项级数 $\sum\limits_{n=1}^{\infty} u_n$ 收敛的充分必要条件是它的部分和数列 $\{S_n\}$ 有界.

根据定理 8.2.1，可得关于正项级数的一个基本的审敛法.

定理 8.2.2(比较审敛法)　设两个正项级数 $\sum\limits_{n=1}^{\infty} u_n$ 和 $\sum\limits_{n=1}^{\infty} v_n$ 满足 $u_n \leqslant v_n \ (n=1, 2, \cdots)$，

(1) 如果级数 $\sum\limits_{n=1}^{\infty} v_n$ 收敛，则级数 $\sum\limits_{n=1}^{\infty} u_n$ 也收敛；

(2) 如果级数 $\sum\limits_{n=1}^{\infty} u_n$ 发散，则级数 $\sum\limits_{n=1}^{\infty} v_n$ 也发散.

证明　(1) 设级数 $\sum\limits_{n=1}^{\infty} v_n$ 收敛于 V，则级数 $\sum\limits_{n=1}^{\infty} u_n$ 的部分和

$$S_n = u_1 + u_2 + \cdots + u_n \leqslant v_1 + v_2 + \cdots + v_n \leqslant V (n=1, 2, \cdots),$$

即部分和数列 $\{S_n\}$ 有上界，故有界，由定理 8.2.1 可知，级数 $\sum\limits_{n=1}^{\infty} u_n$ 收敛.

(2) (反证法)假设级数 $\sum\limits_{n=1}^{\infty} v_n$ 收敛，则由(1)的结论知级数 $\sum\limits_{n=1}^{\infty} u_n$ 也收敛，这与已知条件 $\sum\limits_{n=1}^{\infty} u_n$ 发散矛盾. 所以级数 $\sum\limits_{n=1}^{\infty} v_n$ 发散.

由于级数的每一项同乘以一个不为零的常数，以及去掉级数前面部分的有限项不会影响级数的敛散性，可得到如下推论.

推论　设正项级数 $\sum\limits_{n=1}^{\infty} u_n$ 和 $\sum\limits_{n=1}^{\infty} v_n$，如果从某一项起(例如从第 N 项起)，有 $u_n \leqslant k v_n$ $(n > N,\ k > 0)$ 成立，则当级数 $\sum\limits_{n=1}^{\infty} v_n$ 收敛时，级数 $\sum\limits_{n=1}^{\infty} u_n$ 也收敛；当级数 $\sum\limits_{n=1}^{\infty} u_n$ 发散时，级数 $\sum\limits_{n=1}^{\infty} v_n$ 也发散.

例 8.2.1　无穷级数

$$\sum_{n=1}^{\infty}\frac{1}{n^p} = 1 + \frac{1}{2^p} + \frac{1}{3^p} + \cdots + \frac{1}{n^p} + \cdots$$

称为 **p-级数**. 试讨论该级数的敛散性.

解　当 $p > 1$ 时，

$$\sum_{n=1}^{\infty}\frac{1}{n^p} = 1 + \left(\frac{1}{2^p} + \frac{1}{3^p}\right) + \left(\frac{1}{4^p} + \frac{1}{5^p} + \frac{1}{6^p} + \frac{1}{7^p}\right) + \left(\frac{1}{8^p} + \cdots + \frac{1}{15^p}\right) + \cdots$$

$$< 1 + \left(\frac{1}{2^p} + \frac{1}{2^p}\right) + \left(\frac{1}{4^p} + \frac{1}{4^p} + \frac{1}{4^p} + \frac{1}{4^p}\right) + \left(\frac{1}{8^p} + \cdots + \frac{1}{8^p}\right) + \cdots$$

$$= 1 + \frac{1}{2^{p-1}} + \frac{1}{(2^{p-1})^2} + \frac{1}{(2^{p-1})^3} + \cdots = \sum_{n=0}^{\infty}\frac{1}{(2^{p-1})^n}.$$

而级数 $\sum\limits_{n=0}^{\infty}\frac{1}{(2^{p-1})^n}$ 是以 $q = \frac{1}{2^{p-1}} < 1$ $(p > 1)$ 为公比的等比级数，该级数收敛. 由比较审敛法知级数 $\sum\limits_{n=1}^{\infty}\frac{1}{n^p}$ 收敛.

当 $p \leqslant 1$ 时，$\frac{1}{n^p} \geqslant \frac{1}{n}$，但调和级数 $\sum\limits_{n=1}^{\infty}\frac{1}{n}$ 发散. 由比较审敛法知级数 $\sum\limits_{n=1}^{\infty}\frac{1}{n^p}$ 发散.

综合上述结果，得到：p-级数当 $p > 1$ 时收敛，当 $p \leqslant 1$ 时发散.

例如，级数 $\sum\limits_{n=1}^{\infty}\frac{1}{n^2}$，$\sum\limits_{n=1}^{\infty}\frac{1}{n\sqrt{n}}$ 是收敛的；级数 $\sum\limits_{n=1}^{\infty}\frac{1}{\sqrt{n}}$ 是发散的.

例 8.2.2　判断级数 $\sum\limits_{n=1}^{\infty}\frac{1}{n^2 + \sqrt{n}}$ 的敛散性.

解　因为 $\frac{1}{n^2 + \sqrt{n}} < \frac{1}{n^2}$，而 $\sum\limits_{n=1}^{\infty}\frac{1}{n^2}$ 收敛，由比较审敛法知级数 $\sum\limits_{n=1}^{\infty}\frac{1}{n^2 + \sqrt{n}}$ 收敛.

下面给出比较审敛法的极限形式，它在应用上会更加方便.

定理 8.2.3(比较审敛法的极限形式)　设两个正项级数 $\sum\limits_{n=1}^{\infty} u_n$ 和 $\sum\limits_{n=1}^{\infty} v_n$ 满足

$$\lim_{n \to \infty} \frac{u_n}{v_n} = l \cdot$$

(1) 如果 $0 < l < +\infty$，则级数 $\sum\limits_{n=1}^{\infty} u_n$ 与 $\sum\limits_{n=1}^{\infty} v_n$ 有相同的敛散性，即它们同时收敛或同时发散.

(2) 如果 $l = 0$，且级数 $\sum\limits_{n=1}^{\infty} v_n$ 收敛，则级数 $\sum\limits_{n=1}^{\infty} u_n$ 收敛.

(3) 如果 $l = +\infty$，且级数 $\sum\limits_{n=1}^{\infty} v_n$ 发散，则级数 $\sum\limits_{n=1}^{\infty} u_n$ 发散.

证明从略.

可以利用无穷小量的阶来理解定理 8.2.3. 对于两个正项级数 $\sum\limits_{n=1}^{\infty} u_n$ 和 $\sum\limits_{n=1}^{\infty} v_n$，当它们的一般项趋于零时，还要注意它们的一般项趋于零的"快慢"程度. 如果 u_n 和 v_n 是同阶无穷小，则级数 $\sum\limits_{n=1}^{\infty} u_n$ 和级数 $\sum\limits_{n=1}^{\infty} v_n$ 同时收敛或同时发散；如果 u_n 是比 v_n 高阶的无穷小，则当级数 $\sum\limits_{n=1}^{\infty} v_n$ 收敛时，级数 $\sum\limits_{n=1}^{\infty} u_n$ 必收敛；如果 u_n 是比 v_n 低阶的无穷小，则当级数 $\sum\limits_{n=1}^{\infty} v_n$ 发散时，级数 $\sum\limits_{n=1}^{\infty} u_n$ 必发散.

应用比较审敛法时，需要有一个已知敛散性的级数作为比较的对象，如等比级数，p -级数等常用作比较的级数.

例 8.2.3　判别下列级数的敛散性：

(1) $\sum\limits_{n=1}^{\infty} \dfrac{1}{8^n - 6^n}$ ；　　　　　　(2) $\sum\limits_{n=1}^{\infty} 2^n \sin \dfrac{\pi}{3^n}$.

解　(1) 由于一般项

$$u_n = \frac{1}{8^n - 6^n} = \frac{1}{8^n} \cdot \frac{1}{1 - \left(\dfrac{3}{4}\right)^n},$$

令 $v_n = \dfrac{1}{8^n}$，则因

$$\lim_{n \to \infty} \frac{u_n}{v_n} = \lim_{n \to \infty} \frac{\dfrac{1}{8^n} \cdot \dfrac{1}{1 - \left(\dfrac{3}{4}\right)^n}}{\dfrac{1}{8^n}} = 1.$$

而 $\sum\limits_{n=1}^{\infty} \dfrac{1}{8^n}$ 收敛，所以由定理 8.2.3 可知，级数 $\sum\limits_{n=1}^{\infty} \dfrac{1}{8^n - 6^n}$ 收敛.

(2) 因为当 $n \to \infty$ 时，$\sin \dfrac{\pi}{3^n} \sim \dfrac{\pi}{3^n}$，令 $v_n = \left(\dfrac{2}{3}\right)^n$，则

$$\lim_{n \to \infty} \frac{u_n}{v_n} = \lim_{n \to \infty} \frac{2^n \sin \dfrac{\pi}{3^n}}{\left(\dfrac{2}{3}\right)^n} = \lim_{n \to \infty} \frac{\sin \dfrac{\pi}{3^n}}{\dfrac{\pi}{3^n}} \pi = \pi .$$

而等比级数 $\displaystyle\sum_{n=1}^{\infty} \left(\dfrac{2}{3}\right)^n$ 收敛，故由定理 8.2.3 知级数 $\displaystyle\sum_{n=1}^{\infty} 2^n \sin \dfrac{\pi}{3^n}$ 收敛.

例 8.2.4 与 p -级数作比较，判别下列正项级数的敛散性：

(1) $\displaystyle\sum_{n=1}^{\infty} \left(1 - \cos \dfrac{1}{n}\right)$；　　　　　　(2) $\displaystyle\sum_{n=1}^{\infty} \ln\left(1 + \dfrac{1}{n}\right)$.

解 (1) 当 $n \to \infty$ 时，$1 - \cos \dfrac{1}{n} \sim \dfrac{1}{2n^2}$，即

$$\lim_{n \to \infty} \frac{1 - \cos \dfrac{1}{n}}{\dfrac{1}{2n^2}} = 1 ,$$

而 $\displaystyle\sum_{n=1}^{\infty} \dfrac{1}{2n^2}$ 收敛，故 $\displaystyle\sum_{n=0}^{\infty} \left(1 - \cos \dfrac{1}{n}\right)$ 收敛.

(2) 当 $n \to \infty$ 时，$\ln\left(1 + \dfrac{1}{n}\right) \sim \dfrac{1}{n}$，即

$$\lim_{n \to \infty} \frac{\ln\left(1 + \dfrac{1}{n}\right)}{\dfrac{1}{n}} = 1 ,$$

而 $\displaystyle\sum_{n=1}^{\infty} \dfrac{1}{n}$ 发散，从而 $\displaystyle\sum_{n=1}^{\infty} \ln\left(1 + \dfrac{1}{n}\right)$ 发散.

将所给的正项级数与等比级数作比较，可以得到在使用上十分方便的比值审敛法.

定理 8.2.4(比值审敛法，达朗贝尔(D'Alembert)判别法) 如果正项级数 $\displaystyle\sum_{n=1}^{\infty} u_n$ 的后项与前项的比值的极限

$$\lim_{n \to \infty} \frac{u_{n+1}}{u_n} = \rho \quad (\text{其中 } \rho \text{ 允许为 } +\infty)$$

则

(1) 当 $\rho < 1$ 时，级数收敛；

(2) 当 $1 < \rho \leqslant +\infty$ 时，级数发散；

(3) 当 $\rho = 1$ 时，级数可能收敛，也可能发散.

证明　(1) 当 $\rho < 1$ 时，可取一个适当小的正数 ε，使得 $\rho + \varepsilon = r < 1$，由极限定义，存在自然数 m，当 $n \geq m$ 时，有不等式

$$\frac{u_{n+1}}{u_n} < \rho + \varepsilon = r .$$

因此

$$u_{m+1} < ru_m, \quad u_{m+2} < ru_{m+1} < r^2 u_m, \quad \cdots, \quad u_{m+k} < r^k u_m, \quad \cdots.$$

而级数 $\sum\limits_{k=1}^{\infty} r^k u_m$ 收敛(公比 $r < 1$ 的等比级数)，从而由定理 8.2.2 的推论知级数 $\sum\limits_{n=1}^{\infty} u_n$ 收敛.

(2) 当 $1 < \rho < +\infty$ 时，取一个适当小的正数 ε，使 $\rho - \varepsilon > 1$，由极限定义，存在自然数 m，当 $n \geq m$ 时，有不等式

$$\frac{u_{n+1}}{u_n} > \rho - \varepsilon > 1 ,$$

即

$$u_{n+1} > u_n .$$

所以当 $n \geq m$ 时，级数的一般项 u_n 是逐渐增大的，从而 $\lim\limits_{n \to \infty} u_n \neq 0$，由级数收敛的必要条件可知级数 $\sum\limits_{n=1}^{\infty} u_n$ 发散. 类似的，可以证明当 $\rho = +\infty$ 时 $\lim\limits_{n \to \infty} u_n \neq 0$，从而级数 $\sum\limits_{n=1}^{\infty} u_n$ 发散.

(3) 当 $\rho = 1$ 时，级数可能收敛，也可能发散. 例如对于 p-级数，不论 p 为何值，总有

$$\lim_{n \to \infty} \frac{u_{n+1}}{u_n} = \lim_{n \to \infty} \frac{\dfrac{1}{(n+1)^p}}{\dfrac{1}{n^p}} = 1 .$$

但当 $p > 1$ 时级数收敛，当 $p \leq 1$ 时级数发散，因此，根据 $\rho = 1$ 不能判定级数的收敛性.

例 8.2.5　判别下列正项级数的敛散性:

(1) $\sum\limits_{n=1}^{\infty} \dfrac{1}{n!}$;　　　　　　　(2) $\sum\limits_{n=1}^{\infty} \dfrac{n!}{3^n}$;　　　　　　　(3) $\sum\limits_{n=1}^{\infty} \dfrac{n \cos^2 \dfrac{n}{3}\pi}{2^n}$.

解　(1) 因为

$$\lim_{n \to \infty} \frac{u_{n+1}}{u_n} = \lim_{n \to \infty} \frac{\dfrac{1}{(n+1)!}}{\dfrac{1}{n!}} = \lim_{n \to \infty} \frac{1}{n+1} = 0 < 1 ,$$

根据比值审敛法可知所给级数收敛.

(2) 因为

$$\lim_{n \to \infty} \frac{u_{n+1}}{u_n} = \lim_{n \to \infty} \frac{\dfrac{(n+1)!}{3^{n+1}}}{\dfrac{n!}{3^n}} \lim_{n \to \infty} \frac{n+1}{3} = +\infty ,$$

根据比值审敛法可知所给级数发散.

(3) 由于 $\dfrac{n\cos^2\dfrac{n\pi}{3}}{2^n} \leqslant \dfrac{n}{2^n}$，对于级数 $\displaystyle\sum_{n=1}^{\infty}\dfrac{n}{2^n}$，因为

$$\lim_{n\to\infty}\frac{u_{n+1}}{u_n} = \lim_{n\to\infty}\frac{\dfrac{n+1}{2^{n+1}}}{\dfrac{n}{2^n}} = \lim_{n\to\infty}\frac{1}{2}\frac{n+1}{n} = \frac{1}{2} < 1,$$

根据比值审敛法，级数 $\displaystyle\sum_{n=1}^{\infty}\dfrac{n}{2^n}$ 收敛. 再由比较审敛法可知，级数 $\displaystyle\sum_{n=1}^{\infty}\dfrac{n\cos^2\dfrac{n\pi}{3}}{2^n}$ 收敛.

8.2.2　交错级数及其审敛法

定义 8.2.2　形如

$$\sum_{n=1}^{\infty}(-1)^{n-1}u_n = u_1 - u_2 + u_3 - u_4 + \cdots + (-1)^{n-1}u_n + \cdots \tag{8.2.1}$$

或

$$\sum_{n=1}^{\infty}(-1)^{n}u_n = -u_1 + u_2 - u_3 + u_4 - \cdots + (-1)^{n}u_n + \cdots \tag{8.2.2}$$

的级数称为**交错级数**，其中 $\left(u_n > 0(n=1,\ 2,\ \cdots)\right)$.

由于交错级数(8.2.2)各项均乘以 -1 后就变成了级数(8.2.1)的形式且不改变其敛散性，因此，不失一般性，按级数(8.2.1)的形式来给出交错级数的一个审敛法.

定理 8.2.5(莱布尼茨定理)　如果交错级数 $\displaystyle\sum_{n=1}^{\infty}(-1)^{n-1}u_n$ 满足条件

(1) $u_n \geqslant u_{n+1}(n=1,\ 2,\ \cdots)$；
(2) $\displaystyle\lim_{n\to\infty}u_n = 0$.

那么交错级数收敛，其和 S 非负，且 $S \leqslant u_1$，余项的绝对值 $|r_n| \leqslant u_{n+1}$ (证明略).

例 8.2.6　判定交错级数

$$\sum_{n=1}^{\infty}(-1)^{n-1}\frac{1}{n} = 1 - \frac{1}{2} + \frac{1}{3} - \frac{1}{4} + \cdots + (-1)^{n-1}\frac{1}{n} + \cdots$$

的敛散性.

解　交错级数满足条件

$$u_n = \frac{1}{n} > \frac{1}{n+1} = u_{n+1}$$

且

$$\lim_{n\to\infty}u_n = \lim_{n\to\infty}\frac{1}{n} = 0.$$

由莱布尼茨定理知，该交错级数收敛，且其和 $S \leqslant 1$. 如果取前 n 项和

$$S_n = 1 - \frac{1}{2} + \frac{1}{3} - \frac{1}{4} + \cdots + (-1)^{n-1}\frac{1}{n}$$

作为 S 的近似值, 所产生的误差 $|r_n| \leqslant u_{n+1} = \dfrac{1}{n+1}$.

8.2.3　绝对收敛与条件收敛

现在讨论一般的级数

$$\sum_{n=1}^{\infty} u_n = u_1 + u_2 + \cdots + u_n + \cdots,$$

它的各项为任意的实数, 我们称之为任意项级数或一般项级数。

定义 8.2.3　如果级数 $\sum\limits_{n=1}^{\infty} u_n$ 各项的绝对值所构成的正项级数 $\sum\limits_{n=1}^{\infty} |u_n|$ 收敛, 那么称级数 $\sum\limits_{n=1}^{\infty} u_n$ **绝对收敛**; 如果级数 $\sum\limits_{n=1}^{\infty} u_n$ 收敛, 而级数 $\sum\limits_{n=1}^{\infty} |u_n|$ 发散, 那么称级数 $\sum\limits_{n=1}^{\infty} u_n$ **条件收敛**.

由定义 8.2.3 不难知道, 级数 $\sum\limits_{n=1}^{\infty} \dfrac{(-1)^{n-1}}{n^2}$ 绝对收敛, 而级数 $\sum\limits_{n=1}^{\infty} \dfrac{(-1)^{n-1}}{n}$ 条件收敛.

级数绝对收敛与级数收敛有以下重要关系.

定理 8.2.6　绝对收敛的级数必收敛. 即当级数 $\sum\limits_{n=1}^{\infty} |u_n|$ 收敛时, 级数 $\sum\limits_{n=1}^{\infty} u_n$ 必收敛.

证明　令

$$v_n = \frac{1}{2}\left(u_n + |u_n|\right) \quad (n=1,\ 2,\ \cdots).$$

显然 $v_n \geqslant 0$, 且 $v_n \leqslant |u_n|$ $(n=1,\ 2,\ \cdots)$. 因级数 $\sum\limits_{n=1}^{\infty} |u_n|$ 收敛, 故由比较审敛法知道, 级数 $\sum\limits_{n=1}^{\infty} v_n$ 收敛, 从而级数 $\sum\limits_{n=1}^{\infty} 2v_n$ 也收敛. 而 $u_n = 2v_n - |u_n|$, 由收敛级数的基本性质可知

$$\sum_{n=1}^{\infty} u_n = \sum_{n=1}^{\infty} 2v_n - \sum_{n=1}^{\infty} |u_n|,$$

所以级数 $\sum\limits_{n=1}^{\infty} u_n$ 收敛.

由定理 8.2.6 知, 对于任意项级数 $\sum\limits_{n=1}^{\infty} u_n$, 若用正项级数的审敛法判定级数 $\sum\limits_{n=1}^{\infty} |u_n|$ 收敛, 则级数 $\sum\limits_{n=1}^{\infty} u_n$ 收敛, 且为绝对收敛.

例 8.2.7　判定下列级数的敛散性, 若收敛, 指出其是绝对收敛还是条件收敛.

(1) $\displaystyle\sum_{n=1}^{\infty} \frac{\cos na}{n(n+1)}$;　　　　　　　(2) $\displaystyle\sum_{n=1}^{\infty} \frac{(-1)^{n-1}}{\sqrt{n}}$.

解　(1) 因为 $\left| \dfrac{\cos n\alpha}{n(n+1)} \right| \leqslant \dfrac{1}{n^2}$, 而 $\sum\limits_{n=1}^{\infty} \dfrac{1}{n^2}$ 收敛, 所以级数 $\sum\limits_{n=1}^{\infty} \left| \dfrac{\cos n\alpha}{n(n+1)} \right|$ 也收敛.

由定理 8.2.6 可知，级数 $\sum\limits_{n=1}^{\infty} \dfrac{\cos n\alpha}{n(n+1)}$ 收敛且为绝对收敛.

(2) 首先，因为级数 $\sum\limits_{n=1}^{\infty} \left| \dfrac{(-1)^{n-1}}{\sqrt{n}} \right| = \sum\limits_{n=1}^{\infty} \dfrac{1}{\sqrt{n}}$ 为 $p = \dfrac{1}{2}$ 的 p -级数，它是发散的，所以原级数

不是绝对收敛的. 但交错级数 $\sum\limits_{n=1}^{\infty} \dfrac{(-1)^{n-1}}{\sqrt{n}}$ 满足

$$u_n = \frac{1}{\sqrt{n}} > \frac{1}{\sqrt{n+1}} = u_{n+1} \text{ 且 } \lim_{n \to \infty} \frac{1}{\sqrt{n}} = 0 ,$$

所以级数 $\sum\limits_{n=1}^{\infty} \dfrac{(-1)^{n-1}}{\sqrt{n}}$ 收敛，且为条件收敛.

从上例中(2)可知，一般来讲，从级数 $\sum\limits_{n=1}^{\infty} |u_n|$ 发散，我们不能判定级数 $\sum\limits_{n=1}^{\infty} u_n$ 也发散. 但

是，若用比值审敛法判别 $\sum\limits_{n=1}^{\infty} |u_n|$ 发散，则 $\sum\limits_{n=1}^{\infty} u_n$ 亦发散. 这就是定理 8.2.7.

定理 8.2.7 如果任意项级数

$$\sum_{n=1}^{\infty} u_n = u_1 + u_2 + \cdots + u_n + \cdots$$

满足条件

$$\lim_{n \to \infty} \left| \frac{u_{n+1}}{u_n} \right| = \rho \,(\text{其中 } \rho \text{ 可以为 } +\infty),$$

则当 $\rho < 1$ 时，级数 $\sum\limits_{n=1}^{\infty} u_n$ 收敛，且为绝对收敛；$\rho > 1$ 时，级数 $\sum\limits_{n=1}^{\infty} u_n$ 发散.

证明 由比值审敛法可知，当 $\rho < 1$ 时，级数 $\sum\limits_{n=1}^{\infty} |u_n|$ 收敛，从而级数 $\sum\limits_{n=1}^{\infty} u_n$ 收敛且为绝

对收敛. 当 $\rho > 1$ 时，则 $\{|u_n|\}$ 为递增数列，且 $\lim\limits_{n \to \infty} |u_n| \neq 0$，从而 $\lim\limits_{n \to \infty} u_n \neq 0$，因此级数 $\sum\limits_{n=1}^{\infty} u_n$

发散.

例 8.2.8 讨论级数

$$\sum_{n=1}^{\infty} \frac{\alpha(\alpha-1)\cdots(\alpha-n+1)}{n!} x^n$$

的敛散性.

解 因为

$$\lim_{n \to \infty} \left| \frac{u_{n+1}}{u_n} \right| = \lim_{n \to \infty} \left| \frac{\alpha - n}{n+1} x \right| = |x| ,$$

所以当 $|x| < 1$ 时，级数绝对收敛；当 $|x| > 1$ 时，级数发散；当 $x = \pm 1$ 时，级数是否收敛取决

于 α 为何值.

8.3 幂 级 数

前面讨论的都是常数项级数. 各项都为函数的级数 $\sum\limits_{n=1}^{\infty} u_n(x)$ 称为(函数项)无穷级数，简称(函数项)级数. 在函数项级数中简单而常用的一类级数就是各项都是幂函数的函数项级数，即所谓幂级数.

8.3.1　幂级数的概念及其收敛域

定义 8.3.1　形如

$$\sum_{n=0}^{\infty} a_n(x-x_0)^n = a_0 + a_1(x-x_0) + a_2(x-x_0)^2 + \cdots + a_n(x-x_0)^n + \cdots \qquad (8.3.1)$$

的函数项级数，称为关于 $(x-x_0)$ 的**幂级数**. 其中常数 a_0, a_1, a_2, $\cdots$, a_n, $\cdots$ 称为**幂级数的系数**，x_0 是常数，特别地，当 $x_0 = 0$ 时，式(8.3.1)成为级数

$$\sum_{n=0}^{\infty} a_n x^n = a_0 + a_1 x + a_2 x^2 + \cdots + a_n x^n + \cdots, \qquad (8.3.2)$$

称为关于 x 的**幂级数**.

下面主要讨论形如式(8.3.2)的幂级数，如令 $t = x - x_0$，就可以将式(8.3.1)化为式(8.3.2)的形式.

一般地，幂级数(8.3.2)的每一项在区间 $(-\infty, +\infty)$ 内都有定义，当取定点 $x = x_0$ 时，幂级数(8.3.2)成为一个常数项级数

$$\sum_{n=0}^{\infty} a_n x_0^n = a_0 + a_1 x_0 + a_2 x_0^2 + \cdots + a_n x_0^n + \cdots. \qquad (8.3.3)$$

如果级数(8.3.3)收敛，那么称幂级数 $\sum\limits_{n=0}^{\infty} a_n x^n$ 在 $x = x_0$ 点收敛，x_0 称为这个级数的收敛点. 如果级数(8.3.3)发散，x_0 称为这个级数的发散点. 所有收敛点的全体称为幂级数 $\sum\limits_{n=0}^{\infty} a_n x^n$ 的收敛域，所有发散点的全体称为它的发散域.

在收敛域上，幂级数的和是 x 的函数 $S(x)$，通常称 $S(x)$ 为幂级数的和函数，它的定义域就是幂级数的收敛域，并写成

$$S(x) = a_0 + a_1 x + a_2 x^2 + \cdots + a_n x^n + \cdots.$$

把幂级数(8.3.2)的前 n 项的部分和记作 $S_n(x)$. 则在收敛域上有

$$\lim_{n \to \infty} S_n(x) = S(x).$$

把 $R_n(x) = S(x) - S_n(x)$ 称为**幂级数的余项**，在收敛域上有

$$\lim_{n \to \infty} R_n(x) = 0.$$

例如，幂级数

$$\sum_{n=0}^{\infty} x^n = 1 + x + x^2 + \cdots + x^n + \cdots,$$

对于确定的实数 $x \in (-\infty, +\infty)$，它是公比为 x 的几何级数．由例 8.1.1 知道，当 $|x| < 1$ 时，这级数收敛于 $\dfrac{1}{1-x}$；当 $|x| \geqslant 1$ 时，这级数发散．因此，幂级数 $\sum\limits_{n=0}^{\infty} x^n$ 的收敛域为开区间 $(-1, 1)$，发散域为 $(-\infty, -1]$ 及 $[1, +\infty)$．当 x 在区间 $(-1, 1)$ 内取值时，得到它的和函数

$$S(x) = \frac{1}{1-x} = 1 + x + x^2 + \cdots + x^n + \cdots \quad (|x| < 1).$$

在这个例子中可以看到，这个幂级数的收敛域是一个区间．这个结论对于一般的幂级数也是成立的．有下面的定理.

定理 8.3.1(阿贝尔(Abel)定理)

(1) 如果幂级数 $\sum\limits_{n=0}^{\infty} a_n x^n$ 在点 $x = x_1 \neq 0$ 处收敛，则它在满足不等式 $|x| < |x_1|$ 的点 x 处绝对收敛；

(2) 如果幂级数 $\sum\limits_{n=0}^{\infty} a_n x_n$ 在点 $x = x_2$ 处发散，则它在满足不等式 $|x| > |x_2|$ 的 点 x 处也发散.

证明从略.

定理 8.3.1 的几何说明：如果幂级数 $\sum\limits_{n=0}^{\infty} a_n x^n$ 在数轴上既有收敛点(不仅是原点)也有发散点，那么它的收敛点和发散点在数轴上不能交替出现，也就是说现在从原点沿数轴向右方走，最初只能遇到收敛点，然后又只能遇到发散点，这两部分一定有个分界点 R；同样从原点沿数轴向左方走情形也是如此，有分界点 $-R$ (图 8.1).

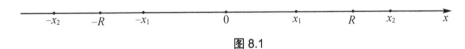

图 8.1

由此得到以下重要结论.

定理 8.3.2　如果幂级数 $\sum\limits_{n=0}^{\infty} a_n x^n$ 不是仅在 $x = 0$ 一点收敛，也不是在整个数轴上都收敛，则必有一个确定的正数 R 存在，使得

当 $|x| < R$ 时，幂级数绝对收敛；

当 $|x| > R$ 时，幂级数发散；

当 $x = R$ 和 $x = -R$ 时，幂级数可能收敛也可能发散.

这里正数 R 通常称为幂级数(8.3.2)的**收敛半径**，开区间 $(-R, R)$ 叫做幂级数(8.3.2)的**收敛区间**.再由幂级数在 $x = \pm R$ 处的收敛性就可以决定它的**收敛域**是 $(-R, R)$，$[-R, R)$，$(-R, R]$ 或 $[-R, R]$ 这四个区间之一.

如果幂级数(8.3.2)只在 $x = 0$ 处收敛，这时收敛域只有一点 $x = 0$，为方便起见，规定它的收敛半径 $R = 0$；如果幂级数(8.3.2)对一切 x 都收敛，则规定收敛半径 $R = +\infty$，这时收敛

域是$(-\infty, +\infty)$(这两种情形的确存在).

可见对于幂级数来说，只要求得收敛半径 R，再讨论它在 $x = \pm R$ 两点处的收敛性，就可以完全清楚幂级数(8.3.2)的收敛情况了.

关于幂级数的收敛半径求法，有下面的定理.

定理 8.3.3 如果幂级数 $\sum\limits_{n=0}^{\infty} a_n x^n$ 的相邻两项的系数满足条件

$$\lim_{n\to\infty}\left|\frac{a_{n+1}}{a_n}\right| = \rho \quad (\rho \text{为常数或} +\infty),$$

则这幂级数的收敛半径

$$R = \begin{cases} \dfrac{1}{\rho}, & \rho \neq 0 \\ +\infty, & \rho = 0 \\ 0, & \rho = +\infty \end{cases}.$$

证明 因为

$$\lim_{n\to\infty}\left|\frac{u_{n+1}}{u_n}\right| = \lim_{n\to\infty}\left|\frac{a_{n+1}x^{n+1}}{a_n x^n}\right| = \lim_{n\to\infty}\left|\frac{a_{n+1}}{a_n}\right||x|,$$

(1) 如果 $\lim\limits_{n\to\infty}\left|\dfrac{a_{n+1}}{a_n}\right| = \rho \neq 0$ 存在，则由定理 8.2.7 可知，当 $\rho|x| < 1$ 时，即 $|x|\dfrac{1}{\rho}$ 时，级数 $\sum\limits_{n=0}^{\infty} a_n x^n$ 收敛且绝对收敛. 当 $\rho|x| > 1$，即 $|x| > \dfrac{1}{\rho}$ 时，级数 $\sum\limits_{n=0}^{\infty} a_n x^n$ 发散. 由收敛半径定义可知，$R = \dfrac{1}{\rho}$.

(2) 如果 $\rho = 0$，则对任何 $x \neq 0$，有 $\left|\dfrac{a_{n+1}x^{n+1}}{a_n x^n}\right| \to 0 (n\to\infty)$，所以级数 $\sum\limits_{n=0}^{\infty}|a_n x^n|$ 对一切 x 收敛，即级数 $\sum\limits_{n=0}^{\infty} a_n x^n$ 对一切 x 收敛且为绝对收敛. 于是 $R = +\infty$.

(3) 如果 $\rho = +\infty$，则对一切 $x \neq 0$，有

$$\lim_{n\to\infty}\left|\frac{a_{n+1}x^{n+1}}{a_n x^n}\right| = \lim_{n\to\infty}\left|\frac{a_{n+1}}{a_n}\right||x| = +\infty,$$

从而由定理 8.2.7 可知，对一切 $x \neq 0$，级数 $\sum\limits_{n=0}^{\infty} a_n x^n$ 发散，于是 $R = 0$.

例 8.3.1 求幂级数

$$\sum_{n=1}^{\infty}(-1)^{n-1}\frac{x^n}{n} = x - \frac{x^2}{2} + \frac{x^3}{3} - \frac{x^4}{4} + \cdots + (-1)^{n-1}\frac{x^n}{n} + \cdots$$

的收敛半径和收敛域.

解 因为

$$\rho = \lim_{n \to \infty} \left| \frac{a_{n+1}}{a_n} \right| = \lim_{n \to \infty} \frac{\frac{1}{n+1}}{\frac{1}{n}} = 1 \ ,$$

所以收敛半径为

$$R = \frac{1}{\rho} = 1 \ .$$

在端点 $x = 1$ 处，级数成为收敛的交错级数

$$\sum_{n=1}^{\infty} (-1)^{n-1} \frac{1}{n} = 1 - \frac{1}{2} + \frac{1}{3} - \frac{1}{4} + \cdots + (-1)^{n-1} \frac{1}{n} + \cdots .$$

在端点 $x = -1$ 处，级数成为

$$\sum_{n=1}^{\infty} \left(-\frac{1}{n} \right) = -1 - \frac{1}{2} - \frac{1}{3} - \cdots - \frac{1}{n} \cdots$$

是发散的.

因此，收敛域为 $(-1, 1]$.

例 8.3.2 求幂级数

$$\sum_{n=0}^{\infty} \frac{x^n}{n!} = 1 + x + \frac{x^2}{2!} + \frac{x^3}{3!} + \cdots + \frac{x^n}{n!} + \cdots$$

的收敛域.

解 因为

$$\lim_{n \to \infty} \left| \frac{a_{n+1}}{a_n} \right| = \lim_{n \to \infty} \frac{\frac{1}{(n+1)!}}{\frac{1}{n!}} = \lim_{n \to \infty} \frac{1}{n+1} = 0 \ ,$$

所以收敛半径 $R = +\infty$ ，因此，收敛域为 $(-\infty, +\infty)$.

例 8.3.3 求幂级数 $\sum_{n=1}^{\infty} n^n x^n = x + 2^2 x^2 + \cdots + n^n x^n + \cdots$ 的收敛半径和收敛域.

解 因为

$$\lim_{n \to \infty} \left| \frac{a_{n+1}}{a_n} \right| = \lim_{n \to \infty} \left| \frac{(n+1)^{n+1}}{n^n} \right| = \lim_{n \to \infty} (n+1) \cdot \left(1 + \frac{1}{n} \right)^n = +\infty \ ,$$

所以收敛半径 $R = 0$ ，即级数仅在 $x = 0$ 点收敛.

例 8.3.4 求幂级数 $\sum_{n=1}^{\infty} \frac{(x-3)^n}{n^2}$ 的收敛域.

解 令 $t = x - 3$ ，原级数变为 $\sum_{n=1}^{\infty} \frac{t^n}{n^2}$ ，因为

$$\lim_{n \to \infty} \left| \frac{a_{n+1}}{a_n} \right| = \lim_{n \to \infty} \frac{\frac{1}{(n+1)^2}}{\frac{1}{n^2}} = \lim_{n \to \infty} \frac{n^2}{(n+1)^2} = 1 \ ,$$

所以级数 $\sum_{n=1}^{\infty} \frac{t^n}{n^2}$ 的收敛半径为 1. 当 $t = 1$ 时，得级数 $\sum_{n=1}^{\infty} \frac{1}{n^2}$ ，当 $t = -1$ 时，得级数 $\sum_{n=1}^{\infty} \frac{(-1)^n}{n^2}$ ，

二者都收敛,故级数 $\sum\limits_{n=1}^{\infty}\dfrac{t^n}{n^2}$ 的收敛域为 $-1 \leqslant t \leqslant 1$,因此,当 $-1 \leqslant x-3 \leqslant 1$,即 $2 \leqslant x \leqslant 4$,收敛域为 $[2,4]$.

例 8.3.5 求幂级数 $\sum\limits_{n=1}^{\infty}\dfrac{(x-2)^{2n}}{n4^n}$ 的收敛域.

解 所给级数中没有奇数次幂的项,定理 8.3.3 不能直接应用,可以根据比值审敛法来求收敛半径.

$$\lim_{n\to\infty}\left|\frac{u_{n+1}}{u_n}\right| = \lim_{n\to\infty}\left|\frac{\dfrac{(x-2)^{2(n+1)}}{(n+1)4^{n+1}}}{\dfrac{(x-2)^{2n}}{n4^n}}\right| = \frac{(x-2)^2}{4}\lim_{n\to\infty}\frac{n}{n+1} = \frac{(x-2)^2}{4} .$$

当 $\dfrac{(x-2)^2}{4} < 1$ 时,即 $0 < x < 4$ 时,级数收敛.

当 $x=0$ 和 $x=4$ 时,原级数为 $\sum\limits_{n=1}^{\infty}\dfrac{1}{n}$,该级数是发散的.

综上所述,原级数的收敛域是 $(0,4)$.

8.3.2 幂级数的运算

设幂级数 $\sum\limits_{n=0}^{\infty}a_n x^n$ 与 $\sum\limits_{n=0}^{\infty}b_n x^n$ 分别在区间 $(-R_1,R_1)$ 与 $(-R_2,R_2)$ 内收敛,那么对于这两个幂级数,可以进行下列运算.

1) 加减法

$$\sum_{n=0}^{\infty}a_n x^n \pm \sum_{n=0}^{\infty}b_n x^n = \sum_{n=0}^{\infty}(a_n \pm b_n)x^n ,$$

等式在区间 $(-R_1,R_1)\bigcap(-R_2,R_2)$ 内成立.

2) 乘法

$$\left(\sum_{n=0}^{\infty}a_n x^n\right) \cdot \left(\sum_{n=0}^{\infty}b_n x^n\right) = \sum_{n=0}^{\infty}\left(\sum_{i+j=n}a_i b_j\right)x^n = a_0 b_0 + (a_0 b_1 + a_1 b_0)x + (a_0 b_2 + a_1 b_1 + a_2 b_0)x^2 + \cdots ,$$

等式在区间 $(-R_1,R_1)\bigcap(-R_2,R_2)$ 内成立.

关于幂级数的和函数有下列重要性质(证明从略).

性质 8.3.1 幂级数 $\sum\limits_{n=0}^{\infty}a_n x^n$ 的和函数 $S(x)$ 在其收敛域 I 上连续.

性质 8.3.2 幂级数 $\sum\limits_{n=0}^{\infty}a_n x^n$ 的和函数 $S(x)$ 在其收敛域 I 上可积,并有逐项积分式

$$\int_0^x S(x)\mathrm{d}x = \int_0^x \left(\sum_{n=0}^{\infty}a_n x^n\right)\mathrm{d}x = \sum_{n=0}^{\infty}\int_0^x a_n x^n \mathrm{d}x = \sum_{n=0}^{\infty}\frac{a_n}{n+1}x^{n+1} \quad (x \in I) ,$$

并且逐项积分后所得幂级数与原级数有相同的收敛半径.

性质 8.3.3 幂级数 $\sum\limits_{n=0}^{\infty}a_n x^n$ 和函数 $S(x)$ 在其收敛区间 $(-R,R)$ 内可导,且有逐项求导公式

$$S'(x) = \left(\sum_{n=0}^{\infty} a_n x^n \right)' = \sum_{n=0}^{\infty} \left(a_n x^n \right)' = \sum_{n=1}^{\infty} n a_n x^{n-1} \quad (|x| < R),$$

逐项求导后所得的幂级数和原级数有相同的收敛半径.

反复利用性质 8.3.3 可知，幂级数 $\sum_{n=1}^{\infty} a_n x^n$ 的和函数 $S(x)$ 在其收敛区间 $(-R, R)$ 内有任意阶导数.

利用幂级数的性质，可求一些幂级数的和函数.

例 8.3.6　求幂级数

$$\sum_{n=1}^{\infty} n x^{n-1} = 1 + 2x + 3x^2 + \cdots + n x^{n-1} + \cdots$$

的收敛域及和函数，并求级数 $\sum_{n=1}^{\infty} \dfrac{n}{2^{n-1}}$ 的和.

解　因为

$$\lim_{n \to \infty} \left| \frac{a_{n+1}}{a_n} \right| = \lim_{n \to \infty} \frac{n+1}{n} = 1,$$

所以，幂级数的收敛半径 $R = 1$. 当 $x = \pm 1$ 时，级数的一般项都不趋于零，所以收敛域为 $(-1, 1)$.

设幂级数的和函数为 $S(x)$，则

$$S(x) = 1 + 2x + 3x^2 + \cdots + n x^{n-1} + \cdots, \quad x \in (-1, 1).$$

两边积分得

$$\int_0^x S(x)\mathrm{d}x = x + x^2 + x^3 + \cdots + x^n + \cdots = \frac{x}{1-x}, \quad x \in (-1, 1).$$

两边再对 x 求导得

$$S(x) = \left(\frac{x}{1-x} \right)' = \frac{1}{(1-x)^2}, \quad x \in (-1, 1).$$

当 $x = \dfrac{1}{2}$ 时，有

$$\sum_{n=1}^{\infty} \frac{n}{2^{n-1}} = S\left(\frac{1}{2} \right) = \frac{1}{\left(1 - \frac{1}{2} \right)^2} = 4.$$

例 8.3.7　某足球明星与一足球俱乐部签订一项合同，合同规定俱乐部在第 n 年末支付给该明星或其后代 n 万元 $(n = 1, 2, \cdots)$. 假定银行存款以 5% 的年复利的方式计息，问俱乐部应在签约当天存入银行多少钱？

解　设 $r = 5\%$ 为年复利率，若规定第 n 年末支付 n 万元 $(n = 1, 2, \cdots)$，则应在银行存入的本金总数为

$$\sum_{n=1}^{\infty} n(1+r)^{-n} = \frac{1}{1+r} + \frac{2}{(1+r)^2} + \cdots + \frac{n}{(1+r)^n} + \cdots.$$

为求这一数项级数的和，考虑如下幂级数

$$\sum_{n=1}^{\infty} n x^n = x + 2x^2 + 3x^3 + \cdots + n x^n + \cdots.$$

该幂级数的收敛域为 $(-1, 1)$，当 $r = \dfrac{1}{20}$ 时，$\dfrac{1}{1+r} \in (-1, 1)$．因此，若求出 幂级数 $\displaystyle\sum_{n=1}^{\infty} nx^n$ 的和函数 $S(x)$，则 $S\left(\dfrac{1}{1+r}\right)$ 即为所求的数项级数的和．

令

$$S(x) = \sum_{n=1}^{\infty} nx^n = x\sum_{n=1}^{\infty} nx^{n-1}，$$

设 $\varphi(x) = \displaystyle\sum_{n=1}^{\infty} nx^{n-1}$，则

$$\int_0^x \varphi(x)\mathrm{d}x = \int_0^x \left(\sum_{n=1}^{\infty} nx^{n-1}\right)\mathrm{d}x = \sum_{n=1}^{\infty} \int_0^x nx^{n-1}\mathrm{d}x = \sum_{n=1}^{\infty} x^n = \frac{x}{1-x}，$$

从而

$$\varphi(x) = \left(\frac{x}{1-x}\right)' = \frac{1}{(1-x)^2}，$$

故

$$S(x) = \frac{x}{(1-x)^2}．$$

于是

$$S\left(\frac{1}{1+r}\right) = \sum_{n=1}^{\infty} n(1+r)^{-n} = \frac{\dfrac{1}{1+r}}{\left(1-\dfrac{1}{1+r}\right)^2} = \frac{1+r}{r^2}．$$

将 $r = \dfrac{1}{20}$ 代入，即得本金为

$$S\left(\frac{1}{1+r}\right) = 420 \,(万元)．$$

8.4　函数展开成幂级数

由前面的讨论知道，如果幂级数 $\displaystyle\sum_{n=0}^{\infty} a_n x^n$ 的收敛域为 I，那么会得到一个定义在 I 上的函数，即 $\displaystyle\sum_{n=0}^{\infty} a_n x^n$ 的和函数 $S(x)$．例如，

$$1 + x + x^2 + \cdots + x^n + \cdots = \frac{1}{1-x}，\quad (|x| < 1)．$$

下面考虑相反的问题：如果给定一个函数 $f(x)$，是否能找到这样一个幂级数，它在某区间内收敛，且其和恰好就是 $f(x)$．如果能找到这样的幂级数，就说，函数 $f(x)$ 在该区间内能展开成幂级数．

8.4.1　泰勒级数与麦克劳林级数

定义 8.4.1　如果函数 $f(x)$ 在点 x_0 的某一邻域 $U(x_0)$ 内具有任意阶导数，则当 $x \in U(x_0)$

时，级数

$$\sum_{n=0}^{\infty}\frac{f^{(n)}(x_0)}{n!}(x-x_0)^n = f(x_0)+f'(x_0)(x-x_0)+\frac{f''(x_0)}{2!}(x-x_0)^2$$

$$+\cdots+\frac{f^{(n)}(x_0)}{n!}(x-x_0)^n+\cdots \qquad (8.4.1)$$

称为函数 $f(x)$ 的泰勒级数. 在(8.4.1)中取 $x_0=0$ ，得

$$f(0)+f'(0)x+\frac{f''(0)}{2!}x^2+\cdots+\frac{f^{(n)}(0)}{n!}x^n+\cdots, \qquad (8.4.2)$$

级数(8.4.2)称为函数 $f(x)$ 的麦克劳林级数.

可见泰勒级数是关于 $(x-x_0)$ 的幂级数，麦克劳林级数是关于 x 的幂级数. 显然，当 $x=x_0$ 时，$f(x)$ 的泰勒级数收敛于 $f(x_0)$，但是除了 $x=x_0$ 外，它是否一定收敛？如果它收敛，它是否一定收敛于 $f(x)$？这些是所关心的问题.

在 2.13 中曾介绍过泰勒公式，与其比较可知，泰勒级数的前 $n+1$ 项的和即为 $f(x)$ 在 $x=x_0$ 处的 n 阶泰勒多项式 $P_n(x)$. 因为 $f(x)$ 在点 x_0 的某邻域 $U(x_0)$ 内有任意阶导数，所以如下的泰勒公式成立：

$$f(x)=P_n(x)+R_n(x), \qquad (8.4.3)$$

其中 $P_n(x)$ 为 n 阶泰勒多项式，$R_n(x)=\dfrac{f^{(n)}(\xi)}{(n+1)!}(x-x_0)^{n+1}$（$\xi$ 在 x 与 x_0 之间）为拉格朗日型余项.

由(8.4.3)式显然有

$$\lim_{n\to\infty}P_n(x)=f(x)\Leftrightarrow\lim_{n\to\infty}R_n(x)=0.$$

于是，得到下述定理.

定理 8.4.1　设函数 $f(x)$ 在点 x_0 的某一邻域 $U(x_0)$ 内具有任意阶导数，则 $f(x)$ 在该邻域内能展开成泰勒级数的充分必要条件是 $f(x)$ 的泰勒公式中的余项 $R_n(x)$ 当 $n\to\infty$ 时的极限为零，即

$$\lim_{n\to\infty}R_n(x)=0.$$

下面讨论如何把函数展开成 x 的幂级数. 可以证明，如果 $f(x)$ 能展开成 x 的幂级数，那么这种展开式是唯一的，它一定与 $f(x)$ 的麦克劳林级数(8.4.2)一致.

事实上，如果 $f(x)$ 在点 $x_0=0$ 的某邻域 $(-R,R)$ 内能展开成 x 的幂级数，即

$$f(x)=a_0+a_1x+a_2x^2+\cdots+a_nx^n\cdots$$

对一切 $x\in(-R,R)$ 成立，那么根据幂级数在收敛区间内可以逐项求导，有

$$f'(x)=a_1+2a_2x+3a_3x^2+\cdots+na_nx^{n-1}+\cdots,$$

$$f''(x)=2!a_2+3\cdot2a_3x+\cdots+n(n-1)a_nx^{n-2}+\cdots,$$

$$f'''(x)=3!a_3+\cdots+n(n-1)(n-2)a_nx^{n-3}+\cdots,$$

$$\cdots$$
$$f^{(n)}(x) = n!\, a_n + (n+1)n(n-1)\cdots 2 a_{n+1} x + \cdots,$$
$$\cdots$$

把 $x=0$ 代入以上各式，得

$$a_0 = f(0),\ a_1 = f'(0),\ a_2 = \frac{f''(0)}{2!},\ \cdots,\ a_n = \frac{f^{(n)}(0)}{n!},\ \cdots.$$

这就是所要证明的.

　　由函数 $f(x)$ 的展开式的唯一性可知，如果 $f(x)$ 能展开成 x 的幂级数，那么这个幂级数就是 $f(x)$ 的麦克劳林级数. 但是，反过来如果 $f(x)$ 的麦克劳林级数在点 $x_0 = 0$ 的某邻域内收敛，它却不一定收敛于 $f(x)$. 因此，如果 $f(x)$ 在 $x_0 = 0$ 处具有任意阶导数，则 $f(x)$ 的麦克劳林级数(8.4.2)虽能做出来，但这个级数是否能在某个区间内收敛，以及是否收敛于 $f(x)$ 却需要进一步考察.

8.4.2　函数展开成幂级数的方法

　　1. 直接展开法

　　将函数 $f(x)$ 展开成 x 的幂级数，可以按照下列步骤进行.

　　(1) 求出 $f(x)$ 在 $x=0$ 处的函数值及各阶导数值，若某阶导数不存在，则 $f(x)$ 不能展开为幂级数.

　　(2) 写出幂级数

$$\sum_{n=0}^{\infty} \frac{f^{(n)}(0)}{n!} x^n = f(0) + f'(0)x + \frac{f''(0)}{2!} x^2 + \cdots + \frac{f^{(n)}(0)}{n!} x^n + \cdots,$$

并求出收敛半径 R.

　　(3) 考察当 $x \in (-R,\ R)$ 时余项 $R_n(x)$ 的极限是否为零，如果为零，则函数 $f(x)$ 在区间 $(-R,\ R)$ 内的展开式为

$$f(x) = \sum_{n=0}^{\infty} \frac{f^{(n)}(0)}{n!} x^n = f(0) + f'(0)x + \frac{f''(0)}{2!} x^2 + \cdots + \frac{f^{(n)}(0)}{n!} x^n + \cdots\ (-R < x < R).$$

　　例 8.4.1　将函数 $f(x) = e^x$ 展开成 x 的幂级数.

　　解　因为 $f^{(n)}(x) = e^x (n=1,\ 2,\ \cdots)$，所以 $f^{(n)}(0) = 1(n=1,\ 2,\ \cdots)$，而 $f^{(0)}(0) = f(0) = 1$，于是得级数

$$\sum_{n=0}^{\infty} \frac{f^{(n)}(0)}{n!} x^n = \sum_{n=0}^{\infty} \frac{x^n}{n!}$$
$$= 1 + x + \frac{x^2}{2!} + \cdots + \frac{x^n}{n!} + \cdots,$$

它的收敛半径 $R = +\infty$.

　　对于任何有限的数 x、$\xi(\xi$ 在 0 与 x 之间)，余项的绝对值为

$$|R_n(x)| = \left| \frac{e^\xi}{(n+1)!} x^{n+1} \right| < e^{|x|} \cdot \frac{|x|^{n+1}}{(n+1)!}.$$

因 $e^{|x|}$ 有限，而 $\dfrac{|x|^{n+1}}{(n+1)!}$ 是收敛级数 $\displaystyle\sum_{n=0}^{\infty} \dfrac{|x|^{n+1}}{(n+1)!}$ 的一般项，所以当 $n \to \infty$，$e^{|x|} \cdot \dfrac{|x|^{n+1}}{(n+1)!} \to 0$，

即当 $n \to \infty$ 时，有 $|R_n(x)| \to 0$. 于是得展开式

$$e^x = 1 + x + \frac{x^2}{2!} + \cdots + \frac{x^n}{n!} + \cdots \quad (-\infty < x < +\infty). \tag{8.4.4}$$

如果在 $x = 0$ 处附近，用级数的部分和(即多项式)来近似代替 e^x，那么随着项数的增加，它们就越来越接近于 e^x，如图 8.2 所示.

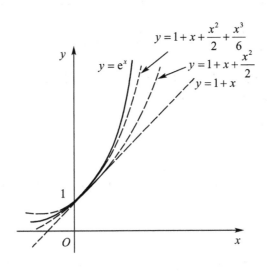

图 8.2

例 8.4.2 将函数 $f(x) = \sin x$ 展开成 x 的幂级数.

解 因为

$$f^{(n)}(x) = (\sin x)^{(n)} = \sin\left(x + n \cdot \frac{\pi}{2}\right) \quad (n = 1,\ 2,\ \cdots),$$

所以

$$f(0) = 0,\ f'(0) = 1,\ f''(0) = 0,\ f'''(0) = -1,\ \cdots,$$
$$f^{(2k)}(0) = 0,\ f^{(2k+1)}(0) = (-1)^k,\ \cdots (k = 0,\ 1,\ 2,\ \cdots).$$

于是得到级数

$$\sum_{n=0}^{\infty} (-1)^n \frac{x^{2n+1}}{(2n+1)!} = x - \frac{x^3}{3!} + \frac{x^5}{5!} - \cdots + (-1)^n \frac{x^{2n+1}}{(2n+1)!} + \cdots,$$

它的收敛半径 $R = +\infty$.

对于任何有限的数 x、ξ(ξ 在 0 与 x 之间)，余项的绝对值当 $n \to \infty$ 时的极限为零：

$$|R_n(x)| = \left| \frac{\sin\left[\xi + \frac{(n+1)\pi}{2}\right]}{(n+1)!} x^{n+1} \right| \leqslant \frac{|x|^{n+1}}{(n+1)!} \to 0 \quad (n \to \infty).$$

所以得到 $\sin x$ 的展开式为

$$\sin x = \sum_{n=0}^{\infty} (-1)^n \frac{x^{2n+1}}{(2n+1)!} = x - \frac{x^3}{3!} + \frac{x^5}{5!} - \cdots + (-1)^n \frac{x^{2n+1}}{(2n+1)!} + \cdots \quad x \in (-\infty, +\infty). \quad (8.4.5)$$

同理，可以求出 $f(x) = (1+x)^\alpha$ 的幂级数展开式.

$$(1+x)^\alpha = 1 + \alpha x + \frac{\alpha(\alpha-1)}{2!}x^2 + \cdots + \frac{\alpha(\alpha-1)(\alpha-2)\cdots(\alpha-n+1)}{n!}x^n + \cdots$$

$$= 1 + \sum_{n=1}^{\infty} \frac{\alpha(\alpha-1)(\alpha-2)\cdots(\alpha-n+1)}{n!}x^n \quad (-1 < x < 1). \quad (8.4.6)$$

式(8.4.6)称为二项式级数，其中 α 是实数. 当 $x = \pm 1$ 时，级数是否收敛取决于 α 的值. 当 α 取正整数时，就得到了二项式公式

$$(1+x)^n = 1 + nx + \frac{n(n-1)}{2!}x^2 + \cdots + nx^{n-1} + x^n.$$

当 $\alpha = -1$ 时，得到

$$(1+x)^{-1} = \frac{1}{1+x} = 1 - x + x^2 - \cdots + (-1)^n x^n + \cdots \quad (-1 < x < 1).$$

当 $\alpha = \frac{1}{2}$ 时，得到

$$\sqrt{1+x} = 1 + \frac{1}{2}x - \frac{1}{2 \cdot 4}x^2 + \frac{1 \cdot 3}{2 \cdot 4 \cdot 6}x^3 - \frac{1 \cdot 3 \cdot 5}{2 \cdot 4 \cdot 6 \cdot 8}x^4 + \cdots \quad (-1 \leqslant x \leqslant 1).$$

当 $\alpha = -\frac{1}{2}$ 时，得到

$$\frac{1}{\sqrt{1+x}} = 1 - \frac{1}{2}x + \frac{1 \cdot 3}{2 \cdot 4}x^2 - \frac{1 \cdot 3 \cdot 5}{2 \cdot 4 \cdot 6}x^3 + \frac{1 \cdot 3 \cdot 5 \cdot 7}{2 \cdot 4 \cdot 6 \cdot 8}x^4 - \cdots \quad (-1 < x \leqslant 1).$$

2. 间接展开法

直接展开法是直接用公式计算 $a_n = \frac{f^{(n)}(0)}{n!}$ 和考察 $R_n(x) = \frac{f^{(n+1)}(\xi)}{(n+1)!}x^{n+1}$ 的极限是否为零，计算量较大. 下面利用一些已知的函数的展开式以及幂级数的运算，将所给的函数展开成幂级数，这种间接的方法不但计算简单，而且可以避免研究余项.

例 8.4.3 将函数 $f(x) = \cos x$ 展开成 x 的幂级数.

解 因为 $(\sin x)' = \cos x$，由式(8.4.5)得

$$\cos x = (\sin x)' = \left[\sum_{n=0}^{\infty}(-1)^n \frac{x^{2n+1}}{(2n+1)!}\right]' = \sum_{n=0}^{\infty}(-1)^n \frac{x^{2n}}{(2n)!}$$

$$= 1 - \frac{x^2}{2!} + \frac{x^4}{4!} - \cdots + (-1)^n \frac{x^{2n}}{(2n)!} + \cdots \quad (-\infty < x < +\infty).$$

例 8.4.4 将函数 $f(x) = \ln(1 + x)$ 展开成 x 的幂级数.

解 因为 $f'(x) = \dfrac{1}{1+x}$ ，而

$$\frac{1}{1+x} = 1 - x + x^2 - x^3 + \cdots + (-1)^n x^n + \cdots \quad (-1 < x < 1),$$

所以将上式从 0 到 x 逐项积分，并且注意到 $f(0) = \ln 1 = 0$ ，得

$$\ln(1+x) = f(x) - f(0) = \int_0^x \frac{1}{1+x} \mathrm{d}x = \sum_{n=0}^{\infty} \int_0^x (-1)^n x^n \mathrm{d}x$$

$$= \sum_{n=0}^{\infty} \frac{(-1)^n}{n+1} x^{n+1} \quad x \in (-1,\ 1).$$

由于上式右端的级数在端点 $x = 1$ 处是收敛的，在端点 $x = -1$ 处是发散的，而 $f(x) = \ln(1+x)$ 在 $x = 1$ 处连续，故有

$$\ln(1+x) = x - \frac{x^2}{2} + \frac{x^3}{3} - \cdots + (-1)^{n-1} \frac{x^n}{n} + \cdots \quad x \in (-1,\ 1].$$

例 8.4.5 将函数 $f(x) = \arctan x$ 展开成 x 的幂级数.

解 因为

$$f'(x) = (\arctan x)' = \frac{1}{1+x^2},$$

而

$$\frac{1}{1+x^2} = \frac{1}{1-(-x^2)} = \sum_{n=0}^{\infty} (-x^2)^n = \sum_{n=0}^{\infty} (-1)^n x^{2n} \quad x \in (-1,\ 1),$$

将上式从 0 到 x 积分，而且注意到 $f(0) = \arctan 0 = 0$ ，可得

$$\arctan x = \sum_{n=0}^{\infty} \frac{(-1)^n x^{2n+1}}{2n+1} \quad x \in (-1,\ 1).$$

当 $x = \pm 1$ 时，上式右端的级数成为 $\pm \sum\limits_{n=0}^{\infty} \dfrac{(-1)^n}{2n+1}$ ，它们都是收敛的，而 $f(x) = \arctan x$ 在 $x = \pm 1$ 处又是连续的，因此

$$\arctan x = x - \frac{x^3}{3} + \frac{x^5}{5} - \cdots + (-1)^n \frac{x^{2n+1}}{2n+1} + \cdots \quad x \in [-1,\ 1].$$

例 8.4.6 将函数 $f(x) = \dfrac{x}{x^2 - x - 2}$ 展开成 x 的幂级数.

解 因为

$$f(x) = \frac{x}{x^2 - x - 2} = \frac{x}{(x-2)(x+1)}$$

$$= \frac{1}{3}\left(\frac{1}{x+1} + \frac{2}{x-2} \right) = \frac{1}{3}\left(\frac{1}{1+x} - \frac{1}{1-\dfrac{x}{2}} \right),$$

而

$$\frac{1}{1+x} = \sum_{n=0}^{\infty} (-1)^n x^n \qquad (-1 < x < 1),$$

$$\frac{1}{1-\dfrac{x}{2}} = \sum_{n=0}^{\infty} \left(\frac{x}{2}\right)^n = \sum_{n=0}^{\infty} \frac{x^n}{2^n} \quad (-2 < x < 2),$$

所以

$$f(x) = \frac{1}{3}\left[\sum_{n=0}^{\infty} (-1)^n x^n - \sum_{n=0}^{\infty} \frac{1}{2^n} x^n\right] = \frac{1}{3}\sum_{n=0}^{\infty}\left[(-1)^n - \frac{1}{2^n}\right] x^n,$$

收敛域为 $(-1,\ 1) \bigcap (-2,\ 2) = (-1,\ 1)$.

如果要将函数展开成 $(x - x_0)$ 的幂级数. 可以先作代换 $t = x - x_0$，即 $x = x_0 + t$，然后将函数展开成 t 的幂级数，也就是 $(x - x_0)$ 的幂级数.

例 8.4.7　将下列函数展开成 $(x-2)$ 的幂级数.

(1) $f(x) = \dfrac{1}{5-x}$；　　　　　　(2) $\ln x$.

解　令 $x - 2 = t$，得 $x = t + 2$，于是

(1) $\dfrac{1}{5-x} = \dfrac{1}{5-t-2} = \dfrac{1}{3-t} = \dfrac{1}{3}\dfrac{1}{1-\dfrac{t}{3}} = \dfrac{1}{3}\sum_{n=0}^{\infty}\left(\dfrac{t}{3}\right)^n = \sum_{n=0}^{\infty}\dfrac{t^n}{3^{n+1}} = \sum_{n=0}^{\infty}\dfrac{(x-2)^n}{3^{n+1}}$，

由 $\left|\dfrac{t}{3}\right| < 1$ 得 $|x-2| < 3$，即 $-1 < x < 5$，故收敛域为 $(-1,\ 5)$.

(2) $\ln x = \ln(2+t) = \ln 2\left(1+\dfrac{t}{2}\right) = \ln 2 + \ln\left(1+\dfrac{t}{2}\right) = \ln 2 + \sum_{n=0}^{\infty}\dfrac{(-1)^n}{n+1}\left(\dfrac{t}{2}\right)^{n+1}$

$$= \ln 2 + \sum_{n=0}^{\infty}\frac{(-1)^n t^{n+1}}{(n+1)2^{n+1}} = \ln 2 + \sum_{n=0}^{\infty}\frac{(-1)^n (x-2)^{n+1}}{(n+1)2^{n+1}},$$

由 $-1 < \dfrac{t}{2} \leqslant 1$ 得 $-1 < \dfrac{x-2}{2} \leqslant 1$，即 $0 < x \leqslant 4$，从而收敛域为 $(0,\ 4]$.

注意：上例中通过代换将函数展开成 $(x - x_0)$ 的幂级数的方法不容易出错. 在熟练掌握这种方法的基础上，将函数展开成 $(x - x_0)$ 的幂级数也可以不作代换而直接用间接法展开. 如例 8.4.7(1)中的函数展开式也可以这样得到：

$$\frac{1}{5-x} = \frac{1}{3-(x-2)} = \frac{1}{3} \cdot \frac{1}{1-\dfrac{x-2}{3}} = \frac{1}{3} \cdot \sum_{n=0}^{\infty}\left(\frac{x-2}{3}\right)^n \quad \left(\left|\frac{x-2}{3}\right| < 1\right)$$

$$= \sum_{n=0}^{\infty}\frac{(x-2)^n}{3^{n+1}} \qquad (-1 < x < 5).$$

用间接展开法求函数的幂级数，要熟记一些函数的幂级数展开式，现将常用函数的麦克劳林展开式罗列如下.

(1)　$e^x = \sum_{n=0}^{\infty} \dfrac{x^n}{n!}$　　$x \in (-\infty,\ +\infty)$.

(2)　$\sin x = \sum_{n=0}^{\infty} (-1)^n \dfrac{x^{2n+1}}{(2n+1)!}$　　$x \in (-\infty,\ +\infty)$.

(3)　$\cos x = \sum_{n=0}^{\infty} (-1)^n \dfrac{x^{2n}}{(2n)!}$　　$x \in (-\infty,\ +\infty)$.

(4)　$\ln(1+x) = \sum_{n=0}^{\infty} (-1)^n \dfrac{x^{n+1}}{n+1}$　　$x \in (-1,\ 1]$.

(5)　$(1+x)^\alpha = \sum_{n=0}^{\infty} \dfrac{\alpha(\alpha-1)\cdots(\alpha-n+1)}{n!} x^n$　　$x \in (-1,\ 1)$.

特别的是：

$$\frac{1}{1-x} = \sum_{n=0}^{\infty} x^n \quad x \in (-1,\ 1),$$

$$\frac{1}{1+x} = \sum_{n=0}^{\infty} (-1)^n x^n \quad x \in (-1,\ 1).$$

最后举一个用函数的幂级数来进行近似计算的例子.

例 8.4.8　计算 $\sqrt[5]{245}$ 的近似值，要求误差不超过 10^{-4}.

解

$$\sqrt[5]{245} = \sqrt[5]{3^5 + 2} = 3\left(1 + \frac{2}{3^5}\right)^{\frac{1}{5}},$$

在 $(1+x)^\alpha$ 的麦克劳林展开式中令 $\alpha = \dfrac{1}{5}$, $x = \dfrac{2}{3^5}$, 得

$$\sqrt[5]{245} = 3\left[1 + \frac{1}{5}\left(\frac{2}{3^5}\right) - \frac{1}{2!}\frac{1}{5}\left(\frac{1}{5} - 1\right)\left(\frac{2}{3^5}\right)^2 + \cdots\right],$$

这个级数从第二项起是交错级数，如果取前 n 项和作为近似值，则其误差 $|r_n| \leqslant u_{n+1}$，可算得

$$|u_2| = 3 \times \frac{4 \times 2^2}{2 \times 5^2 \times 3^{10}} = \frac{8}{25 \times 3^9} < 10^{-4},$$

故要保证误差不超过 10^{-4}，只要取其前两项作为其近似值即可，于是有

$$\sqrt[5]{245} \approx 3\left(1 + \frac{1}{5} \cdot \frac{2}{243}\right) \approx 3.0049.$$

习　题　8

1. 写出下列级数的前五项:

(1) $\displaystyle\sum_{n=1}^{\infty}\frac{1+n}{1+n^2}$;

(2) $\displaystyle\sum_{n=1}^{\infty}\frac{(-1)^{n-1}}{8^n}$.

2. 写出下列级数的一般项:

(1) $\dfrac{1}{2}+\dfrac{1}{4}+\dfrac{1}{6}+\dfrac{1}{8}+\dfrac{1}{10}+\cdots$;

(2) $1-\dfrac{1}{3}+\dfrac{1}{5}-\dfrac{1}{7}+\dfrac{1}{9}-\dfrac{1}{11}+\cdots$;

(3) $\dfrac{\sqrt{x}}{1\cdot3}+\dfrac{x}{3\cdot5}+\dfrac{x\sqrt{x}}{3\cdot5\cdot7}+\dfrac{x^2}{3\cdot5\cdot7\cdot9}+\cdots$;

(4) $\dfrac{a^2}{2}-\dfrac{a^3}{4}+\dfrac{a^4}{6}-\dfrac{a^5}{8}+\cdots$.

3. 用定义判定下列级数的敛散性:

(1) $\displaystyle\sum_{n=1}^{\infty}(\sqrt{n+1}-\sqrt{n})$;

(2) $\dfrac{1}{1\cdot3}+\dfrac{1}{3\cdot5}+\dfrac{1}{5\cdot7}+\cdots+\dfrac{1}{(2n-1)(2n+1)}+\cdots$.

4. 判定下列级数的敛散性:

(1) $-\dfrac{5}{6}+\dfrac{5^2}{6^2}-\dfrac{5^3}{6^3}+\cdots+(-1)^n\dfrac{5^n}{6^n}+\cdots$;

(2) $\dfrac{1}{3}+\dfrac{1}{6}+\dfrac{1}{9}+\dfrac{1}{12}+\cdots+\dfrac{1}{3n}+\cdots$;

(3) $\dfrac{1}{2}+\dfrac{1}{\sqrt{2}}+\cdots+\dfrac{1}{\sqrt[n]{2}}+\cdots$;

(4) $\dfrac{9}{8}+\dfrac{9^2}{8^2}+\cdots+\dfrac{9^n}{8^n}+\cdots$;

(5) $1-\dfrac{1}{2}+\dfrac{1}{4}-\dfrac{1}{8}+\cdots+(-1)^{n-1}\dfrac{1}{2^{n-1}}+\cdots$;

(6) $\left(\dfrac{1}{2}+\dfrac{1}{3}\right)+\left(\dfrac{1}{2^2}+\dfrac{1}{3^2}\right)+\cdots+\left(\dfrac{1}{2^n}+\dfrac{1}{3^n}\right)+\cdots$.

5. 将循环小数 $0.41414141\cdots\cdots$ 写成无穷级数形式并用分数表示.

6. 用比较审敛法或其极限形式判定下列级数的敛散性:

(1) $\displaystyle\sum_{n=1}^{\infty}\frac{2}{5n+3}$;

(2) $\displaystyle\sum_{n=1}^{\infty}\frac{1}{2^n+1}$;

(3) $\displaystyle\sum_{n=1}^{\infty}\frac{1+n}{1+n^2}$;

(4) $\displaystyle\sum_{n=1}^{\infty}\frac{n+3}{n(n+1)(n+2)}$;

(5) $\displaystyle\sum_{n=1}^{\infty}\frac{1}{n\sqrt[n]{n}}$;

(6) $\displaystyle\sum_{n=1}^{\infty}\sin\frac{\pi}{6^n}$.

7. 用比值审敛法判定下列级数的敛散性:

(1) $\dfrac{1}{2}+\dfrac{3}{2^2}+\dfrac{5}{2^3}+\cdots+\dfrac{2n-1}{2^n}+\cdots$;

(2) $\displaystyle\sum_{n=1}^{\infty}\frac{n!}{4^n}$;

(3) $\displaystyle\sum_{n=1}^{\infty}n^2\sin\frac{\pi}{2^n}$;

(4) $\displaystyle\sum_{n=1}^{\infty}\frac{3^n n!}{n^n}$.

8. 判定下列级数是否收敛? 如果是收敛的, 是绝对收敛还是条件收敛.

(1) $1-\dfrac{1}{3^2}+\dfrac{1}{5^2}-\dfrac{1}{7^2}+\dfrac{1}{9^2}-\cdots$;

(2) $\displaystyle\sum_{n=1}^{\infty}(-1)^{n-1}\frac{n}{2^n}$;

(3) $\displaystyle\sum_{n=1}^{\infty}\frac{1}{n}\sin\frac{n\pi}{2}$;

(4) $\displaystyle\sum_{n=1}^{\infty}(-1)^{n+1}\left(1-\cos\frac{1}{n}\right)$;

(5) $\displaystyle\sum_{n=1}^{\infty}(-1)^{n-1}\frac{n}{2n+1}$;

(6) $\displaystyle\sum_{n=1}^{\infty}(-1)^{n+1}\ln(\frac{n+1}{n})$.

9. 利用级数收敛的必要条件证明: $\displaystyle\lim_{n\leftarrow\infty}\frac{2^n n!}{n^n}=0$.

10. 求下列幂级数的收敛域:

(1) $\displaystyle\sum_{n=1}^{\infty}nx^n$;

(2) $\displaystyle\sum_{n=1}^{\infty}\frac{x^n}{2^n\cdot n}$;

(3) $\displaystyle\sum_{n=1}^{\infty}\frac{2^n}{n^2+1}x^n$;

(4) $\displaystyle\sum_{n=1}^{\infty}(-1)^n\frac{x^{2n+1}}{2n+1}$;

(5) $\displaystyle\sum_{n=1}^{\infty}\frac{2n-1}{2^n}x^{2n-2}$;

(6) $\displaystyle\sum_{n=1}^{\infty}\frac{(x-3)^n}{\sqrt{n}}$.

11. 利用逐项求导或逐项积分, 求下列级数的和函数:

(1) $\displaystyle\sum_{n=1}^{\infty}\frac{x^{4n+1}}{4n+1}$;

(2) $\displaystyle\sum_{n=1}^{\infty}2nx^{2n-1}$.

12. 将下列函数展开成 x 的幂级数, 并求展开式成立的区间:

(1) a^x ;

(2) $\ln(a+x)\quad(a>0)$;

(3) $\sin\dfrac{x}{2}$;

(4) $(1+x)\ln(1+x)$;

(5) $\dfrac{1}{3-x}$;

(6) $\dfrac{1}{\sqrt{1-x^2}}$.

13. 将函数 $f(x)=\dfrac{1}{x}$ 展开成 $(x-3)$ 的幂级数.

14. 将函数 $f(x)=\dfrac{1}{x^2+3x+2}$ 展开成 $(x+4)$ 的级数.

15. 选择题

(1) $\displaystyle\lim_{n\to\infty}S_n$ 存在是 $\sum u_n$ 收敛的(　　　).

　　A. 必要条件　　　B. 充分条件　　　C. 无关　　　D. 充要条件

(2) 若级数 $\sum\limits_{n=1}^{\infty}\dfrac{u_n+|u_n|}{2}$ 和 $\sum\limits_{n=1}^{\infty}\dfrac{u_n-|u_n|}{2}$ 都是发散的，则 $\sum\limits_{n=1}^{\infty}u_n$ （　　）.

    A. 发散　　　　　　　　　　　　B. 条件收敛

    C. 绝对收敛　　　　　　　　　　D. 无法判定敛散性

(3) 正项级数 $\sum\limits_{n=1}^{\infty}a_n$ 收敛是级数 $\sum\limits_{n=1}^{\infty}a_n^2$ 收敛的（　　）.

    A. 充分但非必要条件　　　　　　B. 必要但非充分条件

    C. 充分必要条件　　　　　　　　D. 既非充分又非必要条件

(4) 下列级数中绝对收敛的是（　　）.

    A. $\sum\limits_{n=1}^{\infty}(-1)^{n+1}\dfrac{1}{n}$　　B. $\sum\limits_{n=2}^{\infty}\dfrac{(-1)^{n+1}}{\ln n}$　　C. $\sum\limits_{n=1}^{\infty}\dfrac{(-1)^{n+1}}{n\sqrt{n}}$　　D. $\sum\limits_{n=2}^{\infty}\dfrac{(-1)^n}{n-\ln n}$

(5) 若级数 $\sum\limits_{n=2}^{\infty}a_n$ 和 $\sum\limits_{n=1}^{\infty}b_n$ 都收敛，则（　　）.

    A. $\sum\limits_{n=1}^{\infty}(a_nb_n)$ 收敛　　　　　　B. $\sum\limits_{n=1}^{\infty}(a_n^2+b_n^2)$ 收敛

    C. $\sum\limits_{n=1}^{\infty}(a_n+b_n)$ 收敛　　　　　D. $\sum\limits_{n=1}^{\infty}(-1)^n(a_n+b_n)$ 收敛

(6) 若 $\lim\limits_{n\to\infty}a_n=a$ ，则级数 $\sum\limits_{n=1}^{\infty}(a_{n+1}-a_n)$ （　　）.

    A. 收敛且和为 0　　　　　　　　B. 收敛且和为 a

    C. 收敛且和为 $a-a_1$　　　　　　D. 发散

16. 填空题

(1) 幂级数 $\sum\limits_{n=1}^{\infty}\dfrac{x^n}{2^n(n+1)}$ 的收敛半径是_____.

(2) 若 $\lim\limits_{n\to\infty}\left|\dfrac{a_n}{a_{n+1}}\right|=2$. 则幂级数 $\sum\limits_{n=0}^{\infty}a_nx^{n+1}$ 的收敛半径为_____.

(3) 级数 $\sum\limits_{n=1}^{\infty}2^n\sin\dfrac{x}{3^n}$ 的收敛区间是_____.

(4) 级数 $\sum\limits_{n=1}^{\infty}\dfrac{1+2^n}{3^n}$ 的和为_____.

第9章 微分方程与差分方程

微分方程是联系数学理论与实际的桥梁. 在经济管理和科学技术问题中, 常常需要研究变量之间的依赖关系——函数关系, 但在实际应用中, 往往不容易直接找出所需要的函数关系, 而根据问题所提供的条件和已学过的数学分析方法, 有时却比较容易建立起含有待求函数及其导数或微分的关系式, 数学上称为微分方程. 通过解这种方程, 最后可以得到所要求的函数. 另外, 在经济管理的许多实际问题中, 大多数数据是按等时间间隔周期统计的, 于是有关变量的取值是离散变化的. 如何找出它们之间的关系和变化规律呢? 差分方程就是研究这类离散型数学问题的有力工具. 本章主要介绍微分方程和差分方程的一些基本概念和几种常见方程的解法及其应用.

9.1 微分方程概述

9.1.1 引例

例 9.1.1 设一曲线过点$(1, 3)$, 且该曲线上任意一点(x, y)处的切线斜率为$2x$, 求该曲线方程.

解 设所求曲线的方程为$y = f(x)$, 根据导数的几何意义可知, 曲线$y = f(x)$应满足关系式

$$\frac{\mathrm{d}y}{\mathrm{d}x} = 2x. \tag{9.1.1}$$

又曲线过点$(1, 3)$, 因此还应满足条件

$$y\big|_{x=1} = 3. \tag{9.1.2}$$

对式(9.1.1)两端积分, 得

$$y = x^2 + C, \tag{9.1.3}$$

其中, C为任意常数. 将式(9.1.2)代入式(9.1.3), 解得$C = 2$, 故所求曲线的方程为

$$y = x^2 + 2.$$

例 9.1.2(镭的裂变) 镭(Ra)是一种放射性物质, 它的原子时刻都向外放射出氦(He)原子以及其他射线, 从而原子量减少, 变成其他物质, 如铅(Pb). 这样, 一定质量的镭, 随着时间的变化, 它的质量就会减少. 已发现其裂变速度(即单位时间裂变的质量)与它的存余量成正比. 设已知某块镭在时刻$t = t_0$时的质量为M_0, 试确定这块镭在时刻t时的质量M.

解　设时刻 t 时镭的存余量 $M = M(t)$，由于 M 将随时间而减少，故镭的裂变速度 $\dfrac{\mathrm{d}M}{\mathrm{d}t}$ 应为负值. 于是有

$$\frac{\mathrm{d}M}{\mathrm{d}t} = -kM , \qquad\qquad (9.1.4)$$

其中比例常数 $k > 0$. 这样，上述问题就是要由该方程求出未知函数 $M = M(t)$ 来. 为此，将方程(9.1.4)变形为

$$\frac{\mathrm{d}M}{M} = -k\mathrm{d}t . \qquad\qquad (9.1.5)$$

对方程(9.1.5)两边积分，得

$$\ln M = -kt + C_0 . \qquad\qquad (9.1.6)$$

于是有

$$M = Ce^{-kt} , \qquad\qquad (9.1.7)$$

其中，$C = e^{C_0}$. 又 $M\big|_{t=t_0} = M_0$，代入式(9.1.7)，得 $C = M_0 e^{kt_0}$. 故在时刻 t 时镭的质量为

$$M = M_0 e^{-k(t-t_0)} .$$

不仅镭的质量满足这个规律，其他放射性物质也都满足这个规律. 不同的是，各种放射性物质具有各自的系数. 这个关系式是放射性物质的一个基本性质.

9.1.2　微分方程的基本概念

定义 9.1.1　联系自变量、未知函数以及未知函数的导数或微分之间的关系式，称为**微分方程**，有时也简称为方程.

需要注意的是，在微分方程中，自变量和未知函数可以不出现，但未知函数的导数或微分必须出现. 下列方程都是微分方程.

(1)　$y' = xy$（x 为自变量，y 为未知函数）.

(2)　$x\mathrm{d}x + \left(x + y^2\right)\mathrm{d}y = 0$（$x$、$y$ 哪一个为自变量任意）.

(3)　$y'' + 2y' - 3y = e^x$（x 为自变量，y 为未知函数）.

(4)　$\dfrac{\partial z}{\partial x} = x + y$（$x$、$y$ 为自变量，z 为未知函数）.

(5)　$\dfrac{\partial^2 u}{\partial x^2} + \dfrac{\partial^2 u}{\partial y^2} + \dfrac{\partial^2 u}{\partial z^2} = 0$（$x$、$y$、$z$ 为自变量，u 为未知函数）.

其中，前三个方程中的未知函数为一元函数，称前三个方程为**常微分方程**. 后两个方程中的未知函数为多元函数，称后两个方程为**偏微分方程**. 本章只限于讨论常微分方程.

定义 9.1.2　微分方程中所出现的未知函数的导数的最高阶数，称为微分方程的**阶**.

例如，方程(9.1.1)是一阶微分方程，而方程

$$x^3 y''' + x^2 y'' - 4xy' = 3x^2$$

是三阶微分方程.

定义 9.1.3　如果把某函数代入微分方程，能使该方程成为恒等式，那么称该函数为微

分方程的**解**. 若微分方程的解中含有独立的任意常数的个数与微分方程的阶数相等，则称这样的解为微分方程的**通解**.

例如，$y = x^2 + 1$ 是微分方程 $y' = 2x$ 的解. 而 $y = x^2 + C$ 是微分方程 $y' = 2x$ 的通解，$y = C_1 e^{-x} + C_2 e^{3x}$ 是微分方程 $y'' - 2y' - 3y = 0$ 的通解.

由于通解中含有任意常数，所以它还不能完全确定地反映某一客观事物的规律性. 要完全确定地反映客观事物的规律性，必须确定这些常数的值.

定义 9.1.4 用来确定微分方程的通解中的任意常数的条件，称为**初始条件**. 确定了微分方程通解中的任意常数后所得到的解，称为微分方程的**特解**.求微分方程满足初始条件的特解的问题，称为微分方程的**初值问题**.

初始条件的个数由微分方程的通解中的任意常数的个数(即方程的阶数)来决定.

一阶微分方程的初始条件通常是当 $x = x_0$ 时，
$$y = y_0,$$
或
$$y\big|_{x=x_0} = y_0,$$
其中 x_0，y_0 为给定的值.

而二阶微分方程的初始条件通常是当 $x = x_0$ 时，
$$y = y_0, \quad y' = y_0',$$
或
$$y\big|_{x=x_0} = y_0, \quad y'\big|_{x=x_0} = y_0',$$
其中 x_0，y_0，y_0' 为给定的值.

微分方程的解的图形是一条曲线，称为微分方程的**积分曲线**. 初值问题
$$\begin{cases} y' = f(x, y) \\ y\big|_{x=x_0} = y_0 \end{cases}$$
的几何意义就是求一阶微分方程 $y' = f(x, y)$ 通过点 (x_0, y_0) 的那条积分曲线. 而初值问题
$$\begin{cases} y'' + y = 0 \\ y\big|_{x=\frac{\pi}{4}} = 1, \quad y'\big|_{x=\frac{\pi}{4}} = -1 \end{cases}$$
的几何意义就是求二阶微分方程 $y'' + y = 0$ 通过点 $\left(\dfrac{\pi}{4}, 1\right)$ 且在该点处的切线斜率为 -1 的那条积分曲线.

例 9.1.3 验证
$$y = C_1 \cos x + C_2 \sin x + x \tag{9.1.8}$$
是微分方程
$$y'' + y = x \tag{9.1.9}$$
的通解.

解 由于
$$y' = -C_1 \sin x + C_2 \cos x + 1,$$
$$y'' = -C_1 \cos x - C_2 \sin x,$$

于是有

$$y'' + y = (-C_1 \cos x - C_2 \sin x) + (C_1 \cos x + C_2 \sin x) + x = x,$$

式(9.1.8)及其导数代入微分方程(9.1.9)后成为一个恒等式，又由于式(9.1.8)中含有两个独立的任意常数，故为微分方程(9.1.9)的通解.

9.2　一阶微分方程

现在，先来研究一阶微分方程. 一阶微分方程的一般形式可写成

$$F(x, y, y') = 0.$$

如果由这个方程可以解出 y'，则有

$$y' = f(x, y).$$

这种方程也可以写成如下的对称形式：

$$P(x, y)\mathrm{d}x + Q(x, y)\mathrm{d}y = 0.$$

本节将介绍几种特殊类型的一阶微分方程及其解法.

9.2.1　可分离变量的微分方程

定义 9.2.1　如果一个一阶微分方程能化成

$$g(y)\mathrm{d}y = f(x)\mathrm{d}x \tag{9.2.1}$$

的形式，那么称这个方程为**可分离变量的微分方程**.

要求解方程(9.2.1)，只需两端同时积分，即可得到该微分方程的通解. 因此，求解这类方程的关键是将方程化成(9.2.1)的形式. 把可分离变量的微分方程化成式(9.2.1)的形式的过程，称为分离变量. 可分离变量的微分方程也经常以微分的形式出现，即

$$M(x)N(y)\mathrm{d}x + P(x)Q(y)\mathrm{d}y = 0.$$

例 9.2.1　求微分方程

$$\frac{\mathrm{d}y}{\mathrm{d}x} = 2xy \tag{9.2.2}$$

的通解.

解　方程(9.2.2)是一个可分离变量的微分方程. 显然，$y = 0$ 是方程(9.2.2)的解. 当 $y \neq 0$ 时，分离变量得

$$\frac{\mathrm{d}y}{y} = 2x\mathrm{d}x.$$

方程两边积分，得

$$\ln|y| = x^2 + C_1,$$

即

$$|y| = \mathrm{e}^{x^2 + C_1}.$$

于是得到方程(9.2.2)的通解为

$$y = C\mathrm{e}^{x^2},$$

其中 $C = \pm\mathrm{e}^{C_1}$. 而当 $C = 0$ 时，包含了前面提到的特解 $y = 0$.

例 9.2.2　求解微分方程

$$x(y^2-1)\mathrm{d}x + y(x^2-1)\mathrm{d}y = 0 . \tag{9.2.3}$$

解　显然，$y=\pm1$，$x=\pm1$ 是方程(9.2.3)的解. 当 $y\neq\pm1$ 且 $x\neq\pm1$ 时，分离变量得

$$\frac{y\mathrm{d}y}{y^2-1} = -\frac{x\mathrm{d}x}{x^2-1} .$$

两边积分，得

$$\ln\left|y^2-1\right| = -\ln\left|x^2-1\right| + \ln\left|C\right| ,$$

其中 $C\neq0$. 化简即得方程(9.2.3)的通解为

$$(x^2-1)(y^2-1) = C .$$

且当 $C=0$ 时，包含了前面提到的特解 $y=\pm1$ 和 $x=\pm1$.

注意：(1) 在运算时，可根据需要将任意常数写成 $\ln C$，以便整理简洁；

(2) 为了方便，在求 $\int\frac{\mathrm{d}y}{y}$ 时，可将 $\ln|y|$ 直接写成 $\ln y$，只要记住最后得到的任意常数可正可负即可.

例 9.2.3　求微分方程

$$y' = \frac{y}{1+4x^2} \tag{9.2.4}$$

满足初始条件 $y\big|_{x=0}=1$ 的特解.

解　方程(9.2.4)是一个可分离变量的微分方程. 分离变量得

$$\frac{\mathrm{d}y}{y} = \frac{\mathrm{d}x}{1+4x^2} .$$

方程两边积分，得

$$\ln y = \frac{1}{2}\arctan(2x) + \ln C .$$

化简得原方程的通解为

$$y = C\mathrm{e}^{\frac{1}{2}\arctan(2x)} . \tag{9.2.5}$$

将初始条件 $y\big|_{x=0}=1$ 代入通解(9.2.5)得，$C=1$. 故所求特解为

$$y = \mathrm{e}^{\frac{1}{2}\arctan(2x)} .$$

9.2.2　齐次方程

定义 9.2.2　如果一阶微分方程

$$\frac{\mathrm{d}y}{\mathrm{d}x} = f(x,\ y)$$

中的函数 $f(x,\ y)$ 可以写成 $\frac{y}{x}$ 的函数，即

$$\frac{\mathrm{d}y}{\mathrm{d}x} = \varphi\left(\frac{y}{x}\right) \tag{9.2.6}$$

的形式，那么称这个方程为**齐次方程**.

例如，方程 $y' = \dfrac{x+y}{x-y}$ ， $y' = \dfrac{2xy}{x^2+y^2}$ 等都是齐次方程，因为这两个方程分别可以化为

$$y' = \frac{1+\dfrac{y}{x}}{1-\dfrac{y}{x}} , \quad y' = \frac{2\cdot\dfrac{y}{x}}{1+\left(\dfrac{y}{x}\right)^2} .$$

求解这种方程时，作变量变换，引入新的未知函数 $u = \dfrac{y}{x}$ ，即 $y = xu$ ，代入式(9.2.6)得

$$u + x\frac{\mathrm{d}u}{\mathrm{d}x} = \varphi(u) ,$$

即

$$\frac{\mathrm{d}u}{\mathrm{d}x} = \frac{\varphi(u)-u}{x} ,$$

这是一个可分离变量的方程，分离变量得 $\dfrac{\mathrm{d}u}{\varphi(u)-u} = \dfrac{\mathrm{d}x}{x}$ $(\varphi(u)-u \neq 0)$.

两端积分得

$$\int \frac{\mathrm{d}u}{\varphi(u)-u} = \int \frac{\mathrm{d}x}{x} + C .$$

求出积分后，再用 $\dfrac{y}{x}$ 代替 u ，即得方程(9.2.6)的通解.

例 9.2.4 解方程

$$x^2 \frac{\mathrm{d}y}{\mathrm{d}x} = xy - y^2 . \tag{9.2.7}$$

解 将方程(9.2.7)化为

$$\frac{\mathrm{d}y}{\mathrm{d}x} = \frac{y}{x} - \left(\frac{y}{x}\right)^2 . \tag{9.2.8}$$

这是齐次方程. 设 $y = xu$ ，代入方程(9.2.8)得

$$u + x\frac{\mathrm{d}u}{\mathrm{d}x} = u - u^2 ,$$

即

$$-\frac{\mathrm{d}u}{u^2} = \frac{\mathrm{d}x}{x} ,$$

两边积分，得

$$\frac{1}{u} = \ln|x| + C ,$$

将 u 换成 $\dfrac{y}{x}$ ，并解出 y ，即得方程(9.2.7)的通解为

$$y = \frac{x}{\ln|x| + C} .$$

例 9.2.5 解方程

$$\left(1 + 2\mathrm{e}^{\frac{x}{y}}\right)\mathrm{d}x + 2\mathrm{e}^{\frac{x}{y}}\left(1 - \frac{x}{y}\right)\mathrm{d}y = 0 . \tag{9.2.9}$$

解 这是齐次方程，设 $u = \dfrac{x}{y}$，即 $x = yu$，则 $dx = udy + ydu$，代入方程(9.2.9)得

$$(1 + 2e^u)(udy + ydu) + 2e^u(1-u)dy = 0 ，$$

即

$$\frac{1 + 2e^u}{u + 2e^u}du + \frac{dy}{y} = 0 ，$$

积分得

$$\ln\left| u + 2e^u \right| + \ln\left| y \right| = \ln\left| C \right| ，$$

即

$$(u + 2e^u)y = C .$$

将 u 换成 $\dfrac{x}{y}$，即得方程(9.2.9)的通解为

$$x + 2ye^{\frac{x}{y}} = C .$$

9.2.3 一阶线性微分方程

定义 9.2.3 形如

$$\frac{dy}{dx} + P(x)y = Q(x) \tag{9.2.10}$$

的微分方程称为**一阶线性微分方程**. 其中，未知函数 y 及其导数 y' 的次数都是一次的. 当 $Q(x) \equiv 0$ 时，方程(9.2.10)化为

$$\frac{dy}{dx} + P(x)y = 0 ， \tag{9.2.11}$$

称方程(9.2.11)为齐次的；当 $Q(x) \not\equiv 0$ 时，称方程(9.2.10)为非齐次的. 这时，方程(9.2.11)称为对应于非齐次方程(9.2.10)的齐次方程.

下面先来求解方程(9.2.11). 这是一个变量可分离方程，分离变量得

$$\frac{dy}{y} = -P(x)dx ，$$

两边积分，得

$$\ln\left| y \right| = -\int P(x)dx + C_1 ，$$

从而得到方程(9.2.11)的通解为

$$y = Ce^{-\int P(x)dx} ， \tag{9.2.12}$$

其中 $C = \pm e^{C_1}$.

然后，我们采用所谓**常数变易法**来求非齐次方程(9.2.10)的通解. 这种方法是把方程 (9.2.11)的通解(9.2.12)中的任意常数 C 换成 x 的未知函数 $C(x)$，即作变换

$$y = C(x)e^{-\int P(x)dx} . \tag{9.2.13}$$

假设(9.2.13)式是非齐次方程(9.2.10)的解，那么，其中的未知函数 $C(x)$ 应该是什么呢？ 为此，将(9.2.13)式对 x 求导，得

$$y' = C'(x)\mathrm{e}^{-\int P(x)\mathrm{d}x} - C(x)P(x)\mathrm{e}^{-\int P(x)\mathrm{d}x}. \tag{9.2.14}$$

把(9.2.13)和(9.2.14)代入方程(9.2.10)，得

$$C'(x)\mathrm{e}^{-\int P(x)\mathrm{d}x} - C(x)P(x)\mathrm{e}^{-\int P(x)\mathrm{d}x} + P(x)\cdot C(x)P(x)\mathrm{e}^{-\int P(x)\mathrm{d}x} = Q(x),$$

即

$$C'(x) = Q(x)\mathrm{e}^{\int P(x)\mathrm{d}x},$$

再积分，得

$$C(x) = \int Q(x)\mathrm{e}^{\int P(x)\mathrm{d}x}\mathrm{d}x + C,$$

将其代入(9.2.13)，即得非齐次方程(9.2.10)的通解为

$$y = \mathrm{e}^{-\int P(x)\mathrm{d}x}\left(\int Q(x)\mathrm{e}^{\int P(x)\mathrm{d}x}\mathrm{d}x + C\right). \tag{9.2.15}$$

可以把(9.2.15)式改写为

$$y = C\mathrm{e}^{-\int P(x)\mathrm{d}x} + \mathrm{e}^{-\int P(x)\mathrm{d}x}\int Q(x)\mathrm{e}^{\int P(x)\mathrm{d}x}\mathrm{d}x.$$

这说明，一阶线性非齐次微分方程(9.2.10)的通解等于所对应的齐次线性方程(9.2.11)的通解与非齐次线性方程(9.2.10)的一个特解之和.

例 9.2.6 求方程

$$\frac{\mathrm{d}y}{\mathrm{d}x} - \frac{2y}{x+1} = (x+1)^{\frac{5}{2}} \tag{9.2.16}$$

的通解.

解 先求对应的齐次线性微分方程

$$\frac{\mathrm{d}y}{\mathrm{d}x} - \frac{2y}{x+1} = 0$$

的通解. 分离变量得

$$\frac{\mathrm{d}y}{y} = \frac{2\mathrm{d}x}{x+1},$$

两边积分得

$$\ln y = 2\ln(x+1) + \ln C,$$

即

$$y = C(x+1)^2.$$

用常数变易法. 设 $y = C(x)(x+1)^2$，代入方程(9.2.16)，得

$$C'(x)(x+1)^2 + 2C(x)(x+1) - \frac{2}{x+1}C(x)(x+1)^2 = (x+1)^{\frac{5}{2}},$$

即

$$C'(x) = (x+1)^{\frac{1}{2}},$$

两端积分，得

$$C(x) = \frac{2}{3}(x+1)^{\frac{3}{2}} + C ,$$

故方程(9.2.16)的通解为

$$y = (x+1)^2 \left[\frac{2}{3}(x+1)^{\frac{3}{2}} + C \right].$$

其实也可以直接应用式(9.2.15)去求方程(9.2.16)的通解. 读者不妨一试.

例 9.2.7　求方程

$$xy' - 3y = x^4 e^x \tag{9.2.17}$$

的通解.

解　方程(9.2.17)可化为

$$y' - \frac{3}{x} y = x^3 e^x ,$$

这是一阶线性非齐次微分方程. 其中，$P(x) = -\frac{3}{x}$，$Q(x) = x^3 e^x$，代入式(9.2.15)，即得方程(9.2.17)的通解为

$$
\begin{aligned}
y &= e^{-\int P(x)dx} \left(\int Q(x) e^{\int P(x)dx} dx + C \right) \\
&= e^{\int \frac{3}{x}dx} \left(\int x^3 e^x e^{-\int \frac{3}{x}dx} dx + C \right) \\
&= x^3 \left(\int x^3 e^x \cdot \frac{1}{x^3} dx + C \right) \\
&= x^3 (e^x + C).
\end{aligned}
$$

注意：有些方程表面看不是标准的一阶线性微分方程，但如果交换 x 和 y 的地位，即把 x 看作未知函数，而把 y 看作自变量，就变成了关于 x 的一阶线性微分方程，从而其求解公式变为

$$x = e^{-\int P(y)dy} \left(\int Q(y) e^{\int P(y)dy} dy + C \right). \tag{9.2.18}$$

例 9.2.8　求解方程

$$\frac{dy}{dx} = \frac{y}{2x - y^2} . \tag{9.2.19}$$

解　将方程(9.2.19)改写为

$$\frac{dx}{dy} - \frac{2}{y} x = -y ,$$

这是一个关于 x 为未知函数，y 为自变量的一阶线性微分方程. 将

$$P(y) = -\frac{2}{y}, \quad Q(y) = -y,$$

代入公式(9.2.18)，即得方程(9.2.19)的通解为

$$x = e^{-\int P(y)dy}\left(\int Q(y)e^{\int P(y)dy}dy + C\right)$$

$$= e^{\int \frac{2}{y}dy}\left(-\int y e^{-\int \frac{2}{y}dy}dy + C\right)$$

$$= y^2\left(-\int y \cdot \frac{1}{y^2}dy + C\right)$$

$$= y^2\left(-\ln|y| + C\right).$$

9.3　一阶微分方程在经济学中的综合应用

9.3.1　分析商品的市场价格与需求量(供给量)之间的函数关系

例 9.3.1　某商品的需求量 Q 对价格 P 的弹性为 $-P\ln 3$，如果该商品的最大需求量为 1200(即 $P = 0$ 时，$Q = 1200$)，(P 的单位为元，Q 的单位为 kg)。

(1) 试求需求量 Q 与价格 P 的函数关系.

(2) 求当价格为 1 元时，市场对该商品的需求量.

(3) 当 $P \to \infty$ 时，需求量的变化趋势如何？

解 (1) 由条件可知

$$\frac{P}{Q} \cdot \frac{dQ}{dP} = -P\ln 3,$$

即

$$\frac{dQ}{dP} = -Q\ln 3,$$

分离变量，并求解该微分方程，得

$$Q = Ce^{-P\ln 3}, \tag{9.3.1}$$

其中，C 为任意常数. 再由 $Q\big|_{P=0} = 1200$ 解得，$C = 1200$，代入式(9.3.1)，即得

$$Q = 1200 \times 3^{-P}.$$

(2) 当 $P = 1$ 元时，$Q = 1200 \times 3^{-1}\,\text{kg} = 400\,\text{kg}$.

(3) 显然，当 $P \to +\infty$ 时，$Q \to 0$. 即随着价格的无限增长，需求量将趋于零.

例 9.3.2　设某商品的需求函数与供给函数分别为 $Q = a - bP$，$S = -c + dP$，其中 a，b，c，d 均为正常数. 假设商品价格 P 为时间 t 的函数，已知初始价格 $P(0) = P_0$，且在任一时刻 t，价格 $P(t)$ 的变化率与这一时刻的超额需求 $Q - S$ 成正比(比例常数为 $k > 0$).

(1) 求供需平衡时的价格 $\overline{P}$(均衡价格).

(2) 求价格 $P(t)$ 的表达式.

(3) 分析价格 $P(t)$ 随时间的变化情况.

解　(1) 由 $Q = S$ 得，$\bar{P} = \dfrac{a+c}{b+d}$.

(2) 由题意可知

$$\frac{\mathrm{d}P}{\mathrm{d}t} = k(Q - S)，\tag{9.3.2}$$

其中，$k > 0$. 将 $Q = a - bP$，$S = -c + \mathrm{d}P$ 代入式(9.3.2)，得

$$\frac{\mathrm{d}P}{\mathrm{d}t} + k(b+d)P = k(a+c).$$

解这个一阶线性非齐次微分方程，得通解为

$$P(t) = C\mathrm{e}^{-k(b+d)t} + \frac{a+c}{b+d}.$$

再由 $P(0) = P_0$，得

$$C = P_0 - \frac{a+c}{b+d} = P_0 - \bar{P}.$$

故所求价格 $P(t)$ 的表达式为

$$P(t) = (P_0 - \bar{P})\mathrm{e}^{-k(b+d)t} + \bar{P}.$$

(3) 现在讨论价格 $P(t)$ 随时间的变化情况.

由于 $P_0 - \bar{P}$ 为常数，$k(b+d) > 0$，故当 $t \to +\infty$ 时，$(P_0 - \bar{P})\mathrm{e}^{-k(b+d)t} \to 0$，从而 $P(t) \to \bar{P}$. 由 P_0 与 $\bar{P}$ 的大小还可分三种情况进一步讨论.

① 如果 $P_0 = \bar{P}$，那么 $P(t) = \bar{P}$，即价格为常数，市场无需调节达到平衡.

② 如果 $P_0 > \bar{P}$，由于 $(P_0 - \bar{P})\mathrm{e}^{-k(b+d)t}$ 总是大于零且趋于零，故 $P(t)$ 总是大于 $\bar{P}$ 而趋于 $\bar{P}$.

③ 如果 $P_0 < \bar{P}$，那么 $P(t)$ 总是小于 $\bar{P}$ 而趋于 $\bar{P}$.

9.3.2　预测可再生资源的产量与商品的销售量

例 9.3.3　某林区实行封山养林，现有木材 10 万立方米，如果在每一时刻 t 木材的变化率与当时木材数成正比. 假设 10 年时该林区的木材为 20 万立方米. 如果规定，该林区的木材量达到 40 万立方米时才可砍伐，问至少多少年后才能砍伐？

解　如果时间 t 以年为单位，假设任一时刻 t 木材的数量为 $Q(t)$ 万立方米，由题意可知，

$$\frac{\mathrm{d}Q}{\mathrm{d}t} = kQ \quad (k \text{ 为比例常数})，$$

且

$$Q\big|_{t=0} = 10，\quad Q\big|_{t=10} = 20.$$

该方程的通解为

$$Q = C\mathrm{e}^{kt}.$$

将 $t = 0$ 时，$Q = 10$ 代入，得 $C = 10$，从而有

$$Q = 10\mathrm{e}^{kt}.$$

再将 $t = 10$ 时，$Q = 20$ 代入得 $k = \dfrac{\ln 2}{10}$，于是得到

$$Q = 10\mathrm{e}^{\frac{\ln 2}{10}t} = 10 \times 2^{\frac{t}{10}},$$

要使 $Q = 40$，需 $t = 20$．故至少 20 年后才能砍伐．

例 9.3.4 假设某产品的销售量 $Q(t)$ 是时间 t 的可导函数，如果商品的销售量对时间的增长速率 $\dfrac{\mathrm{d}Q}{\mathrm{d}t}$ 与销售量 $Q(t)$ 及销售量接近于饱和水平的程度 $N - Q(t)$ 之积成正比（N 为饱和水平，比例常数 $k > 0$），且当 $t = 0$ 时，$Q = \dfrac{1}{4} N$．

(1) 求销售量 $Q(t)$．

(2) 求 $Q(t)$ 的增长最快的时刻 T．

解 (1) 由题意可知

$$\frac{\mathrm{d}Q}{\mathrm{d}t} = kQ(N - Q) \quad (k > 0). \tag{9.3.3}$$

分离变量，得

$$\frac{\mathrm{d}Q}{Q(N - Q)} = k\mathrm{d}t,$$

两边积分，得

$$\frac{Q}{N - Q} = C\mathrm{e}^{Nkt},$$

解出 $Q(t)$，得

$$Q(t) = \frac{NC\mathrm{e}^{Nkt}}{C\mathrm{e}^{Nkt} + 1} = \frac{N}{1 + B\mathrm{e}^{-Nkt}}, \tag{9.3.4}$$

其中 $B = \dfrac{1}{C}$．由 $Q(0) = \dfrac{1}{4} N$，得 $B = 3$，故

$$Q(t) = \frac{N}{1 + 3\mathrm{e}^{-Nkt}}.$$

(2) 由于

$$\frac{\mathrm{d}Q}{\mathrm{d}t} = \frac{3N^2 k\mathrm{e}^{-Nkt}}{(1 + 3\mathrm{e}^{-Nkt})^2},$$

$$\frac{\mathrm{d}^2 Q}{\mathrm{d}t^2} = -\frac{3N^3 k^2 \mathrm{e}^{-Nkt}(1 - 3\mathrm{e}^{-Nkt})}{(1 + 3\mathrm{e}^{-Nkt})^3},$$

令 $\dfrac{\mathrm{d}^2 Q}{\mathrm{d}t^2} = 0$，得 $T = \dfrac{\ln 3}{Nk}$．

当 $t < T$ 时，$\dfrac{\mathrm{d}^2 Q}{\mathrm{d}t^2} > 0$；$t > T$ 时，$\dfrac{\mathrm{d}^2 Q}{\mathrm{d}t^2} < 0$，故 $T = \dfrac{\ln 3}{Nk}$ 时，$Q(t)$ 增长最快．

微分方程式(9.3.3)称为 Logistic 方程，其解曲线(9.3.4)称为 Logistic 曲线．在生物学、经济学中，常遇到这样的量 $x(t)$，其增长率 $\dfrac{\mathrm{d}x}{\mathrm{d}t}$ 与 $x(t)$ 及 $N - x(t)$ 之积成正比（N 为饱和值），这时 $x(t)$ 的变化规律遵循微分方程式(9.3.3)，而 $x(t)$ 本身按式(9.3.4)的方程而变化．

9.3.3　成本分析

例 9.3.5　某商场的销售成本 y 和存储费用 E 均是时间 t 的函数，随时间 t 的增长，销售成本的变化率等于存储费用的倒数与常数 5 的和，而存储费用的变化率为存储费用的 $-\dfrac{1}{3}$ 倍. 若当 $t=0$ 时，销售成本 $y=0$，存储费用 $S=10$.试求销售成本与时间 t 的函数关系及存储费用与时间 t 的函数关系.

解　由已知

$$\frac{\mathrm{d}y}{\mathrm{d}t}=\frac{1}{E}+5，\tag{9.3.5}$$

$$\frac{\mathrm{d}E}{\mathrm{d}t}=-\frac{1}{3}E，\tag{9.3.6}$$

解微分方程(9.3.6)，得

$$E=C\mathrm{e}^{-\frac{1}{3}}.$$

由 $E\big|_{t=0}=10$ 得，$C=10$，故存储费用与时间 t 的函数关系为

$$E=10\mathrm{e}^{-\frac{t}{3}}，\tag{9.3.7}$$

将式(9.3.7)代入微分方程(9.3.5)式，得

$$\frac{\mathrm{d}y}{\mathrm{d}t}=\frac{1}{10}\mathrm{e}^{\frac{t}{3}}+5，$$

从而有

$$y=\frac{3}{10}\mathrm{e}^{\frac{t}{3}}+5t+C_1.$$

由 $y\big|_{t=0}=0$，得 $C_1=-\dfrac{3}{10}$. 从而得到销售成本与时间 t 的函数关系为

$$y=\frac{3}{10}\mathrm{e}^{\frac{t}{3}}+5t-\frac{3}{10}.$$

9.3.4　公司的净资产分析

对于一个公司的资产运营，可以把它简单地看作两个方面发生的作用. 一方面，它的资产可以像银行的存款一样获得利息，另一方面，它的资产还需用于发放职工工资.

显然，当工资总额超过利息的盈取时，公司的经营状况将逐渐变糟，而当利息的盈取超过付给职工的工资总额时，公司将维持良好的经营状况. 为了表达得更加准确，假设利息是连续盈取的，并且工资也是连续支付的. 对于一个大公司来讲，这一假设是较为合理的.

例 9.3.6　设某公司的净资产在营运过程中，像银行的存款一样，以年 5% 的连续复利产生利息而使总资产增长，同时，公司还必须以每年 200 百万元人民币的数额连续地支付职工的工资.

(1) 列出描述公司净资产 W (以百万元为单位)的微分方程.

(2) 假设公司的初始净资产为 W_0(百万元)，求公司的净资产 $W(t)$.

(3) 描述出当 W_0 分别为 3000，4000 和 5000 时的解曲线.

解　先对问题作一个直观分析.

首先看是否存在一个初值 W_0，使该公司的净资产不变. 若存在这样的 W_0，则必始终有

利息盈取的速率 = 工资支付的速率

即

$$0.05W_0 = 200，\quad W_0 = 4000.$$

所以，如果净资产的初值 $W_0 = 4000$(百万元)时，利息与工资支出达到平衡，且净资产始终不变. 即 4000(百万元)是一个平衡解.

但若 $W_0 > 4000$(百万元)，则利息盈取超过工资支出，净资产将会增长，利息也因此而增长得更快，从而净资产增长得越来越快；若 $W_0 < 4000$(百万元)，则利息的盈取赶不上工资的支付；公司的净资产将减少，利息的盈取会减少，从而净资产减少的速率更快. 这样一来，公司的净资产最终减少到零，以致倒闭.

下面将建立微分方程以精确地分析这一问题.

(1) 显然

净资产的增长速率 = 利息盈取的速率 − 工资支付速率.

若 W 以百万元为单位，t 以年为单位，则利息盈取的速率为每年 $0.05W$ 百万元，而工资支付的速率为每年 200 百万元，于是

$$\frac{\mathrm{d}W}{\mathrm{d}t} = 0.05W - 200，$$

即

$$\frac{\mathrm{d}W}{\mathrm{d}t} = 0.05(W - 4000). \tag{9.3.8}$$

这就是该公司的净资产 W 所满足的微分方程.

令 $\dfrac{\mathrm{d}W}{\mathrm{d}t} = 0$，则得平衡解 $W_0 = 4000$.

(2) 利用分离变量法求解微分方程(9.3.8)，得

$$W = 4000 + Ce^{0.05t}　(C \text{ 为任意常数}).$$

由 $W|_{t=0} = W_0$ 得，$C = W_0 - 4000$，从而有

$$W = 4000 + (W_0 - 4000)e^{0.05t}.$$

(3) 若 $W_0 = 4000$，则 $W_0 = 4000$ 即为平衡解；

若 $W_0 = 5000$，则 $W = 4000 + 1000\,e^{0.05t}$；

若 $W_0 = 3000$ 则 $W = 4000 - 1000\,e^{0.05t}$.

在 $W_0 = 3000$ 的情形，当 $t \approx 27.7$ 时，$W = 0$，这意味着该公司将在今后的第 28 个年头破产.

图 9.1 给出了上述几个函数的曲线. $W = 4000$ 是一个平衡解. 可以看到，如果净资产在 W_0 附近某值开始，但并不等于 4000(百万元)，那么随着 t 的增大，W 将远离 W_0，故

$W = 4000$ 是一个不稳定的平衡点.

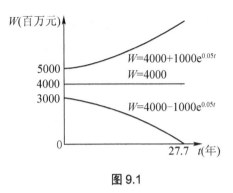

图 9.1

9.4 二阶常系数线性微分方程

二阶及二阶以上的微分方程称为**高阶微分方程**.

在实际中应用得较多的一类高阶微分方程是二阶常系数线性微分方程, 它的一般形式是

$$y'' + py' + qy = f(x) , \tag{9.4.1}$$

其中 p, q 为实常数, $f(x)$ 为 x 的已知函数. 当方程 (9.4.1) 右端 $f(x) = 0$ 时, 方程称为**齐次**的; 当 $f(x) \neq 0$ 时, 方程称为**非齐次**的.

9.4.1 二阶常系数齐次线性微分方程

先讨论二阶常系数线性齐次微分方程

$$y'' + py' + qy = 0 \tag{9.4.2}$$

其中 p, q 为实常数.

定理 9.4.1 如果函数 $y_1(x)$, $y_2(x)$ 是方程 (9.4.2) 的两个解, 那么

$$y = C_1 y_1(x) + C_2 y_2(x) \tag{9.4.3}$$

也是方程 (9.4.2) 的解, 其中 C_1, C_2 为任意常数.

证明 将式 (9.4.3) 代入方程 (9.4.2), 得

$$(C_1 y_1'' + C_2 y_2'') + p(C_1 y_1' + C_2 y_2') + q(C_1 y_1 + C_2 y_2) = C_1(y_1'' + py_1' + qy_1) + C_2(y_2'' + py_2' + qy_2)$$

由于 y_1, y_2 都是方程 (9.4.2) 的解, 于是上式等号右端括号内的表达式都恒等于零, 从而整个式子恒等于零, 故式 (9.4.3) 是方程 (9.4.2) 的解.

齐次线性方程的这个性质表明它的解符合**叠加原理**.

叠加起来的解 (9.4.3), 从其形式上看含有两个任意常数, 但它不一定是方程 (9.4.2) 的通解. 例如, 设 $y_1(x)$ 是方程 (9.4.2) 的一个解, 则 $y_2(x) = 3y_1(x)$ 也是方程 (9.4.2) 的解. 这时式 (9.4.3) 成为 $y = C_1 y_1(x) + 3C_2 y_1(x)$, 可以把它改写成 $y = Cy_1(x)$, 其中 $C = C_1 + 3C_2$, 这显然不是方程 (9.4.2) 的通解. 那么, 在什么样的情况下式 (9.4.3) 才是方程 (9.4.2) 的通解呢? 为解决这一问题, 引入一个新的概念.

定义 9.4.1 设 $y_1(x), y_2(x), \cdots, y_n(x)$ 是定义在区间 I 上的 n 个函数, 如果存在 n 个不

全为零的常数 k_1, k_2, $\cdots$, k_n, 使得当 $x \in I$ 时, 有恒等式
$$k_1 y_1 + k_2 y_2 + \cdots + k_n y_n \equiv 0$$
成立, 那么称这 n 个函数**线性相关**, 否则称它们**线性无关**.

例如, 函数 1, $\cos^2 x$, $\sin^2 x$ 在整个数轴上是线性相关的. 这是因为取 $k_1 = 1$, $k_2 = k_3 = -1$, 就有恒等式
$$1 - \cos^2 x - \sin^2 x \equiv 0$$
成立. 又如, 函数 1, x, x^2 在任何区间 (a, b) 内都是线性无关的. 这是因为找不到一组不全为零的数 k_1, k_2, k_3, 使得恒等式
$$k_1 \cdot 1 + k_2 x + k_3 x^2 \equiv 0$$
成立.

有了线性无关的概念后, 有如下关于二阶常系数齐次线性微分方程(9.4.2)的通解的结构定理.

定理 9.4.2　如果函数 $y_1(x)$, $y_2(x)$ 是方程(9.4.2)的两个线性无关的特解, 那么
$$y = C_1 y_1(x) + C_2 y_2(x) \ (\text{其中 } C_1, \ C_2 \text{ 为任意常数})$$
就是方程(9.4.2)的通解.

例如, 方程 $y'' - y = 0$ 是二阶常系数齐次线性微分方程, 且不难验证 $y_1 = e^x$ 与 $y_2 = e^{-x}$ 是所给方程的两个解, 且
$$\frac{y_2(x)}{y_1(x)} = \frac{e^{-x}}{e^x} = e^{-2x} \neq \text{常数},$$
即它们是两个线性无关的解, 因此方程 $y'' - y = 0$ 的通解为
$$y = C_1 e^x + C_2 e^{-x} \quad (C_1, \ C_2 \text{ 为任意常数}).$$

于是, 要求方程(9.4.2)的通解, 归结为如何求它的两个线性无关的特解. 由于方程(9.4.2)的左端是关于 y''、y'、y 的线性关系式, 且系数都为常数, 而当 r 为常数时, 指数函数 e^{rx} 和它的各阶导数都只差一个常数因子, 因此用 $y = e^{rx}$ 来尝试, 看能否取到适当的常数 r, 使 $y = e^{rx}$ 满足方程(9.4.2).

对 $y = e^{rx}$ 求导, 得 $y' = r e^{rx}$, $y'' = r^2 e^{rx}$. 把 y、y' 和 y'' 代入方程(9.4.2)得
$$(r^2 + pr + q) e^{rx} = 0.$$

由于 $e^{rx} \neq 0$, 所以
$$r^2 + pr + q = 0. \tag{9.4.4}$$

由此可见, 只要 r 是代数方程(9.4.4)的根, 函数 $y = e^{rx}$ 就是微分方程(9.4.2)的解, 代数方程(9.4.4)称为微分方程(9.4.2)的**特征方程**.

特征方程(9.4.4)是一个一元二次代数方程, 其中 r^2, r 的系数及常数项恰好依次是微分方程(9.4.2)中 y'', y' 和 y 的系数.

特征方程(9.4.4)的两个根 r_1, r_2 可用公式 $r_{1,2} = \dfrac{-p \pm \sqrt{p^2 - 4q}}{2}$ 求出, 它们有三种不同的情形, 分别对应着微分方程(9.4.2)的通解的三种不同的情形. 分别叙述如下.

(1) 如果 $p^2 - 4q > 0$, 那么可求得特征方程(9.4.4)的两个不相等实根 $r_1 \neq r_2$, 这时

$y_1 = \mathrm{e}^{r_1 x}$，　$y_2 = \mathrm{e}^{r_2 x}$ 是微分方程(9.4.2)的两个解，且 $\dfrac{y_2}{y_1} = \dfrac{\mathrm{e}^{r_2 x}}{\mathrm{e}^{r_1 x}} = \mathrm{e}^{(r_2 - r_1) x}$ 不是常数. 因此，微分方程(9.4.2)的通解为

$$y = C_1 \mathrm{e}^{r_1 x} + C_2 \mathrm{e}^{r_2 x}.$$

(2) 如果 $p^2 - 4q = 0$，这时 r_1，r_2 是两个相等的实根，且

$$r_1 = r_2 = -\frac{p}{2}.$$

这时，只得到微分方程(9.4.2)的一个解

$$y_1 = \mathrm{e}^{r_1 x}.$$

为了得出微分方程(9.4.2)的通解，还需求出另一个解 y_2，且要求 $\dfrac{y_2}{y_1}$ 不是常数.

设 $\dfrac{y_2}{y_1} = u(x)$，$u(x)$ 是 x 的待定函数，于是有

$$y_2 = u(x) y_1 = u(x) \mathrm{e}^{r_1 x}.$$

下面来确定 u. 对 y_2 求导，得

$$y_2' = \mathrm{e}^{r_1 x}(u' + r_1 u),$$
$$y_2'' = \mathrm{e}^{r_1 x}(u'' + 2 r_1 u' + r_1^2 u),$$

将 y_2，y_2'，y_2'' 代入微分方程(9.4.2)，得

$$\mathrm{e}^{r_1 x}\left[(u'' + 2 r_1 u' + r_1^2 u) + p(u' + r_1 u) + qu\right] = 0,$$

约去 $\mathrm{e}^{r_1 x}$，并以 u''，u'，u 为准合并同类项，得

$$u'' + (2 r_1 + p)u' + (r_1^2 + p r_1 + q)u = 0.$$

由于 r_1 是特征方程(9.4.2)的二重根，因此 $r_1^2 + p r_1 + q = 0$，且 $2 r_1 + p = 0$，于是得 $u'' = 0$.

这说明所设特解 y_2 中的函数 $u(x)$ 不能为常数，且要满足 $u''(x) = 0$. 显然 $u = x$ 是可选取的函数中的最简单的一个函数，由此得到微分方程(9.4.2)的另一个解

$$y_2 = x \mathrm{e}^{r_1 x}.$$

从而微分方程(9.4.2)的通解为

$$y = C_1 \mathrm{e}^{r_1 x} + C_2 x \mathrm{e}^{r_1 x} = (C_1 + C_2 x) \mathrm{e}^{r_1 x}.$$

(3) 如果 $p^2 - 4q < 0$，那么特征方程有一对共轭复根

$$r_1 = \alpha + \beta \mathrm{i}，\quad r_2 = \alpha - \beta \mathrm{i} \quad (\beta \neq 0),$$

其中，$\alpha = -\dfrac{p}{2}$，$\beta = \dfrac{\sqrt{4q - p^2}}{2}$.

这时，可以验证微分方程(9.4.2)有两个线性无关的解

$$y_1 = \mathrm{e}^{\alpha x} \cos \beta x，\quad y_2 = \mathrm{e}^{\alpha x} \sin \beta x.$$

从而微分方程(9.4.2)的通解为

$$y = \mathrm{e}^{\alpha x}(C_1 \cos \beta x + C_2 \sin \beta x).$$

综上所述，求二阶常系数线性微分方程 $y'' + p y' + q y = 0$ 的通解的步骤如下.

(1) 写出微分方程(9.4.2)的特征方程

$$r^2 + pr + q = 0. \tag{9.4.4}$$

(2) 求特征方程(9.4.4)的两个根 r_1，r_2.

(3) 根据特征方程(9.4.4)的两个根的不同情形，按照下列表格写出微分方程(9.4.2)的通解.

特征方程 $r^2 + pr + q = 0$ 的两个根 r_1，r_2	微分方程 $y'' + py' + qy = 0$ 的通解
两个不相等的实根 r_1，r_2	$y = C_1 e^{r_1 x} + C_2 e^{r_2 x}$
两个相等的实根 $r_1 = r_2$	$y = (C_1 + C_2 x) e^{r_1 x}$
一对共轭复根 $r_{1,2} = \alpha \pm \beta i$	$y = e^{\alpha x}(C_1 \cos \beta x + C_2 \sin \beta x)$

例 9.4.1　求微分方程 $y'' + 4y' - 5y = 0$ 的通解.

解　所给微分方程的特征方程为

$$r^2 + 4r - 5 = (r + 5)(r - 1) = 0，$$

其根 $r_1 = -5$，$r_2 = 1$，是两个不相等的实根. 因此所求通解为

$$y = C_1 e^{-5x} + C_2 e^x.$$

例 9.4.2　求方程 $\dfrac{d^2 S}{dt^2} + 2\dfrac{dS}{dt} + S = 0$ 满足初始条件 $S|_{t=0} = 4$，$S'|_{t=0} = -2$ 的特解.

解　所给微分方程的特征方程为

$$r^2 + 2r + 1 = (r + 1)^2 = 0，$$

其根 $r_1 = r_2 = -1$ 是两个相等的实根，因此所求微分方程的通解为

$$S = (C_1 + C_2 t) e^{-t}.$$

将条件 $S|_{t=0} = 4$ 代入通解，得 $C_1 = 4$，从而有

$$S = (4 + C_2 t) e^{-t}，$$

将上式对 t 求导，得

$$S' = (C_2 - 4 - C_2 t) e^{-t}，$$

再把条件 $S'|_{t=0} = -2$ 代入上式，得 $C_2 = 2$，于是所求特解为

$$S = (4 + 2t) e^{-t}.$$

例 9.4.3　求微分方程 $y'' - 2y' + 5y = 0$ 的通解.

解　所给方程的特征方程为

$$r^2 - 2r + 5 = 0，$$

其根为 $r_{1,2} = 1 \pm 2i$，为一对共轭复根. 因此所求微分方程的通解为

$$y = e^x (C_1 \cos 2x + C_2 \sin 2x).$$

9.4.2　二阶常系数非齐次线性微分方程

这里，讨论二阶常系数非齐次线性微分方程(9.4.1)的解法.为此，先介绍方程(9.4.1)的解的结构定理.

定理 9.4.3　设 $y^*(x)$ 是二阶常系数非齐次线性微分方程(9.4.1)的特解，而 $Y(x)$ 是与方程(9.4.1)对应的齐次方程(9.4.2)的通解，那么

$$y = Y(x) + y^*(x) \tag{9.4.5}$$

是二阶常系数非齐次线性微分方程(9.4.1)的通解.

证明　把式(9.4.5)代入方程(9.4.1)的左端，得

$$(Y'' + y^{*\prime\prime}) + p(Y' + y^{*\prime}) + q(Y + y^*)$$

$$= (Y'' + pY' + qY) + (y^{*\prime\prime} + py^{*\prime} + qY^*)$$

$$= 0 + f(x) = f(x)$$

又由于对应的齐次方程(9.4.2)的通解 $Y = C_1 y_1 + C_2 y_2$ 中含有两个独立的任意常数，所以 $y = Y + y^*$ 中也含有两个独立的任意常数，从而它就是二阶常系数非齐次线性微分方程(9.4.1)的通解.

例如，方程 $y'' + y = x^2$ 是二阶常系数非齐次线性微分方程，而可求得对应的齐次方程 $y'' + y = 0$ 的通解为 $Y = C_1 \cos x + C_2 \sin x$；又容易验证 $y^* = x^2 - 2$ 是所给方程的一个特解. 因此 $y = Y + y^* = C_1 \cos x + C_2 \sin x + x^2 - 2$ 是所给方程的通解.

由定理 9.4.3 知，求二阶常系数非齐次线性微分方程 $y'' + py' + qy = f(x)$ 的通解可按如下步骤进行.

(1) 求出对应的齐次方程 $y'' + py' + qy = 0$ 的通解 Y.

(2) 求出非齐次方程 $y'' + py' + qy = f(x)$ 的一个特解 y^*.

(3) 所求方程的通解为

$$y = Y + y^*.$$

而求齐次方程(9.4.2)的通解已在前面解决. 所以关键是如何求非齐次方程(9.4.1)的一个特解 y^*. 对此，不作一般讨论，仅不加证明地介绍对两种常见类型的 $f(x)$，用待定系数法求特解的方法.

结论9.4.1　如果 $f(x) = P_m(x)e^{\lambda x}$，其中 $P_m(x)$ 是 x 的 m 次多项式，λ 为常数(显然，$\lambda = 0$，则 $f(x) = P_m(x)$)，那么二阶常系数非齐次线性方程(9.4.1)具有形如

$$y^* = x^k Q_m(x)e^{\lambda x} \tag{9.4.6}$$

的特解，其中 $Q_m(x)$ 是与 $P_m(x)$ 同次(m 次)的待定多项式，而 k 的取值确定如下.

(1) 若 λ 不是特征方程的根，取 $k = 0$.

(2) 若 λ 是特征方程的单根，取 $k = 1$.

(3) 若 λ 是特征方程的重根，取 $k = 2$.

例 9.4.4　求微分方程 $y'' - 2y' - 3y = 2x + 1$ 的通解.

解　所给方程是二阶常系数非齐次线性微分方程，且函数 $f(x)$ 是 $P_m(x)e^{\lambda x}$ 型(其中 $P_m(x) = 2x + 1$，$\lambda = 0$). 该方程对应的齐次线性方程为

$$y'' - 2y' - 3y = 0.$$

它的特征方程为

$$r^2 - 2r - 3 = 0,$$

其两个实根为 $r_1 = 3$，$r_2 = -1$，于是所给方程对应的齐次线性方程的通解为

$$Y = C_1 e^{3x} + C_2 e^{-x}.$$

由于 $\lambda = 0$ 不是特征方程的根，所以应设原方程的一个特解为

$$y^* = Q_m(x) = b_0 x + b_1.$$

相应地，$y^{*''} = b_0$，$y^{*'''} = 0$. 把它们代入原方程，得

$$-2b_0 - 3(b_0 x + b_1) = 2x + 1，$$

即

$$-3b_0 x - (2b_0 + 3b_1) = 2x + 1.$$

比较上式两端 x 同次幂的系数，得

$$\begin{cases} -3b_0 = 2 \\ -2b_0 - 3b_1 = 1 \end{cases}，$$

解得 $b_0 = -\dfrac{2}{3}$，$b_1 = \dfrac{1}{9}$，于是求得原方程的一个特解为

$$y^* = -\frac{2}{3}x + \frac{1}{9}.$$

因此原方程的通解为

$$y = C_1 e^{3x} + C_2 e^{-x} - \frac{2}{3}x + \frac{1}{9}.$$

例 9.4.5　求微分方程 $y'' - 5y' + 6y = xe^{2x}$ 的通解.

解　所给方程也是二阶常系数非齐次线性微分方程，且函数 $f(x)$ 是 $P_m(x)e^{\lambda x}$ 型(其中 $P_m(x) = x$，$\lambda = 2$). 所给方程对应的齐次线性方程为

$$y'' - 5y' + 6y = 0.$$

它的特征方程为

$$r^2 - 5r + 6 = 0，$$

其两个实根为 $r_1 = 2$，$r_2 = 3$，于是所给方程对应的齐次线性方程的通解为

$$Y = C_1 e^{2x} + C_2 e^{3x}.$$

由于 $\lambda = 2$ 是特征方程的单根，所以应设原方程的一个特解为

$$y^* = x(b_0 x + b_1)e^{2x}，$$

把它代入原方程，消去 e^{2x}，化简后可得

$$-2b_0 x + 2b_0 - b_1 = x，$$

比较等式两端 x 同次幂的系数，得

$$\begin{cases} -2b_0 = 1 \\ 2b_0 - b_1 = 0 \end{cases}，$$

解得 $b_0 = -\dfrac{1}{2}$，$b_1 = -1$，因此求得一个特解为

$$y^* = x(-\frac{1}{2}x - 1)e^{2x}.$$

从而所求通解为

$$y = Y + y^* = C_1 e^{2x} + C_2 e^{3x} - \frac{1}{2}(x^2 + 2x)e^{2x}.$$

例 9.4.6　求微分方程 $y'' - 2y' + y = e^x$ 满足初始条件 $y|_{x=0} = 1$，$y'|_{x=0} = 0$ 的特解.

解　先求出所给微分方程的通解，再由初始条件定出通解中的两个任意常数. 从而求出满足初始条件的特解.

所给方程是二阶常系数非齐次线性微分方程，且函数 $f(x)$ 呈 $P_m(x)e^{\lambda x}$ 型（其中 $P_m(x)=1$，$\lambda=1$）.

与所给方程对应的齐次线性方程为

$$y'' - 2y' + y = 0，$$

其特征方程为

$$r^2 - 2r + 1 = 0，$$

它有两个相等的实根为 $r_1 = r_2 = 1$，于是所给方程对应的齐次线性方程的通解为

$$Y = (C_1 + C_2 x)e^x.$$

由于 $\lambda=1$ 是特征方程的二重根，所以应设原方程的一个特解为

$$y^* = ax^2 e^x，$$

对其求导数得

$$y^{*'} = (ax^2 + 2ax)e^x，$$

$$y^{*''} = (ax^2 + 4ax + 2a)e^x，$$

将它们代入原方程，得

$$2ae^x = e^x，$$

故

$$a = \frac{1}{2}，$$

于是

$$y^* = \frac{1}{2}x^2 e^x，$$

从而原方程的通解为

$$y = Y + y^* = (C_1 + C_2 x)e^x + \frac{1}{2}x^2 e^x$$

$$= \left(C_1 + C_2 x + \frac{1}{2}x^2\right)e^x.$$

计算出通解的导数为

$$y' = \left(C_1 + C_2 + x + C_2 x + \frac{1}{2}x^2\right)e^x.$$

由 $y\big|_{x=0}=1$ 得 $C_1=1$，由 $y'\big|_{x=0}=0$ 得 $C_1 + C_2 = 0$，即 $C_2 = -1$. 于是满足所给初值问题的特解为

$$y = \left(1 - x + \frac{1}{2}x^2\right)e^x.$$

结论 9.4.2　如果 $f(x) = e^{\lambda x}[P_l(x)\cos\omega x + P_n(x)\sin\omega x]$，其中 $P_l(x)$，$P_n(x)$ 分别是 x 的 l 次，n 次多项式，ω 为常数，那么微分方程(9.5.1)的特解可设为

$$y^* = x^k e^{\lambda x}\left[R_m^{(1)}(x)\cos\omega x + R_m^{(2)}(x)\sin\omega x\right]，$$

其中 $R_m^{(1)}(x)$、$R_m^{(2)}(x)$ 是 x 的 m 次多项式，$m = \max\{l, n\}$，而 k 的取值确定如下.

(1) 若 $\lambda + \omega i$（或 $\lambda - \omega i$）不是特征方程的根，取 $k = 0$.

(2) 若 $\lambda + \omega i$（或 $\lambda - \omega i$）是特征方程的单根，取 $k = 1$.

例 9.4.7　求微分方程 $y'' + y = x\cos 2x$ 的一个特解.

解　所给方程是二阶常系数非齐次线性方程，且 $f(x)$ 属于 $e^{\lambda x}[P_l(x)\cos\omega x + P_n(x)\sin\omega x]$ 型，其中 $\lambda = 0$，$\omega = 2$，$P_l(x) = x$，$P_n(x) = 0$，显然，$P_l(x)$ 和 $P_n(x)$ 分别是一次与零次多项式).

与所给方程对应的齐次线性方程为

$$y'' + y = 0,$$

它的特征方程为

$$r^2 + 1 = 0.$$

由于 $\lambda + \omega i = 2i$ 不是特征方程的根，所以应设特解为

$$y^* = (ax + b)\cos 2x + (cx + d)\sin 2x,$$

把它代入所给方程，得

$$(-3ax - 3b + 4c)\cos 2x - (3cx + 3d + 4a)\sin 2x = x\cos 2x,$$

比较两端同类项的系数，得

$$\begin{cases} -3a = 1 \\ -3b + 4c = 0 \\ -3c = 0 \\ -3d - 4a = 0 \end{cases}.$$

由此解得 $a = -\dfrac{1}{3}$，$b = 0$，$c = 0$，$d = \dfrac{4}{9}$. 于是求得一个特解为

$$y^* = -\frac{1}{3}x\cos 2x + \frac{4}{9}\sin 2x.$$

例 9.4.8　求微分方程 $\dfrac{d^2 x}{dt} + k^2 x = h\sin kt$ 的通解(k，h 为常数且 $k > 0$).

解　所给方程是二阶常系数非齐次线性方程，且 $f(t)$ 属于 $e^{\lambda t}[P_l(t)\cos\omega t + P_n(t)\sin\omega t]$ 型(其中 $\lambda = 0$，$\omega = k$，$P_l(t) = 0$，$P_n(t) = h$，显然，$P_l(t)$ 和 $P_n(t)$ 均为零次多项式)，对应的齐次线性方程为

$$\frac{d^2 x}{dt^2} + k^2 x = 0,$$

其特征方程 $r^2 + k^2 = 0$ 的根为 $r = \pm ki$，故齐次线性方程的通解为

$$X = C_1 \cos kt + C_2 \sin kt.$$

令 $C_1 = A\sin\varphi$，$C_2 = A\cos\varphi$，于是有

$$X = A\sin(kt + \varphi),$$

其中 A，φ 为任意常数. 由于 $\lambda \pm \omega i = \pm ki$ 是特征方程的根，故设特解为

$$x^* = t(a_1 \cos kt + b_1 \sin kt),$$

代入原非齐次方程得

$$a_1 = -\frac{h}{2k}, \quad b_1 = 0,$$

于是 $x^* = -\dfrac{h}{2k}t\cos kt$. 从而原非齐次线性方程的通解为

$$x = X + x^* = A\sin(kt + \varphi) - \frac{h}{2k}\cos kt .$$

本节的最后指出，二阶常系数非齐次线性微分方程的特解有时可用下述定理来帮助求出.

定理 9.4.4　设二阶常系数非齐次线性微分方程(9.4.1)的右端 $f(x)$ 是几个函数之和，如

$$y'' + py' + qy = f_1(x) + f_2(x) , \tag{9.4.7}$$

而 y_1^* 与 y_2^* 分别是方程

$$y'' + py' + qy = f_1(x) ,$$

$$y'' + py' + qy = f_2(x) ,$$

的特解，则 $y_1^* + y_2^*$ 就是原方程(9.5.7)的特解.

定理 9.4.4 通常称为二阶常系数非齐次线性微分方程的解的**叠加原理**. 结论的正确性可由微分方程解的定义而直接验证，读者不妨一试.

例 9.4.9　求方程 $y'' + 4y' + 3y = (x - 2) + e^{2x}$ 的一个特解.

解　先求得 $y'' + 4y' + 3y = x - 2$ 的一个特解为 $y_1^* = \frac{1}{3}x - \frac{10}{9}$，而 $y'' + 4y' + 3y = e^{2x}$

的一个特解为 $y_2^* = \frac{1}{15}e^{2x}$. 于是由定理 9.4.4 可知，原方程的一个特解为

$$y^* = \left(\frac{1}{3}x - \frac{10}{9}\right) + \frac{1}{15}e^{2x} .$$

9.5　差分与差分方程

9.5.1　差分的概念

在科学技术和经济研究中，连续变化的时间范围内，变量 y 的变化速度是用 $\frac{\mathrm{d}y}{\mathrm{d}t}$ 来刻画的. 但在有些场合，变量要按一定的离散时间取值. 例如，在经济上进行动态分析，要判断某一经济计划完成的情况时，就依据计划期末指标的数值进行. 因此常取在规定的时间区间上的差商 $\frac{\Delta y}{\Delta t}$ 来刻画 y 的变化速度. 如果选取 $\Delta t = 1$，那么 $\Delta y = y(t+1) - y(t)$ 可以近似地代表变量 y 的变化速度.

定义 9.5.1　设函数 $y = f(x)$，当自变量 x 依次取遍非负整数时，相应的函数值可以排成一个数列

$$f(0), f(1), \cdots, f(x), f(x+1), \cdots,$$

将其简记为

$$y_0, y_1, \cdots, y_x, y_{x+1}, \cdots.$$

当自变量从 x 变到 $x+1$ 时，函数的改变量 $y_{x+1} - y_x$ 称为函数 y 在点 x 的**差分**，也称一阶差分，记作 Δy_x，即

$$\Delta y_x = y_{x+1} - y_x \quad (x = 0, 1, 2, \cdots).$$

例 9.5.1　已知 $y_x = C$（C 为常数）求 Δy_x.

解　$\Delta y_x = y_{x+1} - y_x = C - C = 0$. 所以常数的差分为零.

例 9.5.2 设 $y_x = a^x$（其中 $a > 0$ 且 $a \neq 1$），求 Δy_x.

解　$\Delta y_x = y_{x+1} - y_x = a^{x+1} - a^x = a^x(a-1)$.

可见，指数函数的差分等于指数函数乘上一个常数.

例 9.5.3 设 $y_x = \sin ax$，求 Δy_x.

解　$\Delta y_x = \sin a(x+1) - \sin ax = 2\cos a\left(x + \dfrac{1}{2}\right)\sin\dfrac{1}{2}a$.

例 9.5.4 设 $y_x = x^2$，求 Δy_x.

解　$\Delta y_x = y_{x+1} - y_x = (x+1)^2 - x^2 = 2x + 1$.

例 9.5.5 设阶乘函数 $y_x = x^{(n)} = x(x-1)\cdots(x-n+1)$，$x^{(0)} = 1$，求 Δy_x.

解　$\Delta y_x = y_{x+1} - y_x = (x+1)^{(n)} - x^{(n)} = (x+1)x(x-1)\cdots(x+1-n+1) - x(x-1)\cdots(x-n+1)$

$\qquad = [(x+1) - (x-n+1)]x(x-1)\cdots(x-n+2)$

$\qquad = nx^{(n-1)}$

这个结果与 $y = x^n$ 的一阶导数等于 nx^{n-1} 的形式相类似.

由一阶差分的定义，容易得到差分的四则运算法则如下.

(1) $\Delta(Cy_x) = C\Delta y_x$.

(2) $\Delta(y_x \pm z_x) = \Delta y_x \pm \Delta z_x$.

(3) $\Delta(y_x \cdot z_x) = y_{x+1}\Delta z_x + z_x\Delta y_x = y_x\Delta z_x + z_{x+1}\cdot\Delta y_x$.

(4) $\Delta\left(\dfrac{y_x}{z_x}\right) = \dfrac{z_x\Delta y_x - y_x\Delta z_x}{z_x \cdot z_{x+1}} = \dfrac{z_{x+1}\Delta y_x - y_{x+1}\Delta z_x}{z_x \cdot z_{x+1}}$.

这里仅给出(3)式的证明如下：

$$\begin{aligned}
\Delta(y_x \cdot z_x) &= y_{x+1}z_{x+1} - y_x z_x\\
&= y_{x+1}z_{x+1} - y_{x+1}z_x + y_{x+1}z_x - y_x z_x\\
&= y_{x+1}(z_{x+1} - z_x) + z_x(y_{x+1} - y_x)\\
&= y_{x+1}\cdot\Delta z_x + z_x\cdot\Delta y_x.
\end{aligned}$$

类似可证得

$$\Delta(y_x \cdot z_x) = y_x\cdot\Delta z_x + z_{x+1}\cdot\Delta y_x.$$

下面给出高阶差分的定义.

定义 9.5.2 当自变量从 x 变到 $x+1$ 时，一阶差分的差分

$$\begin{aligned}
\Delta(\Delta y_x) = \Delta(y_{x+1} - y_x) &= \Delta y_{x+1} - \Delta y_x\\
&= (y_{x+2} - y_{x+1}) - (y_{x+1} - y_x)\\
&= y_{x+2} - 2y_{x+1} + y_x
\end{aligned}$$

称为函数 $y = f(x)$ 的二阶差分，记为 $\Delta^2 y_x$，即

$$\Delta^2 y_x = y_{x+2} - 2y_{x+1} + y_x.$$

同样，二阶差分的差分称为三阶差分，记为 $\Delta^3 y_x$，即

$$\Delta^3 y_x = y_{x+3} - 3y_{x+2} + 3y_{x+1} - y_x.$$

依次类推，$y = f(x)$ 的 n 阶差分为

$$\Delta^n y_x = \Delta(\Delta^{n-1} y_x).$$

二阶及二阶以上的差分，统称为**高阶差分**.

例 9.5.6 设 $y_x = e^{2x}$，求 $\Delta^2 y_x$.

解 $\Delta y_x = (y_{x+1} - y_x) = e^{2(x+1)} - e^{2x} = e^{2x}(e^2 - 1)$，

$\Delta^2 y_x = \Delta(\Delta y_x) = \Delta\left[e^{2x}(e^2 - 1)\right] = (e^2 - 1)\Delta e^{2x} = (e^2 - 1)^2 e^{2x}$.

例 9.5.7 设 $y_x = x^2$，求 Δy_x，$\Delta^2 y_x$，$\Delta^3 y_x$.

解 $\Delta y_x = \Delta(x^2) = (x+1)^2 - x^2 = 2x + 1$，

$\Delta^2 y_x = \Delta(\Delta y_x) = \Delta(2x + 1) = \Delta(2x) + \Delta(1) = 2\Delta(x) - 0 = 2$，

$\Delta^3 y_x = \Delta(\Delta^2 y_x) = 2 - 2 = 0$.

列出差分表如下.

x	1	2	3	4	5	6	7
y_x	1	4	9	16	25	36	49
Δy_x	3	5	7	9	11	13	
$\Delta^2 y_x$	2	2	2	2	2		
$\Delta^3 y_x$	0	0	0	0			

一般地，对于 k 次多项式，它的 k 阶差分为常数，而 k 阶以上的差分均为零.

最后，简要说明 $y = f(x)$ 在不同时期的值和它的各阶差分之间的关系.

如果用 E 表示位移算子，即 $E y_x = y_{x+1}$，$E^2 y_x = y_{x+2}, \cdots, E^n y_x = y_{x+n}$；用 I 表示恒等算子，即 $I y_x = y_x$，那么差分算子 $\Delta = E - I$，$\Delta^n = (E - I)^n$. 于是有

$$\Delta^n y_x = (E - I)^n y_x = \sum_{k=0}^{n} (-1)^k C_n^k E^{n-k} I^k y_x = \sum_{k=0}^{n} (-1)^k C_n^k E^{n-k} y_x = \sum_{k=0}^{n} (-1)^k C_n^k y_{x+n-k}$$

上式说明函数的 n 阶差分可以表示成已知函数在不同时期值 y_{x+n}, y_{x+n-1}, $\cdots$, y_{x+1}, y_x 的线性组合.

由于 $y = f(x)$ 的差分仍是 x 的函数，同样地可以证明函数在不同时期的值 y_{x+n} 可以表示成 y_x 及其各阶差分的线性组合. 事实上，

$$y_{x+1} = y_x + \Delta y_x，$$
$$y_{x+2} = y_{x+1} + \Delta y_{x+1} = y_x + \Delta y_x + \Delta(y_x + \Delta y_x)$$
$$= y_x + \Delta y_x + \Delta y_x + \Delta^2 y_x$$
$$= y_x + 2\Delta y_x + \Delta^2 y_x，$$
$$y_{x+3} = y_{x+2} + \Delta y_{x+2} = y_x + 2\Delta y_x + \Delta^2 y_x + \Delta(y_x + 2\Delta y_x + \Delta^2 y_x)$$
$$= y_x + 3\Delta y_x + 3\Delta^2 y_x + \Delta^3 y_x，$$
$$\cdots$$
$$y_{x+n} = E^n y_x = (\Delta + I)^n y_n = \sum_{k=0}^{n} C_n^k \Delta^k y_x.$$

9.5.2 差分方程的概念

定义 9.5.3 含有未知函数的差分或含有未知函数的几个不同时期值的符号的方程称为**差分方程**，其一般形式为

$$F(x,\ y_x,\ \Delta y_x,\ \Delta^2 y_x,\ \cdots,\ \Delta^n y_x)=0,$$

或

$$G(x,\ y_x,\ y_{x+1},\ y_{x+2},\ \cdots,\ y_{x+n})=0,$$

或

$$H(x,\ y_x,\ y_{x-1},\ y_{x-2},\ \cdots,\ y_{x-n})=0.$$

由差分的性质及定义可知，差分方程的不同表达形式之间可以相互转化．

例如，差分方程 $y_{x+2}-2y_{x+1}-y_x=3^x$ 可转化成 $y_x-2y_{x-1}-y_{x-2}=3^{x-2}$，若将原方程的左边写成

$$(y_{x+2}-y_{x+1})-(y_{x+1}-y_x)-2y_x=\Delta y_{x+1}-\Delta y_x-2y_x=\Delta^2 y_x-2y_x,$$

则原方程又可化为

$$\Delta^2 y_x-2y_x=3^x.$$

在定义 9.5.3 中，未知函数的最大下标与最小下标的差称为差分方程的阶．

如 $y_{x+5}-4y_{x+3}+3y_{x+2}-2=0$ 是三阶差分方程，又如差分方程 $\Delta^3 y_x+y_x+1=0$，虽然它含有三阶差分 $\Delta^3 y_x$，但它实际上是二阶差分方程，由于方程可化为

$$y_{x+3}-3y_{x+2}+3y_{x+1}+1=0.$$

因此，它是二阶差分方程．事实上，作代换 $t=x+1$，即可写成

$$y_{t+2}-3y_{t+1}+3y_t+1=0.$$

定义 9.5.4 如果一个函数代入差分方程，使方程两边恒等，则称此函数为差分方程的**解**．若在差分方程的解中，含有相互独立的任意常数的个数与该方程的阶数相同，则称这个解为差分方程的**通解**．

例 9.5.8 设有差分方程 $y_{x+1}-y_x=2$，把函数 $y_x=15+2x$ 代入此方程，得

$$左边=[15+2(x+1)]-(15+2x)=2=右边.$$

所以 $y_x=15+2x$ 是该差分方程的解．同样，可以验证 $y_x=C+2x$（C 为任意常数)也是该差分方程的解，它含有一个任意常数，而所给差分方程又是一阶的，故 $y_x=C+2x$ 是该差分方程的通解．

为了反映某一事物在变化过程中的客观规律性，往往根据事物在初始时刻所处的 状态，对差分方程附加一定条件，称为初始条件．当通解中任意常数被初始条件确定后，这个解称为差分方程的**特解**．

9.5.3 常系数线性差分方程解的结构

为以后几节讨论的需要，这里将给出常系数线性差分方程的解的结构定理．下面出现的差分方程均以含有未知函数不同时期值的形式表示．

n 阶常系数线性差分方程的一般形式为

$$y_{x+n}+a_1 y_{x+n-1}+\cdots+a_{n-1}y_{x-1}+a_n y_x=f(x), \tag{9.5.1}$$

其中 a_i（$i=1,\ 2,\ \cdots,\ n$)为常数，且 $a_n\neq 0$，$f(x)$ 为已知函数．当 $f(x)\equiv 0$ 时，差分方程(9.5.1)称为是**齐次**的；当 $f(x)\neq 0$ 时差分方程(9.5.1)称为是**非齐次**的．

若(9.5.1)是 n 阶常系数非齐次线性差分方程，则其所对应的 n 阶常系数齐次线性差分方程为

$$y_{x+n} + a_1 y_{x+n-1} + \cdots + a_{n-1} y_{x-1} + a_n y_x = 0 \qquad (a_n \neq 0), \tag{9.5.2}$$

关于 n 阶常系数线性差分方程(9.5.2)的解有如下一些结论.

定理 9.5.1　如果函数 $y_1(x)$，$y_2(x)$，$\cdots$，$y_k(x)$ 都是常系数齐次线性差分方程(9.5.2)的解，那么它们的线性组合

$$y(x) = C_1 y_1(x) + C_2 y_2(x) + \cdots + C_k y_k(x)$$

也是方程(9.5.2)的解，其中 C_1，C_2，$\cdots$，C_k 为常数.

下面将两个函数的线性相关，线性无关的概念推广到 n 个函数的情形.

定义 9.5.5　设有 n 个函数 $y_1(x)$，$\cdots$，$y_n(x)$ 都在某一区间 I 上有定义，若存在一组不全为零的数 k_1，$\cdots$，k_n 使对一切 $x \in I$，有

$$k_1 y_1 + \cdots + k_n y_n = 0,$$

则称函数 y_1，$\cdots$，y_n 在区间 I 上**线性相关**，否则，称为**线性无关**.

定理 9.5.2　如果函数 $y_1(x)$，$\cdots$，$y_n(x)$ 是 n 阶常系数齐次线性差分方程(9.5.2)的 n 个线性无关的解，那么

$$Y_x = C_1 y_1(x) + \cdots + C_n y_n(x) \quad (\text{其中 } C_1, C_2, \cdots, C_n \text{ 为常数})$$

就是方程(9.5.2)的**通解**.

由此定理可知，要求出 n 阶常系数齐次线性差分方程(9.5.2)的通解，只需求出其 n 个线性无关的特解.该定理称为常系数齐次线性差分方程的通解的结构定理.

定理 9.5.3　若 $y^*(x)$ 是非齐次方程(9.5.1)的一个特解，Y_x 是它对应的齐次方程(9.5.2)的通解，则非齐次方程(9.5.1)的通解为

$$y_x = Y_x + y_x^*.$$

由定理 9.5.3 知，要求非齐次方程(9.5.1)的通解，可先求对应的齐次方程(9.5.2)的通解，再找非齐次方程(9.5.1)的一个特解，然后相加. 该定理称为 n 阶常系数非齐次线性差分方程的通解的结构定理.

定理 9.5.4　若 $y_1^*(x)$，$y_2^*(x)$ 分别是非齐次方程

$$y_{x+n} + a_1 y_{x+n-1} + \cdots + a_{n-1} y_{x+1} + a_n y_x = f_1(x), \quad y_{x+n} + a_1 y_{x+n-1} + \cdots + a_{n-1} y_{x+1} + a_n y_x = f_2(x)$$

的特解，则 $y^* = y_1^* + y_2^*$ 是方程

$$y_{x+n} + a_1 y_{x+n-1} + \cdots + a_{n-1} y_{x+1} + a_n y_x = f_1(x) + f_2(x)$$

的特解.

9.6　一阶常系数线性差分方程

一阶常系数线性差分方程的一般形式为

$$y_{x+1} - ay_x = f(x),$$　　　　　　　　　　(9.6.1)

其中 $a \neq 0$ 为常数，$f(x)$ 为已知函数.

当 $f(x) \equiv 0$，称方程

$$y_{x+1} - ay_x = 0 \quad (a \neq 0),$$　　　　　　　(9.6.2)

为一阶常系数齐次线性差分方程.

当 $f(x) \not\equiv 0$，称方程(9.6.1)为一阶常系数非齐次线性差分方程.

下面介绍一阶常系数齐次线性差分方程的求解方法.

9.6.1　一阶常系数齐次线性差分方程的求解

对于一阶常系数齐次线性差分方程(9.6.2)，通常有如下两种解法.

1. 迭代法

若 y_0 已知，由方程(9.6.2)依次可得出

$$y_1 = ay_0,$$
$$y_2 = ay_1 = a^2 y_0,$$
$$y_3 = ay_2 = a^3 y_0,$$
$$\cdots$$

于是 $y_x = a^x y_0$，令 $y_0 = C$ 为任意常数，则齐次方程的通解为 $Y_x = Ca^x$.

2. 特征根法

由于方程 $y_{x+1} - ay_x = 0$ 等同于 $\Delta y_x + (1-a)y_x = 0$，可以看出 y_x 的形式一定是某个指数函数. 于是，设 $y_x = \lambda^x (\lambda \neq 0)$ 代入方程，得

$$\lambda^{x+1} - a\lambda^x = 0,$$

即

$$\lambda - a = 0,$$　　　　　　　　　　　　(9.6.3)

得 $\lambda = a$. 于是，称方程(9.6.3)为齐次方程(9.6.2)的**特征方程**，而 $\lambda = a$ 为**特征方程的根**(简称**特征根**).于是 $y_x = a^x$ 是齐次方程的一个解，从而

$$y_x = Ca^x \quad (C \text{ 为任意常数})$$　　　　(9.6.4)

是齐次方程的通解.

例 9.6.1　求 $2y_{x+1} + y_x = 0$ 的通解.

解　所给方程的特征方程为

$$2\lambda + 1 = 0,$$

其根为 $\lambda = -\dfrac{1}{2}$. 于是原方程的通解为

$$y_x = C\left(-\frac{1}{2}\right)^x \quad (C\text{ 为任意常数}).$$

例 9.6.2 求方程 $3y_x - y_{x-1} = 0$ 满足初始条件 $y_0 = 2$ 的解.

解 原方程 $3y_x - y_{x-1} = 0$ 可以改写为

$$3y_{x+1} - y_x = 0,$$

其特征方程为

$$3\lambda - 1 = 0,$$

其根为 $\lambda = \dfrac{1}{3}$. 于是原方程的通解为

$$y_x = C\left(\frac{1}{3}\right)^x.$$

再将初始条件 $y_0 = 2$ 代入，解得 $C = 2$. 因此所求特解为

$$y_x = 2\left(\frac{1}{3}\right)^x.$$

9.6.2 一阶常系数非齐次线性差分方程的求解

由定理 9.5.3 可知，一阶常系数非齐次线性差分方程(9.6.1)的通解由该方程的一个特解 y_x^* 与相应的齐次方程的通解之和构成. 由于相应的齐次方程的通解的求法已经解决. 因此，只需要讨论非齐次方程特解 y_x^* 的求法.

当右端 $f(x)$ 是某些特殊形式的函数时，采用待定系数法求其特解 y_x^* 较为方便.

1. $f(x) = P_n(x)$ 型

$P_n(x)$ 表示 x 的 n 次多项式，此时方程(9.6.1)为

$$y_{x+1} - ay_x = P_n(x) \quad (a \neq 0),$$

由于 $\Delta y_x = y_{x+1} - y_x$，上式可以改写成为

$$\Delta y_x + (1-a)y_x = P_n(x) \quad (a \neq 0).$$

设 y_x^* 是它的解，代入上式得

$$\Delta y_x^* + (1-a)y_x^* = P_n(x).$$

由于 $P_n(x)$ 是多项式，因此 y_x^* 也应该是多项式(因为当 y_x^* 是 x 次多项式时，Δy_x^* 是 $x-1$ 次多项式).

如果 1 不是齐次方程的特征方程的根，即 $1-a \neq 0$，那么 y_x^* 也是一个 n 次多项式，于是令

$$y_x^* = Q_n(x) = b_0 x^n + b_1 x^{n-1} + \cdots + b_{n-1}x + b_n,$$

把它代入方程，比较两端同次幂的系数，便可得 $Q_n(x)$.

如果 1 是齐次方程的特征方程的根，即 $1-a = 0$，这时 y_x^* 满足 $\Delta y_x^* = P_n(x)$，因此，应取 y_x^* 为一个 $n+1$ 次多项式，于是令

$$y_x^* = xQ_n(x) = x(b_0x^n + b_1x^{n-1} + \cdots + b_{n-1}x + b_n) ,$$

将它代入方程，比较同次幂的系数，即可确定各系数 $b_i(i=0, 1, 2, \cdots, n)$.

综上所述，有如下结论.

结论 9.6.1 若 $f(x) = P_n(x)$，则一阶常系数非齐次线性差分方程(9.6.1)具有形如

$$y_x^* = x^k Q_n(x)$$

的特解，其中 $Q_n(x)$ 是与 $P_n(x)$ 同次的待定多项式，而 k 的取值确定如下.

(1) 如果 1 不是特征方程的根，那么 $k = 0$.

(2) 如果 1 是特征方程的根，那么 $k = 1$.

例 9.6.3 求差分方程 $y_{x+1} - 3y_x = -2$ 的通解.

解 (1) 先求对应的齐次方程

$$y_{x+1} - 3y_x = 0$$

的通解 Y_x.

由于齐次方程的特征方程为 $\lambda - 3 = 0$，$\lambda = 3$ 是特征方程的根. 故 $Y_x = C \cdot 3^x$ 是齐次方程的通解.

(2) 再求非齐次方程的一个特解 y_x^*.

由于 1 不是特征方程的根，于是令 $y_x^* = a$，代入原方程为

$$a - 3a = -2 ,$$

即 $a = 1$. 从而 $y_x^* = 1$.

(3) 原方程的通解为

$$y_x = Y_x + y_x^* = C \cdot 3^x + 1 \quad (C \text{ 为任意常数}).$$

例 9.6.4 求差分方程 $y_{x+1} - 2y_x = 3x^2$ 的通解.

解 (1) 先求对应的齐次方程

$$y_{x+1} - 2y_x = 0$$

的通解 Y_x.

由于特征方程为 $\lambda - 2 = 0$，得其根为 $\lambda = 2$，于是

$$Y_x = C \cdot 2^x .$$

(2) 再求非齐次方程的一个特解 y_x^*.

由于 1 不是特征根，于是令

$$y_x^* = b_0x^2 + b_1x + b_2 ,$$

代入方程，得

$$b_0(x+1)^2 + b_1(x+1) + b_2 - 2(b_0x^2 + b_1x + b_2) = 3x^2 .$$

比较两边同次幂的系数，得

$$b_0 = -3 , \quad b_1 = -6 , \quad b_2 = -9 ,$$

于是有

$$y_x^* = -3x^2 - 6x - 9 .$$

(3) 原方程的通解为

$$y_x = C \cdot 2^x - 3x^2 - 6x - 9 .$$

例 9.6.5　求差分方程 $y_{t+1} - y_t = t + 1$ 满足 $y_0 = 1$ 的特解.

解　(1) 对应的齐次方程 $y_{t+1} - y_t = 0$ 的通解为

$$Y_t = C .$$

(2) 再求原方程的一个特解为 y_t^*.

由于 1 是特征方程的根，于是令

$$y_t^* = t(b_0 t + b_1) = b_0 t^2 + b_1 t ,$$

代入原方程，得

$$b_0 (t+1)^2 + b_1 (t+1) - b_0 t^2 - b_1 t = t + 1 .$$

比较两端同次幂的系数，得

$$b_0 = \frac{1}{2} , \quad b_1 = \frac{1}{2} ,$$

于是有

$$y_t^* = \frac{1}{2} t^2 + \frac{1}{2} t .$$

(3) 原方程的通解为

$$y_t = C + \frac{1}{2} t^2 + \frac{1}{2} t .$$

(4) 由 $y_0 = 1$，得 $1 = C$，故原方程满足初始条件的特解为

$$y_t = 1 + \frac{1}{2} t^2 + \frac{1}{2} t .$$

例 9.6.6　求差分方程 $y_{x+1} - y_x = x^3 - 3x^2 + 2x$ 的通解.

解　由于 1 是原方程所对应的齐次方程的特征方程的根，这类方程可用另一种较简单的方法求解.

方程的左端为 Δy_x，而右端可化为

$$x^3 - 3x^2 + 2x = x(x^2 - 3x + 2) = x(x-1)(x-2) = x^{(3)} ,$$

故 $\Delta y_x = x^{(3)}$. 于是原方程的通解为

$$y_x = \frac{x^{(4)}}{4} + C \quad (C \text{ 为任意常数}).$$

2.　$f(x) = \mu^x P_n(x)$ 型

这里，μ 为常数，$\mu \neq 0$ 且 $\mu \neq 1$，$P_n(x)$ 表示 x 的 n 次多项式. 此时，作变换

$$y_x = \mu^x \cdot z_x .$$

将其代入原方程 $y_{x+1} - a y_x = \mu^x \cdot P_n(x)$ 得

$$\mu^{x+1} z_{x+1} - a \mu^x \cdot z_x = \mu^x \cdot P_n(x) ,$$

消去 μ^x，即得

$$\mu z_{x+1} - a z_x = P_n(x) .$$

对此方程，已经求出它的一个解 z_x^*，于是

$$y_x^* = \mu^x \cdot z_x^*.$$

例 9.6.7　求 $y_{x+1} + y_x = x \cdot 2^x$ 的通解.

解　(1) 先求对应的齐次方程 $y_{x+1} + y_x = 0$ 的通解 Y_x，由于特征方程为 $\lambda + 1 = 0$，其根为 $\lambda = -1$，于是有

$$Y_x = C(-1)^x \quad (C \text{ 为任意常数}).$$

(2) 再求原方程的一个特解 y_x^*.

令 $y_x = 2^x \cdot z_x$，原方程化为

$$2z_{x+1} + z_x = x.$$

不难求得它的一个特解为

$$z_x^* = \frac{1}{3}x - \frac{2}{9},$$

于是有

$$y_x^* = 2^x \left(\frac{1}{3}x - \frac{2}{9} \right).$$

(3) 原方程的通解为

$$y_x = Y_x + y_x^* = C(-1)^x + 2^x \left(\frac{1}{3}x - \frac{2}{9} \right).$$

例 9.6.8　求 $y_{t+1} - ay_t = 2^t$ 的通解.

解　(1) 对应的齐次方程 $y_{t+1} - ay_t = 0$ 的通解为

$$Y_t = Ca^t \quad (C \text{ 为任意常数}).$$

(2) 求原方程的一个特解 y_x^*. 为此令 $y_t = 2^t \cdot z_t$，将原方程化为

$$2z_{t+1} - az_t = 1.$$

当 $a \neq 2$ 时，上述方程的一个特解为 $z_t^* = \dfrac{1}{2-a}$.

当 $a = 2$ 时，上述方程的一个特解为 $z_t^* = \dfrac{1}{2}t$. 于是

$$y_t^* = \begin{cases} \dfrac{1}{2-a} \cdot 2^t & (\text{当 } a \neq 2 \text{ 时}) \\[3mm] \dfrac{1}{2}t \cdot 2^t & (\text{当 } a = 2 \text{ 时}) \end{cases}.$$

(3) 原方程的通解为

$$y_t = Y_t + y_t^*,$$

即

$$y_t = \begin{cases} Ca^t + \dfrac{1}{2-a} \cdot 2^t & (\text{当 } a \neq 2 \text{ 时}) \\[3mm] C \cdot 2^t + \dfrac{1}{2}t \cdot 2^t & (\text{当 } a = 2 \text{ 时}) \end{cases}.$$

9.7　二阶常系数线性差分方程

二阶常系数线性差分方程的一般形式为

$$y_{x+2} + ay_{x+1} + by_x = f(x) \tag{9.7.1}$$

其中 a，b 为常数，且 $b \neq 0$，$f(x)$ 为 x 的已知函数.

当 $f(x) \equiv 0$ 时，称方程

$$y_{x+2} + ay_{x+1} + by_x = 0$$

为二阶常系数齐次线性差分方程.

若 $f(x) \neq 0$，则称方程(9.7.1)为二阶常系数非齐次线性差分方程.

下面介绍它们的求解方法.

9.7.1　二阶常系数齐次线性差分方程的求解

对于二阶常系数齐次线性差分方程

$$y_{x+2} + ay_{x+1} + by_x = 0，\ (b \neq 0)， \tag{9.7.2}$$

根据通解的结构定理，为了求出其通解，只需求出它的两个线性无关的特解，然后作它们的线性组合，即得通解.

显然，原方程(9.7.2)可以改写成

$$\Delta^2 y_x + (2+a)\Delta y_x + (1+a+b)y_x = 0 \ \ (b \neq 0)， \tag{9.7.3}$$

由此可以看出，可用指数函数 $y = \lambda^x$ 来尝试求解，看是否可以找到适当的常数 λ，使 $y = \lambda^x$ 满足方程(9.7.2).

令 $y_x = \lambda^x$，代入方程(9.7.2)，得

$$\lambda^x(\lambda^2 + a\lambda + b) = 0，$$

又因 $\lambda^x \neq 0$，即得

$$\lambda^2 + a\lambda + b = 0. \tag{9.7.4}$$

称方程(9.7.4)为齐次方程的**特征方程**. 特征方程的根简称为**特征根**. 由此可见，$y_x = \lambda^x$

为齐次方程(9.7.2)的特解的充要条件为 λ 是特征方程(9.7.4)的根. 和二阶常系数齐次线性微分方程一样，根据特征根的三种不同情况，可分别确定出齐次方程(9.7.2)的通解.

(1) 如果特征方程(9.7.4)有两个不相等的实根 λ_1 与 λ_2，此时，λ_1^x 与 λ_2^x 是齐次方程(9.7.2)的两个特解，且线性无关. 那么齐次差分方程(9.7.2)的通解为

$$y_x = C_1\lambda_1^x + C_2\lambda_2^x，$$

其中 C_1，C_2 为任意常数.

(2) 如果特征方程(9.7.4)有两个相等的实根 $\lambda = \lambda_1 = \lambda_2$，此时得齐次差分方程(9.7.2)的一个特解

$$y_x^{(1)} = \lambda^x.$$

为求出另一个与 $y_x^{(1)}$ 线性无关的特解, 不妨设 $y_x^{(2)} = u_x \cdot \lambda^x$ (u_x 不为常数), 将它代入齐次差分方程(9.7.2)得

$$u_{x+2}\lambda^{x+2} + au_{x+1}\lambda^{x+1} + bu_x\lambda^x = 0,$$

由于 $\lambda^x \neq 0$, 于是有

$$u_{x+2}\lambda^2 + au_{x+1}\lambda^x + bu_x = 0,$$

将其改写为

$$(u_x + 2\Delta u_x + \Delta^2 u_x) \cdot \lambda^2 + a\lambda(u_x + \Delta u_x) + bu_x = 0,$$

即

$$\lambda^2 \Delta^2 u_x + \lambda(2\lambda + a)\Delta u_x + (\lambda^2 + a\lambda + b)u_x = 0.$$

由于 λ 是特征方程(9.7.4)的二重根, 因此 $\lambda^2 + a\lambda + b = 0$ 且 $2\lambda + a = 0$, 于是得出

$$\Delta^2 u_x = 0.$$

显然 $u_x = x$ 是可选取的函数中最简单的一个, 于是得差分方程(9.7.2)的另一个解为

$$y_x^{(2)} = x \cdot \lambda^x.$$

从而差分方程(9.7.2)的通解为

$$y_x = C_1 y_x^{(1)} + C_2 y_x^{(2)} = (C_1 + C_2 x)\lambda^x,$$

其中 C_1, C_2 为任意常数.

(3) 如果特征方程(9.7.4)有一对共轭复根

$$\lambda_1 = \alpha + \beta i, \quad \lambda_2 = \alpha - \beta i.$$

这时, 可以验证差分方程(9.7.2)有两个线性无关的解.

$$y_x^{(1)} = r^x \cos\theta x, \quad y_x^{(1)} = r^x \cos\theta x,$$

其中 $r = \sqrt{\alpha^2 + \beta^2}$, $\tan\theta = \dfrac{\beta}{\alpha}$($0 < \theta < \pi$, $\beta > 0$), 从而差分方程(9.7.2)的通解为

$$y_x = C_1 y_x^{(1)} + C_2 y_x^{(2)} = r^x(C_1 \cos\theta x + C_2 \sin\theta x),$$

其中 C_1, C_2 为任意常数.

从上面的讨论看出, 求解二阶常系数齐次线性差分方程的步骤和求解二阶常系数齐次线性微分方程的步骤完全类似, 总结如下.

(1) 写出差分方程(9.7.2)的特征方程

$$\lambda^2 + a\lambda + b = 0 \quad (b \neq 0). \tag{9.7.5}$$

(2) 求特征方程(9.7.4)的两个根 λ_1、λ_2.

(3) 根据特征方程(9.7.4)的两个根的不同情形, 按照下列表格写出差分方程(9.7.2)的通解.

特征方程 $\lambda^2 + a\lambda + b = 0$ 的两个根 λ_1、λ_2	差分方程 $y_{x+2} + ay_{x+1} + by_x = 0$ $(b \neq 0)$ 的通解
两个不相等的实根 λ_1、λ_2	$y_x = C_1\lambda_1^x + C_2\lambda_2^x$
两个相等的实根 λ_1、λ_2	$y_x = (C_1 + C_2x)\lambda_1^x$
一对共轭复根 $\lambda_{1,2} = \alpha \pm \beta i$	$y_x = r^x(C_1\cos\theta x + C_2\sin\theta x)$，其中 $r = \sqrt{\alpha^2 + \beta^2}$，$\tan\theta = \dfrac{\beta}{\alpha}$，$(\beta > 0$，$0 < \theta < \pi)$

例 9.7.1　求差分方程 $y_{x+2} - 5y_{x+1} - 6y_x = 0$ 的通解.

解　所给差分方程的特征方程
$$\lambda^2 - 5\lambda - 6 = 0$$
有两个不相等的实根 $\lambda_1 = -1$，$\lambda_2 = 6$，从而原方程的通解为
$$y_x = C_1(-1)^x + C_2 6^x \quad (C_1,\ C_2\ \text{为任意常数}).$$

例 9.7.2　求差分方程 $\Delta^2 y_x + \Delta y_x - 3y_{x+1} + 4y_x = 0$ 的通解.

解　原方程可改写成如下形式
$$y_{x+2} - 4y_{x+1} + 4y_x = 0,$$
它是一个二阶常系数齐次线性差分方程，其特征方程
$$\lambda^2 - 4\lambda + 4 = 0$$
有两个相等的实根 $\lambda_1 = \lambda_2 = 2$，所以原方程的通解为
$$y_x = (C_1 + C_2x)\cdot 2^x \quad (C_1,\ C_2\ \text{为任意常数}).$$

例 9.7.3　求差分方程 $y_{x+2} + 4y_x = 0$ 的通解.

解　所给方程为二阶常系数齐次线性差分方程，其特征方程
$$\lambda^2 + 4 = 0$$
的根为 $\lambda_{1,2} = \pm 2i$，即 $\alpha = 0$，$\beta = 2$，从而 $r = \sqrt{\alpha^2 + \beta^2} = 2$，$\theta = \dfrac{\pi}{2}$，所以原方程的通解为
$$y_x = 2^x\left(C_1\cos\frac{\pi}{2}x + C_2\sin\frac{\pi}{2}x\right).$$

例 9.7.4　求差分方程 $y_{x+2} - 4y_{x+1} + 16y_x = 0$ 的满足初始条件 $y_0 = 1$，$y_1 = 2 + 2\sqrt{3}$ 的特解.

解　先求所给二阶常系数齐次线性差分方程的通解，其特征方程
$$\lambda^2 - 4\lambda + 16 = 0$$
的根为 $\lambda_{1,2} = 2 \pm 2\sqrt{3}i$，$\alpha = 2$，$\beta = 2\sqrt{3}$，于是有
$$r = \sqrt{\alpha^2 + \beta^2} = 4, \quad \tan\theta = \frac{\beta}{\alpha} = \sqrt{3}, \quad \theta = \frac{\pi}{3},$$
故原方程的通解为
$$y_x = 4^x\left(C_1\cos\frac{\pi}{3}x + C_2\sin\frac{\pi}{3}x\right).$$
由初始条件 $y_0 = 1$，$y_1 = 2 + 2\sqrt{3}$ 得

$$\begin{cases} C_1 = 1 \\ C_1 + \sqrt{3}C_2 = \sqrt{3} + 1 \end{cases},$$

解得 $C_1 = 1$，$C_2 = 1$．故所求特解为

$$y_x = 4^x \left(\cos \frac{\pi}{3}x + \sin \frac{\pi}{3}x \right).$$

9.7.2　二阶常系数非齐次线性差分方程的求解

对于二阶常系数非齐次线性差分方程

$$y_{x+2} + ay_{x+1} + by_x = f(x) \qquad (a,\ b\ 为常数，且\ b \neq 0)， \tag{9.7.6}$$

根据通解的结构定理，求差分方程(9.7.6)的通解，归结为求对应的齐次方程

$$y_{x+2} + ay_{x+1} + by_x = 0 \tag{9.7.7}$$

的通解和非齐次方程(9.7.6)本身的一个特解. 由于二阶常系数齐次线性差分方程通解的求法前面已经得到解决，所以这里只需讨论求二阶常系数非齐次线性差分方程的一个特解 y_x^* 的方法.

在实际经济应用中，方程(9.7.6)的右端 $f(x)$ 的常见类型是 $f(x) = P_n(x)$（$P_n(x)$ 表示 n 次多项式）及 $f(x) = \mu^x P_n(x)$（μ 为常数，$\mu \neq 0$，$\mu \neq 1$）两种类型. 下面介绍用待定系数法求 $f(x)$ 为上述两种情况时 y_x^* 的求法.

1.　$f(x) = P_n(x)$

此时，方程(9.7.6)为

$$y_{x+2} + ay_{x+1} + by_x = P_n(x) \quad (b \neq 0)，$$

可改写为

$$\Delta^2 y_x + (2+a)\Delta y_x + (1+a+b)y_x = P_n(x).$$

设 y_x^* 是它的解，代入上式，即得

$$\Delta^2 y_x^* + (2+a)\Delta y_x^* + (1+a+b)y_x^* = P_n(x)，$$

由于 $P_n(x)$ 是一个已知的多项式，因此 y_x^* 应该也是一个多项式. 由于齐次方程(9.7.7)的特征方程为

$$\lambda^2 + a\lambda + b = 0.$$

因此，有以下三种方式.

(1) 若 1 不是特征方程的根，即 $1+a+b \neq 0$，那么说明 y_x^* 应该是一个 n 次多项式，于是令

$$y_x^* = Q_n(x) = b_0 x^n + b_1 x^{n-1} + \cdots + b_{n-1}x + b_n \qquad (b_0 \neq 0)，$$

代入方程，比较两边同次幂的系数，便可求出 $b_i (i = 0,\ 1,\ 2,\ \cdots,\ n)$ 从而求得 y_x^*.

(2) 若 1 是特征方程的单根，即 $1+a+b = 0$ 且 $2+a \neq 0$，那么 Δy_x^* 是一个 n 次多项式，即说明 y_x^* 应是一个 $n+1$ 次多项式，于是令

$$y_x^* = xQ_n(x) = x(b_0 x^n + b_1 x^{n-1} + \cdots + b_{n-1}x + b_n)，$$

将其代入方程，比较两边同次幂的系数，便可确定出 $b_i (i = 0, 1, 2, \cdots, n)$，从而求得 y_x^*.

(3) 如果 1 是特征方程的二重根，即有 $1 + a + b = 0$ 且 $2 + a = 0$，那么 $\Delta^2 y_x^*$ 应是一个 n 次多项式，即说明 y_x^* 应是一个 $n + 2$ 次多项式，于是令

$$y_x^* = x^2 Q_n(x) = x^2 (b_0 x^n + b_1 x^{n-1} + \cdots + b_{n-1} x + b_n),$$

将其代入方程，比较两边同次幂的系数，便可确定 $b_i (i = 0, 1, 2, \cdots, n)$ 从而可求得 y_x^*.
综上所述，可得如下结论.

如果 $f(x) = P_n(x)$，则二阶常系数非齐次线性差分方程(9.7.6)具有形如

$$y_x^* = x^k Q_n(x)$$

的特解，其中 $Q_n(x)$ 是与 $P_n(x)$ 同次(n 次)的待定多项式，而 k 的取值按如下方法确定.

(1) 若 1 不是特征方程的根，$k = 0$.
(2) 若 1 是特征方程的单根，$k = 1$.
(3) 若 1 是特征方程的二重根，$k = 2$.

例 9.7.5　求差分方程 $y_{x+2} + 5y_{x+1} + 4y_x = x$ 的通解

解　(1) 先求对应的齐次方程

$$y_{x+2} + 5y_{x+1} + 4y_x = 0$$

的通解 y_x.
由于特征方程

$$\lambda^2 + 5\lambda + 4 = 0$$

的根为 $\lambda_1 = -1$，$\lambda_2 = -4$，于是有

$$Y_x = C_1(-1)^x + C_2(-4)^x.$$

(2) 再求原方程的一个特解 y_x^*.
由于 1 不是特征方程的根，于是令

$$y_x^* = b_0 x + b_1,$$

代入原方程得

$$b_0(x+2) + b_1 + 5[b_0(x+1) + b_1] + 4(b_0 x + b_1) = x,$$

解得 $b_0 = \dfrac{1}{10}$，$b_1 = -\dfrac{7}{100}$. 于是有

$$y_x^* = \frac{1}{10}x - \frac{7}{100}.$$

(3) 原方程的通解为

$$y_x = Y_x + y_x^* = C_1(-1)^x + C_2(-4)^x + \frac{1}{10}x - \frac{7}{100},$$

其中 C_1，C_2 为任意常数.

例 9.7.6　求差分方程 $y_{x+2} + 3y_{x+1} - 4y_x = 3x$ 的通解.

解 (1) 先求对应的齐次方程

$$y_{x+2} + 3y_{x+1} - 4y_x = 0$$

的通解 Y_x. 其特征方程

$$\lambda^2 + 3\lambda - 4 = 0$$

的特征根为 $\lambda_1 = 1$，$\lambda_2 = -4$，于是有

$$Y_x = C_1 + C_2(-4)^x.$$

(2) 再求原方程的一个特解 y_x^*.

由于 1 是特征方程的单根，因此令

$$y_x^* = x(b_0 x + b_1) = b_0 x^2 + b_1 x,$$

代入原方程，并比较同次幂的系数，得

$$\begin{cases} 10b_0 = 3 \\ 7b_0 + 5b_1 = 0 \end{cases},$$

解得 $b_0 = \dfrac{3}{10}$，$b_1 = -\dfrac{21}{50}$. 于是有

$$y_x^* = \frac{3}{10} x^2 - \frac{21}{50} x.$$

(3) 原方程的通解为

$$y_x = Y_x + y_x^* = C_1 + C_2 \cdot (-4)^x + \frac{3}{10} x^2 - \frac{21}{50} x.$$

例 9.7.7 求差分方程 $y_{x+2} - 2y_{x+1} + y_x = 8$ 一个特解.

解 所给差分方程对应的齐次方程的特征方程为

$$\lambda^2 - 2\lambda + 1 = 0,$$

由于 1 是特征方程的二重根，于是令特解为

$$y_x^* = a \cdot x^2,$$

代入原方程得

$$a(x+2)^2 - 2a(x+1)^2 + ax^2 = 8,$$

解得 $a = 4$. 于是有

$$y_x^* = 4x^2.$$

2. $f(x) = \mu^x P_n(x)$

此时，方程(9.7.6)成为

$$y_{x+2} + ay_{x+1} + by_x = \mu^x \cdot P_n(x) \quad (b \neq 0).$$

引入变换，令 $y_x = \mu^x z_x$，则原方程化为

$$\mu^{x+2} z_{x+2} + a\mu^{x+1} z_{x+1} + b\mu^x z_x = \mu^x P_n(x),$$

即

$$\mu^2 z_{x+2} + a\mu z_{x+1} + b z_x = P_n(x),$$

这时右端为一个 n 次多项式的情况.

按前面所讨论的方法，即可求出 z_x^*，从而 $y_x^* = \mu^x z_x^*$.

例 9.7.8 求差分方程 $y_{x+2} - y_{x+1} - 6y_x = 3^x(2x+1)$ 的通解.

解 (1) 先求对应的齐次方程

$$y_{x+2} - y_{x+1} - 6y_x = 0$$

的通解 y_x. 其特征方程

$$\lambda^2 - \lambda - 6 = 0$$

的根为 $\lambda_1 = -2$，$\lambda_2 = 3$. 于是有

$$Y_x = C_1 3^x + C_2 (-2)^x.$$

(2) 再求原方程的一个特解 y_x^*. 由于 $f(x) = 3^x(2x+1)$，故令 $y_x = 3^x \cdot z_x$，代入原方程得

$$9z_{x+2} - 3z_{x+1} - 6z_x = 2x+1.$$

下面先求这个方程的一个特解 z_x^*.

由于该方程所对应的齐次方程的特征方程

$$9\lambda^2 - 3\lambda - 6 = 0$$

的根为 $\lambda_1 = 1$，$\lambda_2 = -\dfrac{2}{3}$. 因为 1 是特征方程的单根，于是令

$$z_x^* = x(b_0 x + b_1) = b_0 x^2 + b_1 x,$$

将其代入方程 $9z_{x+2} - 3z_{x+1} - 6z_x = 2x+1$，并比较同次幂的系数，得 $b_0 = \dfrac{1}{15}$，$b_1 = -\dfrac{2}{25}$. 于是有

$$z_x^* = \frac{1}{15} x^2 - \frac{2}{25} x,$$

从而有

$$y_x^* = 3^x \left(\frac{1}{15} x^2 - \frac{2}{25} x \right).$$

(3)原方程的通解为

$$y_x = C_1 \cdot 3^x + C_2 \cdot (-2)^x + 3^x \left(\frac{1}{15} x^2 - \frac{2}{25} x \right) \quad (C_1, C_2 \text{ 为任意常数}).$$

9.8 差分方程的简单经济应用

差分方程在经济领域的应用十分广泛，下面仅举一些简单的例子.

例 9.8.1 (存款模型) 设 S_t 为 t 年末存款总额，r 为年利率，设 $S_{t+1} = S_t + rS_t$，且初始存款为 S_0，求 t 年末的本利和.

解 $$S_{t+1} = S_t + rS_t,$$

即

$$S_{t+1} - (1+r)S_t = 0,$$

这是一个一阶常系数线性齐次差分方程. 其特征方程

$$\lambda - (1 + r) = 0$$

的根为 $\lambda = (1 + r)$.

于是齐次方程的通解为

$$S_t = C(1 + r)^t ,$$

将初始条件代入, 得 $C = S_0$. 因此 t 年末的本利和为

$$S_t = S_0(1 + r)^t .$$

这就是一笔本金 S_0 存入银行后, 年利率为 r, 按年复利计息, t 年末的本利和.

例 9.8.2　设 P_t, S_t, Q_t 分别表示某种商品在 t 时刻的价格, 供给量和需求量, **这里 t 取离散值**, 例如, $t = 0, 1, 2 \cdots$. 由于 t 时刻的供给量 S_t 决定于 t 时刻的价格, 且价格越高, 供给量越大, 因此常用的线性模型是

$$S_t = -c + dP_t ,$$

同样的分析可得

$$Q_t = a - bP_t ,$$

这里 a, b, c, d 均为正常数. 由实际情况知, t 时期的价格 P_t 由 $t-1$ 时期的价格 P_{t-1} 与供给量与需求量之差 $S_{t-1} - Q_{t-1}$ 按下述关系

$$P_t = P_{t-1} - \lambda(S_{t-1} - Q_{t-1})$$

确定(其中 λ 为常数).

(1) 求供需相等时的价格 $\overline{P}$ (称为**均衡价格**);

(2) 求商品的价格随时间的变化规律.

解　(1)　$Q_t = S_t$ 可得, $\overline{P} = \dfrac{a + c}{b + d}$.

(2)　由题设可得

$$P_t = P_{t-1} - \lambda(S_{t-1} - Q_{t-1}) = P_{t-1} - \lambda\left[-a + bP_{t-1} - (c - dP_{t-1})\right],$$

即

$$P_t - (1 - b\lambda - d\lambda)P_{t-1} = \lambda(a + c).$$

这是一个一阶常系数非齐次线性差分方程, 其对应的齐次方程的通解为

$$P_t = A(1 - b\lambda - d\lambda)^t \quad (\text{其中 } A \text{ 为常数}).$$

原方程的一个特解为

$$P_t^* = \dfrac{a + c}{b + d} = \overline{P}^* ,$$

从而原方程的通解为

$$P_t = A(1 - b\lambda - d\lambda)^t + \dfrac{a + c}{b + d}$$

$$= A(1 - b\lambda - d\lambda)^t + \overline{P}^* .$$

由于初始价格 P_0 一般为已知, 故由

$$P_0 = A + \overline{P}^*$$

可得

$$A = P_0 - \overline{P}^* ,$$

从而有

$$P_t = (P_0 - \overline{P}^*)(1 - b\lambda - d\lambda)^t + \overline{P}^*.$$

与例 9.8.2 不同的是，在实际的经济问题中，往往是 t 时期的价格 P_t 决定下一时期的供给量 S_{t+1}，同时 P_t 还决定本期该产品的需求量. 因此，有必要讨论下面的例子.

例 9.8.3 在农业生产中，种植先于产出及产品出售一个适当的时期，t 时期该产品的价格 P_t 决定着生产者在下一时期愿意提供给市场的产量 S_{t+1}，还决定着本期该产品的需求量 D_t，因此有

$$Q_t = a - bP_t, \quad S_t = -c + dP_{t-1},$$

其中 a，b，c，d 均为正常数.

假设每一时期的价格总是确定在市场售清的水平上，即 $S_t = Q_t$.

(1) 求价格随时间变动的规律.

(2) 讨论市场价格的种种变化趋势.

解 (1) 由于 $S_t = Q_t$，因此可得

$$-c + dP_{t-1} = a - bP_t,$$

即

$$bP_t + dP_{t-1} = a + c,$$

于是得

$$P_t + \frac{d}{b}P_{t-1} = \frac{a+c}{b},$$

其中 a，b，c，d 均为正常数. 这是一阶常系数线性差分方程，对应齐次方程的特征方程为

$$\lambda + \frac{d}{b} = 0,$$

其特征根为 $\lambda = -\dfrac{d}{b}$.

因为 $b > 0$，$d > 0$，所以 $\lambda = -\dfrac{d}{b} \neq 1$，故相应的齐次方程的通解为

$$A\left(-\frac{d}{b}\right)^t \quad (A \text{ 为任意常数}),$$

且原方程的一个特解为

$$P_t^* = \frac{a+c}{b+d},$$

因此，问题的通解为

$$P_t = \frac{a+c}{b+d} + A\left(-\frac{d}{b}\right)^t \quad (A \text{ 为任意常数}).$$

当 $t = 0$ 时，$P_t = P_0$，将其代入通解，得

$$A = P_0 - \frac{a+c}{b+d},$$

即满足初始条件 $t=0$ 时 $P_t = P_0$ 的特解为

$$P_t = \frac{a+c}{b+d} + \left(P_0 - \frac{a+c}{b+d}\right)\left(-\frac{d}{b}\right)^t.$$

(2) 上一结论说明了市场趋向的种种形态. 下面来具体分析.

① 如果 $\left|-\dfrac{d}{b}\right| < 1$，那么

$$\lim_{x \to +\infty} P_t = \frac{a+c}{b+d} = P_t^*,$$

这说明市场价格趋于平衡，且特解 $P_t^* = \dfrac{a+c}{b+d}$ 是一个平衡价格.

② 如果 $\left|-\dfrac{d}{b}\right| > 1$，那么

$$\lim_{x \to +\infty} P_t = \infty,$$

这说明这种情况下，市场价格的波动越来越大，且呈发散状态.

③ 如果 $\left|-\dfrac{d}{b}\right| = 1$，那么

$$P_{2t} = P_0, \quad P_{2t+1} = 2P_t^* - P_0,$$

即市场价格呈周期变化状态.

例 9.8.4(消费模型) 设 y_t 为 t 期国民收入，C_t 为 t 期消费，I_t 为 t 期投资，它们之间有如下关系式

$$\begin{cases} C_t = \alpha y_t + a & (9.8.1) \\ I_t = \beta y_t + b & \quad , \quad (9.8.2) \\ y_t - y_{t-1} = \theta(y_{t-1} - C_{t-1} - I_{t-1}) & (9.8.3) \end{cases}$$

其中 α, β, a, b, θ 均为常数，且

$$0 < \alpha < 1, \quad 0 < \beta < 1, \quad 0 < \theta < 1, \quad 0 < \alpha + \beta < 1, \quad a \geqslant 0, \quad b \geqslant 0.$$

若基期的国民收入 y_0 为已知，试求 y_t 与 t 的函数关系.

解 由式(9.8.1)知 $C_{t-1} = \alpha y_{t-1} + a$，由式(9.8.2)知 $I_{t-1} = \beta y_{t-1} + b$，将以上两式代入式(9.8.3)，整理后，得

$$y_t - [1 + \theta(1 - \alpha - \beta)] y_{t-1} = -\theta(a+b),$$

这是一阶常系数非齐次线性差分方程，右端是零次多项式. 易求它的通解为

$$y_t = C[1 + \theta(1 - \alpha - \beta)]^t + \frac{a+b}{1 - \alpha - \beta}.$$

又由于 $t = 0$ 时，$y_t = y_0$ 已知，将此初始条件代入上式得，$C = y_0 - \dfrac{a+b}{1 - \alpha - \beta}$. 于是有

$$y_t = \left(y_0 - \frac{a+b}{1 - \alpha - \beta}\right)[1 + \theta(1 - \alpha - \beta)]^t + \frac{a+b}{1 - \alpha - \beta}.$$

这就是 t 期国民收入随时间 t 变化的规律.

例 9.8.5 萨缪尔森乘数——加速数模型.

设 y_t 为 t 期国民收入，C_t 为 t 期消费，I_t 为 t 期投资，G 为政府支出(各期相同). 著名

经济学家萨缪尔森建立了如下的经济模型：

$$\begin{cases} y_t = C_t + I_t + G & (9.8.4) \\ C_t = \alpha y_{t-1} & (0 < \alpha < 1) & (9.8.5) \\ I_t = \beta(C_t - C_{t-1}) & (\beta > 0) & (9.8.6) \end{cases}$$

其中 α 为边际消费倾向(常数)；β 为加速数(常数). 试求出 y_t 和 t 的函数关系.

解　由题设，将式(9.8.4)与式(9.8.5)代入式(9.8.6)，得

$$y_t = \alpha y_{t-1} + \beta(\alpha y_{t-1} - \alpha y_{t-2}) + G,$$

即

$$y_t - \alpha(1+\beta)y_{t-1} + \alpha\beta y_{t-2} = G,$$

化成标准形式为

$$y_{t+2} - \alpha(1+\beta)y_{t+1} + \alpha\beta y_t = G.$$

这是一个二阶常系数非齐次差分方程.

(1) 先求对应的齐次方程的通解 Y_t.

原方程对应的齐次方程为

$$y_{t+2} - \alpha(1+\beta)y_{t+1} + \alpha\beta y_t = 0,$$

其特征方程为

$$\lambda^2 - \alpha(1+\beta)\lambda + \alpha\beta = 0,$$

特征方程的判别式为

$$\Delta = \alpha^2(1+\beta)^2 - 4\alpha\beta.$$

① 若 $\Delta > 0$，则特征方程有两个不相等的实根，

$$\lambda_1 = \frac{1}{2}\left[\alpha(1+\beta) + \sqrt{\Delta}\right], \quad \lambda_2 = \frac{1}{2}\left[\alpha(1+\beta) - \sqrt{\Delta}\right],$$

于是有

$$Y_t = C_1\lambda_1^t + C_2\lambda_2^t.$$

② 若 $\Delta = 0$，则特征方程有两个相等的实根，

$$\lambda_{1,2} = \frac{1}{2}\alpha(1+\beta) = \sqrt{\alpha\beta},$$

于是有

$$Y_t = (C_1 + C_2 t)\lambda^t.$$

③ 若 $\Delta < 0$，则特征方程有一对共轭复根，

$$\lambda_1 = \frac{1}{2}\left[\alpha(1+\beta) + \sqrt{-\Delta}\,\mathrm{i}\right], \quad \lambda_2 = \frac{1}{2}\left[\alpha(1+\beta) - \sqrt{-\Delta}\,\mathrm{i}\right],$$

于是有

$$Y_t = r^t\left(C_1\cos\theta t + C_2\sin\theta t\right),$$

其中 $r = \sqrt{\alpha\beta}$，$\theta = \arctan\dfrac{\sqrt{-\Delta}}{\alpha(1+\alpha)}$ $(\theta \in (0, \pi))$.

(2) 再求原方程的一个特解 y_t^*.

对于非齐次方程

$$y_{t+2} - \alpha(1+\beta)y_{t+1} + \alpha\beta y_t = G,$$

由于 1 不是齐次方程的特征方程的根，于是令 $y_t^* = A$，代入原方程解出 $A = \dfrac{G}{1-\alpha}$，从而有

$$y_t^* = \frac{G}{1-\alpha}.$$

(3) 原方程的通解为

$$y_t = Y_t + y_t^* = \begin{cases} C_1\lambda_1^t + C_2\lambda_2^t + \dfrac{G}{1-\alpha} & （若\,\Delta > 0） \\[2mm] (C_1 + C_2 t)\lambda^t + \dfrac{G}{1-\alpha} & （若\,\Delta = 0） \\[2mm] r^t(C_1\cos\theta t + C_2\sin\theta t) + \dfrac{G}{1-\alpha} & （若\,\Delta < 0） \end{cases}.$$

这说明，随着 α，β 取值的不同，国民收入 I_t 随时间的变化将呈现出各种不同的规律.

习　题　9

1．试说出下列各微分方程的阶数：

(1) $2(y')^2 - yy' + 5x^2 = 0$；

(2) $xy''' + 2y'' + xy = 0$；

(3) $(7x - 6y)\mathrm{d}x + (x + y)\mathrm{d}y = 0$；

(4) $\dfrac{\mathrm{d}^2 s}{\mathrm{d}t^2} + 2\dfrac{\mathrm{d}s}{\mathrm{d}t} - s = 0$.

2．指出下列各题中的函数是否为所给微分方程的解：

(1) $xy' = 2y$，$y = 5x^2$；

(2) $y'' - 2y' + y = 0$，$y = x^2\mathrm{e}^x$；

(3) $y'' = -4y$，$y = \sin 2x - 3\cos 2x$；

(4) $(x - 2y)y' = 2x - y$，$x^2 - xy + y^2 = C$.

3．写出由下列条件确定的曲线所满足的微分方程：

(1) 曲线在点 $(x，y)$ 处的切线的斜率等于该点横坐标的平方；

(2) 曲线上任意一点 $M(x，y)$ 处的切线与过原点 O 及点 M 的直线垂直.

4．某商品的销售量 Q 是价格 P 的函数，如果要使该商品的销售收入在价格变化的情况下保持不变，则销售量 Q 对于价格 P 的函数关系满足什么样的微分方程？在这种情况下，该商品的需求量相对价格 P 的弹性是多少？

5．求下列微分方程的通解：

(1) $xy' - x\ln y = 0$；

(2) $y' = \mathrm{e}^{2x - y}$；

(3) $y\ln x\mathrm{d}x + x\ln y\mathrm{d}y = 0$；

(4) $x\dfrac{\mathrm{d}y}{\mathrm{d}x} = y\ln\dfrac{y}{x}$；

(5) $(x^3 + y^3)\mathrm{d}x - 3xy^2\mathrm{d}y = 0$；

(6) $y' + 2xy = 4x$；

(7) $xy' + y = x\mathrm{e}^x$；

(8) $(y^2 - 6x)\dfrac{\mathrm{d}y}{\mathrm{d}x} + 2y = 0$；

(9) $y\ln y\mathrm{d}x + (x - \ln y)\mathrm{d}y = 0$.

6．求下列微分方程满足所给初始条件的特解：

(1) $y' \sin x = y \ln y$，$y\big|_{x=\frac{\pi}{2}} = \mathrm{e}$；

(2) $\mathrm{e}^x \cos y \mathrm{d}x + (\mathrm{e}^x + 1) \sin y \mathrm{d}y = 0$，$y\big|_{x=0} = \dfrac{\pi}{4}$；

(3) $(y^2 - 3x^2)\mathrm{d}y + 2xy\mathrm{d}x = 0$，$y\big|_{x=0} = 1$；

(4) $y' = \dfrac{x}{y} + \dfrac{y}{x}$，$y\big|_{x=1} = 2$；

(5) $\dfrac{\mathrm{d}y}{\mathrm{d}x} + \dfrac{y}{x} = \dfrac{\sin x}{x}$，$y\big|_{x=\pi} = 1$.

7．求满足下列条件的曲线方程：

(1) 曲线过原点，并且它在点$(x，y)$处的斜率等于$2x + y$；

(2) 曲线通过点$(2，3)$，且曲线在两坐标间的任意切线被切点所平分.

8．已知某商品的需求量 Q 对价格 P 的弹性为 $\eta = -3P^2$，而市场对该商品的最大需求量为 1 万件，求需求函数.

9．已知某商品的需求量 Q 与供给量 S 都是价格 P 的函数：

$$Q = Q(P) = \frac{a}{P^2}，\quad S = S(P) = bP.$$

其中 $a > 0$，$b > 0$ 为常数，价格 P 是时间 t 的函数，且满足

$$\frac{\mathrm{d}p}{\mathrm{d}t} = R[Q(P) - S(P)]\,(R \text{ 为正常数})，$$

假设当 $t = 0$ 时，价格为 1，试求：

(1) 需求量等于供给量的均衡价格 P_e；

(2) 价格函数 $P(t)$；

(3) $\lim\limits_{t \to +\infty} P(t)$.

10．求下列微分方程的通解：

(1) $y'' - 7y' + 6y = 0$；　　　　　　(2) $y'' - 6y' + 9y = 0$；

(3) $y'' - 6y' + 13y = 0$；　　　　　(4) $y'' - 2y' - 3y = (x+1)\mathrm{e}^x$；

(5) $y'' - 4y' + 4y = \mathrm{e}^{2x}$；　　　　　(6) $y'' + y = \mathrm{e}^x + \cos x$.

11．求下列微分方程满足所给初始条件的特解：

(1) $y'' - 4y' + 3y = 0$，$y\big|_{x=0} = 6$，$y'\big|_{x=0} = 10$；

(2) $4y'' + 4y' + y = 0$，$y\big|_{x=0} = 2$，$y'\big|_{x=0} = 0$；

(3) $y'' + y' = 4\mathrm{e}^x$，$y(0) = 4$，$y'(0) = -3$；

(4) $y'' + y = -\sin 2x$，$y(\pi) = 1$，$y'(\pi) = 1$.

12．设 $f(x) = \sin x - \displaystyle\int_0^\pi (x-t) f(t)\mathrm{d}t$，其中 $f(x)$ 为连续函数，求 $f(x)$.

13．设二阶常系数微分方程 $y'' + \alpha y' + \beta y = r\mathrm{e}^x$ 的一个特解为 $y = \mathrm{e}^x + (1+x)\mathrm{e}^x$，试确定常数 a、b、r，并求该方程的解.

14．求下列函数的一阶与二阶差分：

(1) $y = 2x^3 - x^2$；　　　　　　　　　(2) $y = e^{3x}$

(3) $y_x = x^{(4)}$．

15. 已知 $y_x = e^x$ 是方程 $y_{x+1} + ay_{x-1} = 2e^x$ 的一个解，求 a．

16. 确定下列差分方程的阶：

(1) $y_{x+3} - x^2 y_{x+1} + 3y_x = 2$；　　　　(2) $y_{x-2} - y_{x-4} = y_{x+2}$．

17. 求下列一阶常系数齐次线性差分方程的通解：

(1) $2y_{x+1} - 3y_x = 0$；　　　　　　(2) $y_x + y_{x-1} = 0$

18. 求下列一阶差分方程在给定的初始条件下的特解：

(1) $2y_{x+1} + 5y_x = 0$，且 $y_0 = 3$．　　(2) $\Delta y_x = 0$ 且 $y_0 = 2$．

19. 求下列一阶差分方程的通解：

(1) $y_x - 4y_x = 3$；　　　　　　　(2) $y_{x+1} + 4y_x = 2x^2 + x + 1$；

(3) $y_{t+1} - y_t = t \cdot 2^t$；　　　　　(4) $\Delta^2 y_x - \Delta y_x - 2y_x = x$．

20. 求下列一阶差分方程在给定的初始条件下的特解：

(1) $y_x = 3$ 且 $y_0 = 2$；　　　　　　(2) $y_{x+1} + y_x = 2^x$ 且 $y_0 = 2$

(3) $y_x + y_{x-1} = (x-1)2^{x-1}$ 且 $y_0 = 0$．

21. 求下列二阶常系数齐次线性差分方程的通解或在给定的初始条件下的特解：

(1) $y_{x+2} - 5y_{x+1} + 6y_x = 5$；　　　　(2) $y_{x+2} + 10y_{x+1} + 25y_x = 0$；

(3) $y_x - 3y_{x-1} - 4y_{x-2} = 0$；　　　　(4) $y_{x+2} + y_{x+1} - 12y_x = 0, y_0 = 1, y_1 = 10$．

22. 求下列二阶常系数解非齐次线性差分方程的通解或在给定的初始条件下的特解：

(1) $y_{x+2} + 3y_{x+1} - 4y_x = 0$；　　　　(2) $y_{x+2} - 3y_{x+1} + 2y_x = 3.5^x$；

(3) $\Delta^2 y_x = 4, y_0 = 3, y_1 = 8$；　　　　(4) $y_{x+2} + y_{x+1} - 2y_x = 12, y_0 = 0, y_1 = 0$．

23. 设 y_t 为 t 期国民收入，C_t 为 t 期消费，I 为投资各期相同，设三者有关系：

$$y_t = C_t + I，\quad C_t = \alpha y_{t-1} + \beta，$$

且已知 $t = 0$ 时，

$$y_t = y_0，\quad 0 < \alpha < 1，\quad \beta > 0，$$

试求 y_t 和 C_t．

24. 设某商品在 t 时期的供给量 S_t 与需求量 D_t 都是这一时期该商品的价格 P_t 的线性函数，已知 $S_t = 3P_t - 2$，$D_t = 4 - 5P_t$，且在 t 时期的价格 P_t 由 $t - 1$ 时期的价格 P_{t-1} 及供给量与需求量之差 $S_{t-1} - D_{t-1}$ 按关系式 $P_t = P_{t-1} - \dfrac{1}{16}(S_{t-1} - D_{t-1})$ 确定，试求商品的价格随时间变化的现律．

第10章 数学在建筑和经济管理中的应用

本章通过介绍数学思想在一些世界知名建筑中的巧妙运用以及经济管理中典型的数学模型，使学生从欣赏的角度理解数学思想和数学方法的重要性.

10.1 建筑中的数学

随着科学的进步与发展，数学有了更广阔的应用空间. 数学与建筑的关系也越来越多地被建筑师们所关注.

建筑大师勒·柯布西埃在他的著作《走向新建筑》中说："学习数学不需对其具体应用，而是一种思想、一种修养、一种对数学与建筑关系的深刻洞察……这是对一个建筑师来说最重要的. "数学家陈省身也说过："研究数学也是一种美的享受！"

10.1.1 数学与建筑的关系

千百年来，数学一直是建筑师用于设计和构图的重要工具. 它既是建筑设计思想的一种智力资源，也是建筑师能够减少试验、消除建筑上技术差错的一种手段. 而建筑是艺术范畴的边缘门类. 有个古老的说法，建筑是技术加艺术. 意在告诉那些只把建筑理解为技术的人，建筑也属于艺术；也告诉那些只把建筑看作艺术的人，了解建筑中也包含了足够的技术含量.

建筑学将科学和艺术完美地结合在一起. 作为描述现实世界数量关系和空间关系的优美的符号语言——数学与建筑互相渗透.

数学起源于人类的生活和生产活动，而建筑活动是人类生存的基本活动之一. 如果数的概念和算术运算还不能说主要起源于人类的建筑活动，那么几何学的产生则是和建筑活动密切相关的. 几何学(Geometry)这个词就来自古埃及的"测地术". 自然界中常见的简单几何形状是圆、球、圆柱，如太阳、月亮、植物茎干、果实等，而几乎找不到矩形和立方体. 矩形和立方体是人类的创造，而这正是和建筑活动有关的，因为方形可以留下间隙地、四方连续地延展或划分，立方体可以平稳地堆垒和架设. 金字塔在如此巨大的尺度下做到精确的正四棱锥，充分显示了古埃及人运用几何知识的能力. 希腊人在发展欧几里德几何的同时也写下了建筑史上最辉煌的一页. 希腊建筑的美在很大程度上取决于尺度和比例，"巴特农给我们带来确实的真理和高度数学规律的感受"(勒·柯布西埃). 中国建筑的木结构有着严谨完整的模数系统，达到了高度的标准化和通用性. 李允鉌先生在他著名的《华夏意匠》一书中对此有高度的评价："至今为止，世界上真正实现过建筑设计标准化和模数化的只有中国的传统建筑""这一点不能不说是中国建筑技术上的一项最重要的成就. "模数系统从数学上讲是按某种比例和规律组合成的数系. 中国古建筑模数系统的数学蕴含还有待进一步挖掘.

在建筑发展史上，从中世纪进入工业文明后，以数学分析为基础的力学的发展促成了结构工程和建筑设计的专业分化,以射影几何为基础的画法几何和阴影透视的运用促成了近代建筑学的产生,按照制图原理和规则绘制表达设计意图的图纸成了近代建筑师的职业技能,工程图纸成了建筑活动(设计、施工、使用等)的主要信息载体和交流媒介.

当数学(通过力学)促使工程师和建筑师分道扬镳以后,数学在工程领域纵横驰骋,工程师和数学的关系日趋密切,而在建筑设计领域应用很少.当工程师向世界展示了水晶宫、世界博览会机械馆、埃菲尔铁塔的时候,"这些国立(建筑)学校"出来的建筑师,"他们的建筑概念还停留在鸽子相吻那种装饰阶段"(勒·柯布西埃《走向新建筑》). 勒·柯布西埃高度称赞了工程师的美学:"工程师作出了建筑,因为他们采用了数学计算,那是从自然法则中推导出来的""按公式工作的工程师使用几何形体,用几何学来满足我们的眼睛,用数学来满足我们的理智,他们的工作就是良好的艺术""数学的精确性与大胆的幻想结合起来,说确切些,就是美".他认为,"工程师的美学与建筑艺术本来是相互依赖、相互联系的事情",装饰是"初级的满足""是多余的东西,是农民的爱好",而比例和尺度上的成功是"到达更高级的满足(数学)",是"有修养的爱好".《走向新建筑》的译者吴景祥先生在译序中写道:"勒·柯布西埃建筑思想的形成和发展与近代科学技术的进步有密切的关系."这句话道出了整个现代建筑运动的时代和社会背景.从勒·柯布西埃的著作中,看到的并不是数学的具体运用,而是渗透在其中的一种思想,一种修养,一种对数学与建筑关系深刻的洞察.这对一个建筑师来说恰恰是最重要的.在新建筑运动之初,除了传统的应用以外,数学还不能被广泛和具体地应用于建筑学,还不能成为建筑师的工具和方法.和其他工程技术科学相比,建筑对数学的响应有较大的延时.建筑有着深厚的历史沉积,有着广泛的技术和艺术结合的内容.刚从传统中摆脱出来的新建筑学还没有发展到具备应用数学的条件和对数学的具体需要.当然,另一方面是数学的发展还没有达到能运用于建筑学领域的程度,这一点和人文科学相似.

但是,随着现代数学的发展,随着现代科学技术的发展,随着现代建筑学的发展,形势已经发生且还在发生着变化.数学成为科学和艺术相结合的桥梁.

今天,建筑学一方面已由传统的含义发展为现代的"广义建筑学".建筑学的范围从单体建筑设计扩展到建筑群设计、室内外空间和环境设计、绿化和园林景观设计、城市设计、城市规划、村镇规划、区域规划等;现代建筑学面对着一个高速发展却又问题丛生的世界,环境、生态、人口、社会、经济、能源、信息等都是建筑师(包括规划师)需要了解和处理的问题;相关的知识领域也从传统的建筑学领域大大扩展,并和社会科学、自然科学的许多学科领域交叉融合,形成如建筑美学、建筑史学、建筑心理学、环境行为学、城市社会学、建筑经济学、城市人口和经济、建筑生态学、建筑气候学、城市地理学、建筑物理学、建筑节能与太阳能利用、建筑防灾、城市管理和立法、建筑设计方法论、计算机辅助建筑设计、建筑和城市信息系统等现代建筑学的分支科学;建筑活动日益成为内容庞大、因素众多、结构复杂的巨大系统;巨大的资金、技术、人才和物力的投入,引起对建筑活动的经济效益和社会、环境效益的高度重视.以上种种表明,建筑学对数学的需要和运用日益具备了条件.另一方面,现代数学的发展,现代数学向社会科学的渗入,电子计算机的飞速发展和广泛应用,使数学开始具备了应用于建筑学的条件.本来在基底分开的两者,开始有在塔尖结合的趋势.

10.1.2　数学在建筑设计中的影响和作用

当今时代，数学已从原来逻辑的学科日益成为一种独立的科学、一种技术．从此意义上说，数学和建筑搭借技术的快车，走上了快速干道．建筑学的数学工具是微积分、微分方程、概率论、统计学、集合论、计算几何、分形理论、拓扑学和图论等．现代化建设给建筑创作带来一个巨大的发展空间，复杂的魔幻现代建筑，仅用炭笔勾勒出一个雏形创意，那只是开端，要变得可操作且有特色，就要靠计算机制作，借助数学模型求出精确的曲面、曲线．正因为如此，人们才见到了众多的现代建筑造型．人们对建筑的使用也从以往的实用型转为高品位的欣赏和追求社会效益．

在古今中外的建筑设计中，下列数学概念常为建筑师所用．

棱锥、角、棱柱、对称、黄金分割、抛物曲线、悬链线、立方体、双曲抛物面体、多面体、比例、短程式圆顶、弧、三角形、毕达哥拉斯定理、螺线、正方形、矩形、平行四边形、螺旋、圆、半圆、椭圆、球、半球、多边形等．

从下面一些历史上著名的例子，可以看出数学在建筑设计中的影响和作用．

(1) 埃及、墨西哥和犹加敦的金字塔构造中石头的形状、大小、重量、排列等计算工作，需要依靠直角三角形、正方形、毕达哥拉斯定理、体积以及估算等知识．

(2) 麦加皮克楚的图案的整齐和均匀没有几何计划是不可能的．

(3) 巴特农神庙的构造需要用到黄金矩形、视幻觉、精密测量、比例知识以及按准确的规格切割圆柱(总使直径为柱高的三分之一)等．

(4) 伊壁道斯的古代戏院的设计和布置，其几何的精密性是经过特殊计算的，它不仅增强了声响效果，而且使观众的视野达到极大值．

(5) 运用圆、半圆、半球和弧等方面的变化和革新已成为古罗马主流的数学思想，并为古罗马建筑师们所广泛采用和完善．

(6) 用玻璃并由种种形状和角度建造的建筑物(加利福尼亚的弗斯特城)，在一天里的不同时间，从不同的角度和地点，观察者都能观察到不同的变化．它与环境交相辉映，令人叹为观止．

(7) 拜占庭时期的建筑师们将正方形、圆、立方体和带拱的半球等概念优雅地组合起来，就像他们在康士坦丁堡的圣·索菲娅教堂里所运用的那样．

(8) 哥特式教堂的建筑师们用数学确定地球的引力中心，并设计了拱形的天花板，使天花板上拱形的交点正对着隐匿在地底下的巨大的用石头构建的重物．

(9) 文艺复兴时期的石建筑物，显示了一种在明暗和虚实等方面都堪称精美和文雅的对称．

建筑师是具有丰富想象力的．随着现代科学技术的发展，建筑师突破了简单数学概念的约束，通过电子计算机的算法、拓扑等价的连续变形等现代数学思想设计出了多姿多彩的建筑作品，奉献出千古不朽的杰作．

10.1.3　建筑中的数与形——著名建筑赏析

下面是一些典型的建筑设计，其中其结构的严谨、造型的独特，都包含了复杂的数学思想和方法．

1. 马鞍形设计的上海体育场

上海体育场(图 10.1)整个建筑呈直径 300 米圆型，总标高 70 余米，整个建筑物平面上呈圆形，立面呈马鞍形，具有一流的音响、灯光设施，是集体育比赛、文体表演、健身娱乐、住宿、商务办公和购物展览为一体的大型综合体育设施. 汲取了当今世界上诸多的先进建筑成就，造型新颖，反映出强烈的时代气息.

图 10.1

上海体育场巨型的马鞍型屋面建筑气贯长虹，被点缀在绿草如茵，繁花似锦的宽阔广场中，犹如被绿叶烘托着的一朵巨型白玉兰花朵，成为上海新三年的标志性建筑，为世纪之交的上海增添新的风采. 观众席上建有遮雨避阳的钢架结构，观众坐椅采用抗震防火材料，在二至四层看台间设有专用包厢. 场内还设有田径和足球练习场地，此外还建有宾馆、体育俱乐部、新风气及展示厅等辅助设施. 不仅是造型独特的运动场，而且还是具有多种功能的观光游览胜地，与相邻的室内万人体育馆及上海游泳馆等融为一体，构成了上海市区内的一个现代化体育城.

2. 毕尔巴鄂古根海姆美术馆

美国纽约的古根海姆美术馆(图 10.2)在世界一些著名城市设有一些分馆，分别位于德国柏林、意大利威尼斯、美国拉斯维加斯等地. 其中非常有名的是设在西班牙的毕尔巴鄂古根海姆美术馆，由美国建筑大师 F·盖里(1995—1997 年)设计，纽约古根海姆博物馆经营并提供展品，被认为是面向 21 世纪的博物馆.

图 10.2

西班牙毕尔巴鄂分馆于 1997 年竣工时，共耗费了 1.2 亿美元，它以奇美的造型、特异的结构和崭新的材料立刻博得举世瞩目，被报界惊呼为 "一个奇迹"，称它是 "世界上最有意义、最美丽的博物馆".

该馆建筑面积 2.4 万平方米，主要部分的体形弯扭复杂，难以名状，像是梦幻世界中的一座天外城堡. 博物馆造型由曲面块体组合而成，内部采用钢结构，外表用闪闪发光的钛金属饰面，钛板总面积 2.787 万平方米. 组成建筑物的各个块面都经过了拓扑变形，利用电子计算机进行复杂而精确的计算. 博物馆建在水边, 与城市立交桥形成有机的组合, 这种嵌入城市肌理的构思也为造型独特的博物馆增添了一些理论依据.

其造型的独特是建筑师 F·盖里近几年个人风格的延续, 也是古根海姆负责人的愿望, 他们希望这幢建筑具有强烈的吸引力, 成为城市的标志. 西班牙毕尔巴鄂从一个海边的小镇一跃成为欧洲新的艺术文化中心.

3. 神户港塔

在神户港边有一座红色钢铁塑成的神户港塔(图 10.3), 仿佛地标般坐落于神户港边, 夜幕低垂时淡淡地散发红色的光芒, 美丽万分.

图 10.3

这座港塔建立于昭和 38 年, 外观呈现出上下宽中间窄的优美造型, 曾经获得日本建筑协会的奖赏. 神户港塔高 108 米, 由 32 根柱子所组成, 内有旋转望台及咖啡店, 分为地面三层以及高空展望台五层. 在这里您可看到东西南北 360 度的神户市容全景.

4. 香港青马大桥

青马大桥(图 10.4)是为了赤蜡角机场而建的十大核心工程之一, 可算是世界级建筑, 它横跨青衣岛及马湾, 全长 2.2 千米, 主桥跨度也达 1377 米, 两座吊塔每座高 206 米, 离海面 62 米, 是全世界最长的行车、铁路两用吊桥. 1992 年, 青马大桥开始建造, 仅以 5 年时间完成, 称得上是同类建筑中时间最短的, 造价 71.44 亿港元, 采用的吊缆钢线总长度达 16 万千米, 单是结构钢重量便高达 5 万吨. 它与连接马湾、大屿山的汲水门大桥一起, 像两道彩虹, 成为香港新的观光景点. 它壮观恢宏的气势完全超越了美国的金门大桥, 成为连接大屿山香港国际机场及市区的干线公路, 成为香港一个主要的建筑标志.

图 10.4

欣赏雄伟的青马大桥的最佳观景点在青衣岛西北端的"青屿干线访客中心"及一旁的观景台. 在登上观景台的步道旁, 耸立着最能象征大桥精神的两座纪念物——迴绕缆绳用高塔及主缆截取下来的断面. 千万别小看这两座纪念物, 当年为了架起支撑桥面的主缆, 就靠这矗立于两岸的高塔, 一圈又一圈地、像绕绳圈般地组成直径 1.1 米, 长 16 000 千米的巨大缆绳, 所使用的细缆长度足足可以绕地球四周. 看着一旁的说明, 真的又对这座世界第一的吊桥升起更崇高的敬意.

从观景台上远眺青马大桥, 足可见识它的恢宏气势, 氤氲中的生硬钢铁结构, 象征着人类工程的伟大; 香港青马大桥的悬索, 呈现优美的弧形, 其形状是悬链线.

5. 斯图加特美术馆新馆

德国西南部的斯图加特, 城市不大, 面积只有 207 平方千米, 但是由于出了名垂青史的哲学家黑格尔, 出了誉满全球的奔驰汽车, 为全世界所瞩目. 1983 年斯图加特美术馆新馆(图 10.5)的建成, 又引来更多的赞扬目光.

新馆是后现代主义建筑, 由英国建筑大师斯特林设计. 新馆组合了多种几何形体, 用建筑学语言来说, 就是各种相异成分互相碰撞, 各种符号混杂并存, 体现了后现代派所追求的矛盾性和混杂性.

新馆的几何形状, 除去常见的平面、柱面、锥面而外, 还有一段扭曲的墙面, 形状是直纹曲面. 所谓直纹曲面, 就是由一族直线组成的曲面, 这些直线称为母线. 利用微积分, 可以研究直纹曲面的一些性质, 在建筑施工时, 钢筋可以沿着直纹曲面的母线放置, 形成外观优美的曲面效果.

图 10.5

6. 沈阳奥林匹克体育中心

沈阳奥林匹克中心(图 10.6)位于沈阳浑河南岸, 主体育场占地面积 25.8 万平方米, 可以容纳 6 万名观众, 投资为 8.5 亿元, 加上游泳馆、网球馆其他部分的费用, 整个奥体中心的投资近 18 亿元. 外表呈现 "水晶皇冠+翅膀" 的奥林匹克中心在造型上呈现出的是多种曲面的组合结构, 美观大方. "从外观上看, 主体育场犹如胜利女神手中的水晶皇冠, 三片橄榄枝的造型和东西方向的三个室内场馆寓意希腊神话中胜利女神的翅膀." 它由两个结构主体组成, 看台部分采用钢筋混凝土结构, 屋盖采用拱形钢结构, 拱形屋盖一共由 6 片钢结构组成, 东西各分 3 片, 这样的结构布局既减小了施工难度, 又使场馆的外观形成流线型效果. 内部有两层看台和 100 个包厢, 在主体育场的设计上, 奥体中心主体育场应用了很多国际流行的理念. 在 6 个拱形片中, 每两片间留有一定缝隙, 不仅保证场馆内的空气流通, 还可以有效避免其他大型场馆产生回声, 观众听不清广播的问题. 引人注目的是, 主体育场屋顶全部采用阳光板、玻璃等透光材料, 这使场内的草坪充分享受阳光照射,提高草坪的养护周期. 此外, 奥体中心主体育场将打破大多数场馆的三层看台模式, 采用两层看台结构. 三层看台视线非常陡, 坐在第三层的观众看比赛很不人性化, 相比之下两层看台舒服得多, 另外还在一、二层看台之间专门设置了 100 个贵宾包厢, 迎接国内外贵宾的到来. 沈阳奥体中心将成为北京 2008 年奥运会足球赛场.

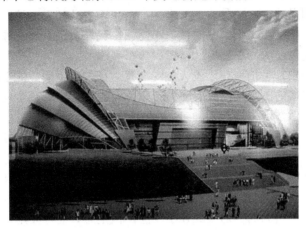

图 10.6

7. 伊朗的会摇摆的尖塔

伊斯法罕是举世瞩目的伊朗历史名城, 城中心的伊玛目广场已经被列入世界遗产名录. 但在城市西侧, 一对以"会摇摆"而闻名的尖塔建筑(图 10.7)似乎更能引起游人的兴趣.

图 10.7

这对神奇的尖塔建造在一座方形建筑之上. 据当地人介绍, 这座建筑是一位伊斯兰苏非大师的陵墓. 14 世纪, 著名的伊斯兰苏非大师阿穆·阿卜杜拉·卡尔拉达尼曾生活在这里, 死后被埋在当地. 人们为了纪念他, 在其墓上修建了四壁和屋顶, 又额外建造了两个尖塔.

陵园门面不起眼, 进去却别有洞天, 几棵参天的古树, 更增添了肃穆和神秘之感. 陵园不很大, 建筑是典型的古代波斯伊斯兰风格, 拱形的门洞上方, 就是这两个高耸的尖塔. 其出名之处在于, 当人们登上其中一个尖塔并使劲晃动时, 塔身便会左右摇摆. 更为奇特的是，数米之外的另一个尖塔也会跟着晃动．

以前，人们可以随便登上尖塔去摇晃，但是几百年历史的古建筑不堪如此重负，因此现在每天只能由专人登上塔顶，在整点时间摇塔，一天 6 次，供游人观看．

摇塔的时候，塔顶传出一阵急促的铃声，塔顶上摇塔的男子用力推着塔的内壁．尖塔随着他的推动开始明显地左右摇晃．此时右边的塔也跟着动起来．随着两个塔的摇晃，塔里挂着的铃铛叮当作响．用力很大的时候，不止两个尖塔会动，站在墓地房顶上的人会感到"整个房子都在动"．

尖塔为什么会摇摆？恐怕现在还没人能说清楚．在古代伊朗，能工巧匠总是秘不外传自己的绝技，因此建塔的图纸根本没有流传下来．有人说是当初有意设计成这样的，也有人说只是后来人们偶然发现尖塔能摇动．

据地质学家说，尖塔能够摇动完全是因为建筑学上的错误，因为打地基用的材料包括长石，年深日久腐蚀殆尽，导致整个建筑地基疏松，因此一摇就动，像两颗活动的牙．但也有人反驳说，伊斯法罕有很多建筑使用了相同材料，却从来没有同样的现象．

事实上，人们曾多次想仿造出相同的尖塔，但没有一次成功．最近的一次是在约 100 年前，人们在尖塔附近相同的地形上又建了一座，但是怎么摇也没用．人们试图从几何学的角度予以解释，但仍然没有满意的结论．

8. 上海东方明珠电视塔

东方明珠塔(图 10.8)位于上海浦东，1991 年 7 月 30 日动工，1994 年 10 月 1 日建成．塔高 468 米，与外滩的"万国建筑博览群"隔江相望，建设完成时，列亚洲第一，世界第三高塔．

图 10.8

设计者富于幻想地将 11 个大小不一、高低错落的球体从蔚蓝的天空中串联至如茵的绿色草地上，而两颗红宝石般晶莹夺目的巨大球体被高高托起，整个建筑浑然一体，创造了"大珠小珠落玉盘"的意境．

东方明珠塔由三根直径为 9 米的立柱、塔座、下球体、上球体、太空舱等组成．

9. 德方斯大门

德方斯大门(图 10.9)是矗立在拉德方斯新区最西面头的被称为"新凯旋门"的一座粉建筑．

图 10.9

这是一座结构惊人地简洁，却又惊人地壮观的巨大建筑物．从远处望去，它就像是一个巨大的"门框"，屹立在拉德方斯新区的现代建筑之中．正因为它的造型与香榭丽舍大街星形广场的凯旋门十分相像，所以又被人们俗称为"新凯旋门"、"现代凯旋门"．它的设计师是丹麦人斯普莱克尔森．由于"新凯旋门"与市中心的卢浮宫及凯旋门在同一条轴心线上，卢浮宫高 25 米，凯旋门高 50 米，于是决定把"新凯旋门"的高度确定为 100 米，正好是成倍增长，步步高升．同时又因为卢浮宫门前的广场宽 100 米，香榭丽舍大街的宽度也是 100 米，所以"新凯旋门"的宽度也就确定为 100 米．把城市建设的整体性与艺术性如此巧妙地结合在一起，确实令我们每一个人赞叹不已．

拉德方斯大广场上的一块大理石碑上不仅用法文、英文，而且还用了中文与日文镌刻着一句话，据说这句话就是当年建造"新凯旋门"的主题："设想，一个敞开的立方体，一个面向世界的窗口，它是希望的象征．未来，人们将在此自由相会"．"新凯旋门"就像是一扇通向未来的"大门"，敞开其博大的胸怀，召唤着人们去迎接更加美好的未来！

10.2　经济管理中的数学

数学在经济管理中的主要作用在于数学建模．通过建立数学模型，求解数学模型，处理各种实际问题，实现精确化、定量化、数学化．如使用运筹学、统计学等来进行定量和定性的分析．

在第二届诺贝尔经济学奖颁奖致词中有这样一段话：在过去几十年中，经济学发展的鲜明特点是分析技巧的形式化程度日益增长，它部分地是借助于数学方法所带来的．

数学的真正魅力在于为解决实际问题提供了一套切实可行的方法．

10.2.1　数学模型简介

1. 数学模型

模型是一种结构，是为了某种特定目的将原型的某一部分信息简缩、提炼而得出的对原型的模拟或抽象．它是原型的替代物，是对原型的一个不失真的近似反映，是帮助人们进行合理思考的工具．模型必须能够反映问题的某些特征和要素．模型在人类生活、科学技术、工程实验中具有重要作用．例如，建筑学中的建筑模型、管理决策模型、航天航空研究中的飞机模型、人造卫星模型等．正是有了模型，人们才可以方便顺利地解决各种问题，达到某种目的．

模型可以分为形象模型(物质模型)和抽象模型(理想模型)．前者包括直观模型，物理模型等，后者包括思维模型、符号模型、数学模型等．

与数学模型有密切关系的数学模拟是解决实际问题的一种有效手段，主要指运用数字式计算机的计算机模拟(Computer Simulation)．它根据实际系统或过程的特性，按照一定的数学规律用计算机程序语言模拟实际运行状况，并根据大量模拟结果对系统或过程进行定量分析．例如，通过高速公路上交通流的模拟可分析车辆在路段上的分布特别是堵塞的状况，通过对大型会议(如奥运会)建筑群的模拟可以设计更优的各种场馆．计算机模拟有明显的优点：成本低、时间短、重复性高、灵活性强．

计算机模拟与数学模型之间既有联系又有区别．数学模型是在某种意义下揭示研究对象内在特性的数量关系，其结果容易推广，特别是得到解析形式的答案时，更具有广泛性；而计算机模拟则完全模仿研究对象的实际演变过程，难以从得到的数字结果分析对象的内在规律．而对于那些内部机理过于复杂，难以建立数学模型的实际对象，用计算机模拟可以获得一些期待的结果．

一般地说，数学模型可以描述为针对现实世界的一个特定对象，为了一定的目的，根据问题的特征和数量关系，进行必要的简化和假设，运用适当的数学工具，概括出来的一种表示实际问题的数学结构．

作为一种思考问题的方法，数学模型或者能够解释特定现象的现实性态，或者能够预测所研究问题的未来发展状况，或者能够提供处理实际对象的最优决策．

2. 数学建模的主要步骤

数学建模，就是建立数学模型的全过程．大致说来，这一过程可以分为表述、求解．解释、验证几个阶段，并且通过这些阶段完成从现实对象到数学模型，再从数学模型回到现实对象的循环，这个过程可用图10.10表示．

图10.10

只有针对实际问题，得到了数学模型，并用数学方法(常常使用计算机数值算法)求解，给出量化的解答，才能回答现实对象的解答，进而对实际问题进行分析、预报、决策或控制．

(1) 表述(Formulation)是指根据建模的目的和掌握的信息(如数据、现象)，将实际问题翻译成数学问题，用数学语言确切地表述出来．

(2) 求解(Solution)即选择适当的数学方法求得数学模型的解答．

(3) 解释(Interpretation)是指把数学语言表述的解答翻译回到现实对象，给出实际问题的解答．

(4) 验证(Verification)是指用现实对象的信息检验得到的解答，以确认结果是否正确．

一般来说，表述是用归纳法的过程，求解是用演绎法的过程，归纳是根据个别现象推断一般规律的过程,演绎则是按照一般原理考查特定对象,导出结论的过程.因为任何事物的本质都要通过现象来反映,必然要透过偶然来表露,所以正确的归纳不是主观、盲目的,而是有客观基础的,但往往也是不精细的,带感性的,不容易直接检验它的正确性.演绎是利用严格的逻辑推理,对解释现象,作出科学预见具有重要意义,但是,它要以归纳的结论作为公理化形式的前提,只能在这个前提下保证其正确性.因此,归纳与演绎是一个辩证统一的过程:归纳是演绎的基础,演绎是归纳的指导.

数学模型是将现实对象的信息加以翻译、归纳的产物,它源于现实,又高于现实,因为它用精确的语言表述了对象的内在特性.数学模型经过求解、演绎,得到数学上的解答,再经过翻译回到现实对象,给出分析、预报、决策、控制的结果.最后,这些结果必须经受实际的检验,完成实践—理论—实践这一循环.如果检验结果正确或基本正确,就可以用来指导实际,否则应重复上述过程,再从不同的角度进行信息补充,修改完善,求解验证.

数学模型在解决问题中的作用是不言而喻的,但必须指出的是,由于建模时采用了大量数据,有的是测量的,有的是将定性的东西经主观量化的,难免有各种各样的失真,这些值都对模型及其求解产生着影响,因此,不加分析地相信模型是不行的.但是,没有模型也是不行的.对于数学模型来说,用模型做试验可以,但是,用建模对象去做试验却要十分慎重.例如,一个经济学数学模型,其求解结果用于做经济试验,甚至指导经济决策时,要考虑到可能造成的一切后果,避免由于轻率而造成的灾难性损失.

10.2.2　经济管理中的数学模型

下面以金融问题中的数学模型为例说明数学模型的重要价值.

诺贝尔经济学奖 3 次授予以数学为工具分析金融问题的经济学家.金融数学这门新兴的交叉学科已经成为国际金融界的一枝奇葩.2003 年诺贝尔经济学奖就是表彰美国经济学家罗伯特·恩格尔和英国经济学家克莱夫·格兰杰分别用"随着时间变化易变性"和"共同趋势"两种新方法分析经济时间数列给经济学研究和经济发展带来的巨大影响.金融数学的发展曾两次引发了"华尔街革命".20 世纪 50 年代初期,马科威茨提出证券投资组合理论,第一次明确地用数学工具给出了在一定风险水平下按不同比例投资多种证券收益可能最大的投资方法,引发了第一次"华尔街革命".1973 年,布莱克和斯克尔斯用数学方法给出了期权定价公式,推动了期权交易的发展,期权交易很快成为世界金融市场的主要内容,成为第二次"华尔街革命".

今天,金融数学家已经是华尔街最抢手的人才之一.最简单的例子是,保险公司中地位和收入最高的,可能就是总精算师.美国花旗银行副主席保尔·柯斯林著名的论断是,"一个从事银行业务而不懂数学的人,无非只能做些无关紧要的小事".近几年,接连发生的墨西哥金融危机、百年老店巴林银行倒闭等事件都在警告我们,如果不掌握金融数学、金融工程和金融管理等现代化金融技术,缺乏人才,就可能在国际金融竞争中蒙受重大损失.我们现在最缺的,就是掌握现代金融衍生工具,能对金融风险做定量分析的既懂金融又懂数学的高级复合型人才.

1997 年,诺贝尔经济学奖授予两位美国经济学家 Robert C. Merton 和 Myron S. Scholes,以奖励他们的确定衍生证券价值的新方法.

Robert C. Merton 1944 年出生于美国,1970 年获麻省理工学院经济学博士学位.

Myron S. Scholes 1941 年出生于加拿大，1968 年获芝加哥大学经济学博士学位．他们提出的关于衍生证券定价的理论，被誉为"华尔街的第二次革命"，即使在当今，全世界的证券市场每天都有成千上万的投资者和交易者要用它来对各种衍生证券进行估价，已被认为是人类有史以来使用最为频繁的数学工具．

衍生证券定价理论的重要性自然与它能带来非同小可的经济利益分不开．麻省理工学院金融工程实验室主任罗闻全教授曾经给出一个计算结果．

如果有人在 1926 年 1 月投资 1 美元购买美国国库券，那么逐月翻滚，到 1994 年 12 月，这 1 美元将变成 12 美元．如果把这 1 美元投资股市，假如购买 S&P500 指数，那么逐月翻滚 68 年，这 1 美元将变成 811 美元．如果有人掌握这 68 年的完全信息，逐月进行最优组合，那么，这 1 美元将变成多少？答案是 1251684443 美元，超过 10 亿美元！这就是正确决策可以活动的天地．

下面是相关的两个典型的数学模型．

1) 最优消费和投资组合问题

假设有 n 种证券，其价格满足下列微分方程

$$\frac{\mathrm{d}P_i}{P_i} = \alpha_i(P,\ t)\mathrm{d}t + \sigma_i(P,\ t)\mathrm{d}z_i,\ i=1,\ 2,\ \cdots n.$$

其中，z_i 为标准的 Brown 运动．投资者和消费者需要考虑的问题是，用怎样的投资——消费策略可以使自己的收益和效用达到最优？效用最优函数可表达为

$$\max E\left(\int_0^T U(C(t),\ t)\mathrm{d}t + B(W(T),\ T)\right)$$

其中，E 表示数学期望(概率中的术语)，$C(t)$ 表示消费随时间的变化关系，$U(C,\ t)$ 表示效用函数，通常假定它对 C 是严格凹的；$W(t)$ 表示财富；$B(W,\ t)$ 表示另一刻画效用的"遗产"函数，T 表示投资者—消费者一生时间，$B(W(T),\ T)$ 表示"遗产效用"．可以指出的是，财富函数 W 满足

$$\mathrm{d}W = \sum_{i=1}^n \omega_i W \alpha_i \mathrm{d}t - C\mathrm{d}t + \mathrm{d}y + \sum_{i=1}^n \omega_i W \sigma_i \mathrm{d}z_i.$$

其中，ω_i 表示第 i 种证券的比例，$\sum_{i=1}^n \omega_i = 1$，$y$ 表示工资收入．

这是一个随机动态规划模型，是由 Merton 于 1971 年首先提出来的，后来人们称为 Merton 问题．

2) 期权定价公式

假设市场中有两种证券．一种是无风险证券(债券)，它随时间变化的价格 X_t 满足普通微分方程

$$\frac{\mathrm{d}S_t}{S_t} = r\mathrm{d}t$$

即

$$X_t = X_0 \mathrm{e}^{rt}.$$

其中，r 是连续复合利率．

另一种是风险证券(股票)，它的随时间变化的价格 S_t 满足随机微分方程

$$\frac{\mathrm{d}S_t}{S_t} = \mu\mathrm{d}t + \sigma\mathrm{d}W_t, \quad \text{即} \quad S_t = S_0\exp(\mu t - \frac{\sigma^2}{2}t + \sigma W_t).$$

其中，μ 和 σ 是常数，μ 是股票的期望收益率，σ 称为股票收益率的波动率，它表示股票价格的随机变动的强度，W_t 表示标准的 Brown 运动，在方程中可以看出它起着对股票收益率随机干扰的作用.

10.3　体会数学建模——观众厅地面升起曲线的设计

在影剧院看电影或文艺节目演出时，经常为前边观众遮挡住自己的视线而苦恼. 由于场内的观众都在朝台上看，因此，如果场内地面不做成前低后高的坡形，那么，前面的观众必然会遮挡后面观众的视线. 这样说来，地面坡形曲线应该如何设计呢？

先从观众厅纵向剖面图入手，求出中轴线上地面的坡度升起曲线，这样，可以得到整个观众厅地面等高线.

首先进行下列假设.

(1) 同一排的座位在同一等高线上.

(2) 每个坐在座位上的观众的眼睛距离地面都是一样高的.

(3) 每个坐在座位上的观众的头与地面的距离是相等的. 另外，所设计的曲线只要使观众的视线从紧邻的前一个座位的人的头顶擦过即可.

数学模型的任务是设计观众厅地面的升起曲线,保证场内观众清晰地看到台上的演出.

以设计视点 O 为原点，以地水平线为 x 轴，其垂直方向为 y 轴，建立坐系，并作出观众厅纵向剖面图(图 10.11)，其中，

O——处在台上的设计视点；

a——第一排观众与设计视点的水平距离；

b——第一排观众到 x 轴的垂直距离；

d——相邻两排的排距；

δ——视线升高标准；

x——任一排与设计视点 O 的水平距离.

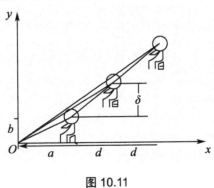

图 10.11

求出任一排与设计试点 O 的垂直距离函数 $y = y(x)$，以使此曲线满足视线的无遮挡要求.

根据假设(2)，每个观众的眼睛与坡度地面的高度差都是相等的，这样，为了简化问题，

可以用从前到后的观众的眼睛曲线来代替坡形曲线 $y = y(x)$．事实上，将前者向下平移若干距离即得后者．

　　下面，把 y 作为观众眼睛距 x 轴的垂直距离．

　　当描述实际对象的某些特性随时间(或空间)而演变的过程，分析它的变化规律，预测它的未来性态时，通常要建立对象的动态模型．建模时首先要根据建模目的和对问题的具体分析作出简化假设，然后按照对象内在的或可以类比的其他对象的规律列出微分方程，求出方程的解并将结果翻译回到实际对象，就可以进行描述、分析或预测了．

　　设地面升起曲线满足微分方程

$$\frac{\mathrm{d}y}{\mathrm{d}x} = F(x, y).$$

当然，对于微分方程，需要加上初始条件

$$y|_{x=a} = b.$$

　　从第一排起，观众眼睛与 O 点的连续的斜率随排数的增加而增加，而眼睛升起曲线显然与这些直线皆相交，因此，升起曲线是凹的．

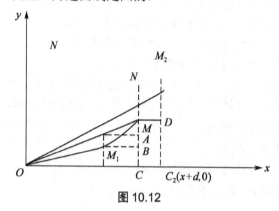

图 10.12

　　更进一步分析，我们可知，选择某排 $M(x, y)$ 及相邻排 $M_1(x-d, y_1)$ 及 $M_2(x+d, y_2)$ 考虑，曲线的斜率增加，即 $K_{MM_1} < K_{y(x)} < K_{MM_2}$（图 10.12），所以

$$K_{MM_1} = \frac{MA + AB}{M_1B} = \frac{MA + \delta}{d},$$

$$M_1N_1 = MN = AB = \delta.$$

又由 $\triangle N_1MA$ 相似于 $\triangle OMC$，则有

$$\frac{MA}{y} = \frac{d}{x},$$

所以

$$MA = \frac{y}{x}d,$$

于是

$$K_{MM_1} = \frac{y}{x} + \frac{\delta}{d}.$$

下面计算 K_{MM_2} ，由 $\triangle OM_2C_2$ 相似于 $\triangle ONC$ ，有

$$\frac{M_2D+y}{y+\delta}=\frac{x+d}{x},$$

故

$$M_2D=\frac{(x+d)(y+\delta)}{x}-y=\frac{y\delta}{x}+\frac{\delta\delta}{x}+\delta.$$

从而

$$K_{MM_2}=\frac{M_2D}{MD}=\frac{y}{x}+\frac{\delta}{x}+\frac{\delta}{d},$$

于是

$$\frac{y}{x}+\frac{\delta}{d}<\frac{\mathrm{d}y}{\mathrm{d}x}<\frac{y}{x}+\frac{\delta}{x}+\frac{\delta}{d}.$$

考虑常微分方程定解问题 1，

$$\begin{cases}\dfrac{\mathrm{d}y_1}{\mathrm{d}x}=\dfrac{y_1}{x}+\dfrac{\delta}{d},\\[2mm] y_1\big|_{x=a}=b\end{cases}$$

解得

$$y_1(x)=\frac{b}{a}x+\frac{\delta}{d}x\ln\frac{x}{a}.$$

考虑常微分方程定解问题 2，

$$\begin{cases}\dfrac{\mathrm{d}y_2}{\mathrm{d}x}=\dfrac{y_2}{x}+\dfrac{\delta}{x}+\dfrac{\delta}{d},\\[2mm] y_2\big|_{x=a}=b\end{cases}$$

解得

$$y_2(x)=\frac{b}{a}x+\frac{\delta}{d}x\ln\frac{x}{a}+\delta\left(\frac{x}{a}-1\right).$$

由于所设的常微分方程的解必在 $y_1(x)$ 和 $y_2(x)$ 之间，如何才能获得地面升起曲线的表达式呢？采用折中的方法，取 $y(x)=\dfrac{y_1(x)+y_2(x)}{2}$ ，得到的就是观众厅坡度的函数关系.

在实际问题中，如果涉及"增长""衰变""边际""变化率""减少""改变"等用语，一般就涉及要用导数来表示这种变化. 这些词反映的信息告诉人们，应该考虑微分方程的数学建模.

通过这个示例，领略了一下数学建模的过程. 在实际问题中，数学建模发挥着十分重要的作用，是应该掌握的一种重要工具.

习　题　10

1. 某办公大楼有 11 层高，办公室都安排在 7，8，9，10，11 层上. 假设办公人员都乘电梯上楼，每层有 60 人办公. 现有三台电梯 A、B、C 可以利用，每层楼之间电梯的运行时间是 3 秒，最底层(1 层)停留时间是 20 秒，其他各层若停留，则停留时间为 10 秒. 每台电梯的最大的容量是 10 人，在上班前电梯只在 7，8，9，10，11 层停靠. 为简单起见，

假设早晨 8：00 以前办公人员已陆续到达 1 层，能保证每部电梯在底层的等待时间内(20 秒)能达到电梯的最大容量，电梯在各层的相应的停留时间内办公人员能完成出入电梯．当无人使用电梯时，电梯应在底层待命、请解决下列问题．

　　(1) 把这些人都送到相应的办公楼层，要用多少时间？

　　(2) 怎样调度电梯能使得办公人员到达相应楼层所需总的时间尽可能的少？给出一种具体实用的电梯运行方案．

　　2．购物时你注意到大包装商品比小包装商品便宜这种现象了吗？譬如蓝天牙膏 60 克装的每支 0.96 元，150 克装的每支 2.15 元，二者单位重的价格比为 1.17：1，试用比例方法构造模型解释这个现象．

　　(1) 分析商品价格 C 与商品重量 w 的关系．价格由生产成本、运输成本和包装成本等决定．这些成本中有的与重量 w 成正比，有的与表面积 S 成正比，还有与 w 无关的因素．

　　(2) 写出单位重量价格 C 与 w 的关系，说明 w 越大 C 越小．

　　(3) 说明单价 C 随 w 增加而下降的速度是负的，其实际意义是什么？

　　(这是两道开放式的数学建模问题，仅供思考)

习 题 答 案

习 题 1

1. (1) $[-1，0)\bigcup(0，1]$；　　(2) $(-\infty，0)\bigcup(0，+\infty)$　　(3) $[2，4]$；

(4) $(-2，2)$；　　(5) $[0，+\infty)$；　　(6) $(-1，+\infty)$.

2. 当 $a=\dfrac{1}{2}$ 时，函数在 $x=\dfrac{1}{2}$ 点有定义；当 $0<a<\dfrac{1}{2}$ 时，函数的定义域为 $[a，1-a]$；当 $a>\dfrac{1}{2}$ 时无解，即定义域为空集.

3. $(-2，2)$. 图略.

4. (1) $y=\sin^2 x$；　　(2) $y=\sqrt{1+x^2}$；　　(3) $y=\mathrm{e}^{x^2}$；　　(4) $y=\mathrm{e}^{2x}$.

5. (1) $y=\cos u，u=2x$；　　(2) $y=\mathrm{e}^u，u=\dfrac{1}{x}$；　　(3) $y=\mathrm{e}^u，u=v^3，v=\sin x$；

(4) $y=\arcsin u，u=\lg v，v=2x+1$.

6. $-2a^2+a+2$.

7. $f(x-2)=2^{x^2-4x}-x+4$.

8. (1) $\varphi\big(\varphi(x)\big)\equiv 1，x\in(-\infty，+\infty)$；　　(2) $\varphi\big(\psi(x)\big)=\begin{cases}1，&|x|=1\\0，&|x|\neq 1\end{cases}$.

9. (1) $y=\dfrac{x-1}{2}$；　　(2) $y=\dfrac{2(x+1)}{x-1}$；　　(3) $y=10^{x-1}-2$；

(4) $y=\begin{cases}x，&x<1\\\sqrt[3]{x}，&1\leqslant x\leqslant 8\\\log_3 x，&x>9\end{cases}$.

10. 答案略.

11. 答案略.

12. 答案略.

13. 答案略.

14. (1) 正确；　　(2) 不正确；　　(3) 正确；　　(4) 不正确.

15. 答案略.

16. 答案略.

17. 答案略.

18. 答案略.

19. 答案略.

20. 答案略.

21. $f(3-0)=3$，$f(3+0)=8$.

22. 答案略.

23. $f(0-0)=f(0+0)=1$，$\lim\limits_{x\to 0}f(x)$ 存在；$\varphi(0-0)=-1$，$\varphi(0+0)=1$，$\lim\limits_{x\to 0}\varphi(x)$ 不存在.

24. 答案略.

25. 答案略.

26. 答案略.

27. (1) 0;　　　　　　(2) 0.

28. (1) $\dfrac{1}{2}$;　　　(2) 2;　　　(3) 1;　　　(4) $\dfrac{3}{4}$.

29. (1) $\dfrac{1}{2}$;　　　(2) $\dfrac{9}{2}$;　　　(3) $\dfrac{2}{3}\sqrt{2}$;　　　(4) 2;

　　(5) 0;　　　　(6) $\dfrac{2}{3}$;　　　(7) ∞;　　　(8) ∞.

30. (1) $\dfrac{2}{5}$;　　　(2) $\dfrac{1}{2}$;　　　(3) 2;　　　(4) x;

　　(5) e;　　　　(6) e^{-1};　　　(7) e^{3};　　　(8) -1.

31. 答案略.

32. 答案略.

33. (1) $\dfrac{1}{2}$;　　　　　　　(2) $\dfrac{1}{2}$.

34. $\tan x-\sin x$.

35. (1) 在 $x=-1$ 处间断;　　　(2) 无间断点.

36. (1) $a=1$;　　　　　　　(2) $a=2$，$b=-\dfrac{3}{2}$.

37. (1) $x=2$ 是第一类可去间断点，$x=3$ 是第二类无穷型间断点;

　　(2) $x=0$ 是第二类振荡型间断点;

　　(3) $x=1$ 是第一类跳跃型间断点.

38. (1) $\dfrac{2}{\pi}$;　　　(2) $\sqrt{3}$;　　　(3) 1;　　　(4) 1.

40. (1) $\overline{P}=80$，$Q(\overline{P})=S(\overline{P})=70$;　　　(2) 图略.

　　(3) $P=10$，价格低于 10 时，无人愿意供货.

41. (1) 略.　　　　　　　　(2) $R(P)=12000P-200P^{2}$;

　　(3) 当每件商品的价格为 30 个单位时，月销售额取得最大值.

42. $y=45000\cdot\left(\dfrac{2}{3}\right)^{t}$.

43. (1) 150;　　　(2) -2500;　　　(3) 175.

44. $L = (200-x)(x-50)$.

45. $y = \begin{cases} 130x, & 0 \leqslant x \leqslant 800 \\ 130 \times 800 + 130 \times 0.9(x-800), & 800 < x \leqslant 2000 \end{cases}$.

46. 每年健身次数少于 100 次时，选择第二家.

47. $y = (50-x)(120+5x) - 10(50-x)$，每月租金为 190 元时，最大利润 6480 元，闲置客房 14 间.

48. 设批量为 x，则 $E = 160 \cdot \dfrac{48000}{x} + 0.02 \cdot \dfrac{x}{2} \cdot 12$ (元) $= \dfrac{7680000}{x} + 0.12x$ (元).

49. 设批数为 x，则 $E = 260x + \dfrac{1}{2} \cdot \dfrac{1000}{x} \cdot 50$ (元) $= 260x + \dfrac{25000}{x}$ (元).

习　题　2

1. (1) $2x+1$；　　　　　　　(2) $-\sin(x+3)$.

2. (1) $-f'(x_0)$；　　　　　　(2) $2f'(x_0)$.

3. (1) $4x^3$；　　　　(2) $\dfrac{2}{3\sqrt[3]{x}}$；　　　　(3) $-\dfrac{2}{x^3}$；

(4) $-\dfrac{1}{2x\sqrt{x}}$；　　(5) $\dfrac{16}{5}x^{\frac{11}{5}}$；　　(6) $\dfrac{1}{6x^{\frac{5}{6}}}$.

4. 在 $x=0$ 处连续且可导.

5. 切线方程为：$2x-y = \pm 2$，法线方程为：$x+2y = \pm 1$.

6. (1) $6x + \dfrac{4}{x^3}$；　　　　　(2) $2x - \dfrac{5}{2}x^{-\frac{7}{2}} - 3x^{-4}$；

(3) $e^x(1+x)$；　　　　　(4) $-\dfrac{2}{(x-1)^2}$；

(5) $30x^2 + 4x - 15$；　　(6) $-\dfrac{4x}{(x^2-1)^2}$.

7. (1) $-\dfrac{1}{18}$；　　　　　(2) $f'(0) = \dfrac{3}{25}$；$f'(2) = \dfrac{17}{15}$.

8. (1) $4\cos 4x$；　　(2) $6 \cdot 10^{6x}\ln 10$；　　(3) $e^{\frac{x}{2}}\left(\dfrac{1}{2}x^2 + 2x + \dfrac{1}{2}\right)$；

(4) $\dfrac{1}{\sqrt{|(x+2)(x+1)|}}$；　　(5) $\cot x$；　　(6) $\dfrac{3\ln^2 x}{x}$；

(7) $\dfrac{x}{(x^2+2) \cdot \sqrt{x^2+1}}$；　　(8) $\dfrac{1}{x\sqrt{x^2-1}}$；　　(9) $\dfrac{1}{\sqrt{x^2+a^2}}$.

9. (1) $2xf'(x^2)$；　　　　　　　　　(2) $\sin 2x\left[f'(\sin^2 x) - f'(\cos^2 x)\right]$.

10. (1) $\dfrac{6x(2x^3-1)}{(x^3+1)^3}$；　　　　　　(2) $2\sec^2 x\tan x$；　　　　(3) $2xe^{x^2}(3+2x^2)$；

　　(4) $2\left[\cos(x^2+1) - 2x^2\sin(x^2+1)\right]$；　　　　　　(5) $-2e^x\sin x$；

　　(6) $\dfrac{1}{x}$；　　　　　　　　　(7) $-\csc^2 x$；　　　　　　(8) $-\dfrac{2x}{(1+x^2)^2}$.

11. $\dfrac{4}{e}$.

12. 答案略.

13. (1) $\dfrac{y}{y-x}$；　　　(2) $\dfrac{ay-x^2}{y^2-ax}$；　　　(3) $\dfrac{y(x-1)}{x(1-y)}$；　　　(4) $\dfrac{-e^y}{1+xe^y}$.

14. 切线方程为 $x+y = \dfrac{\sqrt{2}}{2}a$，法线方程为 $x-y=0$.

15. (1) $x^{\frac{1}{x}-2}(1-\ln x)$；　　　　(2) $(\cos x)^{\sin x}\left(\cos x\ln\cos x - \dfrac{\sin^2 x}{\cos x}\right)$；

　　(3) $\left(\dfrac{x}{1+x}\right)^x\left(\ln\dfrac{x}{1+x} + \dfrac{1}{1+x}\right)$；　　(4) $\dfrac{1}{5}\sqrt[5]{\dfrac{x-5}{\sqrt[5]{x^2+2}}}\left[\dfrac{1}{x-5} - \dfrac{2x}{5(x^2+2)}\right]$.

16. (1) $-\dfrac{1}{t}$；　　　　　　(2) $\dfrac{\cos\theta - \theta\sin\theta}{1-\sin\theta - \theta\cos\theta}$.

17. 切线方程为 $x+2y-4=0$，法线方程为 $2x-y=3$.

18. (1) $-\dfrac{b}{a^2\sin^3 t}$；　(2) $\dfrac{4}{9}e^{3t}$.

19. (1) $\left(-\dfrac{1}{x^2} + \dfrac{\sqrt{x}}{x}\right)dx$；　　　　　(2) $(\sin 2x + 2x\cos 2x)dx$；

　　(3) $(x^2+1)^{-\frac{3}{2}}dx$；　　　　　(4) $\dfrac{2\ln(1-x)}{x-1}dx$；

　　(5) $dy = \begin{cases}\dfrac{dx}{\sqrt{1-x^2}}, & -1<x<0 \\[2mm] -\dfrac{dx}{\sqrt{1-x^2}}, & 0<x<1\end{cases}$；　　(6) $e^{-x}\left[\sin(3-x) - \cos(3-x)\right]dx$.

20. (1) $2x+C$；　　　(2) $\dfrac{3}{2}x^2+C$；　　(3) $\ln(1+x)+C$；

　　(4) $-\dfrac{1}{2}e^{-2x}+C$；　　(5) $2\sqrt{x}+C$；　　(6) $\dfrac{1}{3}\tan 3x+C$.

21. 答案略.

22. 答案略.

23. 答案略.

24. 答案略.

25. (1) 1；　　　　(2) 2；　　　　(3) $-\dfrac{3}{5}$；　　　　(4) $-\dfrac{1}{8}$；

　　(5) 1；　　　　(6) -1；　　　　(7) 3；　　　　(8) $\dfrac{1}{2}$；

　　(9) ∞；　　　　(10) $-\dfrac{1}{2}$；　　　　(11) 1；　　　　(12) $e^{-\frac{1}{2}}$.

26. 答案略.

27. 单调减少.

28. 单调增加.

29. (1) 在 $(-\infty,1]$、$[3,+\infty)$ 上单调增加，在 $[-1,3]$ 上单调减少；

　　(2) 在 $(0,2)$ 内单调减少，在 $[2,+\infty)$ 上单调增加.

30. 答案略.

31. 答案略.

32. (1) 拐点 $\left(\dfrac{5}{3},\dfrac{20}{27}\right)$，在 $\left(-\infty,\dfrac{5}{3}\right]$ 上是凸的，在 $\left[\dfrac{5}{3},+\infty\right)$ 上是凹的；

　　(2) 拐点 $(-1,\ln 2)$、$(1,\ln 2)$，在 $(-\infty,-1)$、$(1,+\infty)$ 上是凸的，在 $[-1,1]$ 上是凹的.

33. $a=-\dfrac{3}{2}$，$b=\dfrac{9}{2}$.

34. (1) 极大值 $y\big|_{x=-1}=17$，极小值 $y\big|_{x=3}=-47$；　(2) 极小值 $y\big|_{x=0}=0$；

　　(3) 极大值 $y\big|_{x=1}=2$；　(4) 极大值 $y\big|_{x=\frac{3}{4}}=\dfrac{5}{4}$；　(5) 极大值 $y\big|_{x=e}=e^{\frac{1}{e}}$；　(6) 没有极值.

35. (1) 最大值 $y=8$，最小值 $y=0$；　(2) 最大值 $y=\dfrac{5}{4}$，最小值 $y=\sqrt{6}-5$.

36. (1) 边长为 $\sqrt{s}$ 的正方形；　　　　(2) 边长为 $\dfrac{L}{2}$ 的正方形.

37. $h=\dfrac{2\sqrt{3}}{3}R$.

38. 答案略.

39. $K=1$.

40. $K=|\cos x|$，$\rho=|\sec x|$.

41. $K=2$，$\rho=\dfrac{1}{2}$.

42. $\left(\dfrac{\sqrt{2}}{2},-\dfrac{\ln 2}{2}\right)$ 处曲率半径有最小值 $\dfrac{3\sqrt{3}}{2}$.

43. (1) $e^{-x}(2x-x^2)$，$2-x$；　　　　(2) $\dfrac{e^x}{x}\left(1-\dfrac{1}{x}\right)$，$x-1$.

44. (1) $104-0.8Q$; (2) 64; (3) $\dfrac{3}{8}$.

45. (1) 9.5 元; (2) 22 元.

46. (1) $\dfrac{P}{5}$; (2) $\eta(3)=0.6<1$ ，说明当 $P=3$ 时，需求变动的幅度小于价格变动的幅度. 即 $P=3$ 时，价格上涨 1%，需求只减少 0.6%；$\eta(5)=1$ ，说明当 $P=5$ 时，价格与需求变动的幅度相同；$\eta(6)=1.2>1$ ，说明当 $P=6$ 时，需求变动的幅度大于价格变动的幅度，即 $P=6$ 时，价格上涨 1%，需求减少 1.2%.

47. (1) $\dfrac{P}{24-P}$; (2) $\dfrac{1}{3}$; (3) 增加 0.67%.

48. (1) $\eta=\dfrac{bP}{a-bP}$; (2) $P=\dfrac{a}{2b}$.

49. (1) -24 ，说明当价格为 6 时，再提高(降低)一个单位价格，需求量将减少(增加)24 个单位;

(2) $\eta(6)=1.85$ ，价格上升(下降)1%，则需求减少(增加)1.85%，故总收益减少(增加);

(3) 当 $P=6$ 时，若价格下降 2%，总收益增加 1.692%.

50. $x=100$.

51. (1) $x=3$ ，$P=15\mathrm{e}^{-1}$ ，最大收益为 $45\mathrm{e}^{-1}$.

52. $P=101$ ，最大利润为 167080.

53. $f(x)=-60+21(x-4)+37(x-4)^2+11(x-4)^3+(x-4)^4$.

54. $\dfrac{1}{x}=-\left[1+(x+1)+(x+1)^2+\cdots+(x+1)^n\right]+(-1)^{n+1}\dfrac{(x+1)^{n+1}}{\left[-1+\theta(x+1)\right]^{n+2}}$ ， $(0<\theta<1)$.

55. $\tan x=x+\dfrac{1}{3}x^3+\dfrac{\sin(\theta x)\left[\sin^2(\theta x)+2\right]}{3\cos^3(\theta x)}x^4$ ， $(0<\theta<1)$.

56. $x\mathrm{e}^x=x+x^2+\dfrac{x^3}{2!}+\cdots+\dfrac{x^n}{(n-1)!}+o(x^n)$ ， $(0<\theta<1)$.

57. (1) $\sqrt[3]{30}\approx 3.10724$ ；$|R_3|<1.88\times 10^{-5}$ ； (2) $\sin 18°\approx 0.3090$ ；$|R_3|<1.3\times 10^{-4}$.

习 题 3

1. (1) $\dfrac{5}{22}x^{\frac{22}{5}}+C$; (2) $\dfrac{\left(\dfrac{3}{2}\right)^3}{\ln\dfrac{3}{2}}+C$; (3) $\dfrac{2}{7}x^{\frac{7}{2}}+\dfrac{1}{3}x^3+C$;

(4) $-\dfrac{2}{3}x^{-\frac{3}{2}}-2\dfrac{a^x}{\ln a}+\ln|x|+C$; (5) $x-\arctan x+C$; (6) $\dfrac{2}{3}x^{\frac{3}{2}}-3x+C$;

(7) $\arcsin x + C$;

(8) $\dfrac{\left(\dfrac{3}{5}\right)^x}{\ln \dfrac{3}{5}} - \dfrac{\left(\dfrac{4}{5}\right)^x}{\ln \dfrac{4}{5}} + C$;

(9) $6x - 7\arctan x + C$;

(10) $-\dfrac{1}{x} + \arctan x + C$;

(11) $\dfrac{1}{4} \ln \left| \dfrac{x-1}{x+3} \right| + C$;

(12) $\dfrac{1}{2} f(2x) + C$;

(13) $\dfrac{1}{2} x^2 - x + \ln|1+x| + C$;

(14) $\tan x - \cot x + C$;

(15) $-\dfrac{4}{3} \cot x + C$;

(16) $\tan x - x + C$;

(17) $x + \sin x + C$;

(18) $\dfrac{1}{2}(\tan x + x) + C$;

(19) $-\cot x - \tan x + C$;

(20) $-\dfrac{1}{2}\cos x + C$.

2. $y = \dfrac{4}{5} x^5 + 1$.

3. $F(x) = \arcsin x + \pi$.

4. $f(x) = \dfrac{2}{3} x^3 + \dfrac{1}{2} x^2 - x + C$.

5. 证明 由于 $(\ln x)' = \dfrac{1}{x}$,

$$(\ln ax)' = \dfrac{1}{ax} \cdot a = \dfrac{1}{x} ,$$

即 $(\ln x)' = (\ln ax)' = \dfrac{1}{x}$,

从而 $\ln x$ 与 $\ln ax$ 同为 $\dfrac{1}{x}$ 的原函数.

6. (1) $-\dfrac{1}{3}\cos 3x + C$;

(2) $\dfrac{1}{5}\sin(5x+1) + C$;

(3) $\dfrac{1}{27}(1+3x)^9 + C$;

(4) $\dfrac{1}{2}\ln|4x-1| + C$;

(5) $\dfrac{2}{3}\sqrt{x^3-2} + C$;

(6) $e^{\sin x} + C$;

(7) $\dfrac{1}{2}\arctan x^2 + C$;

(8) $\dfrac{1}{2}(\ln x + 1)^2 + C$;

(9) $\ln(1 + e^x) + C$;

(10) $\dfrac{1}{2}\left[-\ln(1-\sin x) + 2\ln\sin x - \ln(1+\sin x) \right] + C$;

(11) $2^{\tan x} \cdot \dfrac{1}{\ln 2} + C$;

(12) $\dfrac{1}{2}(\arctan x)^2 + C$;

(13) $-\cos e^x + C$;

(14) $\dfrac{2}{3}(\arcsin x)^{\frac{3}{2}} + C$;

(15) $\arctan e^x + C$;

(16) $\dfrac{1}{2}e^{2x} - e^x + x + C$;

(17) $-2\sqrt{1-x^2} - \arcsin x + C$;

(18)　$\dfrac{1}{2}\ln(x^2+5x+6)-\dfrac{5}{2}\ln\left|\dfrac{x+2}{x+3}\right|+C$;

(19)　$-\dfrac{1}{x\ln x}+C$;

(20)　$\dfrac{1}{2}\ln^2(\ln x)+C$;

(21)　$\dfrac{1}{7}\cos^7 x-\dfrac{1}{5}\cos^5 x+C$;

(22)　$-\dfrac{1}{16}\cos 8x-\dfrac{1}{4}\cos 2x+C$;

(23)　$-\ln\left|\cos\sqrt{1+x^2}\right|+C$;

(24)　$\dfrac{1}{2}\arctan(\sin^2 x)+C$;

(25)　$\dfrac{2}{3}\sqrt{2}\left(-\ln\left|\sqrt{2}-x\right|+\ln\left|\sqrt{2}+x\right|\right)+2\ln\left|2-x^2\right|-x+C$;

(26)　$-\dfrac{1}{5}\csc^5 x+\dfrac{2}{3}\csc^3 x-\csc x+C$;

(27)　$\dfrac{2}{5}(x-1)^{\frac{5}{2}}+\dfrac{2}{3}(x-1)^{\frac{3}{2}}+C$;

(28)　$4\sqrt{x}-4\arctan\sqrt{x}+C$;

(29)　$\sqrt{x^2-9}-3\arccos\dfrac{3}{x}+C$;

(30)　$\ln\left|\dfrac{\sqrt{x^2+1}}{x}-\dfrac{1}{x}\right|+C$.

7.　$\dfrac{\cos x-\sin^2 x}{(1+x\cdot\sin x)^2}+C$.

8.(1)　$x\cdot\sin x+\cos x+C$;

(2)　$4(x\cdot\sin x+\cos x)-2x^2\cdot\cos x+C$;

(3)　$\dfrac{1}{4}x^4\ln x-\dfrac{1}{16}x^4+C$;

(4)　$-\dfrac{1}{2}x\cdot e^{-2x}-\dfrac{1}{4}e^{-2x}+C$;

(5)　$-\dfrac{1}{2}x^2\cdot e^{-x^2}-\dfrac{1}{2}e^{-x^2}+C$;

(6)　$-2x\cos\dfrac{x}{2}+4\sin\dfrac{x}{2}+C$;

(7)　$x\cdot\ln(1+x^2)-2(x-\arctan x)+C$;

(8)　$x\cdot\arcsin x+\sqrt{1-x^2}+C$;

(9)　$2\sqrt{x}\sin\sqrt{x}+2\cos\sqrt{x}+C$;

(10)　$\dfrac{1}{2}e^x(\cos x+\sin x)+C$;

(11)　$\ln|\csc x-\cot x|-\cos x\ln(\tan x)+C$;

(12)　$\dfrac{1}{2}[\ln|\csc x-\cot x|-\csc x\cdot\cot x]+C$;

(13)　$\dfrac{1}{2}x^2\arctan^2 x+\dfrac{1}{2}\arctan^2 x-x\cdot\arctan x+\dfrac{1}{2}\ln(1+x^2)+C$;

(14)　$\dfrac{1}{3}x^3\arctan x-\dfrac{1}{6}\left[x^2-\ln(1+x^2)\right]+C$.

9. (1) $\ln\left|\dfrac{x}{x+1}\right|+C$;

(2) $\dfrac{1}{2}\ln\left|x^2-5x+6\right|-\dfrac{3}{8}\ln\left|\dfrac{x-3}{x-2}\right|+C$;

(3) $\dfrac{1}{2}\ln|x^2-3x+2|+\dfrac{5}{2}\ln\left|\dfrac{x-2}{x-1}\right|+C$;

(4) $\dfrac{1}{4}\ln|x-1|-\dfrac{1}{4}\ln|x+1|+\dfrac{1}{2}\arctan x+C$;

(5) $4\sqrt[4]{x}+4\ln(1+\sqrt[4]{x})+C$;

(6) $\dfrac{2}{3}\arctan\dfrac{5\tan\dfrac{x}{2}+4}{3}+C$;

(7) $\dfrac{1}{2}\arctan\left(2\tan\dfrac{x}{2}\right)+C$;

(8) $\dfrac{1}{2}\ln\left|\tan\dfrac{x}{2}\right|-\dfrac{1}{4}\tan^2\dfrac{x}{2}+C$.

10. (1) $\dfrac{x}{18(x^2+9)}+\dfrac{1}{24}\arctan\dfrac{x}{3}+C$;

(2) $\dfrac{2}{27}(4-3x)\sqrt{2-3x}+C$;

(3) $\dfrac{1}{2}\arctan\left(\dfrac{1}{2}\tan x\right)+C$;

(4) $\dfrac{2x-4}{4}\sqrt{x^2-4x+8}+2\ln\left|2x-4+2\sqrt{x^2-4x+8}\right|+C$;

(5) $\dfrac{1}{3}\dfrac{\sin x}{\cos^3 x}+\dfrac{2}{3}\tan x+C$;

(6) $\dfrac{1}{13}e^{-2x}(-2\sin 3x-3\cos 3x)+C$.

习　题　4

1. (1) 左式是底边为 1，高为 2 的三角形的面积，它等于 $\dfrac{1}{2}\cdot 1\cdot 2=1=$ 右式，如图 4.30 所示.

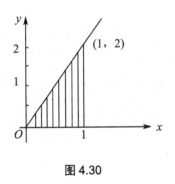

图 4.30

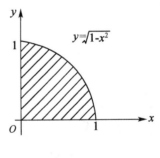

图 4.31

(2) $y=\sqrt{1-x^2}$ 为上半圆，它在 $[0，1]$ 部分与 x 轴及 y 轴所围成图形的面积为单位圆面积的

$\dfrac{1}{4}$ ，即 $\dfrac{\pi}{4}$ ，如图 4.31 所示.

(3) 左式表示一个周期的正弦曲线与 x 轴围成的图形面积的代数和，故有 $\displaystyle\int_{-\pi}^{\pi}\sin x\,dx=0$ ，

如图 4.32 所示.

(4) $y = \cos x$ 在 $\left[-\dfrac{\pi}{2}, \dfrac{\pi}{2}\right]$ 之间的图形，由对称性，它被 y 轴分成的左右两部分的面积相等，

且都在 x 轴上方，符号也一样，于是 $\displaystyle\int_{-\frac{\pi}{2}}^{\frac{\pi}{2}} \cos x \mathrm{d}x = 2\int_{0}^{\frac{\pi}{2}} \cos x \mathrm{d}x$，如图 4.33 所示.

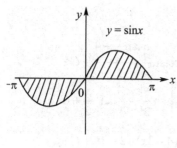

图 4.32

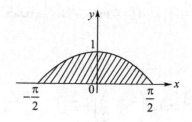

图 4.33

2. (1) $6 \leqslant \displaystyle\int_{1}^{4} (x^2+1)\mathrm{d}x \leqslant 51$；　　　　　　(2) $\pi \leqslant \displaystyle\int_{\frac{\pi}{4}}^{\frac{5\pi}{4}} (1+\sin^2 x)\mathrm{d}x \leqslant 2\pi$；

(3) $\dfrac{\pi}{9} \leqslant \displaystyle\int_{\frac{1}{\sqrt{3}}}^{\sqrt{3}} x \arctan x \mathrm{d}x \leqslant \dfrac{2}{3}\pi$；　　(4) $m = \mathrm{e}^{-\frac{1}{4}}, M = \mathrm{e}^2$，$2\mathrm{e}^{-\frac{1}{4}} \leqslant \displaystyle\int_{0}^{2} \mathrm{e}^{x^2-x}\mathrm{d}x \leqslant 2\mathrm{e}^2$.

3. (1) $I_1 > I_2$；　　(2) $I_1 < I_2$；　　(3) $I_1 > I_2$；　　(4) $I_1 > I_2$；　　(5) $I_1 > I_2$.

4. (1) $3x^2\sqrt{1+x^6}$；　　(2) $\dfrac{3x^2}{\sqrt{1+x^6}} - \dfrac{2x}{\sqrt{1+x^4}}$；　　(3) $-\sin x \cdot \sin(\cos^2 x) - \cos x \cdot \sin(\sin^2 x)$.

5. (1) $a^3 - \dfrac{1}{2}a^2 + a$；　　(2) $\dfrac{271}{6}$；　　(3) $\dfrac{\pi}{6}$；　　(4) $\dfrac{\pi}{3}$；　　(5) $\dfrac{\pi}{3a}$；

(6) $1 + \dfrac{\pi}{4}$；　　(7) -1；　　(8) $1 - \dfrac{\pi}{4}$；　　(9) 4；　　(10) $\dfrac{8}{3}$.

6. (1) 1；　　(2) $\dfrac{2}{3}$；　　(3) $-\dfrac{1}{6}$；　　(4) $af(a)$.

7. $\mathrm{e}^y \cdot \dfrac{\mathrm{d}y}{\mathrm{d}x} + \cos x = 0$，$\dfrac{\mathrm{d}y}{\mathrm{d}x} = \dfrac{\cos x}{\sin x - 1}$.

8. $\phi(x) = \begin{cases} 0, & x < 0 \\ \sin^2 \dfrac{x}{2}, & 0 \leqslant x \leqslant \pi \\ 1, & x > \pi \end{cases}$.

9. $\phi'(x) \geqslant 0$，$\phi(x)$ 在 $[0, 1]$ 上单调增加，$\phi(x)$ 最小值为 $\phi(0) = 0$.

10. 方程两边对 x 求导得 $\mathrm{e}^{-y^2} \cdot 2y \dfrac{\mathrm{d}y}{\mathrm{d}x} - \cos x^2 = 0$，$\dfrac{\mathrm{d}y}{\mathrm{d}x} = \dfrac{\cos x^2 \cdot \mathrm{e}^{y^2}}{2y}$.

11. (1) 0；　　(2) $\dfrac{51}{512}$；　　(3) $\dfrac{\pi}{6} - \dfrac{\sqrt{3}}{8}$；　　(4) $\dfrac{\pi}{2}$；

(5) $2\left(1 + \ln\dfrac{2}{3}\right)$；　　(6) $(\sqrt{3}-1)a$；　　(7) $1 - \mathrm{e}^{-\frac{1}{2}}$；　　(8) $\dfrac{4}{3}$；

(9) $\dfrac{5}{2}$;　　　　(10) $\dfrac{\pi}{6}$;　　　　(11) $-\dfrac{1}{4}\ln 3$;　　　　(12) $\dfrac{2}{3}$.

12. $\displaystyle\int_1^3 f(x-2)\mathrm{d}x \xlongequal{t=x-2} \int_{-1}^1 f(t)\mathrm{d}t = \int_{-1}^0 (1+t^2)\mathrm{d}t + \int_0^1 \mathrm{e}^{-t}\mathrm{d}t = \dfrac{7}{3}-\dfrac{1}{\mathrm{e}}$.

13. $2-\dfrac{2}{\mathrm{e}}$.

14. $I=2$.

15. 答案略.

16. $f(x)-f(0)$.

17. 4.

18. 8.

19. (1) 0;　　　　(2) $\dfrac{\pi^3}{324}$.

20. 答案略.

21. (1) $1-2\mathrm{e}^{-1}$;　　(2) $\dfrac{1}{4}(\mathrm{e}^2+1)$;　　　　(3) $\dfrac{1}{4}(\pi-2)$;　　　(4) $\left(\dfrac{1}{4}-\dfrac{\sqrt{3}}{9}\right)\pi+\dfrac{1}{2}\ln\dfrac{3}{2}$.

22. $\dfrac{9}{4}$.

23. (1) 1;　　　　(2) $-\ln\dfrac{2}{3}$;　　　　(3) π ;　　　　(4) -1 ;

　　(5) $1/a$;　　　(6) π ;　　　　(7) 1;　　　　(8) 发散.

24. (1) $1/6$;　　　　(2) 1;　　　　(3) $10\dfrac{2}{3}$;　　　　(4) $2\pi+\dfrac{4}{3}$;

　　(5) $\dfrac{3}{2}-\ln 2$;　　(6) $\mathrm{e}^2-\mathrm{e}^{-2}-2$;　　　(7) $b-a.$.

25. (1) πa^2 ;　　(2) $\dfrac{3}{8}\pi a^2$;　　(3) $3\pi a^2$.

26. $2a\pi x_0^2$.

27. $\dfrac{3}{10}\pi$.

28. 16π .

29. $1+\dfrac{1}{2}\ln\dfrac{3}{2}$.

30. $8a$.

31. 4.

32. $\mathrm{e}^{-1}-1$.

33. $C(Q)=1000+7Q+50\sqrt{Q}$.

34. $R(Q)=aQ-\dfrac{b}{2}Q^2$.

35. 500.

36. $\dfrac{1}{100}$ 亿.

37. (1) $\dfrac{10}{1-e^{-1}}$;　　(2) $100-200\,e^{-1}$.

习　题　5

1. $z=1$.

2. -141.

3. $\left|\overrightarrow{M_1M_2}\right|=2$,

$$\cos\alpha=-\dfrac{1}{2},\ \cos\beta=\dfrac{1}{2},\ \cos\gamma=-\dfrac{\sqrt{2}}{2};$$

$$\alpha=\dfrac{2\pi}{3},\ \beta=\dfrac{\pi}{3},\ \gamma=\dfrac{3\pi}{4}.$$

4. 所求向量有两个, 一个与 $\overrightarrow{AB}$ 同向, 一个与 $\overrightarrow{AB}$ 反向, $c=\pm\dfrac{\overrightarrow{AB}}{\left|\overrightarrow{AB}\right|}=\pm\dfrac{1}{\sqrt{14}}\{3,\ 1,\ -2\}$.

5. $c^{\circ}=\pm\dfrac{c}{|c|}=\pm\left(\dfrac{2}{\sqrt{5}}\boldsymbol{j}+\dfrac{1}{\sqrt{5}}\boldsymbol{k}\right)$.

6. $3\sqrt{10}$.

7. 证明 $(\boldsymbol{a}-\boldsymbol{b})\times(\boldsymbol{a}+\boldsymbol{b})=(\boldsymbol{a}-\boldsymbol{b})\times\boldsymbol{a}+(\boldsymbol{a}-\boldsymbol{b})\times\boldsymbol{b}$

$$=\boldsymbol{a}\times\boldsymbol{a}-\boldsymbol{b}\times\boldsymbol{a}+\boldsymbol{a}\times\boldsymbol{b}-\boldsymbol{b}\times\boldsymbol{b}$$

$$=-\boldsymbol{b}\times\boldsymbol{a}+\boldsymbol{a}\times\boldsymbol{b}$$

$$=2(\boldsymbol{a}\times\boldsymbol{b}).$$

8. 证明 $\boldsymbol{a}=(a_1,\ a_2,\ a_3)$, $\boldsymbol{b}=(b_1,\ b_2,\ b_3)$, 则有 $\boldsymbol{a}\cdot\boldsymbol{b}=|\boldsymbol{a}||\boldsymbol{b}|\cos(\widehat{\boldsymbol{a},\ \boldsymbol{b}})$, 所以

$$|\boldsymbol{a}\cdot\boldsymbol{b}|=|\boldsymbol{a}||\boldsymbol{b}|\left|\cos(\widehat{\boldsymbol{a},\ \boldsymbol{b}})\right|\leqslant|\boldsymbol{a}||\boldsymbol{b}|,$$

即　　　　$$\sqrt{a_1^2+a_2^2+a_3^2}\,\sqrt{b_1^2+b_2^2+b_3^2}\geqslant|a_1b_1+a_2b_2+a_3b_3|.$$

当且仅当 $a_i=kb_i(i=1,\ 2,\ 3)$ 时, 等号成立.

9. $3x-7y+5z-4=0$.

10. $2x+9y-6z-121=0$.

11. $x-3y-2z=0$.

12. $\cos\gamma=\cos(\widehat{\boldsymbol{n},\ \boldsymbol{n}_z})=\dfrac{2\times0+(-2)\times0+1\times1}{\sqrt{2^2+(-2)^2+1}\,\sqrt{1}}=\dfrac{1}{3}$,

$$\cos \alpha = \cos(\boldsymbol{n}, \ \boldsymbol{n}_x) = \frac{2 \times 1}{3} = \frac{2}{3},$$

$$\cos \beta = \cos(\boldsymbol{n}, \ \boldsymbol{n}_y) = \frac{2 \times 1}{3} = \frac{2}{3}.$$

13. $x + y - 3z - 4 = 0$.

14. $(1, \ -1, \ 3)$.

15. 1.

16. $x - 2y - 4z + 3 = 0$.

17. $x + y + 2z - 4 = 0$.

18. $\left(x + \dfrac{2}{3}\right)^2 + (y+1)^2 + \left(z + \dfrac{4}{3}\right)^2 = \dfrac{116}{9}$.

19. $2x + 2y - 3z = 0$.

20. $x - 2y - z + 2 = 0$.

21. $\dfrac{\sqrt{3}}{6}$.

22. $\dfrac{x-4}{2} = \dfrac{y+1}{1} = \dfrac{z-3}{5}$.

23. $\dfrac{x-3}{-4} = \dfrac{y+2}{2} = \dfrac{z-1}{1}$.

24. $\cos \theta = 0$.

25. 提示：求出两线的方向向量 $\boldsymbol{s}_1 = \{3, \ 1, \ 5\}$, $\boldsymbol{s}_2 = \{-3, \ -1, \ -5\}$，算出 $\cos(\boldsymbol{s}_1, \ \boldsymbol{s}_2) = 1$，所以 $(\boldsymbol{s}_1, \ \boldsymbol{s}_2) = 0$，两直线平行.

26. $\dfrac{x}{-2} = \dfrac{y-2}{3} = \dfrac{z-4}{1}$.

27. $\dfrac{x-2}{2} = \dfrac{y+3}{0} = \dfrac{z-4}{4}$.

28. $x = 1$, $y = 2$, $z = 2$.

29. $(x-1)^2 + (y+1)^2 - 4(z-1) = 0$.

30. $\dfrac{x+1}{16} = \dfrac{y}{19} = \dfrac{z-4}{28}$.

习 题 6

1. $f(2, \ -3) = -\dfrac{13}{12}$, $f\left(1, \ \dfrac{b}{a}\right) = \dfrac{a^2 + b^2}{2ab}$; $f(x-y, \ x+y) = \dfrac{x^2 + y^2}{x^2 - y^2}$, $f(x, \ xy) = \dfrac{1 + y^2}{2y}$.

2. (1) $\{(x, \ y) \mid x + y > 0, \ x - y > 0\}$;　(2) $\{(x, \ y) \mid |x| \leqslant 1$ 且 $|y| \geqslant 2$ 或 $|x| \geqslant 1$ 且 $|y| \leqslant 2\}$;

(3) $\left\{(x, y)|x \geqslant 0, y \geqslant 0, x^2 \geqslant y\right\}$；　(4) $\left\{(x, y)|0 < x^2 + y^2 < 1, y^2 \leqslant 4x\right\}$；

(5) $\left\{(x, y, z)|x^2 + y^2 \leqslant 25, z \neq 5\right\}$；　(6) $\left\{(x, y, z)|r^2 < x^2 + y^2 + z^2 \leqslant R^2\right\}$.

3. (1) 1；　(2) $+\infty$；　(3) 0；　(4) $-\dfrac{1}{4}$；　(5) 2；　(6) 0.

4. (1) $\dfrac{\partial z}{\partial x} = \dfrac{1}{x + \ln y}$，$\dfrac{\partial z}{\partial y} = \dfrac{1}{y(x + \ln y)}$；　　　　(2) $\dfrac{\partial z}{\partial x} = 3x^2 y - y^3$，$\dfrac{\partial z}{\partial y} = x^3 - 3xy^2$；

(3) $\dfrac{\partial s}{\partial u} = \dfrac{1}{v} - \dfrac{v}{u^2}$，$\dfrac{\partial s}{\partial v} = \dfrac{1}{u} - \dfrac{u}{v^2}$；

(4) $\dfrac{\partial z}{\partial x} = e^{\frac{x}{y}} \left[\dfrac{1}{y}\cos(x + y) - \sin(x + y)\right]$，$\dfrac{\partial z}{\partial y} = -e^{\frac{x}{y}}\left[\dfrac{x}{y^2}\cos(x + y) + \sin(x + y)\right]$；

(5) $\dfrac{\partial z}{\partial x} = -\dfrac{\sin 2x}{y}$，$\dfrac{\partial z}{\partial y} = -\dfrac{\cos^2 x}{y^2}$；

(6) $\dfrac{\partial u}{\partial x} = \dfrac{z(x - y)^{z-1}}{1 + (x - y)^{2z}}$，$\dfrac{\partial u}{\partial y} = -\dfrac{z(x - y)^{z-1}}{1 + (x - y)^{2z}}$，$\dfrac{\partial u}{\partial z} = \dfrac{(x - y)^z \ln(x - y)}{1 + (x - y)^{2z}}$；

(7) $\dfrac{\partial z}{\partial x} = \dfrac{1}{\sqrt{x^2 + y^2}}$，$\dfrac{\partial z}{\partial y} = \dfrac{1}{y} - \dfrac{x}{y\sqrt{x^2 + y^2}}$；　　(8) $\dfrac{\partial z}{\partial x} = \dfrac{1}{2x\sqrt{\ln(xy)}}$，$\dfrac{\partial z}{\partial y} = \dfrac{1}{2y\sqrt{\ln(xy)}}$.

5. $f_x{}'(1, 1) = \dfrac{\sqrt[3]{2}}{3}$，$f_y{}'(1, 2) = \dfrac{4}{15}\sqrt[3]{5}$.

6. (1) $\dfrac{\partial^2 z}{\partial x^2} = 12x^2 - 8y^2$，$\dfrac{\partial^2 z}{\partial y^2} = 12y^2 - 8x^2$，$\dfrac{\partial^2 z}{\partial x \partial y} = -16xy$；

(2) $\dfrac{\partial^2 z}{\partial x^2} = \dfrac{2(y - x^2)}{(x^2 + y)^2}$，$\dfrac{\partial^2 z}{\partial y^2} = -\dfrac{1}{(x^2 + y)^2}$，$\dfrac{\partial^2 z}{\partial x \partial y} = -\dfrac{2x}{(x^2 + y)^2}$；

(3) $\dfrac{\partial^2 z}{\partial x^2} = \dfrac{2xy}{(x^2 + y^2)^2}$，$\dfrac{\partial^2 z}{\partial y^2} = -\dfrac{2xy}{(x^2 + y^2)^2}$，$\dfrac{\partial^2 z}{\partial x \partial y} = \dfrac{y^2 - x^2}{(x^2 + y^2)^2}$；

(4) $\dfrac{\partial^2 z}{\partial x^2} = y^x \cdot \ln^2 y$，$\dfrac{\partial^2 z}{\partial y^2} = x(x - 1)y^{x-2}$，$\dfrac{\partial^2 z}{\partial x \partial y} = y^{x-1}(1 + x\ln y)$.

7. $f''_{xx}(0, 0, 1) = 2$，$f''_{xz}(1, 0, 2) = 2$，$f''_{yz}(0, -1, 0) = 0$，$f''_{zzx}(2, 0, 1) = 0$.

8. (1) $\dfrac{EQ_X}{EP_X} = -1$，$\dfrac{EQ_Y}{EP_Y} = -0.6$，(2) 0.75.

9. (1) $dz = 2(x - y)dx - 2(x + y)dy$；　　　　(2) $dz = \dfrac{-xy dx + \left(x^2 + \dfrac{y}{2}\right)dy}{(x^2 + y)^{\frac{3}{2}}}$；

(3) $dz = -\dfrac{1}{x}e^{\frac{y}{x}}\left(\dfrac{y}{x}dx - dy\right)$.

10. $0.25e$.

11. $\dfrac{1}{3}dx + \dfrac{2}{3}dy$.

12. (1) $\dfrac{dz}{dx} = \dfrac{e^x}{\ln x} - \dfrac{e^x}{x(\ln x)^2}$; (2) $\dfrac{dz}{dt} = \dfrac{3 - 12t^2}{1 + (3t - 4t^3)^2}$;

(3) $\dfrac{dz}{dx} = 2^x(x\ln 2 + \sin x\ln 2 + \cos x + 1)$.

13. (1) $\dfrac{\partial z}{\partial x} = e^{\frac{x^2+y^2}{xy}}\left[2x + \dfrac{2(x^2+y^2)}{y} - \dfrac{(x^2+y^2)^2}{x^2 y}\right]$, $\dfrac{\partial z}{\partial y} = e^{\frac{x^2+y^2}{xy}}\left[2y + \dfrac{2(x^2+y^2)}{x} - \dfrac{(x^2+y^2)^2}{xy^2}\right]$;

(2) $\dfrac{\partial z}{\partial u} = \dfrac{2u}{v^2}\ln(3u - 2v) + \dfrac{3u^2}{v^2(3u-2v)}$, $\dfrac{\partial z}{\partial v} = -\dfrac{2u^2}{v^3}\ln(3u-2v) - \dfrac{2u^2}{v^2(3u-2v)}$;

(3) $\dfrac{\partial z}{\partial x} = 2xf'_1 + ye^{xy}f'_2$, $\dfrac{\partial z}{\partial y} = -2yf'_1 + xe^{xy}f'_2$;

(4) $\dfrac{\partial u}{\partial x} = \dfrac{1}{y}f'_1$, $\dfrac{\partial u}{\partial y} = -\dfrac{x}{y^2}f'_1 + \dfrac{1}{z}f'_2$, $\dfrac{\partial u}{\partial z} = -\dfrac{y}{z^2}f'_2$;

(5) $\dfrac{\partial u}{\partial x} = f'_1 + yf'_2 + yzf'_3$, $\dfrac{\partial u}{\partial y} = xf'_2 + xzf'_3$, $\dfrac{\partial u}{\partial x} = xyf'_3$.

14. 答案略.

15. (1) $\dfrac{\partial^2 z}{\partial x^2} = 2a^2\cos(2ax + 2by)$, $\dfrac{\partial^2 z}{\partial x\partial y} = 2ab\cos(2ax + 2by)$, $\dfrac{\partial^2 z}{\partial y^2} = 2b^2\cos(2ax + 2by)$;

(2) $\dfrac{\partial^2 z}{\partial x^2} = \dfrac{1}{y\sqrt{x^2+y^2} + (x^2+y^2)} - \dfrac{x^2(y + 2\sqrt{x^2+y^2})}{(y + \sqrt{x^2+y^2})^2\sqrt{(x^2+y^2)^3}}$,

$\dfrac{\partial^2 z}{\partial x\partial y} = -\dfrac{x}{\sqrt{(x^2+y^2)^3}}$, $\dfrac{\partial^2 z}{\partial y^2} = -\dfrac{y}{\sqrt{(x^2+y^2)^3}}$.

16. (1) $\dfrac{\partial^2 z}{\partial x^2} = 4f''_{11} + \dfrac{4}{y}f''_{12} + \dfrac{1}{y^2}f''_{22}$, $\dfrac{\partial^2 z}{\partial x\partial y} = -\dfrac{1}{y^2}f'_2 - \dfrac{2x}{y^2}f''_{12} - \dfrac{x}{y^3}f''_{22}$,

$\dfrac{\partial^2 z}{\partial y^2} = \dfrac{2x}{y^3}f'_2 + \dfrac{x^2}{y^4}f''_{22}$;

(2) $\dfrac{\partial^2 z}{\partial x^2}=(\ln y)^2 f''_{11}-2\ln y f''_{12}+f''_{22}$，$\dfrac{\partial^2 z}{\partial x\partial y}=\dfrac{1}{y}f'_1+\dfrac{x\ln y}{y}f''_{11}+\left(\ln y-\dfrac{x}{y}\right)f''_{12}-f''_{22}$，

$$\dfrac{\partial^2 z}{\partial y^2}=-\dfrac{x}{y^2}f'_1+\dfrac{x^2}{y^2}f''_{11}+\dfrac{2x}{y}f''_{12}+f''_{22}\,;$$

(3) $\dfrac{\partial^2 z}{\partial x^2}=-\sin x f'_1+4\mathrm{e}^{2x-y}f'_3+\cos x(\cos x f''_{11}+4\mathrm{e}^{2x-y}f''_{13})+4\mathrm{e}^{4x-2y}f''_{33}$，

$$\dfrac{\partial^2 z}{\partial x\partial y}=-2\mathrm{e}^{2x-y}f'_3-\cos x\sin y f''_{12}-\cos x\,\mathrm{e}^{2x-y}f''_{13}-2\sin y\,\mathrm{e}^{2x-y}f''_{23}-2\mathrm{e}^{4x-2y}f''_{33}$，$$

$$\dfrac{\partial^2 z}{\partial y^2}=-\cos y f'_2+\mathrm{e}^{2x-y}f'_3+\sin^2 y f''_{22}+2\sin y\,\mathrm{e}^{2x-y}f''_{23}+\mathrm{e}^{4x-2y}f''_{33}\,.$$

17. $\dfrac{\mathrm{d}y}{\mathrm{d}x}=\dfrac{y^2}{1-xy}$.

18. $\dfrac{\partial z}{\partial x}=\dfrac{x-3z}{3x-z}$，$\dfrac{\partial z}{\partial y}=\dfrac{y}{3x-z}$.

19. $\dfrac{\partial^2 z}{\partial x^2}=-\dfrac{z^2}{(x+z)^3}$，$\dfrac{\partial^2 z}{\partial y^2}=-\dfrac{x^2 z^2}{y^2(x+z)^3}$.

20. $\dfrac{\partial^2 z}{\partial x\partial y}=\dfrac{z(z^4-2xyz^2-x^2 y^2)}{(z^2+xy)^3}$.

21. $\dfrac{\mathrm{d}x}{\mathrm{d}z}=\dfrac{z-y}{y-x}$，$\dfrac{\mathrm{d}y}{\mathrm{d}z}=\dfrac{z-x}{x-y}$.

22. $\dfrac{\partial u}{\partial x}=\dfrac{\sin v}{\mathrm{e}^u(\sin v-\cos v)+1}$，$\dfrac{\partial u}{\partial y}=\dfrac{-\cos v}{\mathrm{e}^u(\sin v-\cos v)+1}$，

$$\dfrac{\partial v}{\partial x}=\dfrac{\cos v-\mathrm{e}^u}{u\left[\mathrm{e}^u(\sin v-\cos v)+1\right]}$，$\dfrac{\partial v}{\partial y}=\dfrac{\sin v+\mathrm{e}^u}{u\left[\mathrm{e}^u(\sin v-\cos v)+1\right]}.$$

23. $f(-1,-1)=10$ 为极大值，$f(1,1)=-10$ 为极小值.

24. $f\left(\dfrac{1}{2},-1\right)=-\dfrac{\mathrm{e}}{2}$ 为极小值.

25. $\left(\dfrac{8}{5},\dfrac{16}{5}\right)$.

26. 长=宽=$\dfrac{2}{\sqrt{3}}R$，高=$\dfrac{1}{\sqrt{3}}R$.

27. 当长方体的长、宽、高都是 $\sqrt{6}$ 时，可得最大的体积 $V=6\sqrt{6}$.

28. $P_1 = 80$，$P_2 = 80$ 时有最大总利润 $L = 435$．

29. 使产鱼总量最大的放养数分别是 $x = \dfrac{3\alpha - 2\beta}{2\alpha^2 - \beta^2}$，$y = \dfrac{4\alpha - 3\beta}{2(2\alpha^2 - \beta^2)}$．

30. (1) 此时需要用 0.75 万元作电台广告，1.25 万元作报纸广告；

    (2) 此时要将 1.5 万元广告费全部用于报纸广告．

31. 两要素分别投入为 $x_1 = 6\left(\dfrac{P_2\alpha}{P_1\beta}\right)^{\beta}$，$x_2 = 6\left(\dfrac{P_1\beta}{P_2\alpha}\right)^{\alpha}$ 时，可使投入总费用最小．

习　题　7

1. (1) C；　　　　(2) D；　　　　(3) C；　　　　(4) D；　　　　(5) C.

2. (1) $I = \displaystyle\int_0^1 \mathrm{d}x \int_x^{\sqrt{x}} f(x, y)\mathrm{d}y = \int_0^1 \mathrm{d}y \int_{y^2}^{y} f(x, y)\mathrm{d}x$；

    (2) 0；

    (3) $\displaystyle\iint\limits_{D} f(x^2 + y^2)\mathrm{d}x\mathrm{d}y = \int_{\frac{\pi}{4}}^{\frac{5\pi}{4}} \mathrm{d}\theta \int_1^2 rf(r^2)\mathrm{d}r$；

    (4) $\displaystyle\iint\limits_{x^2 + y^2 \leqslant 4} (x + y)\mathrm{d}x\mathrm{d}y = \int_0^{2\pi} (\cos\theta + \sin\theta)\mathrm{d}\theta \int_0^2 r^2\mathrm{d}r$；

    (5) $\dfrac{\pi}{2}$；

    (6) $I = \displaystyle\int_0^2 \mathrm{d}y \int_0^{2-y} f(x, y)\mathrm{d}x$；

3. $0 \leqslant I \leqslant 2$．

4. e^{-1}．

5. $\dfrac{1}{15}$．

6. $\dfrac{26}{105}$．

7. $I = \displaystyle\int_0^1 \mathrm{d}x \int_x^{\sqrt{x}} f(x, y)\mathrm{d}y = \int_0^1 \mathrm{d}y \int_{y^2}^{y} f(x, y)\mathrm{d}x$．

8. 答案略．

9. $\dfrac{81}{10}$．

10. $\dfrac{\pi}{16}$．

11. $\dfrac{32}{9}$．

12. $-6\pi^2$．

13. $\dfrac{9}{4}$.

14. $\dfrac{4(2+\pi)}{\pi^3}$.

15. $\dfrac{1}{2}\left[\dfrac{\sqrt{2}}{2}-\ln\left(\sqrt{2}+1\right)\right]$.

16. 8π.

17. $\dfrac{5\pi}{6}$.

18. $\dfrac{5\pi}{4}$.

习 题 8

1. (1) $\dfrac{1+1}{1+1^2}+\dfrac{1+2}{1+2^2}+\dfrac{1+3}{1+3^2}+\dfrac{1+4}{1+4^2}+\dfrac{1+5}{1+5^2}+\cdots$;

   (2) $\dfrac{1}{8}-\dfrac{1}{8^2}+\dfrac{1}{8^3}-\dfrac{1}{8^4}+\dfrac{1}{8^5}-\cdots$.

2. (1) $\dfrac{1}{2n}$;   (2) $(-1)^{n-1}\dfrac{1}{2n-1}$;

   (3) $\dfrac{x^{\frac{n}{2}}}{1\cdot3\cdot5\cdots(2n-1)}$;   (4) $(-1)^{n-1}\dfrac{a^{n+1}}{2n}$.

3. (1) 发散;   (2) 收敛.

4. (1) 收敛;   (2) 发散;   (3) 发散;   (4) 发散;   (5) 收敛;   (6) 收敛.

5. $\displaystyle\sum_{n=1}^{\infty}41\cdot\left(\dfrac{1}{100}\right)^n=\dfrac{41}{99}$.

6. (1) 发散;   (2) 收敛;   (3) 发散;   (4) 收敛;   (5) 发散;   (6) 收敛.

7. (1) 收敛;   (2) 发散;   (3) 收敛;   (4) 发散.

8. (1) 绝对收敛;   (2) 绝对收敛;   (3) 条件收敛;

   (4) 绝对收敛;   (5) 发散;   (6) 条件收敛.

9. 答案略.

10. (1) $(-1,1)$;   (2) $[-2,2]$;   (3) $\left[-\dfrac{1}{2},\dfrac{1}{2}\right]$;

    (4) $[-1,1]$;   (5) $\left(-\sqrt{2},\sqrt{2}\right)$;   (6) $[2,4)$.

11. (1) $S(x)=\dfrac{1}{4}\ln\dfrac{1+x}{1-x}+\dfrac{1}{2}\arctan x-x$, $-1<x<1$;

(2) $S(x) = \dfrac{2x}{(1-x^2)^3}$, $-1 < x < 1$.

12. (1) $a^x = \displaystyle\sum_{n=0}^{\infty} \dfrac{(x\ln a)^n}{n!}$, $(-\infty, +\infty)$ ；

(2) $\ln(a+x) = \ln a + \displaystyle\sum_{n=1}^{\infty}(-1)^{n-1}\dfrac{1}{n}\left(\dfrac{x}{a}\right)^n$, $(-a, a]$ ；

(3) $\sin\dfrac{x}{2} = \displaystyle\sum_{n=0}^{\infty}(-1)^n\dfrac{x^{2n+1}}{2^{2n+1}(2n+1)!}$, $(-\infty, +\infty)$ ；

(4) $(1+x)\ln(1+x) = x + \displaystyle\sum_{n=2}^{\infty}\dfrac{(-1)^n x^n}{n(n-1)}$, $(-1, 1]$ ；

(5) $\dfrac{1}{3-x} = \displaystyle\sum_{n=0}^{\infty}\dfrac{x^n}{3^{n+1}}$, $(-3, 3)$.

(6) $\dfrac{1}{\sqrt{1-x^2}} = 1 + \dfrac{1}{2}x^2 + \dfrac{1\cdot 3}{2\cdot 4}x^4 + \cdots + \dfrac{1\cdot 3\cdot 5\cdots(2n-1)}{2\cdot 4\cdot 6\cdots(2n)}x^{2n} + \cdots$, $(-1, 1)$.

13. $\dfrac{1}{x} = \dfrac{1}{3}\displaystyle\sum_{n=0}^{\infty}(-1)^n\dfrac{(x-3)^n}{3^n}$, $(0, 6)$.

14. $\dfrac{1}{x^2+3x+2} = \displaystyle\sum_{n=0}^{\infty}\left(\dfrac{1}{2^{n+1}} - \dfrac{1}{3^{n+1}}\right)(x+4)^n$, $(-6, -2)$.

15. (1) D； (2) D； (3) A； (4) C； (5) C； (6) C.

16. (1) 2； (2) 2； (3) $(-\infty, +\infty)$ ； (4) $\dfrac{5}{2}$.

习　题　9

1. (1) 一阶； (2) 三阶； (3) 一阶； (4) 二阶.

2. (1) 是； (2) 不是； (3) 是； (4) 是.

3. (1) $y' = x^2$ ； (2) $yy' + x = 0$.

4. $Q(P) + PQ'(P) = 0$, $\dfrac{EQ}{EP} = \dfrac{P}{Q}\dfrac{\mathrm{d}Q}{\mathrm{d}P} = -1$.

5. (1) $y = \mathrm{e}^{Cx}$ ；   (2) $y = \ln\dfrac{\mathrm{e}^{2x}+C}{2}$ ；   (3) $\ln^2 x + \ln^2 y = C$ ；

(4) $\ln\dfrac{y}{x} = Cx + 1$ ；   (5) $x^3 - 2y^3 = Cx$ ；   (6) $y = 2 + C\mathrm{e}^{-x^2}$ ；

(7) $y = \dfrac{1}{x}\left[(x-1)\mathrm{e}^x + C\right]$ ；   (8) $x = Cy^3 + \dfrac{1}{2}y^2$ ；   (9) $2x\ln y = \ln^2 y + C$.

6. (1) $\ln y = \tan\dfrac{x}{2}$ ；   (2) $(1+\mathrm{e}^x)\sec y = 2\sqrt{2}$ ；   (3) $y^3 = y^2 - x^2$ ；

(4)　$y^2 = 2x^2(\ln x + 2)$；

(5)　$y = \dfrac{\pi - 1 - \cos x}{x}$．

7. (1)　$y = 2(e^x - x - 1)$；

(2)　$xy = 6$．

8.　$Q = e^{-p^3}$．

9. (1)　$P_e = \left(\dfrac{a}{b}\right)^{\frac{1}{3}}$；

(2)　$P(t) = \left[P_e^3 + (1 - P_e^3)e^{-3kbt}\right]^{\frac{1}{3}}$；

(3)　$\lim\limits_{t \to +\infty} P(t) = P_e$．

10. (1)　$y = C_1 e^{6x} + C_2 e^x$；

(2)　$y = (C_1 + C_2 x)e^{3x}$；

(3)　$y = e^{3x}(C_1 \cos 2x + C_2 \sin 2x)$；

(4)　$y = C_1 e^{-x} + C_2 e^{3x} - \dfrac{1}{4}(x+1)e^x$；

(5)　$y = C_1 e^{2x} + C_2 x e^{2x} + \dfrac{1}{2}x^2 e^{2x}$；

(6)　$y = C_1 \cos x + C_2 \sin 2x + \dfrac{1}{2}e^x + \dfrac{x}{2}\sin x$．

11. (1)　$y = 4e^x + 2e^{3x}$；

(2)　$y = (2 + x)e^{-\frac{x}{2}}$；

(3)　$y = 2\cos x - 5\sin x + 2e^x$；

(4)　$y = \dfrac{1}{3}\sin 2x - \cos x - \dfrac{1}{3}\sin x$．

12.　$f(x) = \dfrac{1}{2}\sin x + \dfrac{x}{2}\cos x$．

13.　$\alpha = -3$，$\beta = 2$，$\gamma = -1$，$y = C_1 e^x + C_2 e^{2x} + e^{2x} + (1+x)e^x$．

14. (1)　$\Delta y_x = 6x^2 + 4x + 1$，$\Delta^2 y_x = 12x + 10$；

(2)　$\Delta y_x = e^{3x}(e^3 - 1)$，$\Delta^2 y_x = e^{3x}(e^3 - 1)^2$；

(3)　$\Delta y_x = 4x^{(3)}$，$\Delta^2 y_x = 12x^{(2)}$．

15.　$a = 2e - e^2$．

16. (1)　三阶；

(2)　六阶．

17. (1)　$y_x = C\left(\dfrac{3}{2}\right)^x$；

(2)　$y_x = C(-1)^x$．

18. (1)　$y_x^* = 3\left(-\dfrac{5}{2}\right)^x$；

(2)　$y_x^* = 2$．

19. (1)　$y_x = C \cdot 5^x - \dfrac{3}{4}$；

(2)　$y_x = C(-4)^x + \dfrac{2}{5}x^2 + \dfrac{1}{25}x + \dfrac{14}{125}$；

(3) $y_t = (t-2)2^t + C$;　　　　　　　　(4) $y_x = C \cdot 3^x - \dfrac{1}{2}x + \dfrac{1}{4}$.

20. (1) $y_x^* = 2 + 3x$;　　(2) $y_x^* = \dfrac{5}{3}(-1)^x + \dfrac{1}{3} \cdot 2^x$;　　(3) $y_x^* = \dfrac{2}{9}(-1)^x + \left(\dfrac{x}{3} - \dfrac{2}{9}\right)2^x$.

21. (1) $y_x = C_1 \cdot 2^x + C_2 \cdot 3^x$;　　　　　　(2) $y_x = (C_1 + C_2 x)(-5)^x$;

　　(3) $y_x = C_1(-1)^x + C_2 \cdot 4^x$;　　　　　(4) $y_x^* = (-1)(-4)^x + 2 \cdot 3^x$.

22. (1) $y_x = C_1 + C_2(-4)^x + x$;　　　　　(2) $y_x = C_1 + C_2 \cdot 2^x + \dfrac{1}{4} \cdot 5^x$;

　　(3) $y_x^* = 3 + 3x + 2x^2$;　　　　　　(4) $y_x^* = 4x + \dfrac{4}{3}(-2)^x - \dfrac{4}{3}$.

23. $y_t = \left(y_0 - \dfrac{I+\beta}{I-\alpha}\right)\alpha^t + \dfrac{I+\beta}{I-\alpha}$,　$C_t = \left(y_0 - \dfrac{I+\beta}{I-\alpha}\right)\alpha^t + \dfrac{\alpha I + \beta}{I-\alpha}$.

24. $D_t = C\left(\dfrac{1}{2}\right)^t + \dfrac{3}{4}$.

习　题　10

1. 在数学建模时，衡量一个数学模型的优劣全在于它的应用效果，而不是看采用了多么高深的数学方法．也就是说，如果能用简单的或初等的方法就可以解决某个实际问题，其效果与用所谓复杂的或高等的方法建模获得的结果相差无几，则受欢迎并被提倡的将是前者．电梯问题是一个"开放"型的问题，问题解决的方案可以有很多且各有利弊．

(1) 一个基本的电梯运行方案．

将 $5 \times 60 = 300$ 名办公人员平均分配给三部电梯运送，每部电梯需运 100 人，每趟运 10 人，需运 10 趟．每趟运行因有往返，故待客出入时间为

$$20 + 5 \times 10 = 70 \text{(秒)},$$

在途中运行时间为

$$6 \times 10 = 60 \text{(秒)},$$

总计一趟的运行耗时为 130（秒）．由于三台电梯彼此独立运行，故将 300 人运完总耗时为

$$10 \times 130 = 1300 \text{(秒)}, \quad \text{约为 21.7 分钟.}$$

(2) 一个改进的电梯运行方案．

首先，建立一个一部电梯运行的耗时的计算公式．

假设该电梯在第一层楼以外停留的次数是 N，最高到达的层数是 F，则其一趟下来，运行所耗时间为

$$T = 20 + 6 \times (F-1) + 10 \times N \text{(秒)}.$$

假设电梯 A 和 B 只上 7，8，9 层，而电梯 C 上 10，11，层.这样安排后，由上式，A，

B 电梯运行一趟所耗时间为

$$T = 20 + 6 \times (9-1) + 10 \times 3 = 98 \,(秒),$$

而 C 电梯运行一趟耗时间为

$$T = 20 + 6 \times (11-1) + 10 \times 2 = 100 \,(秒).$$

改进后的运行结果如下所示.

电梯标号	楼层选择	所运人数	所需趟数	每趟时间	总计时间
A 和 B	7，8，9	180	9×2	98	882 秒
C	10，11	120	12	100	1200 秒

从表中可以看到，改进后的方案比初始的方案所用的时间减少了 100 秒，耗时 20 分钟. 然而，这个方案的缺点是 A、B 与 C 的作业时间不均匀，是 C 电梯"拖了后腿". 于是可以继续给出新的改进方案，使 A、B、C 的作业时间更均匀或更接近一些.

根据这种思想，还可以构造出其他的电梯运行方案，其中比方案 2 更好的一些方案.

电梯标号	楼层选择	所运人数	所需趟数	每趟时间	总计时间
A	7，8	120	12	82	984 秒
B 和 C	9，10，11	180	9×2	110	990 秒

这个方案把所有人运完仅需 990 秒，即 16.5 分钟.

2. (1) 生产成本主要与重量 w 成正比，包装成本主要与表面积 S 成正比，其它成本也包含与 w 和 S 成正比的部分，上述三种成本中都含有与 w，S 均无关的成分. 又因为形状一致时一般有 $S = w^{\frac{2}{3}}$，所以商品的价格可以表为 $C = \alpha w + \beta w^{\frac{2}{3}} + \gamma$（$\alpha$，$\beta$，$r$ 为大于 0 的常数）.

(2) 单位重量价格 $c = \dfrac{C}{w} = \alpha + \beta w^{-\frac{1}{3}} + \gamma w^{-1}$，显然 c 是 w 的减函数，说明大包装比小包装的商品便宜.

(3) 由于单位重量价格的函数曲线是下凸的，说明单价的减少值是随着包装的变大逐渐降低的，因此，不要追求太大包装的商品.

附录 I 积 分 表

1. 含有 $a+bx$ 的积分

(1) $\displaystyle\int \frac{\mathrm{d}x}{a+bx} = \frac{1}{b}\ln|a+bx| + C$ ；

(2) $\displaystyle\int (a+bx)^n \mathrm{d}x = \frac{(a+bx)^{n+1}}{b(n+1)} + C(n \neq -1)$ ；

(3) $\displaystyle\int \frac{x\mathrm{d}x}{a+bx} = \frac{1}{b^2}\left(a+bx - a\ln|a+bx|\right) + C$ ；

(4) $\displaystyle\int \frac{x^2\mathrm{d}x}{a+bx} = \frac{1}{b^3}\left[\frac{1}{2}(a+bx)^2 - 2a(a+bx) + a^2\ln|a+bx|\right] + C$ ；

(5) $\displaystyle\int \frac{\mathrm{d}x}{x(a+bx)} = -\frac{1}{a}\ln\left|\frac{a+bx}{x}\right| + C$ ；

(6) $\displaystyle\int \frac{\mathrm{d}x}{x^2(a+bx)} = -\frac{1}{ax} + \frac{b}{a^2}\ln\left|\frac{a+bx}{x}\right| + C$ ；

(7) $\displaystyle\int \frac{x\mathrm{d}x}{(a+bx)^2} = \frac{1}{b^2}\left[\ln|a+bx| + \frac{a}{a+bx}\right] + C$ ；

(8) $\displaystyle\int \frac{x^2\mathrm{d}x}{(a+bx)^2} = \frac{1}{b^3}\left(a+bx - 2a\ln|a+bx| - \frac{a^2}{a+bx}\right) + C$ ；

(9) $\displaystyle\int \frac{\mathrm{d}x}{x(a+bx)^2} = \frac{1}{a(a+bx)} - \frac{1}{a^2}\ln\left|\frac{a+bx}{x}\right| + C$.

2. 含有 $\sqrt{a+bx}$ 的积分

(10) $\displaystyle\int \sqrt{a+bx}\,\mathrm{d}x = \frac{2}{3b}\sqrt{(a+bx)^3} + C$ ；

(11) $\displaystyle\int x\sqrt{a+bx}\,\mathrm{d}x = -\frac{2(2a-3bx)\sqrt{(a+bx)^3}}{15b^2} + C$ ；

(12) $\displaystyle\int x^2\sqrt{a+bx}\,\mathrm{d}x = \frac{2(8a^2 - 12abx + 15b^2x^2)\sqrt{(a+bx)^3}}{105b^3} + C$ ；

(13) $\displaystyle\int \frac{x\mathrm{d}x}{\sqrt{a+bx}} = -\frac{2(2a-bx)}{3b^2}\sqrt{a+bx} + C$ ；

(14) $\displaystyle\int \frac{x^2\mathrm{d}x}{\sqrt{a+bx}} = \frac{2(8a^2 - 4abx + 3b^2x^2)}{15b^3}\sqrt{a+bx} + C$ ；

(15) $\displaystyle\int\frac{\mathrm{d}x}{x\sqrt{a+bx}}=\begin{cases}\dfrac{1}{\sqrt{a}}\ln\left|\dfrac{\sqrt{a+bx}-\sqrt{a}}{\sqrt{a+bx}+\sqrt{a}}\right|+C,&a>0\\[4mm]\dfrac{2}{\sqrt{-a}}\arctan\sqrt{\dfrac{a+bx}{-a}}+C,&a<0\end{cases}$;

(16) $\displaystyle\int\frac{\mathrm{d}x}{x^2\sqrt{a+bx}}=-\frac{\sqrt{a+bx}}{ax}-\frac{b}{2a}\int\frac{\mathrm{d}x}{x\sqrt{a+bx}}$;

(17) $\displaystyle\int\frac{\sqrt{a+bx}\mathrm{d}x}{x}=2\sqrt{a+bx}+a\int\frac{\mathrm{d}x}{x\sqrt{a+bx}}$.

3. 含有 $a^2\pm x^2$ 的积分

(18) $\displaystyle\int\frac{\mathrm{d}x}{a^2+x^2}=\frac{1}{a}\arctan\frac{x}{a}+C$;

(19) $\displaystyle\int\frac{\mathrm{d}x}{(x^2+a^2)^n}=\frac{x}{2(n-1)a^2(x^2+a^2)^{n-1}}+\frac{2n-3}{2(n-1)a^2}\int\frac{\mathrm{d}x}{(x^2+a^2)^{n-1}}$;

(20) $\displaystyle\int\frac{\mathrm{d}x}{a^2-x^2}=\frac{1}{2a}\ln\left|\frac{a+x}{a-x}\right|+C$;

(21) $\displaystyle\int\frac{\mathrm{d}x}{x^2-a^2}=\frac{1}{2a}\ln\left|\frac{x-a}{x+a}\right|+C$.

4. 含有 $a\pm bx^2$ 的积分

(22) $\displaystyle\int\frac{\mathrm{d}x}{a+bx^2}=\frac{1}{\sqrt{ab}}\arctan\sqrt{\frac{b}{a}}x+C(a>0,\ b>0)$;

(23) $\displaystyle\int\frac{\mathrm{d}x}{a-bx^2}=\frac{1}{2\sqrt{ab}}\ln\left|\frac{\sqrt{a}+\sqrt{b}x}{\sqrt{a}-\sqrt{b}x}\right|+C$;

(24) $\displaystyle\int\frac{x\mathrm{d}x}{a+bx^2}=\frac{1}{2b}\ln\left|a+bx^2\right|+C$;

(25) $\displaystyle\int\frac{x^2\mathrm{d}x}{a+bx^2}=\frac{x}{b}-\frac{a}{b}\int\frac{\mathrm{d}x}{a+bx^2}$;

(26) $\displaystyle\int\frac{\mathrm{d}x}{x(a+bx^2)}=\frac{1}{2a}\ln\left|\frac{x^2}{a+bx^2}\right|+C$;

(27) $\displaystyle\int\frac{\mathrm{d}x}{x^2(a+bx^2)}=-\frac{1}{ax}-\frac{b}{a}\int\frac{\mathrm{d}x}{a+bx^2}$;

(28) $\displaystyle\int\frac{\mathrm{d}x}{(a+bx^2)^2}=\frac{x}{2a(a+bx^2)}+\frac{1}{2a}\int\frac{\mathrm{d}x}{a+bx^2}$.

5. 含有 $\sqrt{x^2+a^2}\ (a>0)$ 的积分

(29) $\displaystyle\int\sqrt{x^2+a^2}\mathrm{d}x=\frac{x}{2}\sqrt{x^2+a^2}+\frac{a^2}{2}\ln\left(x+\sqrt{x^2+a^2}\right)+C$;

(30) $\int \sqrt{(x^2+a^2)^3}\,dx = \frac{x}{8}(2x^2+5a^2)\sqrt{x^2+a^2} + \frac{3a^4}{8}\ln\left(x+\sqrt{x^2+a^2}\right) + C$;

(31) $\int x\sqrt{x^2+a^2}\,dx = \frac{\sqrt{(x^2+a^2)^3}}{3} + C$;

(32) $\int x^2\sqrt{x^2+a^2}\,dx = \frac{x}{8}(2x^2+a^2)\sqrt{x^2+a^2} - \frac{a^4}{8}\ln\left(x+\sqrt{x^2+a^2}\right) + C$;

(33) $\int \frac{dx}{\sqrt{x^2+a^2}} = \ln\left(x+\sqrt{x^2+a^2}\right) + C$;

(34) $\int \frac{dx}{\sqrt{(x^2+a^2)^3}} = \frac{x}{a^2\sqrt{x^2+a^2}} + C$;

(35) $\int \frac{x\,dx}{\sqrt{x^2+a^2}} = \sqrt{x^2+a^2} + C$;

(36) $\int \frac{x^2\,dx}{\sqrt{x^2+a^2}} = \frac{x}{2}\sqrt{x^2+a^2} - \frac{a^2}{2}\ln\left(x+\sqrt{x^2+a^2}\right) + C$;

(37) $\int \frac{x^2\,dx}{\sqrt{(x^2+a^2)^3}} = -\frac{x}{\sqrt{x^2+a^2}} + \ln\left(x+\sqrt{x^2+a^2}\right) + C$;

(38) $\int \frac{dx}{x\sqrt{x^2+a^2}} = \frac{1}{a}\ln\frac{|x|}{a+\sqrt{x^2+a^2}} + C$;

(39) $\int \frac{dx}{x^2\sqrt{x^2+a^2}} = -\frac{\sqrt{x^2+a^2}}{a^2 x} + C$;

(40) $\int \frac{\sqrt{x^2+a^2}}{x}\,dx = \sqrt{x^2+a^2} - a\ln\frac{a+\sqrt{x^2+a^2}}{|x|} + C$;

(41) $\int \frac{\sqrt{x^2+a^2}}{x^2}\,dx = -\frac{\sqrt{x^2+a^2}}{x} + \ln\left(x+\sqrt{x^2+a^2}\right) + C$.

6. 含有 $\sqrt{x^2-a^2}$ 的积分

(42) $\int \frac{dx}{\sqrt{x^2-a^2}} = \ln\left|x+\sqrt{x^2-a^2}\right| + C$;

(43) $\int \frac{dx}{\sqrt{(x^2-a^2)^3}} = -\frac{x}{a^2\sqrt{x^2-a^2}} + C$;

(44) $\int \frac{x\,dx}{\sqrt{x^2-a^2}} = \sqrt{x^2-a^2} + C$;

(45) $\int \sqrt{x^2-a^2}\,dx = \frac{x}{2}\sqrt{x^2-a^2} - \frac{a^2}{2}\ln\left|x+\sqrt{x^2-a^2}\right| + C$;

(46) $\int \sqrt{(x^2-a^2)^3}\,dx = \frac{x}{8}(2x^2-5a^2)\sqrt{x^2-a^2} + \frac{3a^4}{8}\ln\left|x+\sqrt{x^2-a^2}\right| + C$;

(47) $\int x\sqrt{x^2-a^2}\,dx = \dfrac{\sqrt{(x^2-a^2)^3}}{3} + C$;

(48) $\int x\sqrt{(x^2-a^2)^3}\,dx = \dfrac{\sqrt{(x^2-a^2)^5}}{5} + C$;

(49) $\int x^2\sqrt{x^2-a^2}\,dx = \dfrac{x}{8}(2x^2-a^2)\sqrt{x^2-a^2} - \dfrac{a^4}{8}\ln\left|x+\sqrt{x^2-a^2}\right| + C$;

(50) $\int \dfrac{x^2\,dx}{\sqrt{x^2-a^2}} = \dfrac{x}{2}\sqrt{x^2-a^2} + \dfrac{a^2}{2}\ln\left|x+\sqrt{x^2-a^2}\right| + C$;

(51) $\int \dfrac{x^2\,dx}{\sqrt{(x^2-a^2)^3}} = -\dfrac{x}{\sqrt{x^2-a^2}} + \ln\left|x+\sqrt{x^2-a^2}\right| + C$;

(52) $\int \dfrac{dx}{x\sqrt{x^2-a^2}} = \dfrac{1}{a}\arccos\dfrac{a}{|x|} + C$;

(53) $\int \dfrac{dx}{x^2\sqrt{x^2-a^2}} = \dfrac{\sqrt{x^2-a^2}}{a^2 x} + C$;

(54) $\int \dfrac{\sqrt{x^2-a^2}}{x}\,dx = \sqrt{x^2-a^2} - a\arccos\dfrac{a}{|x|} + C$;

(55) $\int \dfrac{\sqrt{x^2-a^2}}{x^2}\,dx = -\dfrac{\sqrt{x^2-a^2}}{x} + \ln\left|x+\sqrt{x^2-a^2}\right| + C$.

7. 含有 $\sqrt{a^2-x^2}$ 的积分

(56) $\int \dfrac{dx}{\sqrt{a^2-x^2}} = \arcsin\dfrac{x}{a} + C$;

(57) $\int \dfrac{dx}{\sqrt{(a^2-x^2)^3}} = \dfrac{x}{a^2\sqrt{a^2-x^2}} + C$;

(58) $\int \dfrac{x\,dx}{\sqrt{a^2-x^2}} = -\sqrt{a^2-x^2} + C$;

(59) $\int \dfrac{x\,dx}{\sqrt{(a^2-x^2)^3}} = \dfrac{1}{\sqrt{a^2-x^2}} + C$;

(60) $\int \dfrac{x^2\,dx}{\sqrt{a^2-x^2}} = -\dfrac{x}{2}\sqrt{a^2-x^2} + \dfrac{a^2}{2}\arcsin\dfrac{x}{a} + C$;

(61) $\int \sqrt{a^2-x^2}\,dx = \dfrac{x}{2}\sqrt{a^2-x^2} + \dfrac{a^2}{2}\arcsin\dfrac{x}{a} + C$;

(62) $\int \sqrt{(a^2-x^2)^3}\,dx = \dfrac{x}{8}(5a^2-2x^2)\sqrt{a^2-x^2} + \dfrac{3a^4}{8}\arcsin\dfrac{x}{a} + C$;

(63) $\int x\sqrt{a^2-x^2}\,dx = -\dfrac{\sqrt{(a^2-x^2)^3}}{3} + C$;

(64) $\displaystyle\int x\sqrt{(a^2-x^2)^3}\,dx=-\frac{\sqrt{(a^2-x^2)^5}}{5}+C$；

(65) $\displaystyle\int x^2\sqrt{a^2-x^2}\,dx=\frac{x}{8}(2x^2-a^2)\sqrt{a^2-x^2}+\frac{a^4}{8}\arcsin\frac{x}{a}+C$；

(66) $\displaystyle\int\frac{x^2dx}{\sqrt{(a^2-x^2)^3}}=\frac{x}{\sqrt{a^2-x^2}}-\arcsin\frac{x}{a}+C$；

(67) $\displaystyle\int\frac{dx}{x\sqrt{a^2-x^2}}=\frac{1}{a}\ln\left|\frac{x}{a+\sqrt{a^2-x^2}}\right|+C$；

(68) $\displaystyle\int\frac{dx}{x^2\sqrt{a^2-x^2}}=-\frac{\sqrt{a^2-x^2}}{a^2x}+C$；

(69) $\displaystyle\int\frac{\sqrt{a^2-x^2}}{x}\,dx=\sqrt{a^2-x^2}-a\ln\left|\frac{a+\sqrt{a^2-x^2}}{x}\right|+C$；

(70) $\displaystyle\int\frac{\sqrt{a^2-x^2}}{x^2}\,dx=-\frac{\sqrt{a^2-x^2}}{x}-\arcsin\frac{x}{a}+C$．

8. 含有 $a+bx\pm cx^2\,(c>0)$ 的积分

(71) $\displaystyle\int\frac{dx}{a+bx-cx^2}=\frac{1}{\sqrt{b^2+4ac}}\ln\left|\frac{\sqrt{b^2+4ac}+2cx-b}{\sqrt{b^2+4ac}-2cx+b}\right|+C$；

(72) $\displaystyle\int\frac{dx}{a+bx+cx^2}=\begin{cases}\dfrac{2}{\sqrt{4ac-b^2}}\arctan\dfrac{2cx+b}{\sqrt{4ac-b^2}}+C,&b^2<4ac\\[4mm]\dfrac{1}{\sqrt{b^2-4ac}}\ln\left|\dfrac{2cx+b-\sqrt{b^2-4ac}}{2cx+b+\sqrt{b^2-4ac}}\right|+C,&b^2>4ac\end{cases}$

9. 含有 $\sqrt{a+bx\pm cx^2}\,(c>0)$ 的积分

(73) $\displaystyle\int\frac{dx}{\sqrt{a+bx+cx^2}}=\frac{1}{\sqrt{c}}\ln\left|2cx+b+2\sqrt{c}\sqrt{a+bx+cx^2}\right|+C$；

(74) $\displaystyle\int\sqrt{a+bx+cx^2}\,dx=\frac{2cx+b}{4c}\sqrt{a+bx+cx^2}$

$\displaystyle\qquad\qquad\qquad-\frac{b^2-4ac}{8\sqrt{c^3}}\ln\left|2cx+b+2\sqrt{c}\sqrt{a+bx+cx^2}\right|+C$；

(75) $\displaystyle\int\frac{xdx}{\sqrt{a+bx+cx^2}}=\frac{\sqrt{a+bx+cx^2}}{c}-\frac{b}{2\sqrt{c^3}}\ln\left|2cx+b+2\sqrt{c}\sqrt{a+bx+cx^2}\right|+C$；

(76) $\displaystyle\int\frac{dx}{\sqrt{a+bx-cx^2}}=-\frac{1}{\sqrt{c}}\arcsin\frac{2cx-b}{\sqrt{b^2+4ac}}+C$；

(77) $\displaystyle\int\sqrt{a+bx-cx^2}\,dx=\frac{2cx-b}{4c}\sqrt{a+bx-cx^2}+\frac{b^2+4ac}{8\sqrt{c^3}}\arcsin\frac{2cx-b}{\sqrt{b^2+4ac}}+C$；

(78) $\int \dfrac{x\mathrm{d}x}{\sqrt{a+bx-cx^2}} = -\dfrac{\sqrt{a+bx-cx^2}}{c} + \dfrac{b}{2\sqrt{c^3}}\arcsin\dfrac{2cx-b}{\sqrt{b^2+4ac}} + C$.

10. 含有 $\sqrt{\dfrac{a\pm x}{b\pm x}}$ 的积分和含有 $\sqrt{(x-a)(b-x)}$ 的积分

(79) $\int\sqrt{\dfrac{a+x}{b+x}}\mathrm{d}x = \sqrt{(a+x)(b+x)} + (a-b)\ln\left(\sqrt{a+x}+\sqrt{b+x}\right) + C$;

(80) $\int\sqrt{\dfrac{a-x}{b+x}}\mathrm{d}x = \sqrt{(a-x)(b+x)} + (a+b)\arcsin\sqrt{\dfrac{x+b}{a+b}} + C$;

(81) $\int\sqrt{\dfrac{a+x}{b-x}}\mathrm{d}x = -\sqrt{(a+x)(b-x)} - (a+b)\arcsin\sqrt{\dfrac{b-x}{a+b}} + C$;

(82) $\int\dfrac{\mathrm{d}x}{\sqrt{(x-a)(b-x)}} = 2\arcsin\sqrt{\dfrac{x-a}{b-a}} + C$.

11. 含有三角函数的积分

(83) $\int\sin x\mathrm{d}x = -\cos x + C$;

(84) $\int\cos x\mathrm{d}x = \sin x + C$;

(85) $\int\tan x\mathrm{d}x = -\ln|\cos x| + C$;

(86) $\int\cot x\mathrm{d}x = \ln|\sin x| + C$;

(87) $\int\sec x\mathrm{d}x = \ln|\sec x + \tan x| + C = \ln\left|\tan\left(\dfrac{\pi}{4}+\dfrac{\pi}{2}\right)\right| + C$;

(88) $\int\csc x\mathrm{d}x = \ln|\csc x - \cot x| + C = \ln\left|\tan\dfrac{x}{2}\right| + C$;

(89) $\int\sec^2 x\mathrm{d}x = \tan x + C$;

(90) $\int\csc^2 x\mathrm{d}x = -\cot x + C$;

(91) $\int\sec x\tan x\mathrm{d}x = \sec x + C$;

(92) $\int\csc x\cot x\mathrm{d}x = -\csc x + C$;

(93) $\int\sin^2 x\mathrm{d}x = \dfrac{x}{2} - \dfrac{1}{4}\sin 2x + C$;

(94) $\int\cos^2 x\mathrm{d}x = \dfrac{x}{2} + \dfrac{1}{4}\sin 2x + C$;

(95) $\int\sin^n x\mathrm{d}x = -\dfrac{\sin^{n-1}x\cos x}{n} + \dfrac{n-1}{n}\int\sin^{n-2}x\mathrm{d}x$;

(96) $\int\cos^n x\mathrm{d}x = \dfrac{\cos^{n-1}x\sin x}{n} + \dfrac{n-1}{n}\int\cos^{n-2}x\mathrm{d}x$;

(97) $\displaystyle\int\frac{\mathrm{d}x}{\sin^n x}=-\frac{1}{n-1}\frac{\cos x}{\sin^{n-1}x}+\frac{n-2}{n-1}\int\frac{\mathrm{d}x}{\sin^{n-2}x}$;

(98) $\displaystyle\int\frac{\mathrm{d}x}{\cos^n x}=\frac{1}{n-1}\frac{\sin x}{\cos^{n-1}x}+\frac{n-2}{n-1}\int\frac{\mathrm{d}x}{\cos^{n-2}x}$;

(99) $\displaystyle\int\cos^m x\sin^n x\mathrm{d}x=\frac{\cos^{m-1}x\sin^{n+1}x}{m+n}+\frac{m-1}{m+n}\int\cos^{m-2}x\sin^n x\mathrm{d}x$

$$=-\frac{\sin^{n-1}x\cos^{m+1}x}{m+n}+\frac{m-1}{m+n}\int\cos^m x\sin^{n-2}x\mathrm{d}x$$;

(100) $\displaystyle\int\sin mx\cos nx\mathrm{d}x=-\frac{\cos(m+n)x}{2(m+n)}-\frac{\cos(m-n)x}{2(m-n)}+C\quad(m\neq n)$;

(101) $\displaystyle\int\sin mx\sin nx\mathrm{d}x=-\frac{\sin(m+n)x}{2(m+n)}+\frac{\sin(m-n)x}{2(m-n)}+C\quad(m\neq n)$;

(102) $\displaystyle\int\cos mx\cos nx\mathrm{d}x=\frac{\sin(m+n)x}{2(m+n)}+\frac{\sin(m-n)x}{2(m-n)}+C\quad(m\neq n)$;

(103) $\displaystyle\int\frac{\mathrm{d}x}{a+b\sin x}=\begin{cases}\dfrac{2}{\sqrt{a^2-b^2}}\arctan\dfrac{a\tan\dfrac{x}{2}+b}{\sqrt{a^2-b^2}}+C, & a^2>b^2\\[4mm]\dfrac{1}{\sqrt{b^2-a^2}}\ln\left|\dfrac{a\tan\dfrac{x}{2}+b-\sqrt{b^2-a^2}}{a\tan\dfrac{x}{2}+b+\sqrt{b^2-a^2}}\right|+C, & a^2<b^2\end{cases}$;

(104) $\displaystyle\int\frac{\mathrm{d}x}{a+b\cos x}=\begin{cases}\dfrac{2}{\sqrt{a^2-b^2}}\arctan\left(\sqrt{\dfrac{a-b}{a+b}}\tan\dfrac{x}{2}\right)+C, & a^2>b^2\\[4mm]\dfrac{1}{\sqrt{b^2-a^2}}\ln\left|\dfrac{\tan\dfrac{x}{2}+\sqrt{\dfrac{b+a}{b-a}}}{\tan\dfrac{x}{2}-\sqrt{\dfrac{b+a}{b-a}}}\right|+C, & a^2<b^2\end{cases}$;

(105) $\displaystyle\int\frac{\mathrm{d}x}{a^2\cos^2 x+b^2\sin^2 x}=\frac{1}{ab}\arctan\left(\frac{b}{a}\tan x\right)+C$;

(106) $\displaystyle\int\frac{\mathrm{d}x}{a^2\cos^2 x-b^2\sin^2 x}=\frac{1}{2ab}\ln\left|\frac{b\tan x+a}{b\tan x-a}\right|+C$;

(107) $\displaystyle\int x\sin ax\mathrm{d}x=\frac{1}{a^2}\sin ax-\frac{1}{a}x\cos ax+C$;

(108) $\displaystyle\int x^2\sin ax\mathrm{d}x=-\frac{1}{a}x^2\cos ax+\frac{2}{a^2}x\sin ax+\frac{2}{a^3}\cos ax+C$;

(109) $\displaystyle\int x\cos ax\mathrm{d}x=\frac{1}{a^2}\cos ax+\frac{1}{a}x\sin ax+C$;

(110) $\displaystyle\int x^2\cos ax\mathrm{d}x=\frac{1}{a}x^2\sin ax+\frac{2}{a^2}x\cos ax-\frac{2}{a^3}\sin ax+C$.

12. 含有反三角函数的积分

(111) $\displaystyle\int \arcsin\frac{x}{a}\mathrm{d}x = x\arcsin\frac{x}{a} + \sqrt{a^2 - x^2} + C$；

(112) $\displaystyle\int x\arcsin\frac{x}{a}\mathrm{d}x = \left(\frac{x^2}{2} - \frac{a^2}{4}\right)\arcsin\frac{x}{a} + \frac{x}{4}\sqrt{a^2 - x^2} + C$；

(113) $\displaystyle\int x^2 \arcsin\frac{x}{a}\mathrm{d}x = \frac{x^3}{3}\arcsin\frac{x}{a} + \frac{1}{9}(x^2 + 2a^2)\sqrt{a^2 - x^2} + C$；

(114) $\displaystyle\int \arccos\frac{x}{a}\mathrm{d}x = x\arccos\frac{x}{a} - \sqrt{a^2 - x^2} + C$；

(115) $\displaystyle\int x\arccos\frac{x}{a}\mathrm{d}x = \left(\frac{x^2}{2} - \frac{a^2}{4}\right)\arccos\frac{x}{a} - \frac{x}{4}\sqrt{a^2 - x^2} + C$；

(116) $\displaystyle\int x^2 \arccos\frac{x}{a}\mathrm{d}x = \frac{x^3}{3}\arccos\frac{x}{a} - \frac{1}{9}(x^2 + 2a^2)\sqrt{a^2 - x^2} + C$；

(117) $\displaystyle\int \arctan\frac{x}{a}\mathrm{d}x = x\arctan\frac{x}{a} - \frac{a}{2}\ln(a^2 + x^2) + C$；

(118) $\displaystyle\int x\arctan\frac{x}{a}\mathrm{d}x = \frac{1}{2}(x^2 + a^2)\arctan\frac{x}{a} - \frac{ax}{2} + C$；

(119) $\displaystyle\int x^2 \arctan\frac{x}{a}\mathrm{d}x = \frac{x^3}{3}\arctan\frac{x}{a} - \frac{ax^2}{6} + \frac{a^3}{6}\ln(a^2 + x^2) + C$.

13. 含有指数函数的积分

(120) $\displaystyle\int a^x \mathrm{d}x = \frac{a^x}{\ln a} + C$；

(121) $\displaystyle\int \mathrm{e}^{ax}\mathrm{d}x = \frac{\mathrm{e}^{ax}}{a} + C$；

(122) $\displaystyle\int \mathrm{e}^{ax}\sin bx\,\mathrm{d}x = \frac{\mathrm{e}^{ax}(a\sin bx - b\cos bx)}{a^2 + b^2} + C$；

(123) $\displaystyle\int \mathrm{e}^{ax}\cos bx\,\mathrm{d}x = \frac{\mathrm{e}^{ax}(b\sin bx + a\cos bx)}{a^2 + b^2} + C$；

(124) $\displaystyle\int x\mathrm{e}^{ax}\mathrm{d}x = \frac{\mathrm{e}^{ax}}{a^2}(ax - 1) + C$；

(125) $\displaystyle\int x^n \mathrm{e}^{ax}\mathrm{d}x = \frac{x^n \mathrm{e}^{ax}}{a} - \frac{n}{a}\int x^{n-1}\mathrm{e}^{ax}\mathrm{d}x$；

(126) $\displaystyle\int x a^{mx}\mathrm{d}x = \frac{x a^{mx}}{m\ln a} - \frac{a^{mx}}{(m\ln a)^2} + C$；

(127) $\displaystyle\int x^n a^{mx}\mathrm{d}x = \frac{x^n a^{mx}}{m\ln a} - \frac{n}{m\ln a}\int x^{n-1}a^{mx}\mathrm{d}x$；

(128) $\displaystyle\int \mathrm{e}^{ax}\sin^n bx\,\mathrm{d}x = \frac{\mathrm{e}^{ax}\sin^{n-1}bx}{a^2 + b^2 n^2}(a\sin bx - nb\cos bx) + \frac{n(n-1)}{a^2 + b^2 n^2}b^2 \int \mathrm{e}^{ax}\sin^{n-2}bx\,\mathrm{d}x$；

(129) $\int e^{ax} \cos^n bx dx = \dfrac{e^{ax} \cos^{n-1} bx}{a^2 + b^2 n^2} (a \cos bx + nb \sin bx) + \dfrac{n(n-1)}{a^2 + b^2 n^2} b^2 \int e^{ax} \cos^{n-2} bx dx$.

14. 含有对数函数的积分

(130) $\int \ln x dx = x \ln x - x + C$;

(131) $\int \dfrac{dx}{x \ln x} = \ln|\ln x| + C$;

(132) $\int x^n \ln x dx = x^{n+1} \left[\dfrac{\ln x}{n+1} - \dfrac{1}{(n+1)^2} \right] + C$;

(133) $\int \ln^n x dx = x \ln^n x - n \int \ln^{n-1} x dx$;

(134) $\int x^m \ln^n x dx = \dfrac{x^{m+1}}{m+1} \ln^n x - \dfrac{n}{m+1} \int x^m \ln^{n-1} x dx$.

15. 定积分

(135) $\int_{-\pi}^{\pi} \cos nx dx = \int_{-\pi}^{\pi} \sin nx dx = 0$;

(136) $\int_{-\pi}^{\pi} \cos mx \sin nx dx = 0$;

(137) $\int_{-\pi}^{\pi} \cos mx \cos nx dx = \begin{cases} 0, & (m \neq n) \\ \pi, & (m = n) \end{cases}$;

(138) $\int_{-\pi}^{\pi} \sin mx \sin nx dx = \begin{cases} 0, & (m \neq n) \\ \pi, & (m = n) \end{cases}$;

(139) $\int_0^{\pi} \sin mx \sin nx dx = \int_0^{\pi} \cos mx \cos nx dx = \begin{cases} 0, & (m \neq n) \\ \dfrac{\pi}{2}, & (m = n) \end{cases}$;

(140) $I_n = \int_0^{\frac{\pi}{2}} \sin^n x dx = \int_0^{\frac{\pi}{2}} \cos^n x dx = \dfrac{n-1}{n} I_{n-2}$

$= \begin{cases} \dfrac{\pi}{2}, & n = 0 \\ 1, & n = 1 \\ \dfrac{n-1}{n} \cdot \dfrac{n-3}{n-2} \cdot \cdots \cdot \dfrac{4}{5} \cdot \dfrac{2}{3}, & n \text{为大于1的奇数} \\ \dfrac{n-1}{n} \cdot \dfrac{n-3}{n-2} \cdot \cdots \cdot \dfrac{3}{4} \cdot \dfrac{1}{2} \cdot \dfrac{\pi}{2}, & n \text{为正偶数} \end{cases}$

附录 II 极坐标与直角坐标之间的关系

1. 极坐标

如图 II.1 所示，在平面内取定一点 O，以点 O 为端点引射线 Ox，取射线 Ox 的方向为零度角的方向，再选定一个长度单位，并规定旋转角的正向(一般取逆时针方向). 这时，对于平面上异于点 O 的任意一点 M，设 $\rho = |\overline{OM}|$，θ 表示从射线 Ox 的方向到 $\overline{OM}$ 方向的旋转角，则点 M 的位置可以用有序数对 (ρ, θ) 表示. 对于点 O，显然有 $\rho = 0$，θ 可取任意值. 这样，就在平面上建立了一个不同于直角坐标系的坐标系——**极坐标系**.

$$M(\rho, \theta)$$

在极坐标系中，点 O 称为**极点**，Ox 为**极轴**，(ρ, θ) 称为点 M 的极坐标，记作 $M(\rho, \theta)$，其中 ρ 称为点 M 的**极径**，θ 称为点 M 的**极角**.

在极坐标系中，任一实数对 (ρ, θ) 都有唯一的一点 M 与它对应. 反过来，对极坐标系中任一点 M，所对应的有序数对有无穷多，即如果 (ρ, θ) 是点 M 的极坐标，那么 $(\rho, \theta + 2k\pi)$(其中 $k \in \mathbf{Z}$)都是点 M 的极坐标. 如果规定

$$\rho \geqslant 0, \ 0 \leqslant \theta \leqslant 2\pi,$$

那么在极坐标平面上，除了极点外的所有点所成的集合与实数对的集合

$$\{(\rho, \theta) | \rho \geqslant 0, \ 0 \leqslant \theta \leqslant 2\pi\}$$

具有一一对应关系.

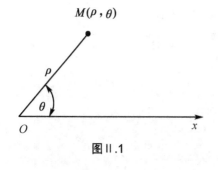

图 II.1

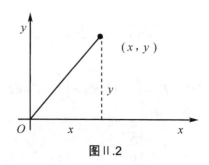

图 II.2

2. 极坐标与直角坐标之间的关系

如图 II.2 所示，如果把极坐标的**极点** O 放在直角坐标的坐标原点，并把**极轴** Ox 与直角坐标的 x 坐标轴正半轴重叠放在一起，则点 M 的极坐标 (ρ, θ) 与它的直角坐标 (x, y) 之间有如下关系.

$$\begin{cases} x = \rho\cos\theta \\ y = \rho\sin\theta \end{cases}$$

其中，$\rho = \sqrt{x^2 + y^2}$，$\theta = \arctan\dfrac{y}{x}$.

附录 Ⅲ　几种常见的曲线

(1) 三次抛物线

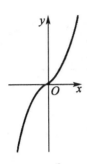

$$y = ax^3.$$

(2) 半立方抛物线

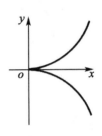

$$y^2 = ax^3.$$

(3) 概率曲线

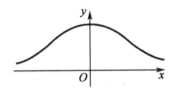

$$y = \mathrm{e}^{-x^2}.$$

(4) 箕舌线

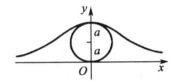

$$y = \frac{8a^3}{x^2 + 4a^2}.$$

(5) 蔓叶线

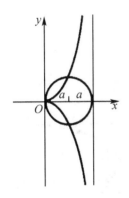

$$y^2(2a - x) = x^3.$$

(6) 笛卡儿叶形线

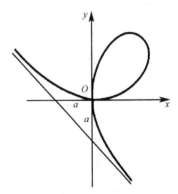

$$x^2 + y^3 - 3axy = 0.$$

$$x = \frac{3at}{1 + t^3}, \quad y = \frac{3at^2}{1 + t^3}.$$

(7) 星形线(内摆线的一种)

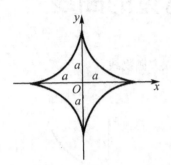

$$x^{\frac{2}{3}} + y^{\frac{2}{3}} = a^{\frac{2}{3}}.$$

$$\begin{cases} x = a\cos^3\theta, \\ y = a\sin^3\theta. \end{cases}$$

(8) 摆线

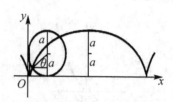

$$\begin{cases} x = a(\theta - \sin\theta), \\ y = a(1 - \cos\theta). \end{cases}$$

(9) 心形线(外摆线的一种)

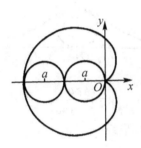

$$x^2 + y^2 = a\sqrt{x^2 + y^2}$$

$$\rho = a(1 - \cos\theta)$$

(10) 阿基米德螺线

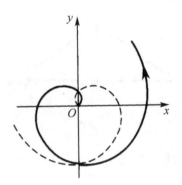

$$\rho = a\theta.$$

(11) 对数螺线

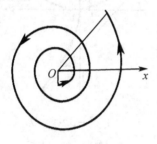

$$\rho = e^{a\theta}.$$

(12) 双曲螺线

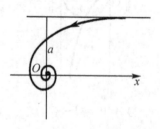

$$\rho\theta = a.$$

(13) 伯努利双纽线

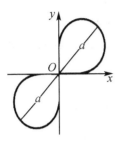

$$(x^2 + y^2)^2 = 2a^2xy,$$
$$\rho^2 = a^2 \sin 2\theta.$$

(14) 伯努利双纽线

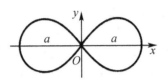

$$(x^2 + y^2) = a^2(x^2 - y^2),$$
$$\rho^2 = a^2 \cos 2\theta.$$

(15) 三叶玫瑰线

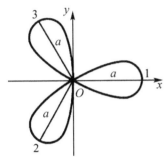

$$\rho = a \cos 3\theta.$$

(16) 三叶玫瑰线

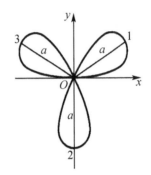

$$\rho = a \sin 3\theta.$$

(17) 四叶玫瑰线

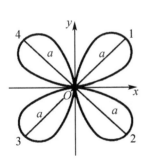

$$\rho = a \sin 2\theta.$$

(18) 四叶玫瑰线

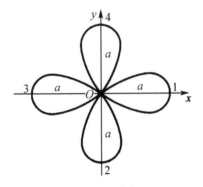

$$\rho = a \cos 2\theta.$$

参考文献

[1] 同济大学应用数学系. 高等数学. 北京：高等教育出版社，2004.

[2] 同济大学应用数学系. 高等数学(本科少学时类型). 北京：高等教育出版社，2005.

[3] 吴传生. 经济数学——微积分. 北京：高等教育出版社，2005.

[4] 李辉来，孙毅. 微积分(上册). 北京：清华大学出版社，2005.

[5] 萧树铁，扈志明. 微积分(上册). 北京：清华大学出版社，2006.

[6] 柴全战. 经济应用数学(一)微积分. 北京：学苑出版社，2000.

[7] 蔡高厅，邱忠文. 高等数学(上册). 天津：天津大学出版社，2004.

[8] 史俊贤. 高等数学. 大连：大连理工大学出版社，2005.